稀土现代冶金

李 梅 柳召刚 张晓伟 常宏涛 编著

科学出版社

北京

内 容 简 介

本书系统地介绍了稀土冶金基本原理、稀土提取分离新工艺、稀土化合物及金属制备新工艺以及稀土冶金的最新科研成果。针对目前稀土冶金行业存在的三废污染、资源浪费等问题，结合编者的研究成果，在典型轻稀土资源的冶金工艺中，提出了源头治理、伴生资源回收、资源循环利用的新思路，使工艺方法的构筑与环境保护、资源回收相结合；同时，在稀土湿法冶金后处理工艺方面，提出了稀土湿法冶金产品功能化的理念，结合编者多年来在稀土湿法冶金后处理方面的研究成果，旨在提高湿法冶金产品的附加值。全书共9章，第1章绪论，介绍了稀土元素的基本知识和稀土冶金生产流程；第2章到第6章为稀土湿法冶金，第2章介绍了稀土元素的提取，针对不同稀土资源的特点，探讨了不同矿物的提取及三废处理；第3章、第4章和第5章分别讲述了稀土元素的化学分离方法、离子交换分离法和溶剂萃取分离法；第6章讨论了稀土化合物的制备；第7章到第9章为稀土火法冶金，第7章探讨了熔盐电解法和金属热还原法制备稀土金属和合金；第8章介绍了稀土硅铁合金的生产；第9章介绍了稀土金属的提纯。

本书是介绍稀土冶金的专著，可作为有关院校稀土工程、冶金、化学和材料类专业本科生、研究生的学习教材，也可作为有关人员学习稀土知识的参考资料。

图书在版编目（CIP）数据

稀土现代冶金 / 李梅等编著. —北京：科学出版社，2016.7
ISBN 978-7-03-049458-0

I. ①稀⋯　　II. ①李⋯　　III.①稀土金属-有色金属冶金　　IV. ①TF845

中国版本图书馆 CIP 数据核字(2016)第 168514 号

责任编辑：张　析 / 责任校对：张小霞
责任印制：赵　博 / 封面设计：东方人华

科 学 出 版 社 出版
北京东黄城根北街 16 号
邮政编码：100717
http://www.sciencep.com

天津市新科印刷有限公司印刷
科学出版社发行　各地新华书店经销

*

2016 年 7 月第 一 版　　开本：720×1000　1/16
2024 年 8 月第五次印刷　　印张：24 3/4
字数：484 000

定价：**108.00** 元
（如有印装质量问题，我社负责调换）

前　言

　　稀土是元素周期表中一类特殊的元素，稀土元素独特的电子层结构，造就了其优良的光、电、磁等特性，稀土元素的本征特性奠定了其在高技术领域中的重要地位。当今世界，每六项新技术的发明，就有一项与稀土有关。

　　稀土是我国的重要战略资源，受到党和国家的高度重视。经过几十年的发展，我国已建成了完整的稀土采、选、冶工业体系，使稀土的工业化水平快速提升。目前我国的稀土储量居世界第一，生产规模居世界第一，出口量居世界第一，消费量居世界第一，我国已成为稀土大国，但还不是稀土强国，特别是在稀土冶金方面存在着资源浪费、环境污染、产品附加值低等问题。因而研究稀土冶金工艺新理论、新技术，对提高我国的稀土提取分离与应用水平，清洁高效开发利用我国的稀土资源具有重要意义。

　　稀土冶金是稀土应用、稀土新材料制备的基础，而稀土新材料的发展也能不断推动稀土冶金工艺的提升。本书收集了近年来国内外有关稀土冶金方面的相关文献和编者近年来的研究成果，力求全面反映稀土冶金领域的新进展、新成果。

　　包头是我国的稀土之都，本书编者之一李梅教授在1990年硕士毕业后被分配到世界最大的稀土研究机构——包头稀土研究院工作，曾经是该院的主任工程师，2003年作为引进人才调入内蒙古科技大学工作，组建了"稀土湿法冶金与轻稀土应用"团队。她在包头稀土研究院时的团队主要成员也相继来到了内蒙古科技大学，目前团队成员有5人来自包头稀土研究院，他们都有着多年的稀土研究及工厂实践的经历，其中3人在稀土领域工作了20多年。团队针对包头稀土资源开发过程中存在的伴生资源浪费、环境污染、稀土产品附加值低、轻稀土资源应用失衡等问题，从选矿、冶炼、应用三个领域出发，加强学科交叉，开发新工艺，开展稀土资源清洁化选冶新技术、湿法分离产品功能化、铈基稀土化合物应用等方面的基础理论及工艺技术研究，取得了多项创新性成果。在稀土选冶领域，编者所在团队本着源头治理、综合回收的理念，在工艺过程中考虑资源回收和环境保护，而不是产生污染再治理。对于包头混合型稀土矿的清洁冶炼，将分馏萃取思想应用到稀土矿物的精选中，建立新的稀土浮选动力学模型，得到了高品位、高回收率的稀土精矿。高品位稀土精矿采用酸浸碱溶的清洁冶炼工艺制备氯化稀土，同时回收了伴生元素氟、磷、钍等，不仅从源头上避免了三废污染，而且可以回收有工业应用价值的伴生元素，降低了生产成本。李梅教授是国家杰出青年科学基金获得者、教育部长江学者特聘教授；她带领的"稀土湿法冶金与轻稀土应用"

团队被评为国家重点领域创新团队(内蒙古自治区首个)、教育部"长江学者与创新团队发展计划"创新团队、内蒙古自治区首届"草原英才"创新团队,并被评为全国专业技术人才先进集体。李梅教授在从事稀土科研工作的同时结合自己的研究体验,为内蒙古科技大学的本科生和研究生开设了稀土元素及分析化学、稀土冶金学和稀土功能材料等课程,取得了良好的教学效果。本书是研究团队结合多年的实践经验编写的五本稀土系列丛书之一,本书的编写也融入了研究团队多年的研究成果、实践体会和教学经验,希望能给读者以启迪。

　　本书可作为高等院校冶金类、材料类、化学与化工类及相关专业的本科生及研究生的教学用书和参考书,也可供有关的科研院所、工矿企业的科研人员、工程技术人员及管理人员阅读参考。本书的各章内容既有联系又有其独立性,读者可以根据自己的兴趣和实际需要选择其中的部分章节阅读。本书的出版以期能满足稀土学科及其产业发展对创新型人才培养的需要,为我国的经济建设和人才培养做出微薄的贡献。

　　本书由李梅负责统编,李梅撰写了第2、6章,柳召刚撰写了第7、9章,张晓伟撰写了第1、3、4、8章,常宏涛撰写了第5章。本书在编写过程中引用或参考了许多图书和相关文献,本书的出版也得到了内蒙古科技大学和科学出版社的大力支持和帮助,在此向这些编者和关心本书的人们表示衷心的感谢!

　　由于编者水平所限,书中不妥之处在所难免,恳请广大读者批评指正。

编　者

2015 年 6 月于包头

目　　录

第1章 绪 论

1.1 稀 土 元 素

1.1.1 稀土元素的概念

稀土元素是物理化学性质相似的钪、钇和镧系元素的总和，共 17 种元素。从 18 世纪以来，人们相继发现了若干种不溶于水、像土一样的氧化物，人们把这些氧化物称为土，因而得名稀土。但在自然界中，稀土矿物并不稀少，稀土也不是土，而是门捷列夫元素周期表中第三副族中原子序数从 57 到 71 的 15 种镧系元素：镧(La)、铈(Ce)、镨(Pr)、钕(Nd)、钷(Pm)、钐(Sm)、铕(Eu)、钆(Gd)、铽(Tb)、镝(Dy)、钬(Ho)、铒(Er)、铥(Tm)、镱(Yb)、镥(Lu)，再加上与它们电子结构和物理化学性质相近的钪(Sc)和钇(Y)。

稀土元素的发现始于 1794 年，从科学家们发现了硅铍钇矿开始，到 1947 年用人工方法从核反应裂变产物中分离出最后一种稀土元素钷，历时 153 年。而钪是典型的分散元素；钷是自然界中极其稀少的放射性元素。因此，在处理稀土矿的稀土生产中，实际上只包含 15 种元素。

根据稀土元素间物理化学性质和地球化学性质的某些差异和分离工艺的要求，将稀土元素分为轻、重两组或者轻、中、重三组，但轻、中、重的分界线并不严格，常见的分组方法见表 1-1。

表 1-1 稀土元素及分组表

稀土元素					分组		
中文名称	英文名称	原子序数	元素符号	原子量	矿物特点	硫酸复盐溶解度	萃取分离
镧	lanthanum	57	La	138.91	铈组（轻稀土）	铈组（硫酸复盐难溶）	轻稀土（P_{204}弱酸度萃取）
铈	cerium	58	Ce	140.12			
镨	praseodymium	59	Pr	140.91			
钕	neodymium	60	Nd	144.24			
钷	promethium	61	Pm	(147)			
钐	samarium	62	Sm	150.35			中稀土（P_{204}低酸度萃取）
铕	europium	63	Eu	151.96			
钆	gadolinium	64	Gd	157.25	钇组（重稀土）	铽组（硫酸复盐微溶）	
铽	terbium	65	Tb	158.92			重稀土（P_{204}中酸度萃取）
镝	dysprosium	66	Dy	162.50			

稀土元素					分组		
中文名称	英文名称	原子序数	元素符号	原子量	矿物特点	硫酸复盐溶解度	萃取分离
钬	holmium	67	Ho	164.93	钇组 (重稀土)	钇组 (硫酸复盐难溶)	重稀土 (P₂₀₄中酸度萃取)
铒	erbium	68	Er	167.26			
铥	thulium	69	Tm	168.93			
镱	ytterbium	70	Yb	173.04			
镥	lutetium	71	Lu	174.91			
钪	scandium	21	Sc	44.96			
钇	yttrium	39	Y	88.91			

国际上一般常用"R"表示稀土元素,而有的国家如德国用"RE"、法国用"TR"、俄罗斯用"P3",我国多用"RE"表示,单独表示镧系元素用"Ln"[1]。

1.1.2　稀土元素的发现和在地壳中的丰度

1787 年,瑞典人阿伦尼乌斯(C. A. Arrhenius)发现了一种新矿物,1794 年芬兰化学家加多林(J. Gadolin)分析此矿物时发现有未知新元素,因其氧化物像土,故被称为"新土",后命名为"钇土",它实际上是包含钇在内的混合稀土氧化物。阿伦尼乌斯发现这种矿物即为硅铍钇矿。因此有人将发现钇土的 1794 年作为稀土发展的年代。1843 年,莫桑德(K. G. Mosander)在研究钇土时发现了除钇(Y)以外的两种新元素,即铽(Tb)和铒(Er);1878 年,马利格纳克(J. C. G. de Marignac)发现了镱(Yb);1879 年,克里夫(P. T. Cleve)发现了钬(Ho)和铥(Tm);1886 年,波伊斯包德朗(L. de Boisbaudran)发现了镝(Dy);1907 年,镥(Lu)被发现。至此,从 1794 年发现钇土到 1907 年发现镥共发现 8 种元素,经历了 113 年。

轻稀土的发现晚于重稀土。1803 年人们在分析瑞典产的 Tungsten 矿样时,发现了一种新的"土",取名为"铈土";将 Tungsten 矿改名为 Cerite(硅铈石)。1839 年莫桑德(K. G. Mosander)在铈土中发现了新元素镧(La),而在 1841 年他又在镧中发现有新元素,命名为镝(dysprosium);1879 年钐(Sm)又从镝中被发现,同年,钪(Sc)又被发现;1880 年钆(Gd)被马利格纳克发现;1885 年韦尔斯巴克从 Tungsten 矿中分离出两个新元素,即钕(Nd)和镨(Pr);1901 年德马克(E. A. Demarcay)从"钐"中发现了铕(Eu);到 1947 年放射性元素钷从核反应堆裂变产物中被分离出来。

稀土在地壳中的含量并不稀少,它们在地壳中的平均质量分数(丰度或克拉克值)见表 1-2。这组元素的丰度达 0.0236%,其中铈组元素为 0.01592%,钇组元素为 0.0077%,比常见元素如铜(0.01%)、锌(0.005%)、锡(0.004%)、铅(0.0016%)、镍(0.008%)、钴(0.003%)等都多。

表 1-2　稀土元素在地壳中的丰度

元素名称	元素符号	原子序数	地壳丰度/ppm[*]
钪	Sc	21	25
钇	Y	39	31
镧	La	57	35
铈	Ce	58	66
镨	Pr	59	9.1
钕	Nd	60	40
钷	Pm	61	0.45
钐	Sm	62	7.06
铕	Eu	63	2.1
钆	Gd	64	6.1
铽	Tb	65	1.2
镝	Dy	66	4.5
钬	Ho	67	1.3
铒	Er	68	1.3
铥	Tm	69	0.5
镱	Yb	70	3.1
镥	Lu	71	0.8

* $1ppm=10^{-6}$。

稀土元素在地壳中的分布主要有如下特点：

(1) 稀土元素在地壳中的总含量为 165.37g/t，这个数值已大大超过了常见金属铜、铅、锌、锡等的含量，可见稀土元素并不稀少。

(2) 铈组元素(镧、铈、镨、钕、钐、铕)的分布量大于钇组元素(钇、铽、镝、钬、铒、铥、镱、镥)的分布量，铈组元素约为 121.6g/t，钇组为 33.77g/t。

(3) 各种稀土元素在地壳中的平均含量相差很大。稀土元素从镧至镥，在地壳中的分布量是呈波浪式下降的趋势。通常是原子序数为偶数的稀土元素的分布量大于相邻的原子序数为奇数的稀土元素的分布量，仅个别矿物与上述特点稍有出入[2]。

1.1.3　稀土元素的电子层结构和镧系收缩

1. 稀土元素的电子层结构

根据能量最低原理，镧系元素的原子电子组态有两种类型，即$[Xe]4f^{n}6s^{2}$ 和 $[Xe]4f^{n-1}5d^{1}6s^{2}$，$[Xe]$是氙的电子组态，即 $1s^{2}2s^{2}2p^{6}3s^{2}3p^{6}3d^{10}4s^{2}4p^{6}4d^{10}5s^{2}5p^{6}$。钪和钇虽然没有 4f 电子，但最外层电子具有$(n-1)d^{1}ns^{2}$组态。因此，其化学性质与镧系元素有相似之处，采用普通方法很难分离。这就是将它们归为稀土元素的原因。表 1-3 为稀土元素的外部电子层结构。

表 1-3　稀土元素的外部电子层结构

元素名称	元素符号	原子序数	原子的电子组态						原子半径 /×10⁻¹nm	RE³⁺半径 /×10⁻¹nm	化合价
				4f	5s	5p	5d	6s			
镧	La	57		0	2	6	1	2	1.877	1.061	+3
铈	Ce	58		1	2	6	1	2	1.824	1.034	+3
镨	Pr	59		3	2	6		2	1.828	1.013	+3
钕	Nd	60		4	2	6		2	1.821	0.995	+3、+4
钷	Pm	61		5	2	6		2	(1.810)	(0.98)	+3、+4
钐	Sm	62	内部各层已填满，共46个电子	6	2	6		2	1.802	0.964	+3
铕	Eu	63		7	2	6		2	2.042	0.950	+3
钆	Gd	64		7	2	6	1	2	1.802	0.938	+2、+3
铽	Tb	65		9	2	6		2	1.782	0.923	+2、+3
镝	Dy	66		10	2	6		2	1.773	0.908	+3
钬	Ho	67		11	2	6		2	1.766	0.894	+3、+4
铒	Er	68		12	2	6		2	1.757	0.881	+3
铥	Tm	69		13	2	6		2	1.746	0.869	+3
镱	Yb	70		14	2	6		2	1.940	0.858	+3
镥	Lu	71		14	2	6		2	1.734	0.848	+3
				3d	4s	4p	4d	5s			
钪	Sc	21	内部各层已填满，共18个电子	1	2				1.641	0.68	+2、+3
钇	Y	39		10	2	6	1	2	1.801	0.88	+3

从表 1-3 可以看出，镧系元素随着原子序数的增加，其原子的最外两电子层(O 层及 P 层)的结构几乎没有变化。这是因为填充的电子填入了尚未填满的受外层电子屏蔽但不受邻近原子电磁场影响的较内层的 4f 亚层上。La、Gd、Lu 呈现稳定的三价状态，这是由于最外层的两个 6s 亚层电子和一个 5d 亚层电子参与价键。它们之后的 Ce³⁺、Pr³⁺、Tb³⁺分别比稳定的电子组态多 1 个或 2 个电子，因此它们可以进一步氧化为+4 价，而 Sm、Eu、Yb 分别比稳定的电子组态少 1 个或 2 个电子，因此可以还原为+2 价，这是这几种元素具有反常价态的原因。

除上述电子层结构的原因外，稀土元素的化合价还受动力学和热力学因素影响，在合金中也易出现其他形式的价态。近年来，由于合成条件不断完善，具有反常价态的稀土元素不断扩充，如除了四价的 Ce、Pr、Tb 和二价的 Sm、Eu、Yb 以外，又合成了一些新的四价化合物，几乎所有的稀土元素的二价化合物均已形成，但是其中一部分并不是真正的二价化合物。

2. 镧系收缩

稀土元素之间的性质十分相近，这除与它们的参键电子有关以外，还与它们的原子半径和三价离子半径有关。表 1-3 中列出了稀土元素的原子半径和三价离子半径。从表中可以看出，稀土元素的原子半径和三价离子半径，从钪到镧依次增加，这是电子层增多的缘故。从镧到镥由于电子的内迁移特性，其原子半径(铈、铕和镱例外)和三价离子半径却随着原子序数的增加而逐渐减小，这种现象称为"镧系收缩"，如图 1-1 和图 1-2 所示。

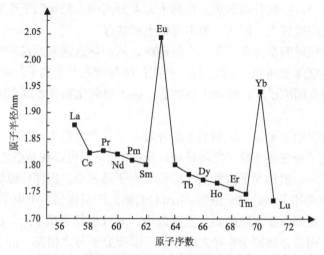

图 1-1 镧系元素的原子半径与原子序数的关系

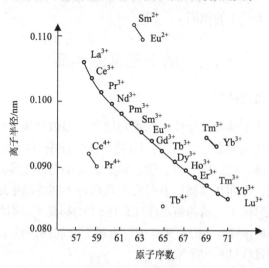

图 1-2 三价镧系离子半径与原子序数的关系

在镧系元素的离子中，电子层数都是 5 层，但当原子序数增加 1 时，核电荷增加 1，4f 电子虽然也增加 1，但 4f 电子只能屏蔽所增加核电荷中的一部分，一般认为在离子中 4f 电子只能屏蔽核电荷的 85%，而在原子中由于 4f 电子云的弥散没有在离子中的大，故屏蔽系数略大。因而当原子序数增大时，外层电子受到核电荷的引力实际上是增加了，这种引力的增加引起原子半径或离子半径的减小，这种现象称为镧系收缩。

镧系收缩导致与镧系元素同族的上一周期的元素——钇的三价离子半径位于镧系元素系列中(在铒附近)。钇的化学性质与镧系元素非常相似，和镧系元素共生于同一矿物中，彼此分离困难。在稀土元素分离中，把钇归于重稀土一组；而钪的离子半径相差较大，因此一般不与稀土矿共存。

镧系收缩使得镧系元素的离子半径递减，从而导致镧系元素的性质随原子序数的增大而有规律地递变。例如，使一些配位体与镧系元素离子的配位能力递增，金属离子的碱度随原子序数的增大而减弱，稀土氢氧化物开始沉淀的 pH 逐渐降低等。

稀土金属的原子半径大致相当于最外层电子云密度最大地方的尺寸，因此金属的最外层电子云在相邻原子之间是相互重叠的，它们可以在晶格之间自由运动，成为传导电子，一般情况下这种离域的传导电子是三个。但铕和镱倾向于分别保持 $4f^7$ 和 $4f^{14}$ 半满和全满的电子组态，因而它们倾向于只提供两个电子为离域电子，外层电子云在相邻原子之间的相互重叠较少，有效半径明显增大，这就是铕和镱的原子半径比相邻金属原子半径大的原因。而铈原子与之相反，由于 4f 中只有 1 个电子，倾向于提供 4 个离域电子而保持较稳定的电子组态，这就是铈的原子半径比相邻金属原子半径小的原因[3]。

1.2　稀土元素的性质

1.2.1　稀土元素的物理性质

稀土元素具有典型的金属特性，除镨和钕外，多数呈银灰色。稀土元素的晶体结构多呈六方密集或面心立方结构，钐(菱形结构)和铕(体心立方结构)例外。而钪、钇、镧、铈、镨、钕、钐、铽、镝、钬、镱等都有同素异晶变体。它们的晶体转变过程较缓慢，因而在金属中有时会出现两种不同的晶形结构。

除镱以外，钇组稀土金属的熔点(1312~1652℃)都高于铈组稀土金属。而对于沸点，铈组稀土金属(除钐、铕外)又高于钇组稀土金属(镥例外)。其中以金属钐、铕和镱的沸点为最低(1430~1900℃)。

钐、铕、钆的热中子俘获面很大，分别为 5600b、4300b、4600b，远高于常用于反应堆作热中子控制材料的镉(2500b)和硼(1715b)，而铈和钇最小。

高纯的稀土金属具有良好的塑性，其硬度为 20~30 个布氏硬度单位，易于加工成型。其中尤以金属镱、钐的可塑性为最佳。除镱以外的钇组稀土金属的弹性模量均高于铈组稀土金属。稀土金属的机械性能在很大程度上取决于其杂质含量，特别是氧、硫、氮和碳等杂质。

稀土金属的导电性较差。镧在 4~6K 时出现超导性，其他稀土金属即使在接近 0K 时也无超导性。钆、镝和钬具有铁磁性；除镧、镥是反磁性物质外，其他所有稀土金属都是顺磁性，如表 1-4 和图 1-3 所示。

表 1-4　稀土元素的原子磁矩

原子序数	元素符号	原子磁矩(B. M.)	原子序数	元素符号	原子磁矩(B. M.)
57	La	0.00	65	Tb	9.7
58	Ce	2.54	66	Dy	10.6
59	Pr	3.58	67	Ho	10.6
60	Nd	3.62	68	Er	9.6
61	Pm	2.68	69	Tm	7.6
62	Sm	0.84	70	Yb	4.5
63	Eu	0.00	71	Lu	0.00
64	Gd	7.94			

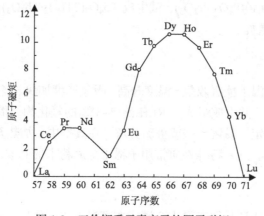

图 1-3　三价镧系元素离子的原子磁矩

通常具有未充满的 4f 电子层的原子或离子有 30000 多条可以观察到的谱线，远多于 d 层和 p 层未充满电子的原子或者离子。因此，稀土元素可以吸收或发射从紫外到红外光区的各种谱线。

稀土离子有些激发态的平均寿命长达 10^{-6}~10^{-2}s，高于一般原子或离子的 10^{-10}~10^{-8}s。利用这个性质可以制备长余辉发光材料。

1.2.2　稀土元素的化学性质

稀土元素的化学活性很强，其活性由钪、钇至镧递增，由镧至镥逐渐减弱，尤以镧、铈和铕为最活泼。在较低的温度下，稀土元素能与氢、碳、氮、磷及其他一些元素相互反应。稀土金属燃点很低，铈为160℃，镨为190℃，钕为270℃，它们能生成极稳定的氧化物、卤化物和硫化物。

稀土金属能使水分解，且易溶于盐酸、硫酸和硝酸中。稀土金属不与碱作用。稀土金属由于能形成难溶的氟化物和磷酸盐的保护膜，因而难溶于氢氟酸和磷酸中。稀土金属能与多种金属元素生成金属间化合物或合金。

1. 与氧反应

稀土金属在室温下能与空气中的氧发生反应。首先是其表面被氧化，继续氧化的程度，依据所生成的氧化物的结构性质的不同而异。例如，镧、铈和镨在空气中的氧化速度较快，而钕、钐和钆的氧化速度较慢，甚至能较长时间保持金属光泽。

所有稀土金属在空气中加热至 180~200℃时，迅速氧化并放出热量。铈生成CeO_2，镨生成$Pr_6O_{11}(4PrO_2 \cdot Pr_2O_3)$，铽生成$Tb_4O_7(2TbO_2 \cdot Tb_2O_3)$；其他稀土金属则生成$RE_2O_3$型氧化物。

2. 与氢反应

稀土金属在室温下能吸收氢，温度升高，吸氢速度加快。当加热至250~300℃时，其能强烈吸氢，并生成组成为$REH_x(x=2\sim3)$型的氢化物。稀土氢化物性较脆，在潮湿空气中不稳定，易溶于酸或被碱分解。在真空中，加热至1000℃以上，其可以完全释放出氢。这一特殊性质常用于稀土金属粉末的制取。

3. 与碳反应

无论是熔融状态还是固态稀土金属，在高温下与碳作用，均能生成 RE_3C 型化合物。而稀土金属氢化物在高温下与石墨作用，也可以生成RE_2C_3、REC_2型化合物，它们具有金属的导电性。所有的稀土碳化物在室温下遇水都水解成稀土氢氧化物和气体产物。

4. 与氮反应

熔融状态或者固态稀土金属，在高温下与氮发生反应生成 REN 型化合物，在高温下非常稳定，但遇水后会缓慢水解并放出氨；REN 能够迅速溶解于酸中，遇碱则生成氢氧化物和氨气。

5. 与硫反应

稀土金属与硫蒸气作用，生成 RE_2S_3 和 RES 型的硫化物。硫化物的特点是熔点高、化学性质稳定和耐蚀性强。稀土硫化物不溶于水，在空气中稳定；稀土硫化物在空气中加热到 200~300℃时开始氧化生成碱式硫酸盐。

6. 与卤素反应

在高于 200℃的温度下，稀土金属均能与卤素发生剧烈反应，主要生成三价的 REX_3 型化合物，其作用强度由氟向碘递减。而钐、铕还可生成 REX_2 型化合物，铈可生成 REX_4 型的化合物，但都属不稳定的中间化合物。

一般情况下，卤化物都含有一定的水分子，因此稀土卤化物均有很强的吸湿性。稀土元素的 $REX_2(X=Cl、Br、I)$型的化合物在空气和水中均不稳定，能迅速氧化为稀土氢氧化物和氢气。

7. 与金属元素反应

稀土金属几乎能同所有的金属元素反应，生成组成不同的金属间化合物或合金。例如，与镁生成 $REMg$、$REMg_2$、$REMg_4$ 等化合物(稀土金属微溶于镁)；与铝生成 RE_3Al、RE_3Al_2、$REAl$、$REAl_2$、$REAl_3$、RE_3Al_4 等化合物；与钴生成 $RECo_2$、$RECo_3$、$RECo_4$、$RECo_5$、$RECo_7$ 等化合物，其中 Sm_2Co_7、$SmCo_5$ 为永磁材料；与镍生成 $LaNi$、$LaNi_5$、La_3Ni_5 等化合物；与铜生成 YCu、YCu_2、YCu_3、YCu_4、$NdCu_5$、$CeCu$、$CeCu_2$、$CeCu_4$、$CeCu_6$ 等化合物；与铁生成 $CeFe_2$、$CeFe_3$、Ce_2Fe_3、YFe_2 等化合物，但镧与铁只生成低共熔体，镧铁合金的延展性很好。

稀土金属与碱金属及钙、钡等均不生成互溶体系。稀土金属在锆、铌、钽中溶解度很小，一般只形成低共熔体，与钨、钼不能生成化合物[4]。

1.3 稀土资源和稀土矿物

1.3.1 稀土资源

由前所述，稀土元素在地壳中的分布较为分散，但丰度并不是很低。稀土元素中含量最少的是钷，其次是铥、镥、铽、铕、钬、铒、镨等，但它们在地壳中的含量也比铋、银、汞、金等的含量高[5]。

虽然稀土的绝对量大，但就目前为止能真正成为可开采的稀土矿并不多，而且在世界上的分布也极不均匀，主要集中在中国、美国、印度、苏联、南非、马拉维、澳大利亚、加拿大、埃及等几个国家，其中中国占有率最高，见表 1-5。

表 1-5　世界稀土资源(REO*)储量

国家	储量/×10⁴t	储量占有率/%	基础储量/×10⁴t	基础储量占有率/%
中国	4300	41.36	4800	42.53
苏联	1900	18.28	2100	18.61
美国	1300	12.51	1400	12.41
澳大利亚	520	5	580	5.14
印度	110	1.06	130	1.15
加拿大	94	0.9	100	0.89
南非	39	0.38	40	0.35
巴西	28	0.27	31	0.27
马来西亚	3	0.03	3.5	0.03
斯里兰卡	1.2	0.01	1.3	0.01
泰国	0.1	—	0.11	—
扎伊尔	0.1	—	0.1	—
其他	2100	20.2	2100	18.61
总计	10395.4	100	11286.01	100

* REO 代表稀土氧化物。

　　我国白云鄂博铁、铌、稀土矿床，四川牦牛坪氟碳铈矿矿床，南方风化壳淋积型稀土矿；澳大利亚韦尔德山碳酸岩风化壳稀土矿床，澳大利亚东、西海岸的独居石砂矿床；美国芒廷帕斯碳酸岩氟碳铈矿矿床；巴西阿腊夏、塞斯拉估什碳酸岩风化壳稀土矿；俄罗斯托姆托尔碳酸岩风化壳稀土矿床，希宾磷霞岩稀土矿床；越南茂塞碳酸岩稀土矿床等；其稀土资源量均在 100 万 t 以上，有的达到上千万吨，个别超过 1 亿 t，构成稀土资源的主体。

　　我国是世界上稀土资源最丰富的国家，无论是稀土储量还是稀土产量都居世界第一。我国已探明的稀土储量见表 1-6。

表 1-6　我国已探明稀土工业储量(REO)*

地区	工业储量/万 t	比例/%
内蒙古白云鄂博	4350	83.6
山东微山	400	7.70
四川凉山	150	2.90
南方七省区	150	2.90
其他	150	2.90
总计	5200	100

* 因为资料来源不同，某些数据并不一致[6]。

1.3.2 稀土矿物

按照稀土元素在矿物中的赋存状态，稀土矿物可分为三种类型：

(1) 参与形成矿物的晶体结构，是构成矿物化合物中不可缺少的组成。这类矿物能够用选矿方法富集和分离出单体矿物或含量较高的精矿，如氟碳铈矿、独居石、磷钇矿。

(2) 以类质同象置换形式分散于许多造岩矿和一些其他稀有金属矿物中难于选出精矿，如磷灰石。

(3) 呈吸附状态赋存于某些矿物表面或矿粒间。这类矿物主要是黏土矿物、云母类矿物。此类矿物往往是经过了长期风化，颗粒度细，易于采掘和回收稀土，但不能用选矿方法富集[7]。

目前，世界上已经知道的稀土矿物大约有 169 种，而含有稀土元素的矿物有250 多种，但是被冶金行业利用的具有工业意义的矿物仅有十几种。一些重要的稀土矿物及性质见表 1-7。

诸多稀土矿物按照稀土元素在矿物中的化学组成、稀土元素在矿物中的配分、晶体结构和晶体化学特征等方面的区别可以分成若干类别。稀土冶金行业按照化学组成将稀土分成 9 类，即氟化物类矿物、碳酸盐及氟碳酸盐类矿物、磷酸盐类矿物、硅酸盐类矿物、氧化物类矿物、硼酸盐类矿物、硫酸盐类矿物、钒酸盐类矿物和砷酸盐类矿物；按照稀土配分分成两大类，包括完全配分型和选择配分型。

表 1-7　主要稀土矿物及其一般性质

矿物名称	分子式	大致成分含量/%	晶型	颜色	相对密度
独居石	$REPO_4$	铈组元素为主，其中 $REO \approx 50 \sim 68$ $CeO_2/REO \approx 45 \sim 52$ $ThO_2 \approx 4 \sim 12$ $U_3O_8 \approx 0.1 \sim 0.3$ $P_2O_5 \approx 22 \sim 31$	单斜晶系	黄褐、黄绿、红褐	$4.8 \sim 5.2$
氟碳铈矿	$REFCO_3$	$REO \approx 74$ $CeO_2/REO \approx 45 \sim 52$ $ThO_2 \approx 0.13 \sim 0.17$ $F \approx 10 \sim 12$	三方晶系	红褐、浅绿	$4.7 \sim 5.1$
氟碳铈钙矿	$(Ce、La)_2Ca_2(CO_3)F$	$REO \approx 53 \sim 62$ $CeO_2/REO \approx 50$ $F \approx 6 \sim 7$ Th、U 微量	三方晶系	红褐、浅绿	$4.2 \sim 4.5$
磷钇矿	YPO_4	$REO \approx 60$ $P_2O_5 \approx 32$ $Y_2O_3/REO \approx 52 \sim 62$ $ThO_2 \approx 0.2$ $UO_2 \approx 5$	四方晶系	浅黄、棕色、浅黄绿	$4.4 \sim 4.8$

矿物名称	分子式	大致成分含量/%	晶型	颜色	相对密度
硅铍钇矿	$Y_2FeBe_2Si_2O_{10}$	$REO \approx 50$ $Y \approx 40$ $BeO \approx 9\sim10$ $SiO_2 \approx 23\sim25$ $FeO \approx 10\sim14$ $ThO_2 \approx 0.3\sim0.4$	单斜晶系	黑、褐绿	4.0~4.6
褐钇铌矿	$(Y、U、Th)\cdot(Nb、Ta、Ti)O_4$	$REO \approx 31\sim42$ $Y_2O_3/REO \approx 52\sim62$ $ThO_2 \approx 0\sim4.85$ $UO_2 \approx 4.0\sim8.2$ $Nb_2O_5 \approx 2\sim50$ $Ta_2O_5 \approx 0\sim55$ $TiO_2 \approx 0\sim6$	四方晶系	黑、褐	4.9~5.8
黑稀金矿	$(Nb、Ta、Ti)_2\cdot(Y、U、Th)O_6$	$REO \approx 31\sim42$ $Y_2O_3/REO \approx 25\sim33$ $ThO_2 \approx 2.4$ $UO_2 \approx 11.7$ $Ta_2O_5 \approx 3.7$ $TiO_2 \approx 23$ $Nb_2O_5 \approx 26.7$	四方晶系	黑、褐	4.9~5.8
风化壳淋积离子吸附型矿	$[Al_2Si_2O_5(OH)_4]_m\cdot REO$	$REO \approx 0.056\sim0.224$ ①重稀土型： $Y_2O_3/REO \geqslant 40$； ②轻稀土型以 La、Nd 为主； ③中钇富铕型： $Y_2O_3/REO \approx 20\sim30$ $Eu_2O_3/REO \approx 0.8\sim1.0$ $SiO_2 \approx 64\sim75$ $Al_2O_3 \approx 13\sim17$			

根据近几年对世界各国稀土矿的储量与稀土矿山产量的统计可以知道，工业上目前使用的稀土矿物大约只有 10 种，其中以独居石、氟碳铈矿、独居石与氟碳铈矿混合型矿、离子吸附型矿、磷钇矿产量最大，是最为重要的稀土工业矿物。

我国是世界上稀土资源最丰富的国家，无论是稀土储量还是稀土产量都位居世界第一。同世界各国的稀土资源相比较，我国的稀土资源具有如下特点：

(1) 储量大。我国的稀土工业储量占现已探明世界储量的 41.36%。

(2) 分布广。我国的稀土矿床和矿化产地在地域分布上具有面广又相对集中的特点(表 1-8)。

(3) 矿种全。在我国，具有工业意义的各种稀土矿种都有发现，而且颇具规模，并得到开发利用。

表 1-8　我国主要稀土矿物分布表

分布地区		主要稀土矿床类型
华北地区	内蒙古自治区	沉积变质-氟、钠交代型铌-稀土-铁矿床，硅钛铈矿稀土及含有稀土稀有元素的伟晶岩矿床
西北地区	甘肃省	含铌、稀土碳酸盐型矿床
	陕西省	含铌、稀土、铀脉状矿床和含磷稀土矿床
	青海省	含磷稀土块状矿床
华东地区	江西省	含稀土花岗岩风化壳型矿床，含稀土花岗岩风化壳及稀土离子吸附型矿床
	福建省	含稀土花岗岩风化壳型矿床
	山东省	含氟碳铈矿重晶石碳酸盐脉状矿床
	台湾省	独居石海滨砂矿床
中南地区	广东省	稀土砂矿床，混合型稀土矿床，含稀土花岗岩风化壳及离子吸附型矿床
	广西壮族自治区	稀土砂矿床，混合型稀土矿床，含稀土花岗岩风化壳及离子吸附型矿床
	湖南省	含稀土花岗岩风化壳型矿床
	湖北省	含铌、稀土正长岩、碳酸盐矿床，重稀土矿床及稀土砂矿床
	河南省	含稀土脉状矿床，含稀土碱性花岗岩矿床
西南地区	四川省	含稀土伟晶岩矿床，含稀土碱性花岗岩矿床，含稀土脉状矿床
	云南省	含稀土磷块状岩矿床，稀土砂矿床
	贵州省	含稀土磷块状岩矿床，铝土矿矿床
东北地区	辽宁省	含稀有元素、稀土碱性岩矿床，独居石、磷钇矿冲击砂矿床
	吉林省	含稀土伟晶岩矿床，独居石砂矿床，含稀土沉积铁矿床

(4) 高价值稀土元素含量高。我国内蒙古的白云鄂博稀土矿物具有富铈贫钇，高富集钕、钐、铕等特点。高价值的钕、镨、铕的含量均高于美国的芒廷帕斯氟碳铈矿。特别是我国南方风化壳淋积型稀土矿中重稀土含量高，类型齐全，易于采选，寻乌等地的淋积型稀土矿中钐、铕、钇、镝含量分别比美国芒廷帕斯氟碳铈矿中的含量高 10 倍、5 倍、12 倍和 20 倍，具有极高的经济价值(表 1-9)[8]。

表 1-9　中国与世界各主要稀土矿的典型稀土配分

稀土组分	中国					美国	俄罗斯	澳大利亚	马来西亚
	混合矿(包头)	氟碳铈矿(四川)	吸附型离子矿			氟碳铈矿	铈铌钙钛矿	独居石	磷钇矿
			A 型	B 型	C 型				
La_2O_3	25.00	29.81	38.00	27.56	2.18	32.00	25.00	23.90	1.26
CeO_2	50.07	51.11	3.50	3.23	< 1.09	49.00	50.00	46.30	3.17
Pr_6O_{11}	5.10	4.26	7.41	5.62	1.08	4.40	5.00	5.05	0.50
Nd_2O_3	16.60	12.78	30.18	17.55	3.47	13.50	15.00	17.38	1.61
Sm_2O_3	1.20	1.09	5.32	4.54	2.37	0.50	0.70	2.53	1.61
Eu_2O_3	0.18	0.17	0.51	0.93	< 0.37	0.10	0.09	0.05	0.01
Gd_2O_3	0.70	0.45	4.21	5.96	5.69	0.30	0.60	1.49	3.52
Tb_4O_7	< 0.1	0.05	0.46	0.68	1.13	0.01	—	0.04	0.92
Dy_2O_3	< 0.1	0.06	1.77	3.71	7.48	0.03	0.60	0.69	8.44

稀土组分	中国				美国	俄罗斯	澳大利亚	马来西亚
	混合矿(包头)	氟碳铈矿(四川)	吸附型离子矿		氟碳铈矿	铈铌钙钛矿	独居石	磷钇矿
			A 型	B 型	C 型				
Ho_2O_3	< 0.1	< 0.05	0.27						
Er_2O_3	< 0.1	0.034	0.88	2.48	4.26	0.01	0.80	0.21	6.52
Tm_2O_3	< 0.1	—	0.13	0.27	0.60	0.02	0.10	0.01	1.14
Yb_2O_3	< 0.1	0.018	0.62	1.13	3.34	0.01	0.20	0.12	6.87
Lu_2O_3	< 0.1	—	0.13	0.21	0.47	0.01	0.15	0.04	1.00
Y_2O_3	0.43	0.23	10.07	24.26	64.97	0.10	1.30	2.41	61.87

1.4 稀土冶金生产流程简介

稀土原矿经过富集后得到品位较高的稀土精矿。虽然精矿的品位较高，但是在一般情况下，精矿中的稀土还不能被直接利用，所以必须先将精矿分解。稀土精矿经过相应的方法，转化为便于提取稀土化合物的过程，称为稀土精矿的分解。当精矿中的稀土不能被浸出剂浸出或者完全浸出时，必须采用分解方法使精矿中的稀土变为能被浸出剂浸出的化合物。精矿分解通常采用热分解、加分解剂热分解和高温氯化分解。

稀土精矿经过分解、浸出过程后，大多为由稀土元素组成的混合物，但是各稀土元素的性质和用途各不相同，所以要将它们分离使用。在稀土分离过程中，使用较多的方法是有机溶剂萃取分离法与离子交换法。经过分离后的单一稀土产品纯度可达到 99.99%以上。

稀土经过分离后得到单一的稀土产品，再经过稀土化合物的制备得到稀土的氯化物、氧化物、氟化物等产品，这些产品可以用来制取高纯稀土金属。制备稀土金属主要采用熔盐电解法和金属热还原法。这些方法目前已发展成为直接制取多种稀土金属合金的工艺方法[9]。

1.4.1 稀土精矿的分解

稀土精矿的分解方法一般有酸分解法、碱分解法、氧化焙烧法和高温氯化法四大类。对于不同的稀土精矿要根据精矿中稀土矿物的化学性质、稀土品位、其他非稀土化学成分等特点，选择合适的分解方法，以求得高的分解率。同时也要考虑产品方案、原材料的供应、价格与消耗情况，以及有价元素的综合回收利用、劳动卫生与环境保护等，以优化工艺过程，求得高的经济效益。

包头混合稀土精矿是由氟碳铈矿和独居石组成的混合型稀土矿物，伴生有萤石、铁矿物、重晶石、磷灰石、含铌矿物以及其他矿物，矿相成分复杂，所以也被称为最难冶炼的稀土矿物。混合型稀土矿物中由于含有高温下十分稳定的稀土磷酸盐矿物(独居石)，常温下难以用酸分解，目前工业上使用的分解方法仅限于浓硫酸焙烧法和氢氧化钠分解法两种，但是这两种方法在环境保护和生产成本等方面都存在一定的问题。内蒙古科技大学李梅教授的研究团队针对混合型稀土资源提取过程中存在的三废污染和伴生资源浪费问题，重构了一套稀土矿物高效富集—65%稀土精矿焙烧分解—清洁提取稀土并回收伴生元素氟、磷、钍的选冶联合新工艺，该工艺为实现混合型稀土及伴生资源的清洁高效提取提供了重要依据。

氟碳铈矿的化学分子式为 $REFCO_3$ 或 $RE_2(CO_3)_3 \cdot REF_3$，是稀土碳酸盐和稀土氟化物的复合物，其中以轻稀土元素为主，铈占稀土元素含量的 50%左右。基于氟碳铈矿的特性，在工业生产中，目前分解方法主要有氧化焙烧-酸浸出法和酸-碱联合法。我国氟碳铈矿产地主要是四川省，生产中所采用的方法以空气氧化焙烧为主，而美国的氟碳铈矿主要采用酸-碱联合法分解工艺。

独居石是稀土的磷酸盐。精矿中独居石矿物的含量一般为 95%~98%，其中 REO 为 50%~60%，其他伴生矿物为钛铁矿、锆英石、硅石；其铈组元素占矿物稀土元素总量的 95%~98%；含有较多的放射性元素 Th、U 及微量的 Th 和 U 放射性衰变产物 Ra。虽然在研究工作领域有各种分解独居石的方法，但在工业生产中，仅用烧碱法和浓硫酸分解法两种工艺。烧碱法具有劳动防护与环境防护皆较易解决，而且可以回收独居石中磷的优点，因此目前以烧碱法为主。

我国特有的离子型吸附矿是风化淋积型稀土矿床，它的特点是矿化均匀且稳定、储量大、分布广、配分全、中重稀土含量高、采冶性能好和放射性元素含量低。一半以上稀土集存在相当于原矿质量 24%~32%的 0.074mm 的矿粒中。生产上采用电解质溶液直接渗浸提取稀土的方法。常用的浸取剂有氯化钠和硫酸铵，硫酸铵用作淋洗剂具有以下优点：化工原料消耗少，稀土回收率高，单位产品成本低；回收稀土后的废水经处理后可以达到工业排放标准；对于原地渗浸工艺而言，有利于植被的恢复。因而，目前工业上主要采用硫酸铵浸取风化淋积型稀土矿中的稀土。浸取方式也由堆浸、池浸，发展到了现在的原地溶浸。原地溶浸就是在不破坏矿区地表植被、不开挖表土与矿石的情况下，将浸出电解质溶液经浅井(槽)直接注入矿体，电解质溶液中的阳离子将吸附在黏土矿物表面的稀土离子交换解吸下来，形成稀土母液，然后收集浸出母液回收稀土。它具有不破坏植被、保护环境的优点。渗浸液中稀土的浓度较低，需经过富集后才能用于工业生产。工业中常用草酸或碳酸氢铵从渗浸液中沉淀稀土，然后灼烧得到 REO≥92%的产品；也可用价格便宜的萃取剂(如环烷酸)进行萃取富集，富集后的溶液再采用 P_{507} 萃取剂分离单一稀土。

1.4.2　稀土元素的分离

由于各稀土元素的性质和用途各不相同，在精矿分解后得到的是混合稀土，需要将其分离使用，目前分离稀土的方法主要有溶剂萃取法和离子交换法。

溶剂萃取是一种利用有机溶剂从与其不相混溶的液相中将某种物质提取出来的方法。稀土元素的萃取分离属于无机物萃取。

与经典的分离方法相比，用溶剂萃取法分离稀土元素具有以下特点：

(1) 溶剂萃取法处理容量大，反应速率快，分离效果好，可满足生产高纯产品和精细分离的要求，并且一般有较高的收率。

(2) 可进行连续、快速生产，易于实现自动化和电子计算机控制。

(3) 由于萃取剂可循环使用，工艺过程损耗较少，分离成本较低。

(4) 便于安全生产，有利于环境保护。

目前，工业上应用的分离稀土元素的萃取剂主要是以 P_{507}、P_{204} 为代表的酸性膦类萃取剂，我国在萃取理论和萃取生产工艺方面都处于世界领先地位。现在溶剂萃取法的实践和理论正在蓬勃发展，新的稀土萃取剂和新的溶剂萃取分离工艺研究以及萃取机理和萃取化学规律的研究日益受到人们的重视。

离子交换是指离子交换树脂中的交换基团与溶液中金属离子的多相化学反应。离子交换分离方法分为离子交换色层法和萃淋树脂法(萃取色层法)两种。

离子交换色层法是利用被吸附离子与离子交换树脂间的亲和力差异、被吸附离子与淋洗剂所生成配合物的稳定性差异和分离柱中延缓离子等的联合作用，使性质十分相近的有价组分离子进行分离和提纯的方法。进行离子交换色层分离时，被吸附离子与离子交换树脂间的亲和力的差异仅起到次要作用，主要靠被吸附离子与淋洗剂所生成的配合物稳定性差异及分离柱中延缓离子等的联合作用。目前，离子交换色层法主要用于稀土元素和其他微量物质的分离。

萃淋树脂法是 20 世纪 70 年代发展起来的一种新型分离方法。它是以吸附在惰性支体上或与树脂聚合的萃取剂作固定相，以无机水溶液作移动相，用于分离无机物质的一种新的分离技术。它的基本原理是液-液萃取和色层技术结合，根据各组分在两相中的分配比不同而分离。萃淋树脂法分离稀土的反应过程包括两部分，即稀土元素在树脂上的吸附负载和稀土元素的淋洗分离。目前，萃淋树脂法主要用于高纯重稀土的生产。

虽然离子交换色层法存在生产周期长、生产效率低和成本高的缺点，但是由于离子交换色层法的设备简单、操作容易、投资少，尤其是能有效地生产高纯单一稀土产品，因此，它仍然是分离提纯稀土元素的重要方法之一[10]。

1.4.3 稀土金属的生产

制备稀土金属主要采用熔盐电解法和金属热还原法。稀土元素根据熔点和沸点的不同采用不同的制备方法。La、Ce、Pr、Nd 的熔点低、沸点较高，一般采用熔盐电解法和氯化物钙热还原法制取，工业上用熔盐电解法。其单一金属用氟化物-氧化物体系熔盐电解法；混合金属用氯化物体系熔盐电解法。Sm、Eu、Yb、Tm 的沸点较低、熔点居中，采用氧化物经 La、Ce 金属热还原，然后进行蒸馏的方法，金属制取在碳管炉中进行。重稀土金属的熔点高、沸点也高，一般采用氟化物钙热还原法制取，在真空感应炉中进行。

熔盐电解法是制取混合稀土金属及镧、铈、镨、钕等单一轻稀土金属的主要工业方法。它有生产规模大、不用还原剂、可连续生产和比较经济与方便的特点。因此，熔盐电解法在稀土金属生产中占有重要地位，其应用范围很广。熔盐电解制取稀土金属和合金，可在氯化物体系和氟化物-氧化物体系两种熔盐体系中进行。

氯化物体系具有熔点较低、原材料廉价、操作简单等特点，现已在工业上广泛使用。稀土氧化物-氟化物熔盐电解的实质是以稀土氧化物为原料，在氟化物熔盐中进行电解以析出稀土金属的过程。由于稀土氧化物和氟化物的沸点较高，蒸气压较低，所以这种方法不仅可以制取混合稀土金属，还可以制取各种轻重稀土金属及其合金。氟化物-氧化物体系与氯化物体系相比，虽然有着不同的工艺特点，但电解理论规律基本一致，具有电解质成分稳定、不易吸湿和水解，有较高的电解技术指标等特点，近年来工艺技术有了很大的发展，已逐渐取代氯化物体系电解[11]。

除熔盐电解法外，金属热还原法也是制取稀土金属及其合金的重要工业方法。一般而言，熔盐电解法生产规模较大，适用于生产混合稀土金属、铈组或镨钕混合金属以及镧、铈、镨、钕等单一轻稀土金属，其产品纯度有限；而金属热还原法主要用于制取单一重稀土金属钐、铕、镱等高蒸气压金属和质量较高的镨、钕等单一轻稀土金属，产品纯度较高。近 30 年来，金属热还原法在用以制取某些重要的稀土合金方面也取得了重大进展，并已发展为工业生产方法。

参 考 文 献

[1] 稀土编写组. 稀土(上)[M]. 北京: 冶金工业出版社, 1978: 10-15.

[2] 王中刚, 于学元. 稀土元素地球化学[M]. 北京: 科学出版社, 1989: 18-22.

[3] 吴炳乾. 稀土冶金学[M]. 长沙: 中南工业大学出版社, 1997: 1-4.

[4] 吴文远. 稀土冶金学[M]. 北京: 化学工业出版社, 2005: 3-13.

[5] 李良才. 稀土提取及分离[M]. 赤峰: 内蒙古科学技术出版社, 2011: 17.

[6] 徐光宪. 稀土(上) [M]. 2 版. 北京: 冶金工业出版社, 1995: 279-280.

[7] 徐帮学. 稀土分离、制取工艺优化设计与稀土材料应用新技术实用手册[M]. 长春: 吉林音像出版社, 2014: 65-66.

[8] 吴文远. 稀土冶金学[M]. 北京: 化学工业出版社, 2005: 22-25.

[9] 徐光宪. 稀土(上)[M]. 2 版. 北京: 冶金工业出版社, 1995: 301-350.

[10] 李良才. 稀土提取及分离[M]. 赤峰: 内蒙古科学技术出版社, 2011: 194-378.

[11] 吴文远. 稀土冶金学[M]. 北京: 化学工业出版社, 2005: 232-243.

第 2 章　稀土精矿分解

2.1　稀土矿物选矿简介

选矿是利用组成矿石的各种矿物之间的物理化学性质的差异，采用不同的选别方法，借助不同的选矿设备，分离除去脉石矿物，将矿石中的稀土矿物及其他有用矿物富集起来的机械加工过程。

若稀土元素呈单稀土矿物存在，根据矿石的特性和稀土矿物的可选别性，常用各种物理选矿方法获得合格的稀土精矿。若稀土元素呈类质同象形态存在于含稀土的其他有用矿物中，常用物理选矿方法获得相应的其他有用矿物的精矿；然后用化学方法处理该矿物精矿才能将稀土元素与其他有用组分相分离，获得品质更高的稀土精矿或稀土富集物。若稀土元素呈离子吸附形态存在于其他矿物表面或晶格间，则只能用化学方法处理获得相应的稀土化合物。若稀土元素呈矿物相或离子吸附相存在于矿石中，应视其相应含量的高低采用物理选矿方法或化学选矿方法处理，或采用物理选矿方法和化学选矿方法的联合工艺。

稀土矿的选矿一般采用浮选法，并常辅以重选、磁选，组成磁选-重选，浮选-磁选-重选多重组合工艺流程。砂矿则以重选为主，辅以磁选、浮选、电选组成重选-磁选-电选-浮选或其组合形式复杂的选矿工艺流程[1]。

稀土矿常用的六种选矿方法如下。

(1) 重选法。

重选法(重力选矿)是在水或空气中进行的。它借助于矿物因重力和一种或多种其他的力的作用而产生相对运动来分选不同密度的矿物。其他力是指一种黏滞流体，如水或空气对运动的阻力。

重选法利用稀土矿物与脉石矿物密度的不同进行分选。常用的重选设备有圆锥选矿机、螺旋选矿机、摇床等。采用重选法主要使稀土矿物与密度低的石英、方解石等脉石矿物分离，以达到预先富集或者获得稀土精矿的目的。重选广泛用于海滨砂矿的生产；在稀土脉矿的选矿中有时也用来作为预先富集的手段。

重选法早在两千多年前就开始应用。目前，尽管浮选法被认为是当今矿物选别的重要方法，但重选法随着生产工艺和所采用的机械设备不断改进创新，仍广泛应用于矿物密度较大的稀有金属矿石的选别。

(2) 浮选法。

浮选法利用稀土矿物与伴生矿物表面物理化学性质的差别，使稀土矿物与伴生脉石及其他矿物分离而获得精矿，是目前稀土脉矿生产中广泛采用的主要选矿方法[2]。

浮选分为全油浮选、表层浮选和泡沫浮选。前两种已被淘汰，目前在工业上广泛使用泡沫浮选法。水悬浮液中的两种或两种以上矿物中的某一种或某几种矿物黏附于气泡上，而其他矿物留于矿浆中，然后将矿化气泡分离的过程称为泡沫浮选。

各种矿物表面对水的浸润性不同，能被水润湿的称为亲水性矿物，不能被水润湿的称为疏水性矿物。可利用某些药剂与矿物表面发生作用而改变矿物表面的亲水性或疏水性。浮选时还需要同时导入空气使矿粒与气泡相遇，此时某些矿物便附着在气泡上而被带到液面，构成一层矿化泡沫层而被刮出。浮选法只能用于较细的矿粒，如果矿粒太大，矿粒和气泡间的附着力就会小于颗粒质量而使其负载的矿粒脱落。

(3) 磁选法。

有些稀土矿物具有弱磁性，可利用它们与伴生脉石及其他矿物比磁化系数的不同，采用不同磁场强度的磁选机使稀土矿物与其他矿物分离。在海滨砂矿的选矿中，常采用弱磁选使钛铁矿与独居石分离；也可以采用强磁选使独居石与锆英石、石英等矿物分离。在稀土脉矿的选矿中，为了简化浮选流程和节省浮选药剂，有时也采用强磁选使稀土矿物预先富集。随着强磁技术的不断发展，强磁选将越来越广泛地用于稀土矿的选矿流程之中。

根据矿物被磁铁吸引或排斥分为抗磁性和顺磁性两类。抗磁性矿物不能用磁选法富集，只有顺磁性矿物才能用磁选法富集。在磁选过程中，矿粒通过磁场时，同时受到两种力的作用，一种是磁力，另一种是机械力，包括重力、离心力、惯性力、摩擦力、分选介质阻力等。如果作用于矿粒上的磁力大于机械力则成为磁性矿物，反之，则成为非磁性矿物。

(4) 电选法。

电选法是在高压电场中利用矿物之间的电性差异使它们分离的一种选矿方法。电选的应用已有一百多年的历史。但电选在工业上广泛应用是在发现了矿物的“整流性”和发明了应用电晕放电为基础的新的电选方法后才得以发展，并在分选稀有金属矿物(如锆英石、钛铁矿、独居石和钽铌矿等)中得到了较为广泛的应用。稀土矿物属于非良导体，可利用其导电性能与伴生矿物有所不同，采用电选法使之与导电性好的矿物分离。电选法常用于海滨砂矿重砂的精选作业。

(5) 化学选矿法。

对于以离子形态吸附在高岭土或黏土上的稀土矿床，可充分利用稀土离子易溶于氯化钠或硫酸铵溶液中的特点,采取先浸出而后沉淀的化学选矿法予以回收。对于易溶于酸或在高温下发生相变的氟碳酸盐稀土矿物,可先采用浮选法预先富集,随后采用化学选矿法(酸浸或高温焙烧)提纯。

(6) 辐射选矿法。

辐射选矿法主要利用矿石中稀土矿物与脉石矿物中钍含量的不同,采用 γ 射线辐射选矿机,使稀土矿物与脉石矿物分开。辐射选矿法多用于稀土矿石的预选。目前,这种方法在工业上未广泛采用。

2.2 稀土精矿分解方法概述

含稀土的原矿岩经过选矿后所得到的高稀土品位的产物称为稀土精矿。表 2-1 中列出的是我国生产的稀土精矿的化学成分。精矿中的稀土与原矿岩中稀土的赋存形态基本相同,仍然是难溶于水和一般条件下的无机酸的化合物。为使其易溶于水和无机酸,以便于从中回收稀土,工业上依据精矿中稀土存在的形态而采用相应的方法,将稀土矿物转化为易于提取稀土的化合物。这样一个将稀土矿物转化为易于提取稀土的化合物的过程称为精矿分解,稀土化合物中 REO 与稀土精矿中的 REO 的质量百分比称为精矿分解率[2]。

表 2-1 稀土精矿的主要化学成分(%)

精矿名称	产地	REO	TFe(Fe$_2$O$_3$)	P(P$_2$O$_5$)	CaO	BaO	SiO	ThO$_2$	U$_3$O$_8$	其他元素
氟碳铈矿	四川冕宁	50.12	(0.61)		0.46	11.45		0.230		含 F 6.57
混合型矿	内蒙古包头	50.40	3.70	3.50	5.55	7.58	0.56	0.219		含 F 5.90
		65.30	2.31	7.88	3.35	1.82	0.47	0.27		含 F 6.47
独居石	中南某地	60.30	(1.80)	(31.50)			1.46	4.70	0.22	
磷钇矿	南方某地	55	0.5	(26~30)	1.0		3	1~2		
含钨磷钇矿	南方某地	10~20	10~20	(5~8)		1		3~10	0.5~1	含 WO$_3$ 15~25
褐钇铌矿	广西	24.27		2.10			5.20	10.50	2.47	含(NbTa)$_2$O$_5$ 20.05
褐钇铌矿	湖南	20.82		1.96			4.43	5.60	2.24	含(NbTa)$_2$O$_5$ 26.99
褐钇铌矿	广东	30.66		1.33			2.56	5.00	2.19	含(NbTa)$_2$O$_5$ 26.99

精矿分解的方法很多,概括起来可以分为酸分解法、碱分解法、氧化焙烧法和氯化法四大类。

(1) 酸分解法。

酸分解法包括硫酸、盐酸和氢氟酸分解等。硫酸分解法适用于处理磷酸盐矿物(如独居石、磷钇矿)和氟碳酸盐矿物(氟碳铈矿)。盐酸分解法应用有限，只适于处理硅酸盐矿物(如褐帘石、硅铍钇矿)。氢氟酸分解法适于分解铌钽酸盐矿物(如褐钇铌矿、铌钇矿)。酸分解法的特点是分解矿物能力强，对精矿品位、粒度要求不严，适用面广，但选择性差、腐蚀严重、操作条件差，三废较多[3]。

(2) 碱分解法。

碱分解法主要包括氢氧化钠分解法和碳酸钠焙烧法等，它适合对稀土磷酸盐矿物和氟碳酸盐矿物的处理。对于个别难分解的稀土矿物也有的采用氢氧化钠熔合法。碱分解法的特点是工艺方法成熟，设备简单，综合利用程度较高。但对精矿品位与粒度要求较高，污水排放量大[4]。

(3) 氧化焙烧法。

氧化焙烧法主要用于氟碳铈精矿的分解。焙烧过程中氟碳铈矿被分解成稀土氧化物、氟氧化物、二氧化碳及氟的气态化合物，其中三价铈氧化物同时被空气中的氧进一步氧化成四价氧化物。缺点是氟以气态化合物随焙烧尾气进入大气中，对环境有一定的污染。优点是焙烧过程中无需加入其他的焙烧助剂，并且利用四价铈与三价稀土元素的化学性质上的差别，可以采用硫酸复盐沉淀或盐酸优先溶解三价稀土元素的措施，优先将占稀土配分约 50%的铈提取出来。这使得进一步的稀土萃取分离工艺过程简化，生产成本降低[5,6]。

碳酸钠焙烧法、氧化钙焙烧法以及在焙烧过程中具有使三价铈氧化物被进一步氧化成四价的氧化物特点的分解方法都具有优先分离铈的优点[7]。

(4) 氯化法。

氯化法分解稀土精矿可以直接制得无水氯化稀土，其产品可用于熔盐电解制取混合稀土金属。氯化是指将碳与稀土精矿混合、制团，在竖式氯化炉的高温下直接通入氯气的过程。根据生成不同氯化物的沸点差异，可同时得到三种产物：稀土、钙及钡等的氯化物，呈熔体状态流入氯化物熔盐接收器；低沸点氯化物(钍、铀、铌、钽、钛、铁、硅等)为气态产物，从熔盐中挥发后，被收集在冷凝器内，再综合回收；未分解的精矿与碳渣等高沸点成分则为残渣。氯化法目前由于设备的耐氯腐蚀材料较难解决，放射性元素钍分布在三种产物中，所得熔盐成分复杂，劳动条件较差等问题的存在而在我国尚未被工业采用[8]。

稀土精矿的分解方法很多，工业生产中通常根据下列原则选择适宜的工艺流程：

(1) 根据精矿中稀土矿物的化学性质、稀土品位、其他非稀土化学成分等特点选择分解方法，以求得到高的分解率。

(2) 根据产品方案、原材料的供应和价格以及消耗情况，优化工艺过程以求得高的经济效益。

(3) 便于回收有价元素和综合利用，有利于劳动卫生与环境保护。

2.3　氟碳铈精矿的分解

氟碳铈矿的化学分子式为 REFCO₃ 或 RE₂(CO₃)₃·REF₃，是稀土碳酸盐和稀土氟化物的复合化合物，其中以轻稀土元素为主，铈占稀土元素的 50%左右。氟碳铈矿在空气中，在 400℃以上的高温下可分解成稀土氧化物和氟氧化物；在常温下盐酸、硫酸、硝酸溶液可以溶解氟碳铈矿中的碳酸盐。基于氟碳铈矿易分解的特性，其分解方法主要有氧化焙烧-酸浸出法和碱法(包括酸-碱联合法)分解工艺。我国氟碳铈矿的产地主要是四川省，生产中所采用的方法以空气氧化焙烧为主；包头混合型稀土矿中也含有大量的氟碳铈矿，但主要以混合型矿的形式进行冶炼；美国的氟碳铈矿主要采用酸-碱联合法分解工艺。

2.3.1　氧化焙烧分解法

1. 焙烧过程中的分解反应

氟碳铈矿的(TG-DTA)测试表明，REFCO₃ 在 390~421℃间开始分解。在 430℃和 510℃下，由氟碳铈矿焙烧产物的 XRD 分析结果(图 2-1)可知：430℃时 REFCO₃只是部分分解，510℃时 REFCO₃ 完全分解，此时根据分解产物可知焙烧过程中的分解反应为

$$REFCO_3 = REOF(CeOF) + CO_2\uparrow \tag{2-1}$$

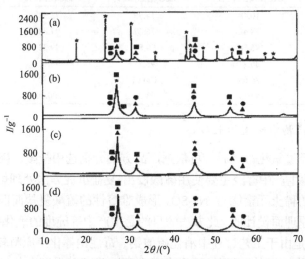

图 2-1　氟碳铈矿产物的 XRD 分析图

(a) 430℃；(b) 430℃添加 5%氧化剂；(c) 510℃；(d) 510℃添加 5%氧化剂

★REFCO₃；■REOF；▲2CeO₂·CeF₃；●4CeO₂·Ce₂O₃

由于焙烧过程在敞开式的回转窑中进行，空气中的氧进一步同 CeOF 反应，将三价铈部分氧化：

$$3CeOF+1/2O_2 \Longrightarrow Ce_3O_4F_3(2CeO_2 \cdot CeF_3) \qquad (2-2)$$

当空气中的水分含量较高时，还存在着 REOF(CeOF)的脱氟反应，同时三价氧化铈又有一部分被氧化，这一化学反应随着温度的升高而加强：

$$2REOF(CeOF)+H_2O \Longrightarrow RE_2O_3(Ce_2O_3)+2HF\uparrow \qquad (2-3)$$

$$3Ce_2O_3+O_2 \Longrightarrow Ce_6O_{11}(4CeO_2 \cdot Ce_2O_3) \qquad (2-4)$$

在图 2-1 中，焙烧产物的衍射峰表现出了较宽的特征。这主要是由稀土元素原子半径十分相近，焙烧产物 $2CeO_2 \cdot CeF_3$ 和 $4CeO_2 \cdot Ce_2O_3$ 中铈原子部分被其他稀土原子取代，以 $2CeO_2 \cdot LaF_3$、$4CeO_2 \cdot Pr_2O_3$ 以及 $3CeO_2 \cdot 0.5Nd_2O_3$ 等类质同象物质与 $2CeO_2 \cdot CeF_3$ 和 $4CeO_2 \cdot Ce_2O_3$ 共同存在于焙烧产物中所致。因此，焙烧过程中，除式(2-2)~式(2-4)以外，还应存在与其类似的焙烧反应。

焙烧和浸出实验证明：焙烧温度越高，铈的氧化率越高，这对于利用四价铈和三价稀土之间的化学性质的差别提取铈是十分有利的；但是，稀土的浸出率在焙烧温度超过 500℃后，随焙烧温度的升高而降低(表 2-2)。因此，为了获得较高的稀土浸出率和铈氧化率，实际生产中应选择适当的焙烧温度[9]。

表 2-2 氟碳铈矿焙烧温度与稀土浸出率和氧化率之间的关系(焙烧 1h)

焙烧温度/℃	REO 浸出率/%	CeO_2 浸出率/%	铈氧化率/%	渣残留率/%
300	10.48	14.95	73.52	96
400	78.42	76.67	97.88	96
500	96.58	99.88	99.82	22
600	86.72	98.22	98.12	27
700	86.65	100.61	98.82	29
800	84.39	93.06	100.00	30

2. 从焙烧产物中回收稀土

氟碳铈矿经过氧化焙烧后，可依据产品方案分别选用盐酸、硫酸、硝酸溶液浸出稀土。工业生产中曾经主要使用硫酸浸出-复盐沉淀方法处理焙烧产物，该方法是基于三价的稀土元素能与 Na_2SO_4 形成难溶性的硫酸复盐而四价的铈则不形成难溶复盐的原理而设计的，此方法的目的是生产中等纯度的氧化铈(CeO_2/REO= 98%~99%)。但是由于工艺过程中消耗硫酸钠、苛性钠等化工原料较多，使生产成本升高和物料形态(固体、液体)转换次数多而造成劳动强度大及稀土收率较低等原因，现在已逐渐被氧化焙烧-稀盐酸浸出、氧化焙烧-稀硫酸(盐酸)浸出-萃取分离所取代。

氧化焙烧-稀盐酸浸出法所产生焙烧产物中的二氧化铈难溶于稀酸。当用稀盐酸浸出焙烧产物时，控制浸出条件，可以使非铈稀土(包括以三价形式存在的铈)溶入溶液中，而二氧化铈留在浸出渣。因为在此过程中优先浸出的是非铈稀土，所以这种方法也常称为"优浸"。图 2-2 是氧化焙烧-稀盐酸优浸-硫酸浸出工艺流程。

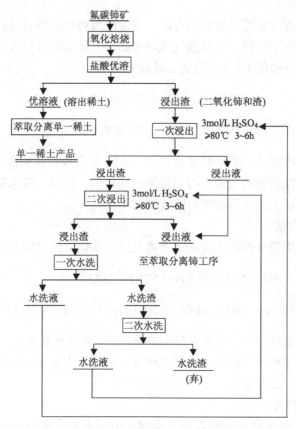

图 2-2　氧化焙烧-稀盐酸优浸-硫酸浸出工艺流程

在优浸过程中，由于盐酸不断地消耗，溶液的 pH 不断升高，影响浸出，因此需缓慢补加盐酸。铈产品的纯度与浸出酸度有关，pH 越小纯度越高，但是铈的回收率减小。采用盐酸溶解时，由于 Cl[-] 具有很强的还原性，可以将 Ce^{4+} 还原为 Ce^{3+} 而溶入浸出液中，影响铈的回收率，这一反应在高温和高酸度下更为显著[10]。

用硫酸两次浸出的目的是获得更高的稀土回收率。由于硫酸浸出液的酸度较高，焙烧产物中的铁和钍与稀土一同进入溶液。用碳酸氢铵沉淀法制取铈产品时，应首先将 Ce^{4+} 还原为 Ce^{3+}，再将溶液调整至 pH=4.0~4.5，以除去铁和钍。对硫酸浸出液直接用萃取法提取铈可以得到纯度较高的铈产品(CeO_2/REO≥99.99%)，并且同时可以回收钍。

3. 氧化焙烧法的三废治理

氧化焙烧法处理氟碳铈矿所产生的工业废气中含有的有害物质较多，主要为含有氟化氢、氟化硅等的含氟废气。此类废气的净化有以下几种方法。

(1) 水洗法。

水洗法是处理含氟废气的常用方法，通常在填料吸收塔内进行。用低温工业水从填料塔顶部向下喷淋，含氟废气从塔底部向上流动而进行气液两相逆流接触吸收，从而将废气中的HF/SiF_4除去。反应式为

$$HF(g) + H_2O \!=\!\!=\!\! HF(l) + H_2O \tag{2-5}$$

$$3SiF_4 + 2H_2O \!=\!\!=\!\! 2H_2SiF_6 + SiO_2 \tag{2-6}$$

废气经喷淋吸收后，净化率可达 97%~98%，氟含量可达到排放标准。此法比较简单，但其水洗后的吸收液具有很强的腐蚀作用。同时，洗水量过小，吸收效率不高，水洗量过大，又不利于对吸收液的再处理。

(2) 氨水吸收法。

氨水吸收法用氨水作吸收液洗涤含氟气体，其化学反应如下：

$$HF + NH_3 \cdot H_2O \!=\!\!=\!\! NH_4F + H_2O \tag{2-7}$$

$$3SiF_4 + 4NH_3 \cdot H_2O \!=\!\!=\!\! 2(NH_4)_2SiF_6 + SiO_2 + 2H_2O \tag{2-8}$$

此法净化含氟气体可得到氟化铵和硅氟酸铵。其吸收效率高，可达 95%以上，同时吸收后溶液量较小。但是，在高温吸收时氨的损失量较大，所以在氨水吸收前对含氟废气进行强制冷却是十分重要的条件。

(3) 碱液中和法。

碱液中和法用氢氧化钾和石灰水等碱性溶液吸收含氟气体，生产氟硅酸钾(K_2SiF_6)、氟化钙(CaF_2)、氟硅酸钙($CaSiF_6$)等，均可消除氟的危害。

氧化焙烧法处理氟碳铈矿产生的工业废水为含氟酸性废水。一般用石灰制成石灰乳溶液加入含氟废水中，使氟呈氟化钙沉淀析出，并中和硫酸(或盐酸)达到排放的酸度要求，工艺流程如图 2-3 所示[11]。化学反应式如下：

$$Ca(OH)_2 + 2HF \!=\!\!=\!\! CaF_2\!\downarrow + 2H_2O \tag{2-9}$$

$$Ca(OH)_2 + H_2SO_4 \!=\!\!=\!\! CaSO_4\!\downarrow + 2H_2O \tag{2-10}$$

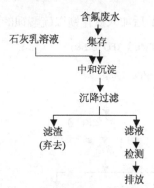

图 2-3　含氟酸性废水处理流程

操作条件：石灰乳(CaO)浓度为 50%~70%，沉降时间为 0.5~1.0h，常温下作业，处理后的废水最终 pH=6~8。主要设备：废水集存池、中和沉淀槽、过滤机和废水泵等。废水经处理后含氟量降至<10mg/L，pH=6~8，达到排放标准的要求。

氧化焙烧法处理氟碳铈矿时，钍集中于渣中，属于放射性废物，应封存保管。

2.3.2 HCl-NaOH 分解法

1. HCl-NaOH 分解法的工艺流程

HCl-NaOH 分解法所用原料是浮选精矿，再经稀盐酸浸去钙等碳酸盐杂质，质地较纯，氟碳铈矿矿物含量为 95%~97%，其化学分析见表 2-3。

表 2-3　浮选精矿原料化学组成

成分	REO	ThO_2	F	CaO	$BaSO_4$	Fe_2O_3	SiO_2	灼烧减量
含量/%	68~72	< 0.1	5~5.5	5~5.5	0.3~0.5	0.5~1		19~21

首先，精矿颗粒较细(精矿质量的 65% 为 325 目)，较易分解。其次，矿物 $[RE_2(CO_3)_3 \cdot REF_3]$ 中的碳酸稀土部分易溶于酸。

图 2-4 为用芒廷帕斯所产精矿做原料的工艺流程。

首先用过量工业浓盐酸浸出精矿中的稀土碳酸盐：

$$RE_2(CO_3)_3 \cdot REF_3 + 6HCl == 2RECl_3 + REF_3\downarrow + 3H_2O + 3CO_2\uparrow \qquad (2\text{-}11)$$

反应后的固体为氟化稀土(REF_3)，用碱液(200g/L NaOH)使其分解并转变成稀土氢氧化物：

$$REF_3 + 3NaOH == RE(OH)_3\downarrow + 3NaF \qquad (2\text{-}12)$$

然后再用盐酸分解液中过量的盐酸溶解稀土氢氧化物。中和反应得到的稀土氯化物溶液的 pH 为 3.0，其中还有铁、铅、钍的子体等少量杂质。为获得纯净的稀土溶液，加入过氧化氢把铁氧化成三价，并生成氢氧化铁沉淀，加入硫酸使铅

以硫酸铅的形式沉淀析出，最后加入氯化钡以硫酸钡的形式沉淀出溶液中剩余的硫

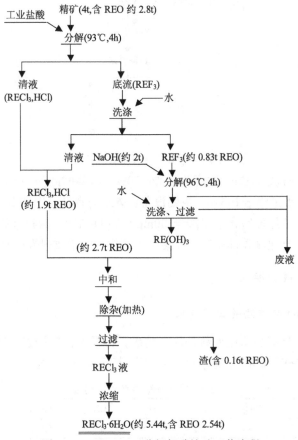

图 2-4　HCl-NaOH 分解氟碳铈矿工艺流程

酸根，钍的子体也在除杂质的过程中被带入沉淀物中。过滤后的液体经浓缩即得到产品。此工艺的试剂消耗量少，所用碱量仅为精矿质量的一半，还不及产品质量的40%。溶解 RE(OH)$_3$ 所需盐酸在第一步分解精矿时已投入，强化了分解反应。但盐酸分解时温度较高，盐酸会挥发，设备的腐蚀与环境保护都要付出相当大的代价。

2. HCl-NaOH 分解法的三废治理

酸碱联合法是美国在 20 世纪 60 年代报道的流程，此流程的走向是合理的，酸碱的配合使用较巧妙，所以化工原料用量少，处理氟碳铈矿生产氯化稀土有一定的优势。酸碱联合法基本不产生废气，产生的废水为含氟碱性废水，钍集中于废渣中属于放射性废物，应封存保管。

2.3.3　络合解离法

氟碳铈矿为稀土的氟碳酸盐，含有一定量的氟，氧化焙烧法和酸碱联合法都没有对氟进行回收，产生含氟废气和废水，对环境造成了严重污染。而由于氟与铝具有极强的络合作用，不稳定常数为 6.9×10^{19}，极易形成 $[AlF_6]^{3-}$，因此用铝盐络合的方法可以分解氟碳铈矿。

内蒙古科技大学李梅教授的研究团队根据以上原理，以从源头治理三废污染的思路，采用 $HCl\text{-}AlCl_3$ 体系络合分解包头混合稀土精矿中的氟碳铈矿，提取稀土元素，同时以冰晶石的形式回收精矿中的氟及络合浸出过程中加入的铝，避免了氟资源的浪费，以及氟对环境的污染，整个体系实现了循环利用。分离后的独居石采用碱法处理，取得了较好的效果，并对分解过程的动力学进行了详细研究[12]。

1. 不同铝盐体系对包头氟碳铈矿的络合解离

包头混合稀土精矿用铝离子酸性溶液进行浸出，精矿颗粒平均粒度为 $20.42\mu m$，D_{50} 为 $18.50\mu m$。铝离子酸性溶液浸出氟碳铈矿的主要离子反应方程如下(用铈离子代表稀土精矿中的所有稀土离子)：

$$2CeF_3 + Al^{3+} \!\!=\!\!= [AlF_6]^{3-} + 2Ce^{3+} \tag{2-13}$$

$$Ce_2(CO_3)_3 + 6H^+ \!\!=\!\!= 2Ce^{3+} + 3CO_2\uparrow + 3H_2O \tag{2-14}$$

$$3CaF_2 + Al^{3+} \!\!=\!\!= [AlF_6]^{3-} + 3Ca^{2+} \tag{2-15}$$

根据各物质在 298K 下的标准生成吉布斯自由能值，可以计算出 298K 下以上各反应的标准吉布斯自由能，结果列于表 2-4 中。由表中得出的吉布斯自由能变化可以看出，式(2-13)~式(2-15)在 298K 下的 $\Delta G^{\ominus} < 0$，说明它们在 298K 下在热力学上都可以自发进行。

表 2-4　298K 下反应方程的吉布斯自由能变化

反应式	$\Delta G^{\ominus}$ /(kJ/mol)
(2-13)	−140.439
(2-14)	−180.255
(2-15)	−66.579

分别研究了 $HCl\text{-}AlCl_3$ 和 $HNO_3\text{-}Al(NO_3)_3$ 体系对包头氟碳铈矿的络合浸出，影响稀土及氟元素浸出的因素有酸和铝盐的浓度、液固比、温度、搅拌速度、浸出时间等。

研究 HCl 浓度对稀土和氟元素浸出率的影响，选取 $AlCl_3$ 浓度为 1.5mol/L，液固比为 10∶1，浸出温度为 85℃，搅拌速度为 300r/min，得到不同 HCl 浓度条件下，氟元素和稀土浸出率随时间变化的规律，如图 2-5 和图 2-6 所示。

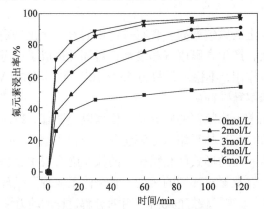

图 2-5　氟元素浸出率与 HCl 浓度的关系

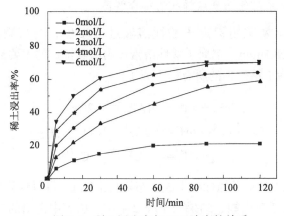

图 2-6　稀土浸出率与 HCl 浓度的关系

由图 2-5 和图 2-6 可知，从横向看，氟元素和稀土浸出率随着反应时间的延长先增加后几乎不变；从纵向看氟元素和稀土浸出率随着 HCl 浓度的增大而增加，当 HCl 浓度由 4mol/L 增大到 6mol/L 后，氟元素和稀土浸出率增加的幅度很小。当 HCl 浓度为 0mol/L 时，也就是溶液中不添加 HCl 时，氟元素与稀土仍有部分浸出，这是由于 Al^{3+} 能够与 F^- 形成非常稳定的络合离子 $[AlF_6]^{3-}$，促进了式(2-13)和式(2-15)的发生；稀土精矿中含有稀土的矿物主要是氟碳铈矿和独居石，独居石在此体系溶液中是不溶解的，因此，只有氟碳铈矿中的稀土被 HCl-$AlCl_3$ 体系溶液浸出，进一步说明，氟碳铈矿在此溶液体系中已经被破坏进入溶液中。

通过一系列条件实验，得到优化条件下稀土精矿的浸出率达到了 76.83%，稀土的浸出率也达到了 73.89%，氟元素的浸出率达到了 98.74%。对优化条件下得到的浸出渣进行 XRD 定性分析，如图 2-7 所示。

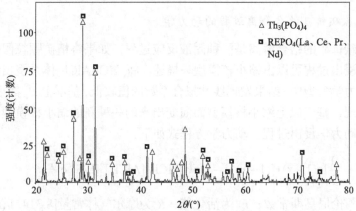

图 2-7　优化条件下的 HCl-AlCl₃ 体系浸出渣 XRD 图

由图 2-7 的浸出渣 XRD 分析可知氟碳铈矿消失了，主要矿相为独居石，说明用 HCl-AlCl₃ 体系浸出精矿时，已将氟碳铈矿破坏，使其进入溶液中，氟碳铈矿与独居石得到了较好的分离。

对优化工艺条件下包头稀土精矿的浸出液和浸出渣进行化学成分检测后，做了元素走向分析，如图 2-8 所示。

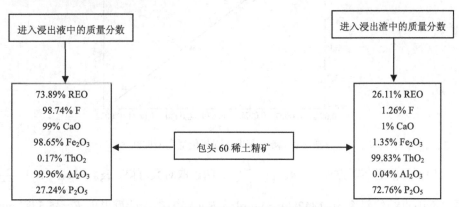

图 2-8　稀土精矿浸出过程中各元素的走向

由元素走向分析可以看出部分稀土，绝大部分的氟、钙、铁、铝和少部分的磷在稀土精矿浸出过程中进入了溶液中；部分稀土和磷，绝大部分的钍进入渣中，这也与 XRD 的测试结果相吻合。

采用同样的方法，研究了 HNO₃-Al(NO₃)₃ 体系对包头混合稀土精矿中的氟碳铈矿的浸出，稀土及氟元素的浸出规律与 HCl-AlCl₃ 体系的浸出过程基本相同，但是 HNO₃-Al(NO₃)₃ 体系的浸出效果比 HCl-AlCl₃ 体系的浸出效果要差。同时，对于浸出条件的要求较高、液固比大、浸出温度高、浸出剂成本较高，所以综合比较可知，HCl-AlCl₃ 体系比 HNO₃-Al(NO₃)₃ 体系更具有优越性[13,14]。

2. 包头氟碳铈矿络合解离过程的动力学

包头氟碳铈矿的络合解离是一种固液反应过程，如果将精矿颗粒假想为球形颗粒，那么浸出过程可以由缩小核模型来描述。将 HCl-AlCl$_3$ 体系浸出结果代入几种传统动力学模型中，结果发现线性拟合系数的值较低，基本上 R^2 都小于 0.95。经过分析发现，基于以上缩小核模型而演变出来的一种新的缩小核模型可用来描述本研究的动力学浸出过程。动力学方程式如下：

$$\frac{1}{3}\ln(1-x)+[(1-x)^{\frac{1}{3}}-1]=k_0[\text{HCl}]^a[\text{AlCl}_3]^b[\text{L/S}]^c e^{\frac{E_a}{RT}}t \tag{2-16}$$

式中：k_0 为阿伦尼乌斯常数；E_a 为活化能；R 为摩尔气体常量[8.314 J/(mol·K)]；x 为稀土浸出率；a、b、c 为各因素的反应级数，L/S 为液固比。

将不同温度下得到的稀土浸出率的结果代入动力学方程式中进行分析计算，得到反应速率常数 k 与 T 的关系，结果如图 2-9 所示。

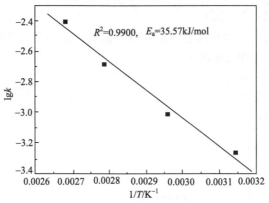

图 2-9　稀土浸出过程阿伦尼乌斯曲线

根据阿伦尼乌斯方程 $k = A\exp(-\frac{E_a}{RT})$，两边取对数可得，$\lg k = \lg A - E_a \lg \frac{e}{RT}$。图 2-9 中直线的斜率为 -1842.4468J/mol = $-E_a/(2.303R)$，计算得出 E_a=35.57kJ/mol；截距为 2.6232=lgk_0，计算得出 k_0=419.95。进一步分析盐酸浓度、氯化铝浓度、液固比(L/S)对稀土浸出过程的影响，得出反应级数 a=1.22、b=1.40、c=1.41，代入动力学方程后得到稀土浸出的动力学方程如下[15]：

$$\frac{1}{3}\ln(1-\alpha)+[(1-\alpha)^{-\frac{1}{3}}-1]=419.95\times[\text{HCl}]^{1.22}[\text{AlCl}_3]^{1.40}[\text{L/S}]^{1.14} e^{\frac{-35280}{RT}}t \tag{2-17}$$

同理也可以求出氟元素浸出的动力学方程如下：

$$\frac{1}{3}\ln(1-\alpha)+[(1-\alpha)^{-\frac{1}{3}}-1]=13701.87\times[\text{HCl}]^{1.66}[\text{AlCl}_3]^{1.54}[\text{L/S}]^{1.48} e^{\frac{-40400}{RT}}t \tag{2-18}$$

3. 络合解离包头稀土精矿的工艺设计

对络合解离包头混合稀土精矿的整体工艺设计，首先通过络合解离的方法将包头混合稀土精矿中的氟碳铈矿浸出，同时使氟碳铈矿与独居石分离，然后采用分别冶炼的工艺方式，具体工艺流程如图 2-10 所示。

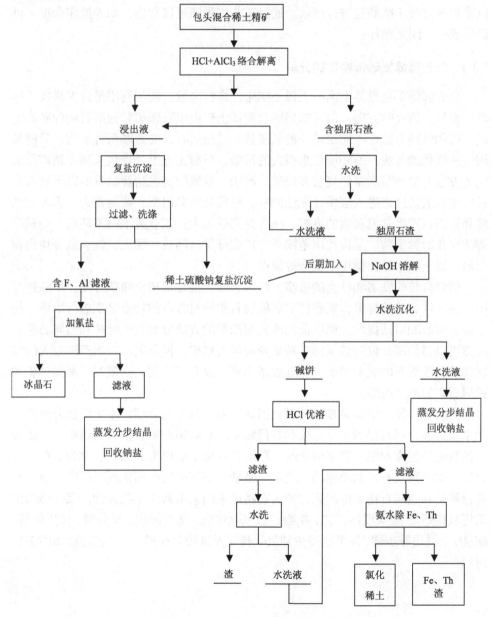

图 2-10 络合解离过程工艺流程图

　　根据工艺流程图中的过程，对浸出液的处理方法是首先向浸出液中添加一定比例的硫酸钠，调控工艺参数，使溶液中的稀土形成复盐沉淀，过滤后，稀土富集于渣中，可以在碱分解独居石的后期加入碱分解工序与独居石共同分解；氟、铝等元素在复盐沉淀工艺后富集于滤液中，通过调节氟铝比、pH、温度等将溶液中的氟铝转化为可利用的冰晶石，氟、铝元素几乎全部回收，浸出液中的钠盐可以采用蒸发分步结晶法进行回收。通过工艺流程图可以看出，如果操作合理，可以形成一个闭路循环。

2.3.4　白云鄂博氟碳铈精矿的分解

　　白云鄂博矿是世界上第一大稀土矿床，进行高效、清洁利用是许多科技工作者一直努力研究的方向。白云鄂博混合型稀土矿由氟碳铈矿和独居石两种矿物组成，因此处理方法也不同于单一的氟碳铈矿或独居石，要兼顾两种矿物，只能采用一些强化的方法，给环境带来很大的污染。目前工业上处理包头稀土精矿所采用的方法有浓硫酸高温焙烧法和烧碱分解法。浓硫酸高温焙烧法具有以下缺点：钍以焦磷酸盐形态进入渣中，无法回收，造成钍资源浪费；废渣量大，需单独堆放和处理；产生含氟和硫的废气，尾气处理量也大；工业废水污染环境。烧碱分解法存在对稀土精矿品位适应范围小，矿物分解时间长，稀土、钍、氟等均比较分散，稀土收率低，操作不安全等缺点。

　　随着科技的发展和社会的进步，将白云鄂博混合型稀土精矿分离，单独进行冶炼是一种必然的趋势，氟碳铈矿和独居石矿针对各自的特点分别进行冶炼，便于综合回收和清洁提取。但以前的研究用选矿的方法分离氟碳铈矿和独居石矿，虽然可以得到高品位的氟碳铈矿精矿及独居石精矿，但仍同时产出产率较大的氟碳铈矿与独居石的混合精矿，分选效率不高，没有工业化，这限制了氟碳铈矿和独居石矿的单独冶炼。

　　内蒙古科技大学李梅教授的研究团队开展了包头混合型稀土矿浮选分离研究和工业试验，同时得到了高品位和高回收率的氟碳铈精矿和独居石精矿，氟碳铈矿的稀土品位为68%，收率为95%，独居石的稀土品位为60%，收率为90%，为氟碳铈矿和独居石矿的单独冶炼奠定了基础。李梅教授的团队同时研究了单一氟碳铈精矿和独居石精矿的冶炼，独居石精矿采用新型碱法工艺处理。氟碳铈精矿采用氧化焙烧-盐酸浸出工艺，矿物经过氧化焙烧、优先浸出、碱分解、优先溶解、酸洗、全浸出等步骤，即可制得少铈氯化稀土及富铈氯化稀土，工艺流程如图 2-11 所示[16]。

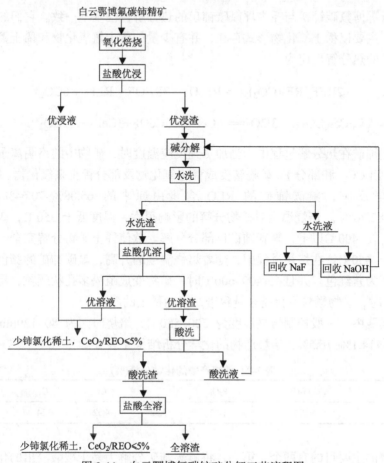

图 2-11 白云鄂博氟碳铈矿分解工艺流程图

1. 氟碳铈矿的氧化焙烧

白云鄂博混合型稀土矿经分选后得到 REO≥65%的氟碳铈精矿,其化学组成及稀土配分见表 2-5 和表 2-6。

表 2-5 白云鄂博氟碳铈矿的化学组成

成分	REO	CaO	BaO	Fe_2O_3	P_2O_5	F	ThO_2
含量/%	68.72	3.08	0.26	0.76	1.52	8.72	0.167

表 2-6 白云鄂博氟碳铈矿的稀土配分

成分	La_2O_3	CeO_2	Pr_6O_{11}	Nd_2O_3	Sm_2O_3	Eu_2O_3	Gd_2O_3	Y_2O_3
含量/%	28.30	50.77	7.78	14.01	0.97	0.18	0.34	0.23

白云鄂博氟碳铈矿与牦牛坪氟碳铈矿的热分解特性基本一致。它们的焙烧产物中稀土主要以稀土氧化物形式存在，并有少量的稀土氟氧化物和稀土氟化物。氟碳铈矿的热分解反应为

$$2REF_3 \cdot RE_2(CO_3)_3 = RE_2O_3 + 3REOF + REF_3 + 6CO_2 \uparrow \qquad (2-19)$$

$$4CeF_3 \cdot Ce_2(CO_3)_3 + 3/2O_2 = 6CeO_2 + 3CeOF + 3CeF_3 + 12CO_2 \qquad (2-20)$$

氟碳铈矿在热分解过程中，当加热到反应温度时，矿物中的络阴离子团开始解体，逸出 CO_2 和部分 F。矿物转变成稀土氧化物及部分稀土氟氧化物、氟化物。由于化学反应，氟碳铈矿的 REO 含量由原来的 65.08%~70.64%提高到 78.55%~82.76% 。焙烧温度对矿物分解的影响很大，温度低于 350℃，矿物几乎不分解；在 400℃以下，氟碳铈矿仅部分分解。欲使稀土矿物分解完全，焙烧温度应高于 450℃。在焙烧过程中，随着焙烧温度的升高，氟碳铈矿的颜色由淡黄色逐渐变为紫红色。并且在 400~600℃时，矿物变成疏松多孔状颗粒，易碎；超过 650℃时，矿物颗粒变得越来越致密，影响稀土的浸出。

在实践中，一般控制焙烧温度为 500~550℃，焙烧时间为 80~120min，此时烧失率为 14.1%~16.5%，焙烧产物的化学分析结果见表 2-7。

表 2-7 焙烧产物的化学分析(%)

REO	CeO₂/REO	P₂O₅	F	Ca	C	Th
82.76	50.77	1.22	9.82	4.52	0.14	0.21

焙烧的主要目的有两个，第一，将氟碳铈矿分解为易于被酸浸出的化合物；第二，利用空气中的氧将其中的铈氧化为四价，以便于尽早地将大量的铈与其他稀土分离。根据实践经验，焙烧温度是最重要的条件，也是焙烧效果好坏的关键。一般情况下，温度低则精矿分解不完全，反之则使稀土浸出困难。焙烧过程中能否使矿物与空气充分接触会直接影响铈的氧化率。因此，在整个焙烧过程中，除保持规定的焙烧温度外，还必须保持窑内的空气流通，有时还要通入适量的富氧空气，以保证铈的充分氧化。对焙烧产物的质量要求是，稀土(稀硫酸)浸出率大于97%，铈的氧化率大于96%。

2. 焙烧矿优浸

优浸的目的是尽可能多地溶解非铈稀土，为后面稀土提取工序减小压力。焙烧矿调浆后逐渐滴加盐酸，利用四价铈与其他稀土元素的不同性质将焙烧矿中的非铈稀土溶解出来，而 CeO_2、CeOF、REF_3、REOF 留在浸出渣中，从而达到铈与非铈稀土的分离。

焙烧矿预先用水调浆，然后进行机械搅拌，再以一定的速度滴加 30%的盐酸，加酸时间约 3h，盐酸的滴入量与浸出非铈稀土量有一定的比例关系。这种浸出方式使得矿浆中酸度逐渐增加，而使非铈稀土尽可能多地进入浸出液，保证铈尽可能地留在渣中，从而达到铈与非铈稀土初步分离的目的。

浸出后，优浸液用氨水中和至 pH=4.0~4.5，除去铁、钍等杂质，过滤，得到富镧稀土氯化物溶液，其中 CeO_2/REO 为 3%~4.5%，Nd_2O_3/REO 为 25%~30%，La_2O_3/REO 为 55%~61%，其他非铈稀土为 5%~15%，此步的稀土收率≥30%。

3. 优浸渣碱分解

优浸渣的碱分解是在高浓度碱溶液中，将其精矿中的 CeO_2、CeOF、REF_3、REOF 转化为可溶于酸的 $Ce(OH)_4$、$RE(OH)_3$。由于焙烧和碱分解是在空气中进行的，因此碱分解后的碱饼中铈几乎已经全部氧化成四价，这样就为铈与非铈稀土的分离提供了可能。

碱分解反应：

$$CeO_2 + 4CeOF + 4NaOH + O_2 + 8H_2O \Longrightarrow 5Ce(OH)_4 + 4NaF \tag{2-21}$$

$$REF_3 + 2REOF + 5NaOH + 2H_2O \Longrightarrow 3RE(OH)_3 + 5NaF \tag{2-22}$$

当然，在这一过程中不仅仅只有稀土反应，其中也会有一些杂质参与的副反应：

$$CaF_2 + 2NaOH \Longrightarrow 2NaF + Ca(OH)_2 \tag{2-23}$$

$$3Ca(OH)_2 + 2Na_3PO_4 \Longrightarrow Ca_3(PO_4)_2 + 6NaOH \tag{2-24}$$

值得注意的是，在加碱转化过程中，有部分 $BaSO_4$ 转化成 $Ba(OH)_2$，会影响稀土的纯度。

氢氧化钠用量为优浸渣质量的 30%~45%，碱液浓度≥60%，搅拌成黏稠泥浆状，反应温度为 200~300℃，反应时间为 60~90min。碱饼呈褐色，疏松易碎，加水洗涤碱饼，水洗温度为 70~90℃，至 pH 为 8 左右，所得水洗液回收氢氧化钠和氟化钠。水洗碱饼中含 REO≥70%。

4. 碱饼优溶

碱饼优溶工艺和焙烧矿优浸的操作几乎完全相同，起到的作用也类似，工艺是在碱分解水洗之后，慢慢滴入盐酸，将 $RE(OH)_3$ 完全溶解，而 $Ce(OH)_4$ 留在优浸渣中。首先在优先浸出槽中加入水洗滤饼并用第一次的酸洗液调浆并搅拌，然后在常温下缓慢加入 30%的盐酸至溶液的 pH=2.0~3.0，再搅拌反应 20min。然后将优浸液用氨水中和至 pH=4.0~4.5，除去铁、钍等杂质，过滤，得到富镧稀土氯化物溶液。其中 CeO_2/REO 为 3.5%~5.1%，Nd_2O_3/REO 为 25%~28%，La_2O_3/REO 为 53%~58%，其他非铈稀土为 7%~15%，此步稀土收率≥15%。

将碱饼优溶液和焙烧矿优浸液混合，经浓缩结晶后得到富镧稀土氯化物，其中 CeO_2/REO 为 3%~5%，Nd_2O_3/REO 为 25%~30%，La_2O_3/REO 为 55%~60%，其他非铈稀土为 5%~15%，REO≥44.5%；也可以将这种氯化稀土溶液直接作为提取其他单一稀土的原料。

5. 优溶渣酸洗

酸洗的目的是将优溶渣中的残留 $RE(OH)_3$ 转化为 $RECl_3$ 进入溶液，而 $Ce(OH)_4$ 留在渣中，以提高富镧稀土收率和保证氯化铈产品的纯度，从而达到分离目的。酸洗分析结果见表 2-8。

表 2-8   酸洗过程稀土元素分析结果

次序	第一次	第二次	第三次	第四次	第五次	第六次	第七次	第八次
渣中 CeO_2/REO /%	90.89	94.88	95.32	96.43	96.78	97.12	97.84	97.94
洗液中 CeO_2/REO /%	7.51	8.50	22.27	29.49	33.51	35.96	36.78	37.77
洗液中 REO 含量/(g/L)	85.0	40.5	22.4	16.3	9.58	7.95	7.04	6.78

优溶渣用 0.8~1.2mol/L 的酸洗液进行酸洗。酸洗条件是：固液比为 1：1.5~1：3.0，每次洗涤时间为 1h。每次洗涤完成后，将洗涤液送入各自的沉降槽中澄清。第一沉降槽的溢流作为优先溶解的调浆液，底流送至第二酸洗槽中进行第二次酸洗。第二次酸洗的矿浆送至第二沉降槽中澄清，溢流作为第一次酸洗的酸洗液，底流送至第三酸洗槽中进行第三次酸洗。第三次酸洗的矿浆送至第三沉降槽中澄清，溢流作为第四次酸洗的酸洗液。以此类推，总共进行 4~5 次酸洗。然后进行 2~3 次水洗，第一次的水洗液返回配制酸洗液。酸洗完成后即行过滤，滤饼(酸洗渣)送至盐酸全溶浸出铈工序。酸洗溶液呈淡黄色，渣略显棕黄色。

6. 酸洗渣全溶

全溶的目的是将酸洗渣中的 $Ce(OH)_4$ 转化为 $CeCl_3$ 进入溶液。根据实践经验，当渣经过几次酸洗之后，渣中的非铈稀土大部分已经浸出。当然，全溶的效果还与碱分解的完全程度有关，碱分解越好，其全溶效果越好，全溶渣就越少，反之，全溶渣就越多。浓盐酸浸出酸洗渣中铈的反应为

$$2Ce(OH)_4 + 8HCl =\!=\!= 2CeCl_3 + 8H_2O + Cl_2\uparrow \tag{2-25}$$

浓盐酸浸出酸洗渣中的铈时应加入适量的抑氯剂——硫脲，以消除浸出反应生成的氯气：

$$4Cl_2 + (H_2N)_2CS + 5H_2O = 8HCl + H_2SO_4 + (H_2N)_2CO \qquad (2\text{-}26)$$

在浸出过程中，$(H_2N)_2CO$ 又逐步分解：

$$(H_2N)_2CO + 2HCl + H_2O = 2NH_4Cl + CO_2\uparrow \qquad (2\text{-}27)$$

显然，硫脲的加入不仅抑制了氯气放出，而且使氯气还原为盐酸进一步参与浸出反应。必须指出，严格控制硫脲加入量(一般为酸洗渣中铈量的 0.055 倍)是非常必要的，因为过量的硫脲不仅使浸出液中的 Fe^{3+} 还原成 Fe^{2+}，而且也增加了浸出液中 SO_4^{2-} 含量，同时也造成硫脲的浪费。一旦硫脲过量时，可加入适量酸洗渣，利用其中的 Ce^{4+} 将 Fe^{2+} 氧化成 Fe^{3+}。

酸洗渣全溶的操作是在浸出槽中加入浓盐酸，然后在搅拌下加入酸洗渣，同时加入适量硫脲以抑制氯气放出。在 85~90℃下浸出 1.0~1.5h，控制浸出液中最终游离酸浓度为 1.5~2mol/L，随之加絮凝剂沉降、澄清、虹吸上清液(酸浸液)。浸出渣用水错流洗涤至洗液 pH = 3 左右，即行过滤，水洗液与浸出液合并加氨水中和至 pH=4~4.5，并加适量 $BaCl_2$ 以除去 SO_4^{2-} 后再过滤，浓缩结晶得到富铈氯化稀土，$CeO_2/REO \geqslant 95\%$，此步稀土收率 $\geqslant 45\%$。浸出渣量为精矿(REO 含量为 68%)质量的 2.5%~4%，其中 REO 含量为 50%~65%，应进一步回收其中的稀土。

该工艺的稀土总回收率 $\geqslant 90\%$；少铈氯化稀土，$CeO_2/REO < 5\%$；富铈氯化稀土，$CeO_2/REO \geqslant 95\%$。该工艺较为简单，化工试剂消耗少，节能清洁，回收率高，稀土铈元素与其他稀土元素得到了很好的分离，大大降低了萃取分离单一稀土的负荷量，是一套具有高回收率的绿色环保工艺。

2.3.5 氟碳铈矿的其他分解方法

1. 高温氯化法

高温氯化法是一种处理金属矿物原料的冶金方法。在高温下用氯气分解精矿，使原料中的组分直接转变成氯化物。

各种金属矿物原料的氯化方法大致可分为三种形式，具体如下：

(1) 沸腾层氯化法。矿料在沸腾氯化炉内被气流吹成沸腾状态，与氯气接触良好，氯化效率与设备生产率高。这种方法特别适于处理从炉气中回收气体氯化物的原料。例如，钛铁精矿氯化时，得到的四氯化钛的沸点仅 136℃，以气体形态逸出炉外并冷凝回收。

(2) 熔融盐氯化法。将含钍、铀等放射性元素较高的稀土原料与氯化钾或氯化钠一起熔融，然后再通入氯气氯化。反应生成的 UCl_4、$ThCl_4$ 又与 KCl、NaCl 结合成各种化合物：K_2UCl_6、Na_2UCl_6、K_2ThCl_6 与 Na_2ThCl_6 等。这些化合物的蒸气压比 UCl_4、$ThCl_4$ 的蒸气压低得多，因而在氯化过程中与稀土氯化物一起留在熔盐中。氯化作业完成后，再使稀土与钍、铀、钾、钠等杂质分离。这种方式虽然不能直接得到稀土产品，但其优点是氯化炉炉气中放射性元素含量很少，易于防护。缺点是熔融盐氯化炉结构复杂，且易腐蚀。

(3) 团块氯化法。团块氯化法就是将稀土精矿与还原剂及黏结剂混合后制成团块在氯化炉中进行氯化。按精矿中各成分氯化物的沸点之间的差异，同时得到三种产物：低沸点的氯化物(钍、铀、铌、钽、钛、铁、硅等元素的氯化物)以气体形式逸出炉外，炉气经综合回收及净化后排空；未分解的精矿与碳渣等高熔点成分为氯化残渣；稀土及钙、钡等碱土金属氯化物成为熔融体流入氯化物熔融盐接收器中。若精矿中杂质的氯化物的沸点与稀土氯化物的沸点相差甚远，则可直接得到稀土氯化物产品。

1967 年，Brugger 等论述了德国戈尔兹米特公司用氯气在高温下加碳直接氯化氟碳铈矿制取无水氯化稀土的工业生产方法。

单一稀土氧化物在有碳存在时用氯气氯化的研究表明，较低的反应温度(400~500℃)的产物主要是氯氧化物(REOCl)，在 600~800℃下得到氯化物，且温度越高，反应速率越快。因此，稀土精矿氯化一般在 800℃以上进行。戈尔兹米特公司在 1000~1200℃下氯化氟碳铈矿精矿，不仅提高了生产能力，更重要的是，精矿中的稀土与杂质几乎全部被氯化，低沸点的氯化物挥发较完全，从而保证了稀土氯化物产品的质量与回收率。

氟碳铈矿与活性炭粉、黏结剂混合后制团，团块先干燥，随后在 800~900℃条件下焦化。此时氟碳酸盐分解成氧化物与氟氧化物，最后再入氯化炉氯化。氯化反应为稀土氧化物的反应：

$$RE_2O_3+3C+3Cl_2 =\!=\!= 2RECl_3+3CO(放热) \tag{2-28}$$

$$2CeO_2+4C+3Cl_2 =\!=\!= 2CeCl_3+4CO(放热) \tag{2-29}$$

$$CaO+C+Cl_2 =\!=\!= CaCl_2+CO(放热) \tag{2-30}$$

$$Fe_2O_3+3C+3Cl_2 =\!=\!= 2FeCl_3+3CO(放热) \tag{2-31}$$

$$2FeO+2C+3Cl_2 =\!=\!= 2FeCl_3+2CO(放热) \tag{2-32}$$

$$SiO_2+2C+2Cl_2 =\!=\!= SiCl_4+2CO(吸热) \tag{2-33}$$

$$P_2O_5+3C+3Cl_2 =\!=\!= 2POCl_3+3CO(吸热) \tag{2-34}$$

$$CO_2+C\Longrightarrow 2CO(吸热) \tag{2-35}$$

戈尔兹米特公司生产出的稀土氯化物中，酸不溶物含量高达 8%~15%，主要是氟化物。显然，其不溶物含量比湿法处理精矿所得产品高得多。

降低产品中氟含量的一种方法是，在要氯化的物料中加入一种氟交换剂 (fluorine exchange agents)，其中含有氟接受体 (fluorine acceptors)。例如，二氧化硅就是一种氟交换剂，硅就是氟接受体。氯化时，硅与精矿中的氟作用生成 SiF_4，因其沸点(−95℃)低，氯化时进入炉气，从而达到除氟的目的。除二氧化硅外，磷、硼、锗、砷、锑及其某些化合物皆可作氟交换剂。

精矿、还原剂与黏结剂经混捏机混匀，压成团块，干燥后再进行焦化。焦化后的团块具有较好的机械强度；焦化过程中逸出挥发组分，在团块内留下许多孔隙，增大了与氯气的接触表面，有利于氯化反应的进行。

图 2-12 为戈尔兹米特公司的氯化生产工艺流程。

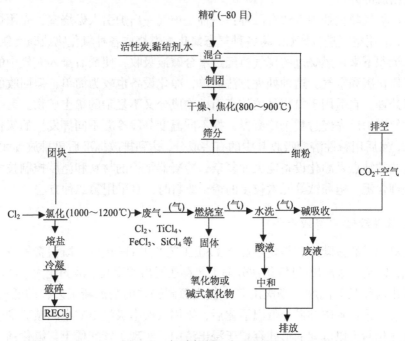

图 2-12　加碳氯化生产工艺流程

从工艺角度看，稀土矿物的氯化并不困难。能否用于工业生产，氯化炉是关键性的条件。

氯化炉至少应具备下列条件：

(1) 能解决高温下氯气及炉气腐蚀筑炉材料的问题。

(2) 炉型结构能保证实现工艺要求的各项条件。例如，虽然许多组分的氯化反应是放热反应，但为迅速而完全地氯化，必须有维持高温反应的热源。

(3) 密封性好，能营造一个良好的操作环境。

(4) 有处理氯化炉炉气的辅助设施，便于综合回收及消除公害。

戈尔兹米特公司曾使用的高温氯化炉有如下特点：

(1) 在热反应带，电能几乎完全转变成热能。

(2) 电阻是由松散的焦炭层与团块组成的。操作时这两种原材料能直接加入炉中。

(3) 氯气直接流到最热的反应带。

大多数稀土矿物都含有多种贵重稀有元素和少量放射性元素钍和铀。高温加碳氯化时，钛、铀、铌、钽、钛等元素的氯化物都挥发进入炉气。另外，炉气内都含有过剩的游离氯、碳氧化物、氟化物和磷化物等有毒成分。因此，从有价元素的综合回收利用和环境保护方面考虑，炉气净化处理是稀土精矿氯化工艺的一个重要组成部分。

目前炉气净化处理方法有两种：一种是炉气一出炉引入燃烧室，先用煤气和水蒸气，后用空气进行燃烧，将各种气态氯化物燃烧成各种氧化物或碱性氯化物，呈固态沉积下来，燃烧过的尾气再经过水合碱液吸收，使最后排入大气中的尾气只含二氧化碳和空气。这种处理方法简单，净化设备也较为简单，但回收的氧化物难以处理。它适用于氯化品位较高而矿物成分又不复杂的稀土矿物。另一种方法是炉气出炉后先经过数个冷凝器，按不同温度分段冷凝不同挥发性的氯化物的富集物，然后用碱性溶液吸收其中的有害成分，达到排放标准后再排放到大气中。这一方法的缺点是净化设备庞大而复杂，冷凝器结构的材料和温度控制技术要求高。处理含铌、钽和钛等元素较多的稀土原料时，宜采用第二种方法。

2. 低温活化-串级酸浸法

针对现行的氟碳铈矿氧化焙烧-酸浸出工艺产生 HF 废气，既浪费氟资源又污染环境，以及盐酸浸出-氢氧化钠分解工艺存在浸出酸度高、液固比大、浸出温度高、浸出时间长等问题，杨庆山等[17]提出氟碳铈矿的冶炼新工艺，即低温活化-串级酸浸工艺：氟碳铈矿经低温活化后，采用低酸串级浸出矿中的碳酸稀土，而大部分氟化稀土以沉淀的形式存留于浸出渣中，实现了碳酸稀土与氟化稀土的分离。该法从稀土资源利用率、氟资源化出发，力求最大化地提取氟碳铈矿中的稀土资源，并从根本上解决氟污染问题，在提取稀土的同时也回收氟资源，并降低对环境的污染。工艺的主要参数为：氟碳铈矿预先在 400℃下焙烧 2h 后，矿物得以活化；焙烧矿再经五级逆流酸浸后，矿中碳酸稀土浸出率可提高至 98.39%，而氟化稀土浸出率降至 0.014%。

低温焙烧活化的作用是在氟碳铈矿不分解的前提下，破坏其致密的矿物结构，使矿粒内部发生变化，同时碎裂为更小的颗粒。矿粒粒度减小，比表面积增大，在盐酸浸出过程中，其与溶液的接触面积增大，有利于稀土浸出率的提高。

3. 化学处理-氧化物电解制取混合稀土金属

稀土氧化物可在熔融氟化物(电解质)介质中电解制取稀土金属。稀土氟碳酸盐经热分解转变成稀土氧化物，因此可考虑将高品位氟碳铈矿精矿作为生产混合稀土金属的原料。

精矿中的杂质影响电解过程的进行或金属产品的质量，电解前必须除去。Shedd 等在研究中发现，精矿中硫含量高于 0.3%时(主要是重晶石 $BaSO_4$ 中的硫)混合金属聚集不好，且在电解质中沉积出黑棕色的盐。他们采用图 2-13 的处理方法，制得了混合稀土含量高于 99%的金属。

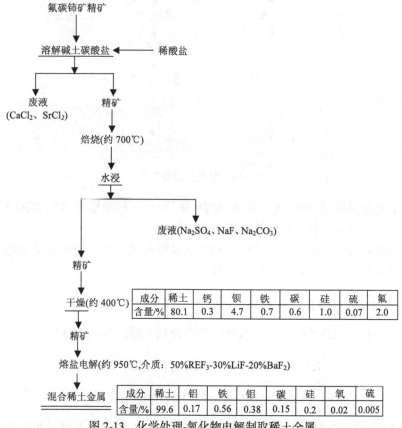

成分	稀土	钙	钡	铁	碳	硅	硫	氟
含量/%	80.1	0.3	4.7	0.7	0.6	1.0	0.07	2.0

成分	稀土	铝	铁	钼	碳	硅	氧	硫
含量/%	99.6	0.17	0.56	0.38	0.15	0.2	0.02	0.005

图 2-13 化学处理-氧化物电解制取稀土金属

先以稀盐酸溶出精矿中的方解石($CaCO_3$)与大青石($SrCO_3$)等碱土金属碳酸盐矿物。所得精矿加碳酸钠混匀后焙烧，$BaSO_4$ 转变成碳酸钡与水溶性硫酸钠，稀土转变成氧化物(少量稀土为氟化物或氟氧化物)。焙烧产物经水浸溶出可溶性盐类及过量碳酸钠,精矿中的 REO 富集到 80%,经电解后得到混合稀土产品。必须指出,因精矿未经除钍过程,这样得到的稀土金属中钍含量较高。

4. 直接制取抛光粉

图 2-14 所示流程用于制作低铈抛光粉与高铈抛光粉。

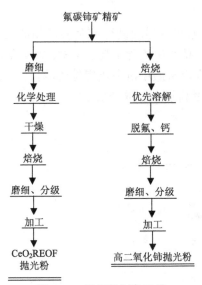

图 2-14 抛光粉制备工艺

因是直接制取抛光粉,故用较纯的精矿做原料,一般采用含 70% REO 的精矿。工艺中无除钍过程,精矿中的钍仍留于抛光粉中。

低铈抛光粉中 $CeO_2/REO \approx 50\%$,成本比高铈抛光粉低,但初始抛光能力与高铈抛光粉几乎无异,只是抛光粉寿命短。

5. 硼酸焙烧分解氟碳铈矿[18]

氟碳铈矿加硼酸焙烧后生成氧化铈和非铈稀土硼酸盐($LnBO_3$):

$$REFCO_3+H_3BO_3 \longrightarrow CeO_2+LnBO_3+H_2O\uparrow \tag{2-36}$$

$$REF_3+H_3BO_3+H_2O \longrightarrow CeO_2+LnBO_3+HF\uparrow \tag{2-37}$$

将氟碳铈矿与硼酸按一定比例混合均匀,在 800℃下通入氧气和水蒸气进行焙烧,再在 25℃下用 2.5% HCl 浸泡 4h 或不通氧进行焙烧并在 25℃下用 3.6% HCl 浸出 1h。实验结果是:通入氧气和水蒸气进行焙烧,再在 25℃下用 2.5% HCl 浸泡 4h 后,浸出液和富铈渣中 CeO_2/REO 分别为 4.68%和 86.4%;不通氧进行焙烧并在 25℃下用 3.6% HCl 浸出 1h，浸出液和富铈渣中 CeO_2/REO 分别为 9.26%~10.2%和 82.2%~84.6%。

6. 氟碳铈精矿的除氟分解工艺

采用焙烧法分解氟碳铈矿过程中，将会产生氟化氢气体排入空中，污染了环境并且浪费了氟资源[19]。下文中将介绍几种近年来关于回收氟的方法。

(1) NH_4Cl 焙烧分解氟碳铈矿。

氟碳铈矿受热分解为稀土氧化物、氟氧化物和少量的氟化物。所以 NH_4Cl 焙烧分解氟碳铈矿的反应实质是 NH_4Cl 与稀土氧化物的反应：

$$RE_2O_3+6NH_4Cl=\!\!=\!\!=2RECl_3+6NH_3\uparrow+3H_2O \tag{2-38}$$

$$2CeO_2+8NH_4Cl=\!\!=\!\!=2CeCl_3+8NH_3\uparrow+Cl_2\uparrow+4H_2O \tag{2-39}$$

实际上，氯化铵与不同的稀土氧化物作用时，先生成 $nNH_4Cl \cdot RECl_3$ 型的中间化合物，它们的组成与镧系元素原子序数有关。当氯化铵与镧到钕的轻稀土氧化物反应时，可生成结构为 $2NH_4Cl \cdot RECl_3$ 型的复合化合物。

$$RE_2O_3+10NH_4Cl=\!\!=\!\!=2(2NH_4Cl \cdot RECl_3)+6NH_3\uparrow+3H_2O \tag{2-40}$$

反应从 140℃开始，生成的复合化合物在 395℃时发生分解。这种复合化合物的生成与氯化剂和氧化剂的配比有关，当混合物中 $NH_4Cl : RE_2O_3 > 10 : 1$ 的摩尔比时，得到的是完全溶于水的稀土氯化物。

氯化铵与重稀土(从镝到镥)氧化物通过如下反应生成 $3NH_4Cl \cdot RECl_3$ 型的中间化合物：

$$RE_2O_3+12NH_4Cl=\!\!=\!\!=2(3NH_4Cl \cdot RECl_3)+6NH_3\uparrow+3H_2O \tag{2-41}$$

但是，氯化铵与由 Sm 到 Gd 的氧化物作用时，整个反应过程就分三步进行：先生成 $3NH_4Cl \cdot RECl_3$ 型的中间化合物，进一步分解为 $2NH_4Cl \cdot RECl_3$ 型的中间化合物，最后生成 $RECl_3$。

该方法具有氯化选择性好、氯化率高、氯化条件温和等突出优点，已用于攀西稀土矿黑色风化矿泥中胶态相稀土的提取，获得了良好结果，进一步用于氟碳铈矿氯化，也获得相似的效果[20]。该法的特点是：既不加入酸，也不加入碱，在中性条件下进行，反应条件温和。由于该法首先加助剂氧化焙烧，脱去氟并用石灰水吸收，彻底排除了氟对工艺及产品的影响，稀土回收率大为提高。

(2) $CaO\text{-}NaCl\text{-}CaCl_2$ 分解氟碳铈矿。

$CaO\text{-}NaCl\text{-}CaCl_2$ 分解氟碳铈矿的过程分为两个阶段[21,22]，第一阶段的温度范围为 430~500℃，主要反应是：REFCO₃ 分解、CaO 与 REOF 作用生成 RE₂O₃ 和 CaF₂、Ce₂O₃ 氧化为 CeO₂ 以及 CaCO₃ 的生成反应；第二阶段的温度范围为 610~700℃，主要是 CaCO₃ 的分解反应，以及稀土的进一步氧化。通过分析可知：氟碳铈矿中的氟在焙烧过程中与 CaO 反应生成 CaF₂，抑制了气相氟的形成。同时，添加 CaO 焙烧工艺中，稀土完全氧化的温度比氧化焙烧方法降低了 300℃左右，这为实现工业化生产提供了依据。通过二次正交回归实验设计方法和数理统计方法研究氟碳铈矿分解率随焙烧温度、氧化钙加入量、NaCl-CaCl₂ 加入量、焙烧时间四个因素变化的规律，得出了相应的回归方程。并确定在焙烧温度为 700℃，CaO 加入量为 15%，NaCl-CaCl₂ 加入量为 10%，焙烧时间为 60min 的条件下，分解率为 92.14%。

(3) 碳酸钠焙烧分解氟碳铈矿。

加碳酸钠焙烧氟碳铈矿是成熟的工艺流程，焙烧过程中很少产生 HF 气体，焙烧产物用水洗涤可以回收 NaF。洗涤后，用盐酸(或硫酸、硝酸)优溶出非铈稀土，不溶物中的稀土主要以 CeO₂ 形态存在，可用于提取纯铈产品。但是由于生产成本较高，很少被使用[23,24]。

2.4　独居石稀土精矿的分解

独居石是稀土和钍的磷酸盐矿物，化学分子表达式为(Ce、La、Th)PO₄。分析其化学组成，独居石稀土精矿具有如下特点：

(1) 精矿中独居石的矿物量可达 95%~98%，其中 REO 为 50%~60%。

(2) 铈组元素占矿物稀土元素总量的 95%~98%。

(3) 含有较多的放射性元素 Th、U 及微量的 Th 和 U 的放射性衰变产物 Ra，其中含 4%~12%的 ThO₂，0.3%~0.5%的 U₃O₈。

(4) 含磷高，有 25%~27%的 P₂O₅。

(5) 含有少量的金红石(TiO₂)、钛铁矿(FeO、TiO₂)、锆英石(ZrO₂·SiO₂)以及石英(SiO₂)等矿物。

虽然在研究工作领域有各种分解独居石的方法，但在工业生产中，仅用浓硫酸分解与烧碱液分解两种工艺。

20 世纪 50 年代以前采用浓硫酸法。该法的最大优点是对精矿的适应性强，即使精矿中有价元素含量低、颗粒较粗，也能获得较为满意的结果。其缺点是：酸气易腐蚀设备，给劳动防护与环境保护带来很大困难，精矿中含量仅低于稀土的磷难以回收利用。

1952 年，印度借助法国的技术，在特兰旺科-科琴(Travancore-Cochin)的阿尔沃耶(Alwaye)首先建了一座用烧碱液分解独居石的工厂(设计能力：1500t/a)。之后，美国、巴西、法国、中国、马来西亚、1990 年前后朝鲜民主主义人民共和国等相继建立了烧碱法处理独居石的工厂，烧碱法逐步甚至完全取代了分解独居石的浓硫酸法。

烧碱分解工艺的优缺点正好与浓硫酸法相反。它要求杂质含量尽量少的独居石精矿，分解前需将精矿磨细。但是，烧碱工艺中的设备腐蚀、劳动保护与环境保护皆较易解决，独居石中的磷也能得以回收[25]。

2.4.1 氢氧化钠分解法

独居石稀土精矿中含有磷、钍、铀成分，为了回收这些有价成分及防止放射性元素污染产品和环境，在氢氧化钠分解独居石的流程中应包括氢氧化钠分解、磷碱液回收、稀土与杂质分离和钍、铀回收四个部分。图 2-15 是工业上所用的工艺流程。

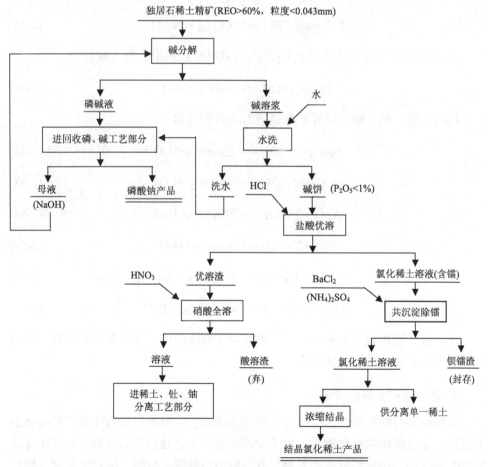

图 2-15 氢氧化钠分解独居石稀土精矿的工艺流程图

1. 氢氧化钠分解独居石稀土精矿的化学反应

独居石在氢氧化钠溶液中加热至 140~160℃时将发生如下的分解反应:

$$REPO_4+3NaOH{=\!=\!=}RE(OH)_3\!\downarrow+Na_3PO_4 \tag{2-42}$$

$$Th_3(PO_4)_4+12NaOH{=\!=\!=}3Th(OH)_4\!\downarrow+4Na_3PO_4 \tag{2-43}$$

独居石中的 U_3O_8 在搅拌的作用下与 NaOH 和空气中的 O_2 发生反应:

$$2U_3O_8+O_2+6NaOH{=\!=\!=}3Na_2U_2O_7\!\downarrow+3H_2O \tag{2-44}$$

U_3O_8 实际上是铀的四价和六价复合氧化物 $UO_2\cdot2UO_3$,在 NaOH 溶液中未被 O_2 氧化的四价铀与 NaOH 作用,生成氢氧化物:

$$UO_2+4NaOH{=\!=\!=}U(OH)_4\!\downarrow+2Na_2O \tag{2-45}$$

在 NaOH 过量很多的情况下 $U(OH)_4$ 以铀酰酸根的形态溶入碱液中:

$$U(OH)_4+OH^-{=\!=\!=}H_3UO_4^-+H_2O \tag{2-46}$$

同时,铁、铝、锆、硅等矿物也被 NaOH 所分解:

$$Fe_2O_3+2NaOH{=\!=\!=}2NaFeO_2+H_2O \tag{2-47}$$

$$TiO_2+2NaOH{=\!=\!=}Na_2TiO_3+H_2O \tag{2-48}$$

$$Al_2O_3+2NaOH{=\!=\!=}2NaAlO_2+H_2O \tag{2-49}$$

$$SiO_2+2NaOH{=\!=\!=}Na_2SiO_3+H_2O \tag{2-50}$$

$$ZrSiO_4+4NaOH{=\!=\!=}Na_2ZrO_3\!\downarrow+Na_2SiO_3+2H_2O \tag{2-51}$$

$$ZrSiO_4+2NaOH{=\!=\!=}Na_2ZrSiO_5\!\downarrow+H_2O \tag{2-52}$$

铁、钛、铝矿物及石英的分解产物均溶于碱溶液中,与难溶性氢氧化物形式存在的稀土和钍及重铀酸钠分离。

2. 影响精矿分解的因素

氢氧化钠分解独居石的反应属于固-液多相反应。分解反应首先在矿物的表面上进行,生成固体氢氧化物膜。由于此固体膜致密,独居石的分解反应速率将受 NaOH 在固相膜中的扩散速率限制,其分解率与温度、时间、NaOH 浓度、精矿的粒度等工艺因素的关系可以用生成致密固体产物的动力学方程式表示:

$$1 - \frac{2}{3}x - (1-x)^{\frac{2}{3}} = [(2MDc/(a\rho r_0^2)]t$$

(2-53)

式中：x 为经过 t 时间后，稀土矿物的反应分数(表示稀土矿物的分解率)；M 为独居石矿物的分子量；ρ 为独居石矿物的密度；c 为 NaOH 溶液的浓度；r_0 为精矿颗粒原始半径；a 为化学计算因子；D 为反应物在溶液中的扩散系数。

根据上述的反应速率方程，可以对独居石稀土精矿分解的影响因素进行如下分析。

(1) 精矿粒度的影响。在式(2-53)中分解率(x)与精矿粒度(r_0)的平方成反比。可见，精矿的粒度是影响分解率的一个重要因素，因为粒度越大，精矿与 NaOH 接触的表面积越小，反应的速率越慢。实际上对于生成物在精矿表面上形成的致密膜而言，由于致密膜阻碍着 NaOH 向精矿的深部扩散，此条件下，精矿的粒度越大，随反应时间的延长，则在精矿表面的致密膜越厚，分解反应的速率越慢，由此而导致精矿的分解越不完全。生产实践证明，精矿的粒度在 0.043mm 以下时，分解率可以达到 98%以上。

在热球磨机内进行碱分解是一种解决粒度影响分解率的有效方法。例如，在密封的热球磨机中用 NaOH 分解粒度为 0.5~1.5mm 的独居石精矿，NaOH 浓度为 50%，反应温度为 175℃，分解过程中借助钢球的撞击和摩擦力使矿物表面生成的氢氧化物脱落，不断露出新的表面。经 4.5~6h，独居石几乎全部分解。但是热球磨机的损耗、动力消耗和生产能力小等问题限制了这种方法的应用。

(2) 反应温度与 NaOH 浓度的影响。在生成致密膜的固-液反应中涉及反应物在液相中和致密的固相膜中的扩散。在分解反应初期，在精矿表面的致密膜覆盖不完全或很薄，此时扩散主要是在液相中进行，提高反应温度可以使液相中的扩散系数增大，从而提高反应速率。但是随反应时间的加长，独居石稀土精矿分解过程中致密膜的厚度不断增加，扩散速率由液相中的扩散控制转变为主要受在致密膜中的扩散速率控制，此时提高反应温度对固相中的扩散系数影响不大。如果反应温度过高还会引起反应器局部过热而使稀土和钍的氢氧化物脱水，降低它们在无机酸中的溶解性能，导致酸溶工序中稀土收率下降。

反应温度的确定与 NaOH 的浓度有关。因为 NaOH 的浓度与其溶液的沸点相关，见表 2-9。

表 2-9　NaOH 溶液浓度与沸点的关系

NaOH 浓度/%	37.58	48.30	60.13	69.97	77.53
沸点/℃	125	140	160	180	200

为了获得高的分解率和保持分解过程中物料的流动性，生产中采用 NaOH 的

浓度为 55%~60%，NaOH 用量超过理论计算量的 2~3 倍。如果 NaOH 的浓度过高，将使得碱液的黏度增加，流动性变差，物料在输送管路中结晶，影响生产的顺利进行。另外，NaOH 的浓度越高，铀进入磷酸钠中的量也越多，使磷酸钠的提取工艺变得复杂。根据表 2-9 中的数据，与此相应的温度应为 140~150℃，高于此温度，碱液处于沸腾状态，容易造成溢槽。有时生产中，为了提高反应速率，缩短反应时间，常在常压间歇反应槽中加固体 NaOH 来提高溶液中的 NaOH 浓度，分解操作结束时，加水稀释浓碱液以方便物料的输送。

(3) 反应时间与搅拌强度的影响。分解率与反应时间成正比，延长反应时间会使分解增加，但是如前面所分析的，矿物的粒度较大时，随反应时间的延长，则在精矿表面的致密膜越厚，分解反应的速率越慢。提高搅拌强度，能增加固、液两相的接触机会，对表面生成的氢氧化物膜的剥离，促进分解反应的进行有一定的作用。搅拌在生产中的另外一个重要作用是保持碱分解矿浆的均匀性和流动性，一定程度上可以防止物料在碱分解槽中结底和溢槽。

综上所述，氢氧化钠分解独居石稀土精矿的过程是将一种难溶于碱液的稀土磷酸盐转化为另外一种难溶于碱液的稀土氢氧化物的过程。在精矿粒度为 0.043mm，NaOH 浓度为 55%~60% 及与其相当的温度和一定的搅拌强度下，分解率可以达到 97% 以上。

氢氧化钠分解独居石稀土精矿的过程在钢板卷制并带有蒸气加热夹层的圆形分解槽中进行。在工业生产中，分解过程可以采用间歇方式或连续方式。间歇方式是指加入原料—分解—出料过程在一个分解槽中完成，而连续方式是在几个串联在一起的分解槽中完成这一过程。相比之下，连续方式具有生产能力大、稀土和铀的分解率高、操作方便等优点。

3. 从分解产物中提取稀土

经氢氧化钠分解后得到的是由稀土、钍和大部分铀的氢氧化物沉淀以及未分解的矿物组成的碱溶浆和由磷及其他杂质的可溶性盐及过量的 NaOH 组成的碱溶浆。欲从碱溶浆中回收稀土，需要经过水洗分离碱溶性物质、盐酸溶解氢氧化物和氯化稀土溶液净化过程。

(1) 水洗分离碱溶性物质。水洗过程属于液、固分离过程。为了便于液、固分离，在澄清之前，首先应用水稀释碱溶浆并且在 70℃ 以上陈化 6~7h，使固体颗粒凝集长大，增加沉降速度。溶液澄清后从水洗罐的中部放出上清液(也可以采用虹吸的方法)。因为碱溶浆中的 NaOH 和 Na_3PO_4 浓度很高，生产中通常用 10 倍于固体的水量，并将溶液加热至 60~70℃，在搅拌的作用下，重复水洗过程 7~8 次，才能达到水洗液中 P_2O_5 含量 < 1%，pH=7~8 的要求。前几次洗液中的 NaOH 和 Na_3PO_4 浓度很高，可用于回收 NaOH。

(2) 盐酸溶解稀土氢氧化物。将浓盐酸缓慢加入水洗后的氢氧化物的浓浆中，稀土、钍和铀将溶解于盐酸溶液中：

$$RE(OH)_3 + 3HCl === RECl_3 + 3H_2O \tag{2-54}$$

$$Th(OH)_4 + 4HCl === ThCl_4 + 4H_2O \tag{2-55}$$

$$Fe(OH)_3 + 3HCl === FeCl_3 + 3H_2O \tag{2-56}$$

在酸溶过程中，$Na_2U_2O_7$ 也被盐酸分解，以 U^{4+} 和 UO_2^{2+} 形式存在于溶液中。

在 NaOH 分解过程中，铈磷酸盐被分解成三价氢氧化物的同时，一部分三价铈与空气中的氧接触被进一步氧化成四价的氢氧化物。在酸性溶液中，Ce^{4+} 具有很强的氧化性，可以将 Cl^- 氧化，以氯气的形式从溶液中逸出。

$$Ce(OH)_4 + 4HCl === CeCl_3 + 4H_2O + 1/2Cl_2 \tag{2-57}$$

四价的铈碱性较低，pH > 0.7 的条件下就开始水解，形成 $Ce(OH)_4$ 沉淀。生产中为了提高铈的回收率，先将反应酸度控制在 pH=1.5~2.0 范围内，并加入少量的 H_2O_2 将四价铈还原为三价，以促进 $Ce(OH)_4$ 的充分溶解。

(3) 氯化稀土溶液的净化。盐酸溶解时氢氧化物浓浆中的杂质铁、钍、铀以及微量的镭进入氯化稀土溶液中。基于溶度积原理，依照方程式和表 2-10 中的数据，调整溶液 pH，使铁、钍、铀水解成氢氧化物沉淀，从溶液中除去。

$$10^{-14}/(K_{sp}[RE(OH)_3]/[RE^{3+}])^{1/3} < [H^+] < 10^{-14}/(K'_{sp}[Me(OH)_n]/[Me^{n+}])^{1/n}$$

式中：Me 为 Fe、Th、U；K'_{sp} 为 $Me(OH)_n$ 的溶度积。

表 2-10　$RE(OH)_3$、$Th(OH)_4$、$Fe(OH)_3$、$Fe(OH)_2$ 沉淀 pH 及溶度积

项目 ＼ 氢氧化物	$RE(OH)_3$	$Th(OH)_4$	$Fe(OH)_3$	$Fe(OH)_2$	$UO_2(OH)_2$	$U(OH)_4$
溶度积	1.6×10^{-20}	4.0×10^{-45}	3.0×10^{-39}	8.0×10^{-15}	1.1×10^{-22}	1.0×10^{-45}
沉淀 pH	6.83~8.03	4.15	3.68	9.61	6.17	9.25
沉淀程度	开始沉淀	沉淀完全	沉淀完全	沉淀完全	沉淀完全	沉淀完全

由表 2-10 可以看出，若将 pH 控制在 4.5 左右，Th^{4+} 和 Fe^{3+} 能够较完全地除去，但是 Fe^{2+} 仍然保留在溶液中。为此可以向溶液中加入适量的 H_2O_2，使 Fe^{2+} 氧化成 Fe^{3+} 之后，再通过水解除去。

在 pH > 2 的条件下，存在于溶液中的 U^{4+} 和 UO_2^{2+} 开始发生一级水解，生成 $U(OH)^{3+}$ 和 $UO_2(OH)^+$；随 pH 升高，$U(OH)^{3+}$ 进一步水解成具有胶体性质的聚合氢氧化物$[U(OH)_4]_n$，而 $UO_2(OH)^+$ 则需在更高的 pH 条件下，才能生成铀酸及多铀酸的氢氧化物沉淀。胶体性质的铀氢氧化物吸附于氢氧化铁和氢氧化钍的颗粒表面而沉淀。

在生产实践中，常用水洗后的氢氧化物的浓浆或碳酸稀土将酸浸溶液的 pH 由 1~2 调至 4.5 左右，并加入少量凝聚剂，使呈悬浮状态的水解产物迅速凝聚沉淀。经澄清、过滤得到的滤渣中含放射性元素钍较多，可以作为提取钍的原料或封存，滤液可供生产混合结晶氯化稀土或作为萃取分离的料液。这一生产过程在工业中称为盐酸优溶，由此获得的渣称为优溶渣。

镭和钡硫酸盐的溶度积分别是 $4.2×10^{-11}$ 和 $1.1×10^{-10}$，它们属于难溶性物质。而且镭的离子半径和钡的离子半径差别小，在两种离子共存的条件下，能形成类质同晶共沉淀，属于难溶性物质。根据这一原理，向热的稀土氯化物溶液(70~80℃)中加入硫酸铵和氯化钡则可以借助 $BaSO_4$ 晶体的载带作用，将溶液中微量的镭除去。

(4) 由氯化稀土溶液制备混合稀土产品。净化后的氯化稀土溶液可以作为稀土分离的原料进入萃取车间逐一分离单一稀土。根据需要也可以制成结晶混合氯化稀土和混合碳酸稀土。

① 制备结晶氯化稀土。氯化稀土溶液一般含有 REO 150g/L 左右，冷却可得到结晶 $RECl_3·nH_2O$ 产品。生产上为了提高蒸发的速度，通常采用减压浓缩的方式。利用水流喷射器将蒸发罐内的真空度保持在 $6×10^4Pa$ 时，稀土氯化物溶液的沸点可降低 14℃ 左右。

② 制备混合碳酸稀土。向含 REO 为 40~60g/L 的氯化稀土溶液中加入碳酸氢铵(固体或液体均可)将产生碳酸稀土沉淀。沉淀出的碳酸稀土用水洗除去吸附的硫酸盐，过滤后制备得到 $RECl_3·nH_2O$ 产品。

4. 从优溶渣中回收钍、铀和稀土

优溶渣中的主要化学成分是稀土、钍、铀的氢氧化物和少量的硅酸盐以及未分解的矿物。优溶渣用水洗去除氯离子(Cl^- < 0.6g/L)后，通常采用硝酸溶解的方法溶出稀土、钍、铀。溶解反应是放热反应，在溶解的过程中向溶液释放大量的热，使其温度升高。例如，采用浓硝酸直接溶解优溶渣可以使溶液的温度急剧升至 120℃ 以上。这样做有利于硅溶解后产生的硅胶凝聚，同时加入聚丙酰胺可以使硅胶凝聚的速度加快，增加溶液的澄清效果。不溶残渣中的主要化学成分是金红石(TiO_2)、钛铁矿($FeO·TiO_2$)、锆英石($ZrSiO_4$)、石英((SiO_2)以及其他未分解的矿物，可经过滤或分离除去。酸溶过程中的主要化学反应为

$$RE(OH)_3 + 3HNO_3 \rule[0.5ex]{2em}{0.4pt} RE(NO_3)_3 + 3H_2O \tag{2-58}$$

$$Th(OH)_4+4HNO_3\!=\!\!=\!\!=\!Th(NO_3)_4+4H_2O \tag{2-59}$$

$$Na_2U_2O_7+6HNO_3\!=\!\!=\!\!=\!2UO_2(NO_3)_2+2NaNO_3+3H_2O \tag{2-60}$$

溶液中微量的镭需加入少量的$(NH_4)_2SO_4$和$Ba(NO_3)_2$除去。除镭后的硝酸溶液，通常采用 TBP(磷酸三丁酯萃取剂)-煤油(稀释剂)组成的有机溶剂萃取分离稀土、钍、铀。图 2-16 是生产中采用的萃取分离工艺流程。

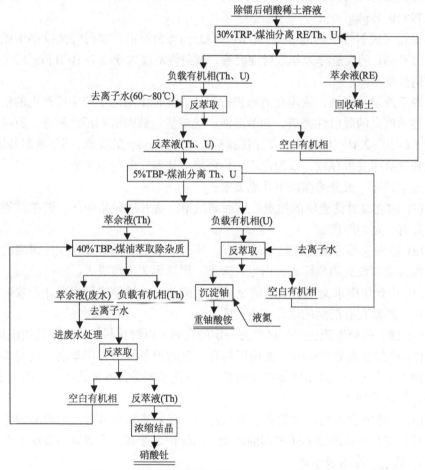

图 2-16　TBP-煤油萃取分离 RE/Th/U 工艺流程

5. 氢氧化钠分解法的三废治理

独居石冶炼主要采用烧碱法,冶炼过程中主要产生放射性废渣和放射性废水。由于技术有限, 处理独居石进行稀土冶炼时对钍、铀资源没有同步回收而是留在渣中进入渣库, 形成了几万吨的优溶渣, 急需综合环保利用。从独居石冶炼的经济和社会效益考虑，通过对钍、铀的进一步回收处理，可大大扩充核资源的储备；从环境保护的角度出发，可减少由于稀土矿的开采对环境造成的破坏。

1) 放射性废渣及治理

烧碱法处理独居石主要产生三种放射性废渣，废渣中都含有不等量的放射性元素钍、铀和镭，因此，废渣具有不同水平的放射性活度。酸溶渣：含 Th 0.056%，含 U 0.053%，放射性活度为 $4.8×10^6$ Bq/kg；钡镭渣：含 Th 0.004%，含 U 0.003%，放射性活度为 $2.41×10^7$ Bq/kg；污水渣：含 Th 0.049%，含 U 0.030%，放射性活度为 $1.79×10^7$ Bq/kg。

根据《放射性废物的分类》(GB 9133—1995)规定，放射性活度小于或等于 $7.4×10^4$Bq/kg 的废渣称为非放射性废渣。放射性活度大于 $3.7×10^5$Bq/kg 的废渣称为放射性废渣。

对于放射性废渣，应建立渣库进行存放。在稀土冶炼生产中所产生的量少而放射性活度高的放射性废渣，如酸溶渣、优溶渣、镭钡渣和污水渣等，放射性活度为 $8.6×10^4$~$2.41×10^7$Bq/kg，高于国家标准 $7×10^4$Bq/kg 的要求，属于放射性废渣，必须建立渣库妥善存放，以确保不污染环境，达到安全与卫生要求。

建立渣库一般要遵循以下几点要求：

(1) 建立放射性渣库的地点，应远离城市，避开居民集中区。防护监测区应与渣库有一定的距离。

(2) 渣库应尽可能建在偏僻的地方，其地下水位要低，应在主导风向的下风侧。库区必须设立明显标志，由专人管理，严禁无关人员进入。

(3) 符合建库水文地质要求的金属矿废矿井，经过整修后也可作为放射性渣库使用。严禁在有溶洞的地区建立渣库。

(4) 建立的渣库距生产厂区要有一定的距离，以防止污染厂区及其周围环境。

(5) 放射性废渣的运输，要使用具有一定防护条件的专用车辆，且与其他运输车辆严格分开。运输车辆要设专用车库，冲洗车辆的污水要流入厂区的污水站，并进行妥善处理。

(6) 如废渣含有可溶性的钍和酸碱性水，建立渣库存放时，与废渣相接触部分的材质应具有防腐蚀和防渗漏的性能，以保护库壁和免于渗漏污染地下水。

2) 放射性废水及治理

烧碱法处理独居石主要产生酸性放射性废水，酸度：3~4；U 浓度：1.4~1.6mg/L；Th 浓度：4.7~72.5mg/L；Ra 浓度：$7.5×10^{-8}$mg/L，属于低水平的放射性废水。处理方法主要有化学法和离子交换法。

(1) 化学处理法。

由于废水中放射性元素的氢氧化物、碳酸盐、磷酸盐等都是难溶于水的化合物，因此对低放射性废水多采用化学沉淀法。化学处理的目的是使废水中的放射性元素沉淀于固体富集物中，从而使废水达到放射性废水排放标准。化学处理法的特点是处理费用低，对大多数放射性元素的去除率较高，设备简单，操作方便，因而在我国的核能和稀土生产厂多采用化学沉淀法除去废水中的放射性元素。

中和沉淀除钍、铀：向废水中加入烧碱液，调节 pH=7~9，钍、铀则以氢氧化物沉淀析出，化学反应式为

$$Th^{4+} + 4NaOH \!=\!=\!= Th(OH)_4\downarrow + 4Na^+ \tag{2-61}$$

$$UO_2^{2+} + 2NaOH \!=\!=\!= UO_2(OH)_2\downarrow + 2Na^+ \tag{2-62}$$

在实际应用中，中和沉淀也可用氢氧化钙作中和剂，沉淀过程中还可加入硫酸铝、铁盐等形成絮凝物吸附放射性元素的沉淀物。

硫酸盐共晶沉淀除镭：向除钍、铀后的废水中加入 10% $BaCl_2$ 溶液(在 SO_4^{2-} 存在下)，使其生成硫酸钡和硫酸镭的共晶沉淀，镭被载带吸出，化学反应式为

$$Ba^{2+}(Ra^{2+}) + SO_4^{2-} \!=\!=\!= BaSO_4[RaSO_4]\downarrow \tag{2-63}$$

沉淀镭时，控制离子浓度积$[Ba^{2+}][SO_4^{2-}]$约为 10^4 数量级，大大超过 $BaSO_4$ 的浓度积，则 $RaSO_4$ 随大量 $BaSO_4$ 的沉淀进行共沉淀。

为使沉淀物加速沉降，除去悬浮物，沉淀作业完成后需适量加入高分子絮凝剂(聚丙烯酰胺，PHP)，经充分搅拌，PHP 絮凝剂均匀地分布于水中，静置沉降后，可除去废水中的悬浮物和胶状物以及残余的少量放射性元素，使废水呈现清亮状态，达到排放标准。应当指出的是，用高分子 PHP 絮凝剂处理放射性废水时，要求废水中不许夹带有机物，否则会出现放射性沉渣上浮现象，影响废水处理质量。化学处理法的流程图如图 2-17 所示。

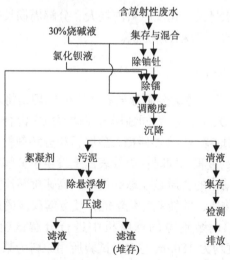

图 2-17　放射性废水的化学处理法工艺流程

操作条件：向废水中加入 30%烧碱溶液，控制 pH=7~9，沉淀时间为 3~4h，压滤时温度为 80~90℃，加入絮凝剂体积为废水体积的 $2×10^{-8}$ 倍，加入烧碱液体积为废水体积的 $1×10^{-3}$ 倍。主要设备：集存与混合池，除钍、铀及镭池，悬浮物澄清器，压滤机，清水池及水泵等。废水处理后呈清亮状态，pH=7~9，浑浊度不大于 5 度，化学耗氧量(COD)为 80~100mg/L，天然钍、铀及镭都达到排放标准。

(2) 离子交换法。

离子交换法去除废液中放射性元素所用的离子交换剂有离子交换树脂和无机离子交换剂。离子交换树脂法仅适用于溶液中杂质离子浓度比较低的情况，当溶液中含有大量杂质离子时，不仅影响了离子交换树脂的使用周期，而且降低了离子交换树脂的饱和交换容量。一般认为常量竞争离子的浓度小于 1.0~1.5g/L 的放射性废水适于使用离子交换树脂法处理，而且在进行离子交换处理时往往需要首先除去常量竞争离子。为此可以使用二级离子交换柱，其中，第一级主要是用于除去常量竞争离子，第二级主要是除去放射性元素离子。因此离子交换树脂法特别适用于处理经过化学沉淀后的放射性废水，以及含盐量少和浊度很小的放射性废水，能获得很高的净化效率。

无机离子交换剂处理低水平的放射性废水也是一种应用较为广泛的方法。用作无机离子交换剂的有各类黏土矿(如蒙脱土、高岭土、膨润土、蛭石等)、锰矿石等。高岭土、蛭石的粒度小，在水中呈胶体状态，通常以吸附方式处理放射性废水。黏土矿处理放射性废水一般要添加絮凝剂进行沉淀处理，以获得良好的固液分离效果。用软锰矿进行吸附处理也能获得较好的处理效果。

2.4.2　独居石精矿的其他碱分解法

碱分解存在着废水量大、化工原料消耗大、分解周期长等弊病。针对这些问题，近年出现了机械球磨等碱分解方法。

1. 球磨分解独居石精矿

(1) 机械球磨法。机械球磨分解独居石矿物的原理是将对独居石有分解作用的物质(如 NaOH、CaO、CaCl$_2$ 等)同独居石在球磨机中混合。在高速旋转的条件下，发生球-粉末-球和球-粉末-容器碰撞，独居石和分解剂粉末经历了反复的粉碎与冷焊接(cold welding)过程，同时在焊接表面上发生了分解反应。机械球磨方法可以分解独居石稀土精矿的实质是在球磨机中，高速旋转产生的机械能通过碰撞作用传递给化学反应物质，并转变为化学能，使分解反应的速率得到了提高。

在容积为 3.7L、内装钢球的球磨机中进行分解试验，球磨机的转速为100r/min，精矿的粒度均为 180μm 左右，试验所用原料为某稀土冶炼厂生产使用的独居石精矿，化学成分见表 2-11。

表 2-11　机械球磨使用独居石精矿的组成(%)

矿物名称	RE₂O₃	P₂O₅	ThO₂	CaO	Fe₂O₃	SiO₂	TiO₂
广-1	55.37	19.18	5.63	2.61	3.03	5.53	0.82
广-2	55.70	17.67	5.72	2.82	1.92	5.48	1.89
广-3	55.90	19.13	5.86	2.81	2.09	5.16	2.44
广-4	55.66	17.71	5.63	2.90	2.26	5.22	3.88
朝鲜矿	59.11	20.05	5.96	1.84	2.47	3.90	2.67

试验得到了如下结果：①分解率随碱用量的增加而增加，但当碱用量为理论量的 1.6 倍时(精矿量的 0.65 倍)，分解率已达 98.82%。②温度升高，分解率增大，在碱用量为理论用量的 1.84 倍(精矿量的 0.85 倍)，温度为 160℃时，在 3h 内分解率能达到 99.23%。③在碱用量为理论量的 2.08 倍(精矿量的 0.85 倍)，温度为 160℃，保温时间分别为 2h 和 3h 的条件下，所得分解率分别为 99.1%和 99.9%。当碱用量较少时，保温时间对分解率有明显的影响，但当碱用量较多时，即使在 2h 内也能达到较大的分解率。④根据条件试验的结果，对表 2-11 中的几种不同的原料进行综合试验，其结果是除朝鲜矿的分解率较低外，其他几种矿的分解率平均达到 99.77%，说明该工艺对原料的适用性较强。同时，在使用磷酸三钠结晶后，分解率也可达 99.77%。

(2) 热球磨法。为了缩短工艺流程，也进行了热球磨法的研究。张允什等在 1L 容积的钢球球磨机内分解未经磨矿的精矿，NaOH 浓度为 50%，氢氧化钠/精矿的质量比=1.5，在(138±2)℃条件下分解 4h，分解率仅 58.5%。如果在同样条件下将分解时间延长至 6h，分解率也只达 70.8%。若将碱用量降低至氢氧化钠/精矿=1，仍采用 50%浓度的 NaOH，但在(160±2)℃下分解 6h，则独居石分解率达 95.7%。

李洪桂在热球磨机内分解 80 目的独居石精矿，160℃下分解 2~3h，分解率大于 99%，碱用量为精矿质量的 65%~70%。

MeepcoH 等在密封球磨机内分解粒度为 0.5~1.5mm 的独居石精矿，NaOH 用量为理论量的 150%(约为精矿质量的 75%)，NaOH 浓度为 50%，当在 175℃下分解 4.5~6h，或在 200℃下分解 3~3.25h 时，独居石几乎全部分解。实验发现，当在较高温度(高于 175℃)下分解精矿时，随着时间的延长，独居石分解率反而下降。研究表明，实际上独居石已经分解，只因随分解时间的延长，已分解成 RE(OH)₃、Th(OH)₄ 的产物又与反应体系中的 NaOH+Na₃PO₄ 反应，生成了与独居石性质有区别，但组成与之近似的稀土与钍的磷酸盐。这些盐类因难溶于浓度为 10%的盐酸而使独居石的表观分解率下降。

2. 熔融法分解独居石精矿

Kim 等进行实验所用独居石精矿中有 90%的粒度为 100~280μm，用 3 倍于理论用量(相当于精矿质量的 1.5 倍)的 NaOH 与精矿在 400℃下熔融分解，矿物接近全部分解。他们又用 10L 的振动磨(振动频率为 3000 次/min，采用直径为 8~15mm 钢球)湿磨精矿，磨 15min 后精矿平均粒度达 3.5μm。对于磨过的精矿，仅用 1.5 倍于理论量的 NaOH，其他条件与上述相同，独居石分解率达 99.7%。但熔融反应后的分解产物不易溶于无机酸。Kim 等在酸溶分解物时引入氟离子，只要 F 浓度不大于 0.75g/L，稀土与钍皆易溶解，认为其原因是形成了促进溶解的钍-氟配合物。

Kim 等的研究表明，独居石与碱在约 300℃熔融时发生如下反应：

$$2CePO_4+6NaOH+1/2O_2 \Longrightarrow 2Na_3PO_4+2CeO_2+3H_2O \tag{2-64}$$

$$CeO_2+2NaOH \Longrightarrow Na_2CeO_3+H_2O \tag{2-65}$$

$$Th_3(PO)_4+12NaOH \Longrightarrow 4Na_3PO_4+3ThO_2+6H_2O \tag{2-66}$$

$$2REPO_4+6NaOH \Longrightarrow 2Na_3PO_4+RE_2O_3+3H_2O \tag{2-67}$$

$$RE_2O_3+2NaOH \Longrightarrow 2NaREO_2+H_2O \tag{2-68}$$

在 65℃下，用 11.5mol/L 的盐酸溶解时，盐酸用量(mL/g REO)为 30、5、3 时，完全溶解所需时间分别为 15min、30min、100min。

2.4.3　氧化钙加熔剂焙烧分解法

1. CaO-NaCl 分解独居石精矿

独居石的热稳定性高，在空气中，1700℃下仍然不分解。CaO 在 700℃虽然可以分解独居石，但是分解率很低，没有工业意义。在分解过程中加入 NaCl 或其他低熔点的熔盐，如 NaCl-CaCl_2，NaCl-KCl、NaCl-CaCl_2-KCl 等，均能提高分解率，并使分解温度降低。CaO-NaCl 分解独居石的实验研究表明，加入 NaCl 与未加 NaCl 时相比，独居石的分解率由 5%左右提高到 78%。其原因主要有以下两个方面:①NaCl 以液相存在，促进固相反应间的传质过程，提高反应速率;②NaCl 参加分解反应，使固体单相变为有液相参加的两相反应，加快了反应速率，从而提高了 CaO 分解 REPO_4 的能力。在 NaCl 参加下，CaO 分解独居石的反应除式(2-69)外，还存在 NaCl 和 CaCl_2 共同作用分解独居石的反应，即式(2-70)。应当指出的是，在分解反应进行的同时，分解产物中的 Ce_2O_3 同时被氧化成 CeO_2，其反应如式(2-71)所示。

$$3CaO+2REPO_4 \Longrightarrow Ca_3(PO_4)_2+RE_2O_3 \tag{2-69}$$

$$15CaO+3NaCl+10REPO_4=\!=\!=3Ca_5Cl(PO_4)_3+Na_3PO_4+5RE_2O_3 \qquad (2\text{-}70)$$

$$Ce_2O_3+1/2O_2(空气)=\!=\!=2CeO_2 \qquad (2\text{-}71)$$

当焙烧温度在 670~870℃，CaO 加入量为 5%~45%的试验范围内，分解率随温度、CaO 加入量、NaCl 加入量的增加而增加。当焙烧温度为 870℃，CaO、NaCl 加入量均为 45%时，独居石的分解率可达到 78.39%[26,27]。

2. 机械球磨 CaO、CaCl₂ 分解独居石稀土精矿

在密封的钢罐内装入 15 个钢球(直径为 15mm)，然后按实验要求装入独居石、CaO、CaCl₂，在不同的气氛下进行分解试验。试验结束后，用 X 射线衍射分析独居石相，并以该相消失为独居石完全分解的标准。实验中选用的是澳大利亚西部海滨砂独居石精矿，其独居石的纯度为 98.5%，稀土含量为 50.1%，钍含量为 7.1%，精矿的粒度约为 0.1mm。实验中得到了如下结果：①在氩气气氛下，球与物料的质量比为 15∶1，独居石∶CaO∶CaCl₂=3∶2∶2(摩尔比)。当球磨时间达到 12h 时，独居石完全分解，分解产物是稀土氧化物、二氧化钍、稀土氯氧化物、氯磷灰石及未分解的其他矿物。②在空气气氛下，其他条件与在氩气气氛下相同。只有球磨时间达到 24h 以上时，独居石才完全分解。分解产物与在氩气气氛下不同的是没有产生稀土氯氧化物。

2.5 包头混合型稀土精矿的分解

包头氟碳铈矿-独居石混合型稀土精矿是我国特有的一种复合型稀土矿，具有如下特点：

(1) 包头混合型稀土精矿由氟碳铈矿和独居石组成，矿中氟碳铈矿与独居石的质量比随矿点不同在 9∶1~9∶4 之间波动，与稀土品位无关。

(2) 有多种规格的稀土精矿，REO 含量为 30%~65%；精矿中含有铁矿物(Fe_2O_3、Fe_3O_4)、萤石(CaF_2)、重晶石($BaSO_4$)、磷灰石[$Ca_5F(PO_4)_3$]等矿物；还含有铌、钛、钪、萤石等有价元素和矿物。

(3) 铈组元素约占矿物稀土元素总量的 98%，一般中重稀土含量高于美国产氟碳铈矿，低于独居石，Eu_2O_3 的含量例外，比独居石中的含量高得多。

(4) 放射性元素 Th 含量约为 0.2%，低于独居石等稀土矿物，高于氟碳铈矿等稀土矿。

(5) 萤石粒度比稀土矿物粒度大。

目前可供工业上使用的混合型稀土精矿的稀土品位一般为 50%~65%。表 2-12 给出的是常用的混合型稀土精矿的化学成分。

表 2-12 氟碳铈矿-独居石混合稀土精矿的化学成分(%)

成分	ΣREO	ΣFe	F	P	SiO₂	CaO	BaO	S	ThO₂	Nb₂O₅
含量	50.40	3.70	5.90	3.50	0.56	5.55	7.58	2.67	0.219	0.052
	54.78	2.10	6.20	4.65	0.67	7.65	4.59	1.64	0.170	0.017
	60.12	3.05	6.20	4.85	1.28	5.80	2.42	0.65	0.210	0.023
	65.30	2.31	6.47	7.88	0.47	3.35	1.82	0.24	0.27	0.080

混合型稀土矿物中由于含有高温下十分稳定的稀土磷酸盐矿物(独居石)，常温下难以用酸分解，目前工业上使用的分解方法仅限于浓硫酸焙烧法和氢氧化钠分解法两种。但是这两种方法在环境保护和生产成本等方面都存在一定的问题。对浓硫酸焙烧法，钍以焦磷酸盐形态进入渣中，造成放射性污染，且无法回收，造成钍资源浪费；同时产生大量的含氟和硫的废气以及工业废水，对环境造成严重的污染。氢氧化钠分解法不产生含氟废气，三废较浓硫酸高温强化焙烧法容易处理，但是由于烧碱价格高，用量大，运行成本高；稀土、钍、氟等均比较分散，不太适合稀土品位较低(如 REO<50%)的包头混合稀土精矿。因此开发经济环保型的新工艺一直是人们关注的事情。

内蒙古科技大学李梅教授团队以源头治理为宗旨，就是在稀土选冶过程中不要等产生污染再进行治理，而是在工艺中就对产生污染的物质进行回收，使其不产生有害物质，这样既保护了环境，又综合回收了有价元素。以这种思路为指导，开发了包头混合型稀土矿清洁高效提取的选冶联合新工艺，该工艺将稀土冶金领域的分馏萃取理论模型用于稀土选矿工艺流程设计，首先解决了选矿不能同时实现高品位和高回收率的瓶颈，使稀土精矿的品位由 50%提高到 65%，使杂质含量减少 70%。然后，基于 65%稀土精矿，提出了焙烧-盐酸浸出-碱分解-盐酸溶解的酸浸碱溶法清洁提取稀土新工艺，直接得到可用于萃取的混合氯化稀土，同时实现伴生元素氟、磷、钍的回收[28]。

2.5.1 选冶联合法

精矿的性质特别是稀土品位的高低是决定混合稀土精矿分解工艺选择的最主要原因，目前选矿提供给湿法分解的混合稀土精矿品位大多为 50%~55%，原料品位低、杂质含量高，制约了分解工艺的选择。提高选矿技术水平的意义在于不但可以提高资源利用率和精矿品位，更重要的是可以从源头减少冶金过程杂质的带入量和能源、原材料的消耗，开发更高效、更清洁的绿色提取技术。钢铁行业的精料方针以及铝行业的选矿-拜耳法都是从源头抓起，实现经济效益和环境效益的双赢。

内蒙古科技大学的李梅教授团队基于对稀土湿法冶金和萃取分离方面研究的长期积累，在前人研究的基础上，提出了新的 65%稀土精矿高效选矿技术[28-32]，已分别开展了 50%稀土精矿再选、白云鄂博尾矿优先浮选 65%稀土精矿的工业试验，回收率分别达到 90%和 80%以上，同时实现了混合稀土矿选矿的高品位和高回收率，产出 65%稀土精矿数千吨。

1. 品位 50%稀土精矿再选高品位(65%)稀土精矿

1) 原料

原料为包钢稀土选矿厂生产的稀土品位为 50%的稀土精矿，因来源不同，稀土品位、各脉石矿物含量、粒度等均有一定的差异。表 2-13、表 2-14 分别列出了以强磁中矿为原料得到的品位 50.86%的混合稀土精矿的主要化学成分、矿物组成和粒度分析。

表 2-13 原料的化学成分和主要矿物组成(%)

成分	含量	组成	含量
REO	50.86	氟碳铈矿	50.31
CaO	12.79	独居石	20.63
TFe	4.60	萤石	9.52
F	8.31	铁矿物	4.20
P	3.00	石英	2.71
SiO_2	4.73	磷灰石	2.62

表 2-14 原料粒度分析

粒度/目	产率/%	REO 品位/%	REO 分布率/%
+200	1.15	25.44	0.58
−200~+320	36.07	50.61	35.89
−320~+400	42.49	51.04	42.64
−400~+500	10.65	51.92	10.87
−500~+600	7.77	52.55	8.03
−600	1.87	54.13	1.99
合计	100		100

分析表明，原料中的最主要矿物为氟碳铈矿和独居石，占原料总量的 70%以上，脉石矿物含量大，种类多，主要为萤石，其他脉石矿物包括铁矿物、白云石、方解石、硅酸盐矿物、磷灰石、重晶石等；原料粒度细，−200 目的占 95%以上，主要分布在−200~+600，平均粒度为 400 目左右；稀土矿物的单体解离度为 95%以上，主要与萤石、铁矿物等连生；密度大，达 4.5g/cm^3 以上。

2) 条件试验

精矿再选的最有效选别方式为浮选，原料粒度细、解离度高，无需磨矿，直接进行再精选。为便于工业应用，捕收剂和抑制剂均采用现有稀土浮选所广泛使用的几种药剂。抑制剂采用水玻璃，捕收剂可采用 H205、LF8#、LF10#、P8Ⅰ、P8Ⅱ、506E 等。研究发现，水玻璃的用量与捕收剂的种类关系不大，捕收剂的种类、用量不同，对选别效果产生较大影响。提高选矿指标的措施包括：延长浮选时间，严格控制给矿量，提高浮选温度，加大充气量，合理调整各级药剂用量和液位高度。

单级浮选试验结果见表 2-15。

表 2-15　粗选、一次精选和一次扫选的试验结果

名称		产率/%	REO 品位/%	回收率/%
粗选	K	68.5	56.73	76.41
	X	31.5	38.10	23.59
一精	K1	68.15	61.55	72.99
	KX1	31.85	48.74	28.01
一扫	XN1	54.21	48.95	69.66
	XX1	45.79	25.24	30.34

注：K 表示精矿，X 表示尾矿，下同。

由表 2-15 可以看出，不论是粗选，还是扫选、精选，单级的浮选作业回收率仅能达到 70%左右，要得到 REO 含量在 65%以上，回收率大于 90%的高品位稀土精矿，需采用多级闭路选矿方式。

首先进行了一次粗选、二次扫选、三次精选的开路试验，试验结果见表 2-16。

表 2-16　开路浮选试验结果

产品名称	产率/%	REO 品位/%	回收率/%
精矿	25.25	66.99	33.26
一精中矿	20.36	49.64	19.87
二精中矿	14.16	56.68	15.78
三精中矿	11.23	60.46	13.35
一扫中矿	14.69	46.91	13.55
二扫中矿	8.38	17.36	2.86
尾矿	5.93	11.41	1.33
原矿	100	50.86	100

通过开路试验的数据可以看出，稀土精矿的可选性好，精矿品位大于 65%，尾矿品位降到 12%以下，在此基础上进行了非连续闭路试验，试验流程为一粗二扫三精，试验结果见表 2-17。

表 2-17　闭路试验结果

编号	名称	质量/g	品位/%	总质量/g	回收率/%
G20	K	143.58	65.35	195.94	92.73
	X	52.36	14.05		7.27
G21	K	138.74	65.19	193.95	93.26
	X	55.21	11.83		6.74

续表

编号	名称	质量/g	品位/%	总质量/g	回收率/%
G22	K	148.33	65.27	203.25	91.95
	X	54.92	15.43		8.05
G23	K	146.31	65.94	194.93	93.26
	X	48.62	14.35		6.74
G24	K	139.54	65.16	194.93	89.12
	X	55.39	20.05		10.88
G25	K	150.33	65.06	198.89	94.59
	X	48.56	11.51		5.41
G26	K	145.36	63.59	196.58	93.30
	X	51.22	12.51		6.70
G27	K	146.85	65.59	202.11	92.63
	X	55.26	13.87		7.37
G28	K	142.68	64.69	187.29	95.19
	X	44.61	10.45		4.81

通过 30 多组闭路试验达到物料平衡后，从中选取 9 组数据可以看出，得到的稀土精矿平均品位为 65.09%以上，稀土回收率为 92.89%，整个闭路流程的物料平衡率为 98.22%，说明数据可靠。

在单槽非连续闭路试验的基础上，采用 XFLB 型微型闭路连续浮选机进一步验证试验数据稳定性[33]，研究讨论了粗选浮选时间、粗选药剂加入量、充气量、叶轮转速等因素对稀土浮选指标的影响规律，设备联系图如图 2-18 所示。

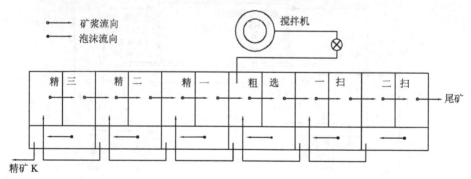

图 2-18　连续浮选机设备联系图

引入分选效率公式[式(2-72)]、浮选时间经验公式[式(2-73)]，讨论各因素条件对选矿指标和分选效率的影响规律。

$$E = \frac{\gamma(\beta - \alpha)\beta_{\mathrm{m}}}{\alpha(\beta_{\mathrm{m}} - \alpha)} \times 100\%$$

$$(2\text{-}72)$$

式中：α为原矿品位；β为精矿品位；β_m为纯组分品位；γ为精矿产率。

$$t=K_tt_0 \tag{2-73}$$

式中：t 为连续闭路浮选时间(min)；t_0 为开路浮选时间(min)；K_t 为浮选时间修正系数，K_t=1.5~2.0。

试验发现，根据浮选时间经验公式[式(2-73)]所计算得出的理论浮选时间与实际最佳浮选时间相差甚大，这一问题主要与原料矿物本身的性质相关，原料粒度较细，密度大，稀土品位高，浮选泡沫层薄，精矿产率高，导致浮选时间延长，可将浮选时间的修正系数由 1.5~2.0 提高到 3.5~4.0 更为合适。还讨论了不同捕收剂加入量和不同抑制剂加入量对选矿指标和分选效率的影响规律。

通过 XFLB 型微型闭路连续浮选机试验，得到了与单槽非连续试验相同的指标，进一步说明工艺的可行性。

3) 试验结果

通过非连续闭路试验(图 2-19)、XFLB 型微型闭路连续浮选以及工业试验，均得到了表 2-18 中的类似结果，同时实现了精矿的高品位和高回收率。

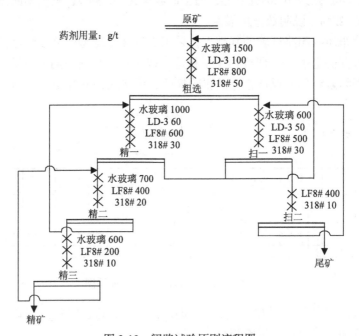

图 2-19 闭路试验原则流程图

表 2-18 闭路试验结果

名称	产率/%	品位/%	回收率/%
原矿	100	50.86	100
精矿	72.22	65.30	92.73
尾矿	27.78	13.32	7.27

2. 高品位(65%)稀土精矿的酸浸-碱溶工艺

1) 工艺流程

精矿再选的目的是用选矿的方法对湿法冶金原料进行除杂，为新的符合清洁生产的分解工艺提供合适的原料。酸浸-碱溶法正是在此原料基础上开发的，工艺路线为：65%稀土精矿→焙烧→酸浸→碱溶(碱分解)→水洗(回收氟、磷)→酸溶→除铁、钍(制备 $ThO_2 > 8\%$ 钍富集物)→氯化稀土(直接用于萃取分离)。详见图 2-20。

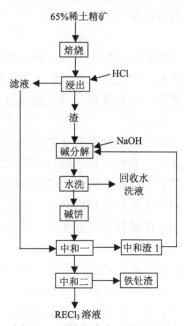

图 2-20 酸浸-碱溶工艺流程图

2) 精矿焙烧

高品位稀土精矿的化学成分见表 2-19，可以看出，杂质元素钙、铁、硅等的含量比品位 50%的稀土精矿显著降低。

表 2-19 高品位稀土精矿化学成分(%，质量分数)

成分	REO	P_2O_5	F	CaO	SiO_2	ThO_2	TFe
含量	65.30	7.88	6.47	3.35	0.79	0.27	2.31

焙烧可以将精矿中的氟碳铈矿分解，使其转化为易溶于盐酸的稀土氧化物和部分溶于盐酸的稀土氟氧化物，碳酸根转变为 CO_2 气体逸出，氟碳铈矿中大部分的铈由 +3 价氧化为 +4 价。

主要化学反应为

$$2REF_3 \cdot RE_2(CO_3)_3 = RE_2O_3 + 3REOF + REF_3 + 6CO_2 \uparrow \tag{2-74}$$

$$4CeF_3 \cdot Ce_2(CO_3)_3 + 3/2O_2 = 6CeO_2 + 3CeOF + 3CeF_3 + 12CO_2 \uparrow \tag{2-75}$$

原料的品位不同，焙烧失重不同，但分解温度范围基本一致，为 420~540℃。REO 含量为 65% 的稀土精矿在该范围内最大失重为 13% 左右，实践中焙烧温度以 480~520℃ 为宜，焙烧温度过低，则分解时间增长，分解不完全；温度过高，使焙烧矿表面致密，浸出率降低。焙烧时间不宜过长，以免降低焙烧矿中稀土氧化物、氧化铁等的活性，从而影响浸出率。

3) 盐酸浸出

酸浸主要浸出稀土氧化物和部分稀土氟氧化物，使其转化为可溶于酸的氯化稀土，部分稀土氟氧化物转化为氟化稀土而沉淀，与未浸出的独居石一同构成酸浸渣。在后续的碱分解工艺中，将氟化稀土和独居石进一步分解为易溶于酸的氢氧化稀土。

酸浸不仅可以浸出部分稀土，从而降低价格相对较高的烧碱的用量，更重要的是可以将焙烧矿中的钙除去。若焙烧矿不经过酸浸除钙，则钙在碱分解时生成氢氧化钙，而独居石(磷酸稀土)分解为氢氧化稀土和磷酸钠，磷酸钠会与氢氧化钙反应生成磷酸钙沉淀而与稀土氢氧化物混合在一起。在进行酸浸时，稀土氢氧化物和磷酸钙都会浸入溶液，磷酸根会与稀土离子反应生成磷酸稀土而沉淀，从而造成稀土损失。

在酸浸过程中铈会被还原，而与其他三价稀土呈现相同的溶解行为，因此浸出液中稀土的配分并不会发生改变。在酸浸过程中，大部分氧化稀土、部分氟氧化稀土以及大多数的 Ca、Mg 进入浸液中；在反应过程中，+4 价铈具有强氧化性而使盐酸中氯离子被氧化成氯气，为了防止氯气的产生，需要加入还原剂。

酸浸加入的盐酸量为浸出精矿中全部稀土的量，而实际的酸浸只浸出了稀土精矿中不到 50% 的稀土，因此加入的盐酸相当于过量 1 倍，目的是为了提高酸浸率，过量的酸用于碱分解产物的酸溶。

酸浸后，大部分的稀土氧化物和部分氟氧化物被浸出，部分杂质也被浸出，固体产物主要是氟化稀土和未分解的独居石。表 2-20 列出了稀土及杂质元素 CaO、TFe(总铁)、ThO_2 的浸出率，稀土的浸出率约为 35%，钙的浸出率达 53% 以上。

表 2-20　酸浸工序稀土及杂质的浸出率

成分	REO	CaO	TFe	ThO_2
浸出液/%	45.61	53.25	54.3	21.31
浸出渣/%	54.39	46.74	45.7	78.69

酸浸液过滤时应尽量将浸出渣中的氯离子淋洗干净，以免碱分解过程中生成氯化钠而影响水洗液中氟化钠、磷酸钠的分离回收。

4) 酸浸渣的碱分解

碱分解主要依靠氢氧化钠在较大浓度和较高温度下与稀土氟化物和稀土磷酸盐反应生成易溶于盐酸的稀土氢氧化物，使氟、磷等元素转化为可溶于水的钠盐，在水洗过程中与稀土分离。主要的稀土与碱反应的方程式如下：

$$REPO_4 + 3NaOH == RE(OH)_3 + Na_3PO_4 \qquad (2\text{-}76)$$

$$REF_3 + 3NaOH == RE(OH)_3 + 3NaF \qquad (2\text{-}77)$$

钙的含量对于碱分解的稀土回收率有着重要的影响，钙会在碱分解时形成微溶的 $Ca(OH)_2$，会与 PO_4^{3-} 生成难溶的磷酸钙，在酸溶时磷酸根会与稀土离子反应生成磷酸稀土沉淀，从而造成稀土损失。但本工艺经过酸浸、碱分解水洗之后，水洗渣的钙含量很低，达到了钙与磷的分离，保证了稀土的回收率。

当矿碱比为 1:0.6、烧碱浓度为 60%、温度为 160℃、分解时间为 120min 时，分解率可达 95%以上。当烧碱浓度为 65%、保温温度为 170℃时，稀土回收率达 98.44%。

5) 碱饼溶解和氯化稀土的制备

以逆流水洗的方式对碱分解后的碱饼进行水洗，在碱分解渣经水洗后，98%以上的氟以 NaF 的形式进入水洗液，98%以上的磷以 Na_3PO_4 的形式进入水洗液，实现了稀土与氟、磷的高效分离。水洗液用分步结晶方式回收氟化钠、磷酸钠和过量的烧碱，用酸浸步骤的浸出液进行酸浸，浸出水洗渣中的氢氧化稀土。水洗和酸浸均在加热条件下进行，酸浸渣返回碱分解步骤。

酸浸得到的混合氯化稀土溶液经过除铁钍、除放射性、除重金属等工序后，得到符合萃取分离要求的混合氯化稀土产品。除铁钍时，可首先加入部分碱分解的水洗渣来提高 pH，然后用氨水调节 pH 至 4~4.5 时过滤，滤液即为混合氯化稀土，渣为铁、钍渣，此时氯化稀土经浓缩结晶后，其放射性是超标的(表 2-21)。

表 2-21　氯化稀土放射性检测结果

检测项目	α 放射性活度/(Bq/kg)	β 放射性活度/(Bq/kg)	总放射性活度/(Bq/kg)
混合氯化稀土	$2.17×10^3$	$3.81×10^3$	$5.98×10^3$

从检测结果可以看出，氯化稀土总放射性活度为 $5.98×10^3$ Bq/kg，超过 $1.0×10^3$ Bq/kg 的标准，因此需要进一步进行除放射性处理。由于氯化稀土中 Th 含量已经很低，此时 Th 已不是主要的放射源，而是 Ra。

实践中，可将除铁钍与除放射性同时进行，即先向酸溶浸出液中加适量 H_2SO_4，再加适量 $BaCl_2$，生成的 $BaSO_4$ 沉淀能同时载带 $RaSO_4$ 沉淀，反应 30min 后，用稀氨水调节 pH 到 4~4.5，过滤，滤渣中 ThO_2 含量为 3%~8%，可作为提取纯氧化钍的优质原料，此过程中还能回收部分稀土，提高稀土回收率。滤液总放射性活度小于 $1.0×10^3$ Bq/kg(表 2-22)，为合格混合氯化稀土产品(表 2-23)[34]。

表 2-22　氯化稀土放射性检测结果

检测项目	α放射性活度/(Bq/kg)	β放射性活度/(Bq/kg)	总放射性活度/(Bq/kg)
混和氯化稀土	55.03	<20.18	≤75.21

表 2-23　氯化稀土多元素分析(%)

样品名称	REO	ThO₂	SO₄²⁻	Ba	F	P	CaO	TFe	Na
氯化稀土	45.35	0.0005	0.17	0.014	0.18	0.005	2.15	0.014	0.096

6)氟化钠、磷酸钠的回收

由于原料品位高，杂质少，水洗液中除含过量的烧碱外，主要成分为氟化钠和磷酸钠。水洗液主要成分见表 2-24。

表 2-24　水洗液主要成分

成分	F/(g/L)	P/(g/L)	Na/(g/L)	OH⁻/(mol/L)	Th/(mg/L)	Ca/(g/L)	Fe/(g/L)
含量	8.67	4.5	37.55	1.5	0.036	<0.01	<0.01

利用分步结晶，浓缩液经热过滤得到氟化钠富集物，冷结晶得到磷酸钠富集物，过剩的碱液回用。

在蒸发浓缩-分步结晶过程中，水洗液冷却后 80%左右的 $Na_3PO_4·12H_2O$ 结晶，纯度为 90%左右，热结晶时 80%左右的 NaF 结晶，纯度为 80%左右，试验结果见表 2-25。

表 2-25　蒸发浓缩-分步结晶结果

试验序号	F/%	P/%	NaF 纯度/%	NaF 收率/%	Na₃PO₄·12H₂O 纯度/%	Na₃PO₄·12H₂O 收率/%
冷结晶	2.82	7.45	6.23	10.63	91.97	81.33
热结晶	37.74	0.69	83.43	79.92	8.51	2.77

对 NaF 粗产品进行热水逆流洗涤后，将得到的 NaF 产品成分与氟化钠的国家标准(YS/T 517—2009)成分进行对比，见表 2-26。

表 2-26　氟化钠产品成分与国标成分对比表

等级	化学成分/%						
	NaF	SiO_2	碳酸盐(CO_3^{2-})	硫酸盐(SO_4^{2-})	酸度(HF)	水中不溶物	H_2O
	>			<			
一级	98	0.5	0.37	0.3	0.1	0.7	0.5
二级	95	1.0	0.74	0.5	0.1	3	1.0
三级	84	—	1.49	2	0.1	10	1.5
提纯产品	97.56	0.93	0.16	0.21	0.01	1	1.0

通过成分对比表可以看出,试验中得到的 NaF 提纯产品达到了 NaF 产品二级标准,属于二级合格产品。

对 $Na_3PO_4·12H_2O$ 粗产品进行冷水逆流洗涤后,得到提纯的磷酸三钠产品成分,将其与磷酸三钠的国家标准(HG/T 2517—2009)成分对比,见表 2-27。

表 2-27　磷酸三钠产品成分与国标成分对比表

项目		国家标准	提纯产品指标
磷酸三钠(以 $Na_3PO_4·12H_2O$ 计)/%	>	98.0	98.95
硫酸盐(以 SO_4 计)/%	>	0.5	0.014
氯化物(以 Cl 计)/%	<	0.4	0.069
砷(As)/%	<	0.005	0.0037
铁(Fe)/%	<	0.01	0.001
不溶物/%	<	0.1	0.1
pH(10g/L 溶液)		11.5~12.5	12

通过成分对比表可以看出,试验中得到的磷酸三钠提纯产品达到了磷酸三钠国家标准,属于合格产品。

选冶联合法与工业中常用的氢氧化钠分解法和浓硫酸分解法相比,化工原材料成本明显降低,稀土回收率高,能综合回收氟、磷,更重要的是能解决稀土湿法冶金"三废"难治理的瓶颈,已在中国北方稀土(集团)高科技股份有限公司实现工业生产。

2.5.2　浓硫酸焙烧分解法

北京有色金属研究总院、甘肃稀土集团有限责任公司等单位,在用浓硫酸分解包头稀土精矿方面做了大量的研究工作,并在甘肃稀土集团有限责任公司、包头钢铁稀土公司等企业投入工业生产。浓硫酸焙烧分解法根据焙烧温度的不同分为低温(300℃以下)焙烧和高温(750℃左右)焙烧两种工艺。两种工艺的主要区别在于:高温焙烧过程中精矿中的钍生成了难溶性的焦磷酸钍,浸出过程中与未分解的矿物一起进入渣中,随渣而废弃(因放射性超标必须封存);低温焙烧过程中精矿中的钍生成了可溶性的硫酸钍,浸出过程中同稀土一起进入浸出液中,待进一步分离。由于高温焙烧的产物在浸出和净化过程中消耗的化工原料少，工艺流程短，相对低温焙烧而言具有较高的经济效益，因此被生产企业广泛采用[35]。

1. 硫酸焙烧过程中的分解反应

将浓硫酸与混合型稀土精矿混合并搅拌均匀，在差热分析(DTA)仪上测试其不同温度下的差热变化，发现有 6 个明显的吸热反应峰(图 2-21)。每个峰所对应的分解反应分别如下。

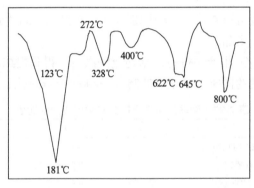

图 2-21　浓硫酸与混合型稀土精矿差热曲线

第一个吸热峰(181℃)峰宽在 150~300℃ 的范围内，主要是矿物中的氟碳酸盐、磷酸盐、萤石、铁矿物等与浓硫酸反应：

$$2REFCO_3+3H_2SO_4 = RE_2(SO_4)_3+2HF\uparrow+2CO_2\uparrow+2H_2O\uparrow \qquad (2\text{-}78)$$

$$2REPO_4+3H_2SO_4 = RE_2(SO_4)_3+2H_3PO_4 \qquad (2\text{-}79)$$

$$CaF_2+H_2SO_4 = CaSO_4+2HF \qquad (2\text{-}80)$$

$$Fe_2O_3+3H_2SO_4 = Fe_2(SO_4)_3+3H_2O\uparrow \qquad (2\text{-}81)$$

反应产物 HF 与矿物中 SiO_2 的反应：

$$SiO_2+4HF = SiF_4\uparrow+2H_2O\uparrow \qquad (2\text{-}82)$$

在此温度区间还存在磷酸脱水转变为焦磷酸，焦磷酸与硫酸钍作用生成难溶的焦磷酸钍的反应：

$$2H_3PO_4 = H_4P_2O_7+H_2O\uparrow \qquad (2\text{-}83)$$

$$Th(SO_4)_2+H_4P_2O_7 = ThP_2O_7+2H_2SO_4 \qquad (2\text{-}84)$$

生成焦磷酸钍的反应趋势随温度增加而增强，当焙烧温度超过 200℃时，

ThP_2O_7 的生成量明显增加。

第二个吸热峰(328℃)所对应的化学反应主要是硫酸的分解反应：

$$H_2SO_4 = SO_3\uparrow + H_2O\uparrow \tag{2-85}$$

第三个吸热峰(400℃)是硫酸铁分解成碱式硫酸铁和焦磷酸脱水等反应：

$$Fe_2(SO_4)_3 = Fe_2O(SO_4)_2 + SO_3\uparrow \tag{2-86}$$

$$H_4P_2O_7 = 2HPO_3 + H_2O \tag{2-87}$$

第四个吸热峰(622℃)和第五个吸热峰(645℃)部分重叠，这说明在焙烧温度达到 600~700℃时至少存在两个化学反应：

$$Fe_2O(SO_4)_2 = Fe_2O_3 + 2SO_3\uparrow \tag{2-88}$$

第六个吸热峰出现在 800℃，此温度下稀土硫酸盐将分解成碱式硫酸稀土：

$$RE_2(SO_4)_3 = RE_2O(SO_4)_2 + SO_3\uparrow \tag{2-89}$$

$$RE_2O(SO_4)_2 = RE_2O_3 + 2SO_3\uparrow \tag{2-90}$$

通过上述反应可以看出：①精矿中的氟碳铈矿、独居石、萤石、铁矿石、硅石等主要成分在 300℃以前即可被硫酸分解，稀土矿物转化成可溶性的硫酸盐，这有利于在浸出过程中回收稀土。②以磷酸盐形式存在的钍[$Th_3(PO_4)_4$]在 300℃以前首先被硫酸分解为可溶性的硫酸盐，而后硫酸盐又与 H_3PO_4 的分解产物焦磷酸和偏磷酸反应生成难溶性的 ThP_2O_7 和 $Th(PO_3)_4$。当焙烧温度高于 250℃时，硫酸钍生成难溶性化合物的反应趋势增加，在浸出时留于浸出渣中的量增加，反之，200℃以下时，硫酸钍生成难溶性化合物的趋势减小，浸出时随稀土进入溶液中的量增加。在工业生产中应根据焙烧产物中钍存在的化学形式及溶解性能来确定工艺路线。为了防止放射性元素钍危害劳动人员的健康和对环境的污染，生产中希望在精矿分解后的第一工序(浸出)过程将钍分离并回收。③提高焙烧温度有利于稀土矿物的分解，但是在过高的温度(800℃以上)下稀土硫酸盐会分解成碱式硫酸稀土，甚至氧化稀土，这将降低稀土的浸出率，对回收稀土不利。

2. 影响精矿分解的因素

稀土精矿的焙烧过程在回转窑中进行。与浓硫酸均匀混合的稀土精矿从回转窑的尾部连续加入，随窑体的转动向窑头方向运动。回转窑为内热式，重油燃烧室设在窑头。燃烧气体通过辐射直接加热物料，焙烧反应气体与燃烧气体从窑尾排出，经排风机送入净化系统。窑内的温度由窑尾至窑头逐渐升高。根据物料在窑内的反应过程大致可以将窑体分为低温区(窑尾部分)，温度区间为 150~300℃；中温区(窑体部分)，温度区间为 300~600℃；高温区(窑头部分)，温度区间为 600~800℃。根据前述的分解反应可知，低温区的主要作用是硫酸分解稀土矿物，其化学反应属于固-液-气多相反应；但是由于反应过程中在精矿颗粒表面生成的是多孔膜，扩散过程相对简化。为了便于讨论，现假设硫酸用量很大，反应过程中的酸浓度不变，液-固相间扩散膜造成的阻力极小，即扩散步骤可以忽略，分解反应速率主要受化学反应步骤控制，此时硫酸焙烧反应动力学方程可以用式(2-91)表示：

$$1-(1-x)^{1/2}=[kc_0/(\rho\gamma_0)]t \qquad (2\text{-}91)$$

式中：x 为稀土矿物的反应分数(或表示精矿分解率)；ρ 为精矿的密度；k 为化学反应速率常数；c 为硫酸的初始浓度；γ_0 为精矿的粒度；t 为反应时间。

利用动力学方程式对影响硫酸焙烧过程中稀土精矿分解的因素讨论如下：

(1) 焙烧温度的影响。浓硫酸焙烧混合型稀土精矿的反应动力学受化学反应速率的限制。根据阿伦尼乌斯公式，化学反应速率常数 K 与反应温度 T 有关：

$$K=Z\cdot e^{-E/(RT)} \qquad (2\text{-}92)$$

式中：Z 为与反应物浓度和温度无关的常数；E 为活化能；K 为阿伦尼乌斯公式反应速率常数，$K=kc_0/(\rho\gamma_0)$；T 为温度；R 为摩尔气体常量。

当提高焙烧温度 T 时，反应速率常数 K 增加，使分解率 x 增加。在高温强化硫酸焙烧工艺中，为了强化稀土矿物的分解反应，使稀土转变成可溶性硫酸盐，而钍、磷、铁、钙等非稀土元素则呈焦磷酸盐和不溶性的硫酸盐留于渣中，通常控制反应温度为 300~350℃，窑尾温度(低温区)控制在 250℃左右，窑头温度(高温区)控制为 680~750℃。如果温度过低，分解速率慢，分解不完全，钍在浸出时分散于溶液和浸出渣中不便于回收；焙烧温度高于 800℃时，稀土硫酸盐被分解成难溶的 $RE_2O(SO_4)_2$ 和 RE_2O_3，在浸出时进入渣中，导致稀土的回收率降低。对于以钍在浸出时进入溶液中而进一步回收为目的焙烧工艺，必须合理地选择焙烧温度，防止温度过高，钍生成焦磷酸盐留于渣中，温度过低，稀土矿物分解不完全，造成分解率过低。

(2) 硫酸用量对分解率的影响。硫酸作为反应剂在反应前浸润于精矿颗粒的周围，当周围的硫酸浓度 c_0 越高时，分解率 x 越大。因此，硫酸加入量在生产中一般都过量于理论计算量。实际上，硫酸的用量与精矿品位有关。精矿的品位越低，耗酸越多，因为矿物中的萤石、铁矿石等杂质均消耗硫酸。此外，还必须考虑焙烧温度下的硫酸分解导致的损失。

(3) 焙烧时间的影响。由硫酸焙烧反应动力学表达式和阿伦尼乌斯公式，可以直观地看出分解率 x 随温度 T 的增加而增加的规律。但是应注意到时间过长，会延长生产周期，降低回转窑的处理能力。从前面的硫酸焙烧分解反应可知，低温区是稀土矿物分解的区域，延长分解时间有利于分解率的提高，而对中、高温区而言，延长时间会造成硫酸的分解和稀土不溶性化合物的生成并因此而导致硫酸消耗增加与稀土收率下降。这说明控制回转窑的各温度区段的长度是十分重要的。

(4) 精矿粒度的影响。由于硫酸对矿物的浸透能力强及固体产物的多孔性，反应剂和产物的扩散速率大，浓硫酸焙烧工艺对精矿粒度的要求较宽松，一般小于200目即可。不过粒度过大，将使精矿表面积减小，降低反应速率和分解率。

3. 稀土的浸出与净化

经回转窑焙烧的产物根据焙烧温度的不同化学性质有所不同，因而所采取的浸出与净化工艺方法也不相同。采用高温强化焙烧方法，焙烧产物中钍、钙、铁、磷等杂质均以难溶性的化合物存在，浸出时留于渣中，便于同稀土分离，使浸出液净化过程简单化。高温焙烧产物用 MgO 中和余酸及加入 $FeCl_3$ 的方法除去浸出液中少量的磷、铁、钍。对于低温焙烧的产物，在工业生产中首先利用稀土硫酸复盐不溶于水和酸溶液的性质与铁、钙等杂质分离，然后再用溶剂萃取或盐酸优溶方法分离钍(图 2-22)。

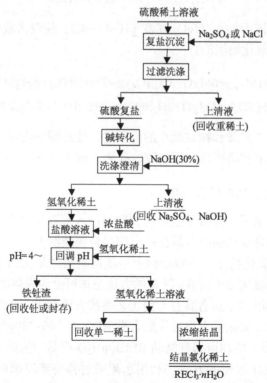

图 2-22 硫酸复盐法从硫酸盐溶液中提取稀土的原则流程

鉴于目前工业上主要应用高温焙烧工艺分解混合型稀土精矿，以下将主要讲述高温焙烧产物的浸出与净化工艺过程。

(1) 浸出。焙烧产物中的稀土已经转变为可溶性的硫酸盐，产物中同时含有少量的残余硫酸，浸出时一般不需要加入硫酸，可以直接用水浸出。因为稀土硫酸盐在水中溶解度较低，对混合铈组稀土而言常温下 REO 含量仅为 40g/L，而且随温度升高而减少，所以在浸出时为了保证稀土浸出完全，应有较大的液固比，同时将温度控制在尽可能低的条件下。焙烧产物出窑后不宜存放时间过长，否则将生成溶解速度较慢的含水盐。通常的做法是，将热焙烧料直接加水调成浆状，然后经泵打入浸出槽，按固液比 1:(10~15)在搅拌条件下浸出。

(2) 浸出液净化。经高温焙烧的稀土精矿，浸出时可以除去大部分难溶性的非稀土杂质。为保证稀土的充分浸出，一般控制浸出酸度为 0.2mol/L 左右，此条件下稀土的浸出率可以达到 95%以上，但由于浸出酸度过高，浸出液中仍含有少量的钙、铁、磷、硅、铝、钛和微量的钍，影响接下来的萃取工艺的进行及混合氯化稀土和碳酸稀土的产品质量。生产中除去这些杂质的方法如下。

首先，在浸出液中加入 $FeCl_3$ 调整 Fe/P 摩尔比为 2~3，使磷生成 $FePO_4$ 沉淀：

$$FeCl_3+H_3PO_4=\!=\!=FePO_4+3HCl \tag{2-93}$$

而后，向浸出液中加入 MgO 调整 pH=4.0~4.5，使浸出液中的 $Fe_2(SO_4)_3$ 和 $Th(SO_4)_2$ 水解成氢氧化物沉淀：

$$Fe_2(SO_4)_3+6MgO+3H_2SO_4=\!=\!=2Fe(OH)_3\downarrow+6MgSO_4 \tag{2-94}$$

$$Th(SO_4)_2+4MgO+2H_2SO_4=\!=\!=Th(OH)_4\downarrow+4MgSO_4 \tag{2-95}$$

浸出液中还含有硅酸和颗粒微小的硫酸钙，使过滤和洗涤操作困难，对此可加入少量的聚丙烯酰胺凝聚剂，促使胶体凝聚，增大过滤速度。

4. 由浸出液制备混合稀土产品

净化后的浸出液可以作为稀土分离的原料进入萃取车间逐一分离单一稀土。根据需要也可以制备成结晶混合氯化稀土和混合碳酸稀土。

(1) 制备结晶氯化稀土。由硫酸稀土溶液制备结晶氯化稀土，首先必须将硫酸稀土溶液转化为氯化稀土溶液。转化的方法总体可分为固体沉淀-盐酸溶解和溶剂萃取-盐酸反萃两大类，后者具有与前工艺连接方便和进一步净化稀土溶液以及生产成本低的优点。氯化稀土溶液一般含有 REO 为 200~280g/L，经蒸发后 REO 浓缩至 450g/L 左右，冷却可得到结晶 $RECl_3 \cdot nH_2O$ 产品。生产上为了提高蒸发的速度，通常采用减压浓缩的方式。利用水流喷射器将蒸发罐内的真空度保持在 6×10^4Pa 时，稀土氯化物溶液的沸点可降到 14℃左右。

(2) 制备混合碳酸稀土。向含 REO 为 40~60g/L 的浸出液中加入碳酸氢铵(固体或液体均可)，将按式(2-96)产生碳酸稀土沉淀。沉淀出的碳酸稀土经水洗除去吸附的硫酸盐，过滤后得到 $RE_2(CO_3)_3 \cdot nH_2O$ 产品。

$$RE_2(SO_4)_3 + 6NH_4HCO_3 = RE_2(CO_3)_3 + 3(NH_4)_2SO_4 + 3H_2O + 3CO_2 \qquad (2\text{-}96)$$

生产中，强化高温硫酸焙烧分解混合型稀土精矿的主要设备是钢板卷制、内衬防腐耐火砖的回转窑。窑头砌燃烧室，燃料可用重油、煤炭。物料在窑内的焙烧时间长短与窑的长度、转数、坡度相关。

5. 浓硫酸低温焙烧工艺

浓硫酸高温焙烧工艺是目前包头混合稀土精矿的主要加工工艺，但是浓硫酸高温焙烧法产生的大量含硫、氟的混合强酸性废气和放射性废渣，尤其是经高温焙烧产生的放射性废渣很难回收，造成越来越大的环境压力。浓硫酸低温焙烧法与浓硫酸高温焙烧法在焙烧过程中所完成的化学反应是相同的。

浓硫酸焙烧的化学原理在于将不溶于水的 REFCO₃ 与 REPO₄ 转变为可溶于水的 $RE_2(SO_4)_3$，浓硫酸低温焙烧法与浓硫酸高温焙烧法的差异在于对反应(2-78)与反应(2-79)的控制。浓硫酸高温焙烧法由于产生了一个高温过程，因此反应(2-83)与反应(2-85)大量发生，反应(2-85)的大量发生导致硫酸消耗量增加，并生成大量酸性废气；而反应(2-83)的大量发生，使磷的主要存在方式以焦磷酸为主，从而发生后续反应(2-84)，生成焦磷酸钍和其他焦磷酸盐。焦磷酸钍不溶于酸、碱，而且强酸、强碱也难以分解，因此焦磷酸钍只能并入水浸渣，使水浸渣成为放射性废渣。浓硫酸低温焙烧法旨在通过对焙烧温度的控制抑制反应(2-83)与反应(2-85)大量发生，达到减少硫酸消耗量，避免焦磷酸钍生成的目的。

虽然浓硫酸低温焙烧法从理论上和实验上均是可行的，但是浓硫酸低温焙烧分解方法实现工业化却困难重重。采用传统的高效内热式回转焙烧窑进行焙烧，由于回转焙烧窑长度至少大于 25m，要保持 25m 回转焙烧窑温度在低温焙烧的合理区间即 200~250℃，则燃烧系统无法保障，同时浓硫酸低温焙烧容易产生窑体结圈现象，因此包头稀土精矿浓硫酸低温焙烧的工业化过程难以实现。

6. 浓硫酸高温焙烧法的三废治理

北京有色金属研究总院从 20 世纪 70 年代开始研究开发浓硫酸焙烧法冶炼包头混合型稀土精矿，相继开发了第一代、第二代、第三代硫酸法工艺技术，其中浓硫酸高温强化焙烧工艺("三代"酸法)从 20 世纪 80 年代开始投入使用并成为处理包头稀土精矿的主导工业生产技术，为我国稀土产业的发展做出了贡献。目前，90%的包头稀土精矿均采用浓硫酸高温强化焙烧工艺处理。

该工艺的优点是对精矿品位要求不高，工艺连续易控制，化工试剂消耗少，运行成本较低，易于大规模生产，用氧化镁中和除杂使渣量减少，稀土回收率提高。但也存在着严重的缺点：钍以焦磷酸盐形态进入渣中，造成放射性污染，并且无法回收，造成钍资源浪费；产生含氟和硫的废气以及工业废水，污染环境。每焙烧 1t 稀土精矿产生 0.59t 放射性废渣，每吨废渣的堆放费为 260 元左右；由于焙烧精矿加入大量的浓硫酸，F 元素以 HF 气态的形式排入大气，同时浓硫酸分解放出大量的含 S 酸性废气，处理 1t 稀土精矿产生 6800m³ 含 F、S 酸性废气，其中含 HF 80kg，含硫酸性废气 360kg；处理 1t 稀土精矿产生 90m³ 废水，造成严重的三废污染。随着社会经济的发展和环保要求的不断提高，该工艺的环境污染问题越来越引起人们的重视。尤其是近几年来随着生产规模的扩大，且污染防治设施不完善和污染治理技术落后，在生产过程中产生大量的废气、废水和废渣，严重污染周围的环境和饮用水安全，制约了稀土产业的持续健康发展。

1) 水浸渣及治理

包头混合型稀土精矿经浓硫酸高温焙烧，钍在高温下生成焦磷酸盐，经水浸进入渣中，产生含钍水浸渣，Th 含量为 0.250%，U 含量为 0.0003%，放射性活度为 9×10^4 Bq/kg。一般产渣率为 59%，即处理 1t 精矿，产生 0.59t 渣，这些渣需要堆存于专用的渣库中，并交一定的费用，给企业造成很大的负担。

水浸渣含有一定量的钍、铀等放射性元素，其放射性活度不高，属于非放射性废渣，但仍不能随意堆放，以防止二次扩散，造成环境污染。根据国家标准的要求，对水浸渣应建立渣坝(或渣场)进行固定堆放。渣坝应选择在容量较大、地质稳定的山谷中，尽可能建造在不透水的岩石地段或人工建筑不透水的衬底，与地下水要有足够的距离。渣坝要设有排洪设施和隔离设施。当渣坝被填满后，表面必须采取稳定措施，可用土壤、岩石、炉渣或植被等进行覆盖，以防废物受风雨的侵蚀而扩散，造成环境的更大面积污染。采用渣坝堆放非放射性固体废物是目前应用较广的方法。

近年来也有对水浸渣综合回收的研究。水浸渣通过重选-浮选工艺可得到稀土品位为 30%~35% 的稀土精矿和钍富集物(ThO₂ 含量为 0.6%)。剩余的渣为放射性低于国家关于放射性建坝标准的废渣，其量占总渣量的 60%~70%，可直接排放。

2) 含氟废气及治理

浓硫酸焙烧法处理混合型稀土精矿产生大量含氟废气，处理 1t 稀土精矿产生 6800m³ 含 F、S 酸性废气，其中产生 80kg HF 和 360kg 硫酸废气。废气氟含量(以 HF 和 SiF₄ 计)一般为 14g/m³，此外还含有二氧化硫，氟含量超过标准 47 倍。根据 HF 和 SiF₄ 的特点，常用的处理方法有以下几种。

(1) 水洗法。

水洗法是处理含氟废气的常用方法，通常在填料吸收塔内进行，工艺流程如

图 2-23 所示。用低温工业水从填料塔顶部向下喷淋，含氟废气从塔底部向上流动而进行气液两相逆流接触吸收，从而将废气中的 HF/SiF$_4$ 和 SO$_2$ 除去。反应式为

$$HF(g) + H_2O \longrightarrow HF(l) + H_2O \tag{2-97}$$

$$3SiF_4 + 2H_2O \longrightarrow 2H_2SiF_6 + SiO_2 \tag{2-98}$$

$$SO_2 + H_2O \longrightarrow H_2SO_3 \tag{2-99}$$

$$2H_2SO_3 + O_2 \longrightarrow 2H_2SO_4 \tag{2-100}$$

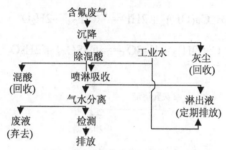

图 2-23　含氟废气净化流程

操作条件：灰尘沉降温度为 200~230℃，除混合酸(HF 和 H$_2$SO$_4$)温度为 150~200℃，喷淋时废气温度为 60℃，净化后废气排空温度应低于 60℃。主要设备：沉降室、除混酸塔、喷淋塔、气水分离器及循环泵等。

经喷淋吸收后废气中氟含量由 84kg/h 降至 0.096kg/h，净化率为 97%~98%，二氧化硫浓度降至 0.096kg/h，均能达到排放标准。此法比较简单，但其水洗后的吸收液(混酸)具有很强的腐蚀作用。水洗量过小，吸收效率不高，水洗量过大，又不利于对吸收液的再处理。

(2) 氨水吸收法。

氨水吸收法用氨水作吸收液洗涤含氟气体，其化学反应如下：

$$HF + NH_3 \cdot H_2O \longrightarrow NH_4F + H_2O \tag{2-101}$$

$$3SiF_4 + 4NH_3 \cdot H_2O \longrightarrow 2(NH_4)_2SiF_6 + SiO_2 + 2H_2O \tag{2-102}$$

此法净化含氟气体可得到氟化铵和硅氟酸铵。其吸收效率高，可达 95%以上。同时吸收后溶液量较小。但是，在高温吸收时氨的损失量较大，所以在氨水吸收前对含氟废气进行强制冷却是十分重要的条件。

(3) 碱液中和法。

碱液中和法用氢氧化钾和石灰水等碱性溶液吸收含氟气体，生产氟硅酸钾 (K$_2$SiF$_6$)和氟化钙(CaF$_2$)、氟硅酸钙(CaSiF$_6$)等，均可消除氟的危害。

3) 含氟酸性废水及治理

浓硫酸高温焙烧处理混合型稀土精矿产生的焙烧尾气经喷淋处理后产生的喷淋废水为含氟、硫的酸性废水，外排的废水量为 40m³/t 精矿，其含氟 1.2~2.8g/L，硫酸 11.0g/L。含氟量为排放标准量的 120~280 倍，pH 为 0.41，超过排放要求，需经处理后才可排放。

在常温下，将石灰乳(CaO 浓度 50%~70%)加入上述含氟、硫的酸性废水中，使氟以氟化钙沉淀析出，沉降时间为 0.5~1.0h，同时硫酸也得以中和并达到排放标准，工艺流程如图 2-24 所示。化学反应式为

$$Ca(OH)_2 + 2HF = CaF_2\downarrow + 2H_2O \qquad (2\text{-}103)$$

$$Ca(OH)_2 + H_2SO_4 = CaSO_4\downarrow + 2H_2O \qquad (2\text{-}104)$$

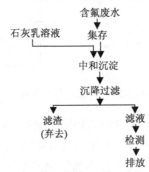

图 2-24　含氟酸性废水处理流程

操作条件：石灰乳溶液浓度(CaO)为 50%~70%，沉降时间为 0.5~1.0h，在常温下作业，处理后的废水最终 pH=6~8。主要设备：废水集存池、中和沉淀槽、过滤机和废水泵等。废水经处理后含氟量降至<10mg/L，pH=6~8，达到排放标准的要求。过滤时一定要保持滤液清亮，否则会造成氟与悬浮物超标。

2.5.3　氢氧化钠分解法

包头钢铁稀土公司、上海跃龙有色金属有限公司、北京有色金属研究总院等，对氢氧化钠分解包头稀土精矿进行了大量的研究工作，并在包头钢铁稀土公司、包头稀土冶炼厂等企业投入了工业生产。工艺流程如图 2-25 所示。

由于精矿含氟量高于独居石，对碱分解设备腐蚀严重，如仍然用独居石分解所用的蒸气夹套加热，设备寿命短，运行极不安全。生产中应该用直接加热物料的方式操作。某工厂在钢制的分解罐中插入三根电极，使电流通过精矿和氢氧化钠混合物，利用物料本身的电阻发热，分解精矿，此种方法称为电场分解。该方法与夹套加热方式相比具有精矿分解率高、能量消耗低、碱耗低等优点。混合

稀土精矿的另一个特点是含钙量比独居石高,直接用氢氧化钠分解稀土收率很低,必须在分解前除去钙。

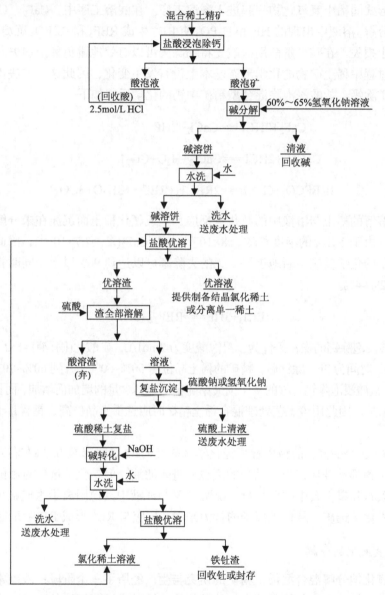

图 2-25　氢氧化钠分解混合稀土精矿原则工艺流程图

1. 化学选矿

所谓化学选矿,即以稀酸破坏含钙矿物,将钙从稀土精矿中浸出并分离出去。

混合型精矿中以萤石(CaF_2)、白云石($CaCO_3$、$MgCO_3$)、方解石($CaCO_3$)态存在的CaO 约 7%左右，在碱分解中萤石难以被分解，而其他钙矿物的分解产物以氢氧化钙的形式同稀土氢氧化物一起进入酸溶工序。在酸溶工序中，CaF_2、$Ca_3(PO_4)_2$被盐酸分解，溶液中出现的 HF 和 H_3PO_4 使 RE^{3+} 生成 REF_3 和 $REPO_4$ 沉淀于渣中，造成稀土损失。在碱分解前用盐酸先将钙除去可以有效地避免稀土损失。盐酸浸泡除钙过程中稀土矿物的化学形态基本上没有发生变化，因此这一方法也被称为化学选矿除钙。盐酸浸泡除混合型精矿中钙的化学反应如下：

$$CaF_2+2HCl=\!=\!=CaCl_2+2HF \tag{2-105}$$

$$CaCO_3+2HCl=\!=\!=CaCl_2+H_2O+CO_2\uparrow \tag{2-106}$$

$$3REFCO_3+6HCl=\!=\!=2RECl_3+REF_3\downarrow+3H_2O+3CO_2\uparrow \tag{2-107}$$

被溶解的稀土与溶液中的氟化氢反应，生成氟化稀土而沉淀在未分解的稀土矿物中。由于 REF_3 的溶度积($K_{sp}=8\times10^{-16}$)小于 $CaF_2(K_{sp}=2.7\times10^{-11})$，因此以上方程式所示的化学反应不断地进行，钙的去除率可以达到 90%以上，同时稀土的损失率为 2%~4%。

$$RECl_3+3HF=\!=\!=REF_3\downarrow+3HCl \tag{2-108}$$

盐酸浸泡除钙的操作条件为：浸泡酸度为 2mol/L，矿酸比(固:液)=1:2，温度为90~95℃，时间为 3h。除钙后，精矿的稀土品位由 50%~60%上升到 60%~70%，钙含量≤1%。盐酸浸泡除钙过程的稀土损失率随精矿中钙含量的增加而增加，而且酸用量也随之增加。因此用该工艺处理混合稀土精矿时应选稀土品位高、钙含量低的精矿原料。

含 CaO 5%~10%的精矿皆可经化学选矿使 CaO 含量降至 0.2%左右，说明各种含钙矿物都被破坏，与钙结合的氟也应进入滤液。但是化学选矿时氟的浸出率远低于萤石和磷灰石中的含氟量。说明 F^- 又与滤液中其他阳离子生成氟化物沉淀重新进入化学选矿。从稀土离子的行为来看，F^- 应与 RE^{3+} 形成 REF_3 沉淀。

2. 氢氧化钠分解

氢氧化钠分解混合型稀土精矿的研究与生产经历了三个阶段：液碱常压分解法、固碱电场分解法与浓碱液电加热分解法。液碱常压分解法的工业生产表明，分解槽内壁易被腐蚀，分解槽用夹套式蒸汽加热易发生事故，因此已停止生产。另两种碱法皆为电加热，分解槽壁为单层，故无此问题。固碱电场分解法曾一度用于生产，碱分解工序的劳动强度较大，设备尚有需改进之处。浓碱液电加热分解法现仍用于生产，工艺流程如图 2-26 所示。

将盐酸浸泡除钙后的稀土精矿加入到 60%~65%的氢氧化钠溶液中,用三相交流电极加热至 160~165℃,稀土、钍和酸浸泡过程中未分解的萤石将发生如下化学反应:

$$REFCO_3+3NaOH\Longrightarrow RE(OH)_3\downarrow+Na_2CO_3+NaF \qquad (2\text{-}109)$$

$$REPO_4+3NaOH\Longrightarrow RE(OH)_3\downarrow+Na_3PO_4 \qquad (2\text{-}110)$$

$$Th_3(PO_4)_4+12NaOH\Longrightarrow 3Th(OH)_4+4Na_3PO_4 \qquad (2\text{-}111)$$

$$CaF_2+2NaOH\Longrightarrow Ca(OH)_2+2NaF \qquad (2\text{-}112)$$

$$3Ca(OH)_2+2Na_3PO_4\Longrightarrow Ca_3(PO_4)_2\downarrow+6NaOH \qquad (2\text{-}113)$$

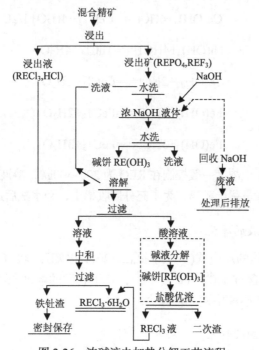

图 2-26　浓碱液电加热分解工艺流程

与此同时,精矿中的铁、钡等杂质与氢氧化钠反应生成相应的氢氧化物。

碱分解过程中,铈的三价氢氧化物将进一步被氧化为四价氢氧化物,其化学反应式如下:

$$2Ce(OH)_3+H_2O+1/2O_2\Longrightarrow 2Ce(OH)_4 \qquad (2\text{-}114)$$

分解完成后,沉淀物(碱饼)中除了 $RE(OH)_3$、$Th(OH)_4$、$Ca(OH)_2$、$Fe(OH)_3$ 等难

溶性的物质外，还存有过量的 NaOH 及分解产物 NaF、Na_3PO_4 等可溶性盐。工业生产中按固液比 1：(10~12)，用 60~70℃水洗涤沉淀物 6~7 次(洗至水 pH=8~9)，从中除去可溶性盐，使氢氧化稀土得到初步的净化。分解后的废碱液仍含有较多的氢氧化钠，可以回收利用。

3. 盐酸溶解

经过洗涤的沉淀物(碱饼)在酸溶槽中加盐酸溶解，使得氢氧化稀土转化为氯化物进入溶液与未分解的矿物及不溶性的杂质分离。与氢氧化稀土同时溶解的还有 $Th(OH)_4$、$Fe(OH)_3$、$Fe(OH)_2$，其化学反应如下：

$$RE(OH)_3 + 3HCl = RECl_3 + 3H_2O \qquad (2-115)$$

$$Ce(OH)_4 + 4HCl = CeCl_3 + 4H_2O + 1/2Cl_2\uparrow \qquad (2-116)$$

$$Th(OH)_4 + 4HCl = ThCl_4 + 4H_2O \qquad (2-117)$$

$$Ca(OH)_2 + 2HCl = CaCl_2 + 2H_2O \qquad (2-118)$$

$$Fe(OH)_2 + 2HCl = FeCl_2 + 2H_2O \qquad (2-119)$$

$$Fe(OH)_3 + 3HCl = FeCl_3 + 3H_2O \qquad (2-120)$$

酸溶后溶液的稀土浓度一般控制在 REO 为 200~300g/L，溶液的酸度在 pH=1~2。酸溶渣中一般还有少量稀土矿物，为了充分回收稀土，经水洗后返回碱分解工序。

4. 氯化稀土溶液的净化

由盐酸溶解过程的反应式(2-115)~式(2-120)可以知道，酸溶得到的氯化稀土溶液中除 RE^{3+} 外，还含有 Th^{4+}、Fe^{3+}、Fe^{2+}，基于它们的溶度积和水解 pH 的差别，可以通过控制 pH 从溶液中逐一地除去。

5. 从优溶渣中回收稀土

优溶渣中尚含有未溶解的精矿和钍、铁等杂质，其稀土含量(REO)大于 10%。一般采取硫酸全溶解的方法回收稀土。主要溶解反应如下：

$$2REPO_4 + 3H_2SO_4 = RE_2(SO_4)_3 + 2H_3PO_4 \qquad (2-121)$$

$$2REF_3 + 3H_2SO_4 = RE_2(SO_4)_3 + 6HF \qquad (2-122)$$

$$Th(OH)_4 + 2H_2SO_4 = Th(SO_4)_2 + 4H_2O \qquad (2-123)$$

$$2Fe(OH)_3 + 3H_2SO_4 = Fe_2(SO_4)_3 + 6H_2O \qquad (2-124)$$

硫酸溶出的溶液，经硫酸复盐沉淀分离铁等杂质，稀土和钍的硫酸复盐用氢氧化钠溶液90℃下转化为氢氧化物，而后再经盐酸优溶工序分离稀土与钍。

6. NaOH 分解法的三废治理

NaOH 分解法的主要优点是精矿分解设备简单，容易加工制造，基建投资成本低；精矿分解时，不产生含氟废气，"三废"较浓硫酸高温强化焙烧法容易处理，适于环保要求严格的人口较稠密的地区建厂。其缺点是由于烧碱价格高，用量大，因此运行成本高；稀土、钍、氟等均比较分散，稀土收率约85%。另外，不太适合稀土品位较低(如 REO<50%)的包头混合稀土精矿。目前，仅有10%的包头矿采用该工艺处理。

1) 酸溶渣及治理

氢氧化钠分解法得到的酸溶渣，Th 含量为 0.780%，U 微量，放射性活度为 8.6×10^4 Bq/kg。此类废渣的放射性活度与浓硫酸焙烧法的水浸渣相当，必须建造专用渣库妥善存放，以确保不污染环境，达到安全与卫生要求。

2) 含氟碱性废水及治理

用碱法处理混合型稀土精矿所产生的含氟碱性废水，含氟量为 0.4~0.5g/L，pH>10，氟含量超标 40~50 倍，碱性过高，需处理至符合排放标准要求才可排放。

向废水中加入石灰乳溶液，使氟呈氟化钙沉淀析出，氟含量由 0.4~0.5g/L 降至 15~20mg/L，然后再加入偏磷酸钠和铝盐，使氟进一步生成氟铝磷酸盐析出，工艺流程如图 2-27 所示。化学反应式为

$$Ca(OH)_2+2NaF=\!\!=\!\!=CaF_2\downarrow+2NaOH \tag{2-125}$$

$$NaPO_3+Al^{3+}+3F^-=\!\!=\!\!=NaPO_3 \cdot AlF_3\downarrow \tag{2-126}$$

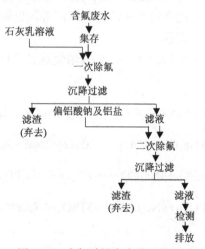

图 2-27 含氟碱性废水处理流程

操作条件：一次除氟时 1m³ 废水加入 10% CaO 溶液 0.025m³，在常温下作业，反应时间为 45min，沉降时间为 0.5~1.0h。二次除氟时，1m³ 废水加入偏铝酸钠 40g，铝盐 160g，废水最终 pH=6~7。主要设备：废水集存池、除氟反应槽、过滤机和水泵等。废水经两次除氟后含氟量一般小于 10mg/L，pH=6~7，达到排放标准。

2.5.4　混合稀土精矿的其他分解方法

除上述几种方法外，人们还研究了其他分解包头混合型稀土精矿的方法。这些方法基于矿物的性质进行研究，有其独特之处，但是三种分解方法的工艺流程中都没有完整的回收矿物中有价值的氟、磷、钡、钍元素的工序设置，这些元素常常残留于废气、废水、废渣中而污染环境。尽管有些研究方案的工艺流程中可以回收某一两种元素，但由于所涉及的设备复杂，化工原料消耗成本高，工艺过程冗长，不易操作，而导致生产中难以实现。近几年，基于环境保护目的，分解混合型稀土精矿的工艺研究取得了一些进展，其中具有一定意义的有如下几种。

1. Na_2CO_3 焙烧法

在高温下 Na_2CO_3 可以将混合型稀土精矿中的稀土氟碳酸盐和磷酸盐分解成稀土氧化物，在分解过程中，矿物中的其他组成也将参与反应，使焙烧产物的组成复杂化。Na_2CO_3 焙烧法的特点是：①焙烧过程中，稀土矿物被分解成稀土氧化物和可溶性的磷酸稀土复盐，同时铈由二价氧化为四价。②焙烧产物中含有 Na_3PO_4、$BaCO_3$、Na_2SO_4、$CaCO_3$、NaF 等非稀土杂质。为了防止这些杂质在硫酸浸出时与稀土形成难溶的稀土硫酸复盐及稀土磷酸盐，造成稀土损失，在硫酸浸出前需用水洗、酸洗方法预先处理焙烧产物。③硫酸稀土溶液可以借溶剂萃取提取铈和回收钍。④焙烧废气和浸出废渣以及废水对环境污染小。Na_2CO_3 焙烧法目前尚存在焙烧过程中焙烧产物在回转窑中结圈等问题而仍未用于工业生产。图 2-28 中所示的是工业试验流程。

(1) 焙烧反应。在 600~700℃用 Na_2CO_3 焙烧混合型稀土矿物，将发生如下化学反应：

$$2REFCO_3+Na_2CO_3=\!=\!=RE_2(CO_3)_3+2NaF \tag{2-127}$$

$$2CeFCO_3+Na_2CO_3+l/2O_2=\!=\!=2CeO_2+2NaF+3CO_2 \tag{2-128}$$

$$2REPO_4+3Na_2CO_3=\!=\!=RE_2O_3+2Na_3PO_4+3CO_2 \tag{2-129}$$

$$Th_3(PO_4)_4+6Na_2CO_3=\!=\!=3ThO_2+4Na_3PO_4+6CO_2 \tag{2-130}$$

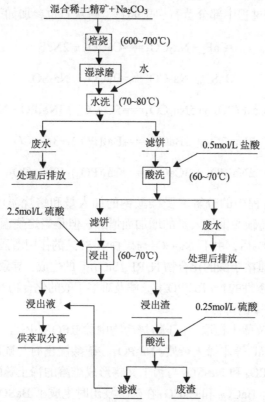

图 2-28　Na$_2$CO$_3$ 分解混合稀土精矿实验工艺流程

在 750~780℃下，精矿中的萤石(CaF$_2$)与上述反应生成的 Na$_3$PO$_4$ 和 NaF 进一步反应，生成可溶于酸的 NaREF$_4$、Na$_n$REPO$_4$F$_n$ 和 Na$_3$RE(PO$_4$)$_2$。

$$CaF_2 + Na_3PO_4 = 2NaF + NaCaPO_4 \tag{2-131}$$

$$REPO_4 + nNaF = Na_nREPO_4F_n \tag{2-132}$$

$$REPO_4 + Na_3PO_4 = Na_3RE(PO_4)_2 \tag{2-133}$$

用 X 射线衍射方法测试不同温度下的焙烧产物，发现在 850℃下，Na$_2$CO$_3$ 加入量不足时，焙烧产物中仍有 REPO$_4$ 存在，并且出现了 Ca$_8$RE(PO$_4$)$_5$O$_2$ 相。剩余的 REPO$_4$ 同矿物中 CaCO$_3$ 的分解产物 CaO 形成固溶体，在形成固溶体的同时伴有化学反应发生，即

$$REPO_4 + 2Ca_3(PO_4)_2 + 2CaO = Ca_8RE(PO_4)_5O_2 \tag{2-134}$$

$$2REPO_4 + 3CaO = RE_2O_3 + Ca_3(PO_4)_2 \tag{2-135}$$

此外，在焙烧过程中部分萤石、重晶石、磷灰石也参加如下反应：

$$CaF_2 + Na_2CO_3 === CaCO_3 + 2NaF \tag{2-136}$$

$$BaSO_4 + Na_2CO_3 === BaCO_3 + Na_2SO_4 \tag{2-137}$$

$$Ca_5F(PO_4)_3 + 5Na_2CO_3 === 5CaCO_3 + 3Na_3PO_4 + NaF \tag{2-138}$$

$$2Na_3PO_4 + 3BaCO_3 === Ba_3(PO_4)_2 + 3Na_2CO_3 \tag{2-139}$$

$$2Na_3PO_4 + 3CaCO_3 === Ca_3(PO_4)_2 + 3Na_2CO_3 \tag{2-140}$$

精矿在焙烧过程中的分解率受碳酸钠的加入量和焙烧温度的影响较大。在700℃前，分解率随碳酸钠加入量的增加而增加，但是当焙烧温度大于700℃，碳酸钠加入量超过20%后，由于Na_2CO_3与矿物中SiO_2的作用增强，反应过程变得更加复杂，并促进了难溶于酸的化合物$NaRE_4(SiO_4)_3F$的生成，导致分解率下降。过高的温度将会引起可溶性的$Na_3RE(PO_4)_2$分解及难溶于酸的化合物$NaRE_4(SiO_4)_3F$的生成，也会导致分解率的降低。

(2) 硫酸浸出及稀土提取。由于焙烧产物中除REO外还含有Na_2SO_4、$BaCO_3$、Na_2SO_4、$CaCO_3$、NaF等非稀土杂质。Na_3PO_4在硫酸浸出时与硫酸反应生成H_3PO_4和Na_2SO_4，而H_3PO_4和Na_2SO_4与稀土又将形成难溶的稀土硫酸复盐及稀土磷酸盐，造成稀土损失。$BaCO_3$和$CaCO_3$在硫酸浸出时生成了$BaSO_4$和$CaSO_4$难溶化合物而沉淀于浸出渣中。但是$CaSO_4$在浸出过程中所形成的晶粒很小并且析出速度慢，在过滤时很难完全除去。因此，焙烧产物在进行硫酸浸出前需用水洗、酸洗方法预先除去这些杂质。浸出液的硫酸浓度约为1.5mol/L，铈氧化率大于90%，其大致的组成见表2-28。

表 2-28 浸出液的化学成分

化学成分	REO	ThO₂	F	Fe	CaO
含量/(g/L)	50~60	0.2~0.3	3~7	2~15	≈4

基于四价铈与三价稀土元素化学性质的差别，这种溶液可以用硫酸复盐沉淀或溶剂萃取的方法首先分离铈，但是硫酸复盐沉淀方法存在工艺流程长、消耗化工原料多、生产成本高等缺点，同硫酸复盐沉淀法相比溶剂萃取法克服了这些缺点，并且还具有铈产品的纯度高、稀土回收率高的优点，缺点是 F 对萃取过程干扰大，影响生产的正常进行。

2. 氯化铵分解法

氯化铵焙烧分解混合型稀土精矿提取稀土工艺，是一种通过 NH_4Cl 在一定温度条件下分解成 HCl 使矿物中的稀土氯化为稀土氯化物的方法。该工艺为了克服碳酸钠焙烧工艺中需用大量水进行洗除焙烧产物中的 NaF 的问题，采用两次焙烧的方法。第一次，用轻烧镁(MgO)与包头混合型稀土精矿(以稀土氧化物计，含 52.1%)混匀焙烧使混合型稀土精矿中的独居石和氟碳铈矿分解成稀土氧化物和氟化镁，第二次焙烧，用氯化铵将在第一次焙烧中生成的稀土氧化物氯化为稀土氯化物。用这种焙烧产物提取稀土可直接加水浸出，不用引入酸、碱，而且稀土转化形式少，实验型的稀土的回收率在 85%以上，是一种值得进一步研究的稀土提取工艺。

第一次焙烧的反应如下：

$$2REFCO_3 + MgO = MgF_2 + RE_2O_3 + 2CO_2 \tag{2-141}$$

$$4CeFCO_3 + 2MgO + O_2 = 2MgF_2 + 4CeO_2 + 4CO_2 \tag{2-142}$$

$$2REPO_4 + 3MgO = RE_2O_3 + Mg_3(PO_4)_2 \tag{2-143}$$

$$MgF_2 + Mg_3(PO_4)_2 = 2Mg_2FPO_4 \tag{2-144}$$

实验中发现，当稀土精矿与氧化镁质量比为 3:1 时，稀土回收率最高。继续增加 MgO，稀土回收率反而下降，这是因为当 MgO 过量时，MgO 会在氯化过程中被氯化而影响了稀土的氯化。焙烧的最佳温度为 600℃，反应温度低，不利于焙烧反应的进行；再继续升温，温度对被焙烧反应的影响不大。混合型稀土精矿的最佳焙烧时间为 80min。

第二次焙烧的反应如下：

$$NH_4Cl = NH_3 + HCl(328℃) \tag{2-145}$$

$$RE_2O_3 + 6HCl = 2RECl_3 + 3H_2O \tag{2-146}$$

$$2CeO_2 + 8HCl = 2CeCl_3 + Cl_2 + 4H_2O \tag{2-147}$$

$$RE_2O_3 + 3Cl_2 = 2RECl_3 + 3/2O_2 \tag{2-148}$$

结果表明，当稀土精矿与氯化铵的质量比为 1:2 时，稀土回收率可达 85%以上，再增加氯化铵的用量，已无益于稀土回收率的提高。在 350~500℃范围内，随着反应温度的升高，稀土的回收率逐渐提高，当温度为 500℃时，稀土的回收率最高。进一步提高反应温度，稀土的回收率反而下降，这可能是氯化稀土又重新被氧化的缘故[36]。

3. CaO-NaCl 分解法

CaO、NaCl 分解混合型稀土精矿是借助溶剂 NaCl 增强 CaO 对 REPO_4 和 REFCO_3 的分解作用的方法。在 600~900℃的焙烧温度下，REPO_4 和 REFCO_3 被分解为 REO 和 $Ca_5F(PO_4)_3$，分解的同时，Ce_2O_3 被空气中的氧氧化成 CeO_2。焙烧过程中产生的废气的主要成分是 CO_2，对环境无污染。焙烧产物经稀酸洗去 $Ca_5F(PO_4)_3$ 和 NaCl 后，用硫酸浸出 REO、CeO_2、ThO_2，浸出渣中 ThO_2 小于 0.01%，属于低放射性渣，可以按一般废渣处理。浸出液可以用溶剂萃取法分别提取铈、钍及非铈稀土元素[37]。该工艺是一种符合环境保护的清洁生产工艺，目前尚处于研究阶段，还需要经系统的研究后才能应用于生产实际。

添加 CaO、NaCl 的混合稀土精矿在 100~1000℃范围焙烧过程的热分析结果如图 2-29 所示。CaO-NaCl 焙烧分解混合稀土精矿的过程分为两个阶段：第一阶段为 417~530℃，主要分解反应是 $REFCO_3$ 的分解和 Ce_2O_3 的氧化：

$$REFCO_3 \Longrightarrow REOF + CO_2 \tag{2-149}$$

$$3REFCO_3 + H_2O \Longrightarrow RE_2O_3 + REOF + 2HF + 3CO_2 \tag{2-150}$$

$$Ce_2O_3 + 1/2O_2 \Longrightarrow 2CeO_2 \tag{2-151}$$

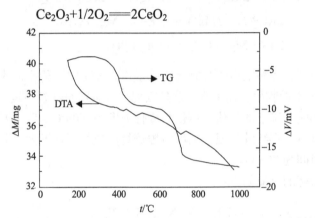

图 2-29　混合稀土精矿添加 15%CaO+10%NaCl 的 TG-DTA 测试结果

第二阶段为 600~800℃，主要是 CaO 分解 $REPO_4$ 和 RFOF 的反应，分解产物为 $Ca_3(PO_4)_2$、RE_2O_3、CaF_2，其中 CaF_2 还参加 CaO 分解 $REPO_4$ 的反应，并促进了 $CaCO_3$ 分解独居石的反应的进行：

$$3CaO + 2REPO_4 \Longrightarrow RE_2O_3 + Ca_3(PO_4)_2 \tag{2-152}$$

$$CaO + 2REOF \Longrightarrow RE_2O_3 + CaF_2 \tag{2-153}$$

$$9CaO + CaF_2 + 6REPO_4 \Longrightarrow 3RE_2O_3 + 2Ca_5F(PO_4)_3 \tag{2-154}$$

在这一阶段，加入的 NaCl 为反应体系提供了液相，强化了固相反应物间的传质过程，明显地提高了混合稀土精矿的分解。当反应体系中 CaF_2 量不足时，NaCl 也可能参加分解反应：

$$15CaO + 3NaCl + 10REPO_4 \Longrightarrow 3Ca_5(PO_4)_3 + Na_3PO_4 + 5RE_2O_3 \tag{2-155}$$

但是，当反应体系中存在足够的 CaF_2 时，由于 $Ca_5F(PO_4)_3$ 和 $Ca_5Cl(PO_4)_3$ 同属六方晶系，晶格常数接近，而且 F 原子半径(0.136nm)小于 Cl 的原子半径(0.181nm)，所

以 CaF_2 比 NaCl 更容易参加 CaO 分解 $REPO_4$ 的反应。因此，反应体系中同时存在 $REFCO_3$ 和 $REPO_4$ 时，式(2-154)比式(2-155)的反应趋势更大。

　　CaO 的加入量、NaCl 的加入量、焙烧温度等对精矿的分解率都有影响。将混合型稀土精矿在精矿：CaO：NaCl(质量比)=1：0.35：0.1，900℃下焙烧 1h，精矿的分解率为 91.08%。

　　从焙烧产物中回收稀土的实验流程如图 2-30 所示，焙烧产物经稀酸洗去 $Ca_5F(PO_4)_3$ 和 NaCl 后，用硫酸浸出 REO、CeO_2、ThO_2，稀土回收率可以达到 92% 以上。经两次浸出、两次水洗后浸出渣中的主要成分是 $CaSO_4$，ThO_2 含量小于 0.001g/L[38,39]。

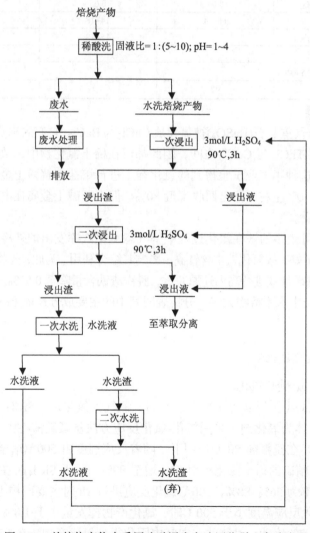

图 2-30　从焙烧产物中采用硫酸浸出方法回收稀土实验流程

4. 高温氯化法

包头产混合型稀土精矿的高温氯化半工业试验结果见表 2-29。

表 2-29　混合型稀土精矿高温氯化结果

规模		半工业	半工业	实验室
氯化炉		内径 300mm 高 1400mm	内径 380mm	
原料名称 REO/%		精矿 60	精矿 40	脱铁渣 47
氯化稀土 产品分析 /%	REO	60	43~47	34~38
	ThO_2	0.04	0.05	0.06
	$CaCl_2$	11~14	14~18	~30
	$Ba(Sr)Cl_2$		15~19	13~19
	F			4~5
	水不溶物			22~24
稀土回收率/%		92		

精矿中萤石、重晶石($BaSO_4$)被氯化成 $CaCl_2$ 与 $BaCl_2$，它们的沸点分别在 $CdCl_3$ 与 NaCl，以及 $ThCl_4$ 与 $CdCl_3$ 之间，因此都留在稀土氯化物中，致使其含量高达约 30%。曾用这种半工业试验得到的氯化稀土进行熔盐电解稀土金属的试验，平均电流效率为 30% 左右，稀土回收率近 80%。但由于碱土金属在电解质中积累需经常更换电解质。

精矿中含量较多的铁在氯化过程中呈气态氯化铁挥发出炉外冷凝。由于铁与钍的分离效果不好，故氯化铁中含钍高，影响其综合利用。为此，先将含 REO 36%、Fe 17% 的混合精矿加碳进行高温还原脱铁，脱铁渣铁含量降至 0.53%。但脱铁渣氯化得到的氯化稀土中水不溶物太多，分析表明其中的主要成分是稀土(55%~60%)与氟(15%~20%)。

5. 脱氟-碳热氯化法

1) $SiCl_4$ 脱氟-碳热氯化法

张丽清和张凤春[40]以活性炭为还原剂、氯气为氯化剂、$SiCl_4$ 为除氟剂、O_2 和 H_2O 混合气体为氧化剂，采用氯化-氧化反应方法从氟碳铈-独居石混合精矿中提取稀土元素。在脱氟剂 $SiCl_4$ 作用下，随着反应温度由 500℃增至 800℃，氟碳铈-独居石混合精矿的稀土氯化率由 92% 增至 99%，而无 $SiCl_4$ 时在同样温度范围内，稀土氯化率为 56%~88%，500℃氯化反应进行 2h 时主要产物为稀土氯化物、氯化钙；当氯化反应温度小于 500℃时，氯化产物挥发量小于 1.0%。水洗氟碳铈-独居石混合精矿的焙砂，过滤并在空气中固化得到氯化产物，在 550℃，O_2+H_2O

气氛下进行氧化反应 90min，实现稀土元素和非稀土元素、铈和非铈稀土元素的分离，为处理混合稀土精矿开辟了另一途径。

2) $AlCl_3$ 脱氟-碳热氯化法[41,42]

混合稀土精矿在脱氟剂 $AlCl_3$ 存在下的碳热氯化反应是多相复杂反应，其中包括混合稀土精矿的分解、碳热氯化、脱氟 3 个步骤。可能的反应主要有

$$REFCO_3(s) = REOF(s) + CO_2(g) \tag{2-156}$$

$$REOF(s) + nC(s) + Cl_2(g) = 2/3RECl_3(s,l) + 1/3REF_3(s) + nCO_{1/n}(g) \ (n=1/2,1) \tag{2-157}$$

$$1/2REOF(s) + n/2C(s) + Cl_2(g) = 1/2RECl_3(s,l) + 1/2ClF(g) + n/2CO_{1/n}(g) (n=1/2,1) \tag{2-158}$$

$$1/3REPO_4(s) + nC(s) + Cl_2(g) = 1/3RECl_3(s,l) + 1/3POCl_3(g) + nCO_{1/n}(g)(n=1/2,1) \tag{2-159}$$

$$MO(s) + nC(s) + Cl_2(g) = MCl_2(s,l) + nCO_{1/n}(g) \ (M=Ca, Ba, n=1/2, 1) \tag{2-160}$$

$$1/3Fe_2O_3(s) + nC(s) + Cl_2(g) = 2/3FeCl_3(g) + nCO_{1/n}(g) \ (n=1/2,1) \tag{2-161}$$

$$1/2SiO_2(s) + nC(s) + Cl_2(g) = 1/2SiCl_4(g) + nCO_{1/n}(g) \ (n=1/2, 1) \tag{2-162}$$

$$1/2CaF_2(s) + Cl_2(g) = 1/2CaCl_2(s,l) + ClF(g) \tag{2-163}$$

$$1/3REF_3(s) + Cl_2(g) = 1/3RECl_3(s,l) + ClF(g) \tag{2-164}$$

$$1/2ThO_2(s) + nC(s) + Cl_2(g) = 1/2ThCl_4(s,l) + nCO_{1/n}(g) \ (n=1/2,1) \tag{2-165}$$

$$REOF(s) + nC(s) + Cl_2(g) + 1/3AlCl_3(g) = RECl_3(s,l) + 1/3AlF_3(s) + nCO_{1/n}(g)(n=1/2,1) \tag{2-166}$$

$$REF_3(s) + AlCl_3(g) = RECl_3(s,l) + AlF_3(s) \tag{2-167}$$

$$CaF_2(s) + 2/3AlCl_3(g) = CaCl_2(s,l) + 2/3AlF_3(s) \tag{2-168}$$

$$REPO_4(s) + AlCl_3(g) = RECl_3(s,l) + AlPO_4(s) \tag{2-169}$$

$$3SiO_2(s) + 4AlCl_3(g) = 2Al_2O_3(s) + 3SiCl_4(g) \tag{2-170}$$

氯化反应温度为 500~900℃。当各物质熔点高于此温度区间时为固体状态，当各物质熔点低于此温度区间时为液体状态。式(2-156)为混合稀土精矿中氟碳铈矿的分解反应，式(2-157)~式(2-165)为氟碳铈矿、独居石矿及各种金属氧化物的碳热氯化反应，式(2-166)~式(2-170)为脱氟剂 $AlCl_3$ 存在下的脱氟反应。从式(2-157)可知，在没有脱氟剂存在的条件下，稀土氟化物是氯化反应的副产物。为了减少

稀土氟化物的生成，提高稀土提取率，加入脱氟剂 $AlCl_3$，使混合稀土精矿发生式(2-166)、式(2-167)的脱氟反应。另外，$AlCl_3$ 在一定条件下还可能与 CaF_2、$REPO_4$、SiO_2 等发生反应，生成多种铝化合物。

$AlCl_3$ 脱氟-碳热氯化法有望用于混合稀土精矿的氯化稀土提取。通过实验验证，600℃下反应 2h 已获得较高提取率(93%)，800℃下获得的稀土提取率最高，为 97.4%。混合稀土精矿在脱氟反应过程中，$AlCl_3$ 和矿物分解产生的 REOF 发生了脱氟反应，使氟碳铈矿中的氟转化为难溶于水的 AlF_3 而留在滤渣中，同时 $AlCl_3$ 促进了独居石的分解反应。

6. HCl-H_2O_2 溶液浸出法

内蒙古科技大学李梅教授团队以混合型稀土精矿为研究对象，采用 HCl-H_2O_2 溶液浸出氟碳铈矿，达到独居石与氟碳铈矿分离的目的[43]。

以盐酸-双氧水体系处理包头混合稀土精矿，可以将精矿中的氟碳铈矿大部分浸出，并且解决氟化稀土不能溶解的问题，同时独居石不参加浸出反应，没有引入其他的杂质。

以焙烧温度、盐酸浓度、液固比、双氧水用量、浸出温度、浸出时间为影响因素，进行实验研究。通过实验确定较佳浸出工艺条件为：焙烧温度 600℃，焙烧时间 2h，盐酸浓度 6mol/L，液固比 30∶1，双氧水用量 10mL，浸出温度 90℃，浸出时间 90min。在此条件下，稀土精矿中氟碳铈矿的浸出率达到了 98.69%，同时对混合稀土精矿与浸出渣进行 XRD 分析，结果表明混合稀土精矿中的氟碳铈矿基本进入溶液中，达到与独居石分离的目的。

2.6　离子型吸附矿的处理方法

2.6.1　风化壳淋积型稀土矿的矿床特征

风化壳淋积型稀土矿一般属于岩浆型原生稀土矿床，经风化淋积后形成的风化构造地带。按稀土离子吸附相和矿物相的相对含量可以将其分为两大类：一类是以离子吸附相为主，其特点是母岩中的原生矿物是以氟碳酸盐等易风化的稀土矿物为主；另一类是以磷钇矿、独居石等单一稀土矿为主，部分稀土以离子吸附相存在于矿物中。风化壳淋积型稀土矿床品位普遍很低，通常稀土含量为0.05%~0.3%。根据稀土配分的不同，风化壳淋积型稀土矿主要分为高钇重稀土型、中钇重稀土型、中钇富铕轻稀土型、富镧铕轻稀土型、中钇低铕轻稀土型、富铈轻稀土型和无选择配分等类型，见表 2-30。其中，前四种类型是主要的工业矿物。表 2-31 中列出的是几种重要的风化壳淋积型稀土产品的稀土配分。

表 2-30 风化壳淋积型稀土矿床分类表

种 类	矿床类型	母岩类型	主要稀土矿物	可交换离子相稀土占有率/%
深成岩风化壳	高钇重稀土型	细白云母花岗岩	氟碳铈钙矿	88.32
	高钇中稀土型	中细黑云母花岗岩	氟碳铈钙矿	80.73
	中钇重稀土型	中细黑云母花岗岩	氟碳铈钙矿	78.48
	富铈低钇轻稀土型	中细黑云母花岗岩	氟碳铈矿	85.25
	中钇低铈轻稀土型	中细黑云母花岗岩	氟碳铈矿	81.38
	富铈轻稀土型	细黑云母花岗岩	氟碳铈钙矿	90.48
	无选择配分型	中细二云母花岗岩	氟碳铈矿	83.03
浅成岩风化壳	富铈轻稀土型	花岗斑岩	氟碳铈矿	91.94
	无选择配分型	煌斑岩	氟碳铈矿	86.08
喷出岩风化壳	富镧铈轻稀土型	流纹斑岩	氟碳铈矿	91.98
	富镧铈轻稀土型	凝灰岩	氟碳铈矿	98.81

表 2-31 主要类型风化壳淋积型稀土矿产品的稀土配分(REO, %)

稀土组分	白云母花岗岩风化壳富钇重稀土矿	黑云母花岗岩风化壳中钇重稀土矿	黑云母花岗岩风化壳中钇重稀土矿	花岗斑岩风化壳富镧铈轻稀土矿	黑云母花岗岩风化壳中钇轻稀土矿	二云母花岗岩风化壳无选择配分型
La_2O_3	2.1	20	8.45	29.84	27.36	13.09
CeO_2	< 1.00	1.34	1.09	7.13	3.07	1.3
Pr_6O_{11}	1.1	5.52	1.88	7.41	5.78	4.87
Nd_2O_3	5.1	26	7.36	30.18	18.66	13.44
Sm_2O_3	3.2	4.5	2.55	5.32	4.28	4.04
Eu_2O_3	< 0.3	1.1	0.2	0.51	< 0.3	0.23
Gd_2O_3	5.69	4.54	6.75	4.21	4.37	5.05
Tb_4O_7	1.13	0.56	1.36	0.46	0.7	1.17
Dy_2O_3	7.48	4.08	8.6	1.77	4	7.07
Ho_2O_3	1.6	< 0.3	1.4	0.27	0.51	1.07
Er_2O_3	4.26	2.19	4.22	0.88	2.26	3.07
Tm_2O_3	0.6	< 0.3	1.15	0.13	0.32	1.47
Yb_2O_3	3.34	1.4	4.1	0.62	1.97	1.98
Lu_2O_3	0.47	< 0.3	0.69	0.13	< 0.3	0.47
Y_2O_3	62.9	25.89	49.88	10.07	26.36	41.68

风化淋积型稀土矿床的特点是矿化均匀且稳定、储量大、分布广、配分全、重中稀土含量高、采冶性能好和放射性元素含量低。一半以上稀土集存在原矿质量 24%~32%的 0.074mm 的矿粒中。用通常的选矿方法难以选出稀土，生产上采用电解质溶液直接渗浸提取稀土的方法[44]。

2.6.2 渗浸法处理风化淋积型稀土矿的基本原理

风化淋积型稀土矿中的稀土大多以离子相吸附在高岭石等铝硅酸盐矿物颗粒表面。稀土在这些矿物表面的吸附可以表示为：

吸附稀土的高岭石　　$[Al_2Si_2O_5(OH)_4]_m \cdot nRE$；

吸附稀土的多水高岭石　　$[Al(OH)_6Si_2O_3(OH)_3]_m \cdot nRE$；

吸附稀土的白云母　　$[KAl_2(AlSiO_3O_{10})(OH)_2]_m \cdot nRE$。

当电解质溶液同矿物接触时，稀土离子与电解质中的阳离子发生交换反应：

$$Am \cdot nRE^{3+} + mMe^{k+} \longrightarrow Am \cdot mMe^{k+} + nRE^{3+} \tag{2-171}$$

式中：Am 为铝硅酸盐矿物；Me 为电解质的阳离子。

表 2-32 中列出的是几种电解质溶液淋洗高岭石类黏土矿的结果。从表中可以看出电解质的阳离子与稀土离子的交换率大小顺序是：$H^+ > NH_4^+ > Na^+$。比较各种电解质可知，硫酸铵用以作为淋洗剂具有如下的优点：①化工原料消耗少，稀土回收率高，单位产品成本低；②回收稀土后的废水经处理后可以达到工业排放标准；③对于原地溶浸工艺而言，有利于植被的恢复。因而，目前工业上主要采用硫酸铵浸取风化淋积型稀土矿中的稀土。

表 2-32　电解质溶液淋洗高岭石类黏土矿的结果

电解质名称	浓度	pH	REO 交换率/%
硫酸	2%	0.5	76.09
氯化铵	1mol	5.0	94.72
氯化钠	1mol	5.4	97.53
硫酸铵	1%~2%	4 左右	> 95
柠檬酸三铵	1mol	4.5	95.18
酒石酸钾钠	1mol	7.7	98.06
碳酸钠	1mol	13	92.51
碳酸铵	1mol	9	91.42
硫酸亚铁	1%	2.5	67.00
自然水	—	7.2	0.00

2.6.3 渗浸工艺

1. 泡浸工艺

泡浸工艺是采用传统的露采工艺，将矿体表土剥离后，采掘稀土矿石，将矿石搬运至在合适厂址建设的一系列浸析池中，用溶浸液浸析矿石。其工艺流程如图 2-31 所示。

由于该方法需要剥离大量的矿石，大量的尾砂及剥离物就地堆弃，不但占用了土地，而且严重破坏和污染了矿区环境；其资源利用率低，劳动强度和生产成本都较高。这些问题的存在严重制约了这种方法的应用和矿山的可持续发展。但是由于泡浸法生产能力大，工艺及技术简单，方法可靠，生产难度低，因此一些稀土矿山仍在使用该法进行开采。

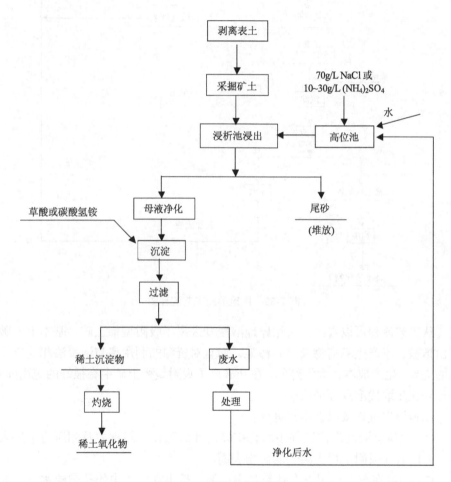

图 2-31　泡浸工艺流程图

2. 原地溶浸工艺

所谓原地溶浸开采，就是在不破坏矿区地表植被、不开挖表土与矿石的情况下，将浸出电解质溶液经浅井(槽)直接注入矿体，电解质溶液中的阳离子将吸附在黏土矿物表面的稀土离子交换解吸下来，形成稀土母液，进而收集浸出母液回收稀土的方法。其主要工艺流程如图 2-32 所示。

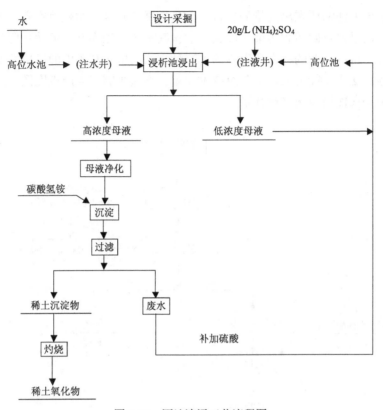

图 2-32 原地溶浸工艺流程图

从工艺流程可以看出，采用原地溶浸开采离子吸附型稀土矿，基本上不破坏矿山植被，不产生剥离物及尾砂污染，而且对资源的利用率与泡浸法相比有了较大的提高，生产成本也大大降低，在开采离子吸附型稀土矿中有很好的应用前景，并已经逐步取代泡浸开采法。

原地浸出过程按以下步骤进行：

(1) 电解质溶液沿注液井中风化矿体的孔裂隙在自然重力及侧压力下进入矿体，并附着在吸附了稀土离子的矿物表面。

(2) 溶液在重力作用下在孔裂隙中扩散，挤出在矿体中的孔裂隙水，与此同时，溶液中活泼性更大的阳离子与矿物表面的稀土离子发生交换解吸，并使稀土离子进入溶液生成孔裂隙稀土母液。

(3) 裂隙中已发生交换作用的稀土母液被不断加入的新鲜溶液挤出，与矿物里层尚未发生交换作用的稀土离子发生交换解吸作用。

(4) 挤出的地下水及形成的稀土母液到达地下水位后，逐渐抬高原地浸析采场的原有地下水位，形成原地浸析采场的母液饱和层。

(5) 饱和层形成的地下水坡度到达一定的高度(> 15°)时，形成稳定的地下母液径流，流入集液沟中被收集。

(6) 浸矿液注完后，加注顶水挤出残留在矿体中的稀土母液。

(7) 在地面进行水冶处理。

2.6.4 从渗浸液中提取稀土的方法

1. 沉淀法

工业中常用草酸或碳酸氢铵从酸溶液中沉淀稀土，其原因是：相对于用氢氧化钠、氨水等作为沉淀剂而获得的沉淀物易于过滤，稀土回收率高。工艺上，视加入沉淀剂的不同，沉淀法分为草酸盐沉淀法和碳酸氢铵沉淀法。

(1) 草酸盐沉淀法。向稀土浸出液中加入草酸溶液，则沉淀出稀土草酸盐。沉淀过程中，渗浸液中的铝、铁、硅等非稀土杂质的浓度较高时，将与稀土草酸盐形成复盐，造成稀土的回收率降低。加大草酸用量可以增加稀土的回收率，但会引进含杂质复盐的沉淀，导致产品的纯度降低。特别是渗浸液中含有钙离子时，为了防止钙形成草酸盐沉淀，影响稀土的纯度，必须控制 pH 为 1.5~2.5。因此，控制渗浸液中的杂质含量和草酸的加入量及沉淀溶液的 pH 可以提高稀土沉淀物纯度和回收率。稀土草酸盐经过滤、水洗除去杂质，然后在 800~900℃下灼烧便可得到混合稀土氧化物产品。

经草酸沉淀后滤液的 pH 在 1.5 左右，因其中含有过量的草酸根，不能直接返回做淋洗剂用。向滤液中加入碱或石灰水，调整 pH 为 5.5~6.0，使大量草酸钙沉淀出去，此时滤液含 $C_2O_4^{2-}$ 降至4μg/L 以下，可返回浸矿。滤渣中含 REO 45%~60%，能直接用作生产稀土硅铁的原料。

该方法的优点是产品纯度高，操作过程简单；缺点是草酸价格高，消耗量大，重稀土的草酸沉淀在母液中的溶解度较大，使稀土的回收率较低。

(2) 碳酸氢铵沉淀法。用碳酸氢铵做沉淀剂，稀土与其发生沉淀反应。所得沉淀物经过滤、烘干和灼烧便可得混合稀土氧化物产品。该法的优点是沉淀率高、成本低、生产周期短、污染小。缺点是沉淀过程中易产生絮状沉淀，不易过滤，沉淀产品的纯度低。

2. 液膜法

液膜法具有高效、快速、选择性好、节能等优点。液膜法对稀土的提取率可达 99.4%以上，稀土可富集至 110g/L。提取稀土的液膜体系以溶有表面活性剂 ME-301 和载体 P_{507} 的煤油为液膜相，以 HCl 为内相，制成油包水型浮液，在搅拌下将乳液分散在稀土料液(外相)中，形成水包油油内又包水的多重乳液体系。

稀土离子与 P_{507} 络合，并通过膜相向另一侧扩散，在乳球界内与盐酸作用发生解络，RE^{3+} 进入内相得到富集[45]。

3. 萃取法

渗浸液中稀土的浓度较低，需经过富集后才能用于工业生产。一般可用价格便宜的萃取剂(如环烷酸)进行萃取富集。富集后的溶液再采用 P_{507} 萃取剂分离单一稀土。

2.6.5　半风化离子吸附型稀土矿分解的研究

朱昌洛和李华伦[46]做了半风化离子吸附型稀土矿可浸性试验研究，在我国西南某地发现了一个中型半风化淋积型稀土矿，经详查，稀土矿 C 级表内氧化物(REO)储量为 1.55 万 t，D 级表内氧化物(REO)储量为 5.48 万 t。该矿未风化完全，含单一稀土矿(REO)6.2%~17.00%。对此类矿物中稀土的提取富集的研究资料很少，故对其进行了可浸性试验研究，以便指导该稀土矿的合理开发利用。

该稀土矿产于下元古界苴林群普登组第一岩性第一层混合岩风化壳中，风化壳厚度达 3~320m 的矿体在平面上呈面形分布，主要富集于风化壳的全风化层中，呈层状产出。全区矿体厚 1~24.5m，平均为 5.66m，REO 含量为 0.078%~0.435%，平均为 0.129%，属矿化连续、厚度稳定型。稀土矿配分见表 2-33。

表 2-33　稀土矿配分表(%)

La$_2$O$_3$	CeO$_2$	Pr$_6$O$_{11}$	Nd$_2$O$_3$	Sm$_2$O$_3$	Eu$_2$O$_3$	Gd$_2$O$_3$	Th$_4$O$_7$	Dy$_2$O$_3$	Ho$_2$O$_3$	Er$_2$O$_3$	Tm$_2$O$_3$	Yb$_2$O$_3$	Lu$_2$O$_3$
18.00	22.00	6.00	13.00	4.40	0.20	3.20	0.06	3.80	0.00	2.40	0.00	2.90	0.29

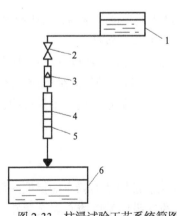

图 2-33　柱浸试验工艺系统简图

1.高位槽；2.截止阀；3.流量计；4.浸矿柱；5.稀土矿；6.贵液池

该矿样呈松散细砂状，仅有少量拇指大的小团块，形似泥土。主要由黏土矿物埃洛石及少量钙蒙托石、伊利石组成。原矿化学成分以 SiO$_2$ 为主，约占 70%，其次是 Al$_2$O$_3$(15%)、K$_2$O (3%~5%)、Fe$_2$O$_3$ (3%)以及少量其他元素。稀土呈吸附态存在于黏土矿物中，占矿石 REO 含量的 80.05%~88.30%，独立稀土矿物主要是氟碳铈矿、独居石、磷钇矿，以及其他形式的稀土矿物，共占稀土总量的 6.20%~17.00%。

采用柱浸对矿样进行可浸性试验研究，其工艺系统如图 2-33 所示。浸出柱材质为塑料，柱内径为 95mm，高为 1500mm。

每柱加入离子型稀土矿 12.0kg，柱顶部约余 150mm 空余。料顶加上电解质布液器，以使电解质溶液均匀分布，消除沟流现象。

可浸性研究表明，借鉴江西离子吸附型稀土矿的提取工艺，对该稀土矿进行提纯富集，可获得合格的稀土氧化物产品。其中温度对稀土浸出效果的影响较大，生产过程中应充分重视。

试验时发现，电解质渗透 1.35m 的料层，需耗时 18~20h，对未松动的稀土原矿其渗透性能更差。若直接采用地浸工艺，应详查稀土矿底板渗漏性，并补充未松动原矿的可渗性数据。

离子吸附型稀土矿的稀土含量比较低，一般为 0.1%~0.3%。该试验样品含 REO 0.12%，经济的处理方案为湿法冶金-电解质淋洗。该稀土矿未风化完全，含稀土独立矿物 6.20%~17.00%，作为中国特有的稀土矿资源，以及未来国际间竞争的战略储备物质，建议对该矿进行合理保护，暂不进行开采。

2.7　其他稀土矿物的分解方法

2.7.1　磷灰石中稀土的回收

在磷灰石$[Ca_5(PO_4)_3F]$中，稀土并不形成单独的矿物，而是稀土离子以类质同晶的形式取代矿物中的 Ca^{2+} 进入矿物晶格。

作为磷肥原料的磷灰石，虽然含稀土很少，但其处理量很大，是不可忽视的一种稀土资源。不同产地磷灰石中的稀土含量见表 2-34。

表 2-34　磷灰石中的稀土含量(%)

产地	苏联 (科拉半岛)	美国 (佛罗里达州)	阿尔及利亚	摩洛哥	突尼斯	埃及 (穆罕默德)	越南(老街)
REO 含量/%	0.2~1.0	0.06~0.29	0.13~0.18	0.14~0.16	0.14	0.028	0.031

两种磷灰石精矿的组成见表 2-35，磷灰石可被硝酸、盐酸或硫酸分解。

表 2-35　磷灰石精矿组成(%)

序号	P_2O_5	REO	F	CaO	MgO	Fe	SiO_2	Al_2O_3	CO_2
1	28.56	0.16	2.00	42.2	3.87	1.01	12.83	0.64	5.98
2	25.04	0.15		31.01	2.12	3.05		6.45	

磷灰石易溶于 50%~60%(60℃)的硝酸，反应如下：

$$Ca_5(PO_4)_3F+10HNO_3 =\!=\!= 3H_3PO_4+5Ca(NO_3)_2+HF \tag{2-172}$$

为不影响肥料的生产又能回收稀土，可采用以下处理浸出滤液的方法，用 TBP

萃取稀土。为利于稀土的萃取，应先脱氟：

$$2NaNO_3+H_2SiF_6 = Na_2SiF_6+2HNO_3 \tag{2-173}$$

因 $Ca(NO_3)_2$ 可作为稀土萃取体系的盐析剂，故先保留在萃取稀土的原料液中。为提高稀土萃取率，用氨将母液中和至 pH=0.2。经过 4~5 级萃取、8~10 级洗涤与 8 级反萃后，用氨沉淀反萃液中的稀土，稀土富集物中含 REO 50%~80%。

另一种处理磷灰石硝酸浸出液的工艺如下：先冷却滤液至-5℃，$Ca(NO_3)_2 \cdot 4H_2O$ 结晶析出，将过滤后的滤液脱氟。有两种方法从脱氟后的滤液中回收稀土。一种为结晶法：稀土磷酸盐在磷酸中的溶解度随酸度降低及温度升高而下降。据此原理，将滤液中和至体系中[HNO_3]<2%，再于高压釜内加热(200℃)1h，溶液中占总量98%的稀土可结晶析出，所得稀土富集物中 REO 含量约 40%。

盐酸浸出磷灰石后的滤液可加入 $Ca(OH)_2$，中和至 pH=1.5 即析出磷酸盐沉淀，其中 REO 与 CaO 含量均约为 25%。过滤后的滤液即为制取磷肥的原料。稀土与钙的滤饼(磷酸盐)用 20%浓度的盐酸溶解，溶液经草酸沉淀、灼烧后即得 REO。

硫酸分解磷灰石发生下列反应：

$$Ca_5(PO_4)_3F+5H_2SO_4+2H_2O = 3H_3PO_4+5CaSO_4 \cdot 2H_2O+HF \tag{2-174}$$

为减少稀土在石膏($CaSO_4 \cdot 2H_2O$)中的损失，以低浓度硫酸在较低温度下分解较宜。分解后滤去石膏，滤液先经脱氟[47]。脱氟滤液加热至 200℃即析出稀土磷酸盐(含 REO 15%~24%)。将其用酸溶解、草酸沉淀、灼烧即得 REO。

据报道，苏联将从磷灰石中回收的稀土与从氟碳酸盐中得到的稀土制成混合溶液。经溶剂萃取法分离出纯度为 99.99%的 La_2O_3、CeO_2、Pr_3O_{11}、Nd_2O_3、Sm_2O_3、Eu_2O_3、Gd_2O_3、Y_2O_3。

2.7.2 磷钇矿的处理

磷钇矿属于磷酸盐稀土矿物，与独居石类似，也是一种稀土磷酸盐矿物，但它还具有如下特点：

(1) 该矿中的稀土钇含量最高，轻稀土含量低。

(2) 精矿中钍含量比独居石低。

(3) 含钨磷钇矿成分复杂，钨含量高于稀土，铁、硅等杂质含量高，而铌(钽)、铍、钪等有价元素含量低，从而给处理工艺的选择带来困难。

(4) 比独居石难分解。多采用浓硫酸分解法、碱液加压分解法、碱熔融法或碳酸钠烧结法等。

①碱液加压分解法。为了强化分解，在高压釜内用较浓的碱液分解磷钇矿。分解工艺条件如下。

原料配比：精矿：NaOH：水(质量比)=1：1.2：0.8；

精矿粒度：−200 目；

分解温度：275℃；

分解时间：5h；

釜内压力：2.75MPa。

此条件下的分解率可以达到 97%以上。

②浓硫酸分解法。浓硫酸在高温下可以分解磷钇矿，其主要的工艺条件如下。

原料配比：硫酸∶精矿(质量比)=1.5~2.5；

分解温度：200~250℃；

分解时间：3h。

分解结束后将分解物冷却，然后用冷水浸出 $RE_2(SO_4)_3$ 和 $Th(SO_4)_2$。经过滤除去石英、金红石、钛铁矿、锆石等非稀土矿物。向滤液中加入浓度为 1%的焦磷酸钠溶液，在 pH 为 1.0 时，沉淀出焦磷酸钍，使溶液得到净化。将净化后的溶液酸度调整为 pH=1~2，采用草酸根沉淀法回收稀土。

2.7.3 易解石精矿的处理

易解石是以铌和钛为主要成分的稀土矿物，钽含量较低。典型的易解石精矿的化学组成为 REO 22%，Nb_2O_5 21%，U_3O_8 0.04%，ThO_2 3%，TiO_2 16%，SiO_2 14%。易解石精矿也可以采用氢氟酸分解，但生产成本较高，通常采用浓硫酸低温焙烧分解工艺[48]。

易解石精矿与浓硫酸混合后在 300~350℃的条件下焙烧，焙烧产物用沸水浸出，稀土、钍、铀进入溶液，而铌(钽)则留在浸出残渣中，然后再用氢氟酸分解浸出残渣中的铌(钽)、钛等化合物。

稀土、铀的浸出率约 95%，钍的浸出率为 80%。铌(钽)、钛在水浸渣中的分配率分别为 98%和 80%。

2.7.4 硅酸盐矿物的处理

稀土的硅酸盐矿物主要有异性石、硅铍钇矿、褐帘石等。

异性石不仅是生产稀土、锆(铪)、铌(钽)等的原料，也是生产非晶硅的矿物原料。生产稀土的工艺流程为：用 30%~50%HNO₃ 分解→TBP 萃取→矿浆→过滤→(滤液)萃取分离稀土。

硅铍钇矿中的稀土以钇及中、重稀土为主，其中钇占 60%以上。硅铍钇精矿的杂质含量较高，通常采用无机酸分解。盐酸分解硅铍钇精矿的工艺过程是：盐酸分解→蒸发(盐酸)→水浸出→草酸沉淀→灼烧→混合稀土氧化物。盐酸分解后蒸发除去大部分过量的盐酸后，用水浸出分解产物，过滤后的滤液用草酸沉淀出稀土，使之与杂质分离。

　　褐帝石是富含轻稀土的硅酸盐矿物。褐帝石精矿可用盐酸或硫酸分解。若用盐酸分解，酸用量大且硅酸脱水效果不好。因此，通常采用浓硫酸分解，分解产物用水浸出稀土硫酸盐，然后再用硫酸钠复盐沉淀稀土。

2.7.5　褐钇铌矿中稀土的提取

　　具有代表性的褐钇铌矿的化学组成为 REO 30%，Nb_2O_5 30%，Ta_2O_5 2%~3%，U_3O_8 2%~3%，ThO_2 1.8%~3%，TiO_2 2%，Fe_2O_3 10%，SiO_2 3%~5%。

　　褐钇铌矿的分解方法有氢氟酸分解法和熔融碱分解法。

　　(1) 氢氟酸分解法。

　　由于钽、铌及铀能生成可溶性配合物或氟化物存在于溶液中，而稀土及钍生成氟化物沉淀析出，从而可使之与稀土和钍得以初步分离。其主要的分解反应如下：

$$Nb_2O_5 + 14HF = 2H_2NbF_7 + 5H_2O \tag{2-175}$$

$$Ta_2O_5 + 14HF = 2H_2TaF_7 + 5H_2O \tag{2-176}$$

$$RE_2O_3 + 6HF = 2REF_3\downarrow + 3H_2O \tag{2-177}$$

$$ThO_2 + 4HF = ThF_4\downarrow + 2H_2O \tag{2-178}$$

　　铀以 U_3O_8 形式存在于精矿中，其组成为 $UO_2·2UO_3$，与氢氟酸的反应如下：

$$UO_2 + 4HF = UF_4\downarrow + 2H_2O \tag{2-179}$$

$$UO_3 + 2HF = UO_2F_2\downarrow + H_2O \tag{2-180}$$

　　当精矿中有还原性杂质(Fe^{2+})存在时，则 U^{6+} 被还原成 U^{4+}，因此，绝大部分铀以 UF_4 形式留在酸分解固体产物中。

　　钛、锆、铁、硅等杂质在分解时生成可溶性盐而进入溶液：

$$TiO_2 + 4HF = H_2TiOF_4 + H_2O \tag{2-181}$$

$$ZrO_2 + 6HF = H_2ZrF_6 + 2H_2O \tag{2-182}$$

$$Fe_2O_3 + 10HF = 2H_2FeF_5 + 3H_2O \tag{2-183}$$

$$SiO_2 + 6HF = H_2SiF_6 + 2H_2O \tag{2-184}$$

　　褐钇铌矿湿法球磨后，用 50%的氢氟酸分解，精矿分解率可达 98%。

　　氢氟酸分解矿物得到的固体产物中，主要是稀土(40%~50%)、铀(4%~5%)和钍(3%~4%)的氟化物。首先用碱液将 REF_3、UF_4、ThF_4 等转化成氢氧化物：

$$REF_3+3NaOH\!=\!\!=\!\!=\!RE(OH)_3\!\downarrow+3NaF \tag{2-185}$$

$$UF_4+4NaOH\!=\!\!=\!\!=\!U(OH)_4\!\downarrow+4NaF \tag{2-186}$$

$$2UF_4+10NaOH+O_2\!=\!\!=\!\!=\!Na_2U_2O_7\!\downarrow+8NaF+5H_2O \tag{2-187}$$

$$ThF_4+4NaOH\!=\!\!=\!\!=\!Th(OH)_4\!\downarrow+4NaF \tag{2-188}$$

用水洗去过量的 NaOH 及反应产物 NaF 后过滤。用硝酸溶解滤饼，然后用 TBP 萃取分离稀土与钍、铀。

氢氟酸分解工艺中会产生含氟、铀的酸性及碱性废水，需要严格处理后才能排放。工艺过程中产生的氟化氢气体应冷凝回收。为防止氟的腐蚀，可采用石墨衬里的分解设备。

(2) 熔融碱分解法。

精矿与过量的固体 NaOH 搅拌混合均匀后，在 700℃下熔融分解，锡、钨、铝、硅等生成易溶的钠盐，水洗时进入水洗液。稀土、铌、钍、铀等则留在水洗滤饼中，然后用酸溶解滤饼，并进一步将它们分离。

2.7.6　铈铌钙钛矿的分解

铈铌钙钛矿精矿的化学成分为：REO 30%，TiO_2 40%，Nb_2O_5 7%~8%，Ta_2O_5 0.5%~0.7%。精矿中的稀土、钛和铌皆为回收对象。

铈铌钙钛矿通常采用浓度为 85%的硫酸来分解，在硫酸铵存在下，可加速分解反应的进行。分解温度为 150~250℃，精矿:硫酸:硫酸铵(质量比)=1:2.78:0.2，分解时间为 30min，分解产物呈半干状。浓硫酸与铈铌钙钛矿的主要化学反应为

$$RE_2O_3+3H_2SO_4+(NH_4)_2SO_4\!=\!\!=\!\!=\!2NH_4RE(SO_4)_2+3H_2O \tag{2-189}$$

$$TiO_2+H_2SO_4\!=\!\!=\!\!=\!TiOSO_4+H_2O \tag{2-190}$$

$$Nb_2O_5+3H_2SO_4+(NH_4)_2SO_4\!=\!\!=\!\!=\!2NH_4NbO(SO_4)_2+3H_2O \tag{2-191}$$

$$Ta_2O_5+3H_2SO_4+(NH_4)_2SO_4\!=\!\!=\!\!=\!2NH_4TaO(SO_4)_2+3H_2O \tag{2-192}$$

将硫酸分解后的分解产物用水浸出，向水浸出液中加入硫酸钠，稀土生成稀土硫酸钠复盐沉淀，而可溶性的钛、铌硫酸盐则留在溶液中。过滤后的滤饼用水洗去残留的钛、铌硫酸盐，经碱或碳酸钠转化、硝酸浸出等工序即可得到较纯净的稀土溶液，然后制备成其他稀土产品。

2.8 钪资源的回收处理

2.8.1 钪的资源

钪(Sc)元素于 1879 年由瑞典化学家尼尔森发现。它位于元素周期表中的第三副族，因其物化性质与稀土元素相似，且常共生在一起，故科学家把它列入稀土类，为稀土元素之一。此外，钪的独立矿物很少，且分散存在于 800 多种矿物中，含量很低，因此也被称为"稀散元素"。基于此，钪元素制取金属较晚，开发利用缓慢，因而常不被人们关注及重视[49]。

自然界中含钪的矿物已发现有 800 多种，在花岗伟晶岩类型的富产物中几乎都可以找到钪，但含量却甚微，是典型的稀散元素。作为钪的独立矿物目前仅发现有钪钇矿、水磷钪矿、铁硅钪矿和钛硅酸稀金矿等少数几种，其 Sc_2O_3 品位 > 0.05%的矿资源更为少见。

现查明全世界钪的储量约为 200 万 t，其中 90%~95%赋存于铝土矿、磷块岩及钛铁矿中，少部分在铀、钍、钨、稀土矿中。目前世界上有工业意义的钪资源主要是铀矿石、钛铁矿、黑钨矿和锡石、铝土矿的尾矿或废渣。回收伴生分散钪的可行性取决于原料中钪的含量和钪在其中的分布特征。表 2-36 中列出了主要含钪原料的钪含量和处理规模，从中可见铝土矿及其工业废渣(赤泥)已成为钪的最大潜在资源。

表 2-36 含钪原料的钪含量和处理规模

矿物类型	年处理原料量/万 t	可能的 Sc_2O_3 含量/%	Sc_2O_3 的采出量/t
铝土矿	7100	0.001~0.002	710~1420
铀矿石	5000	0.0001~0.001	50~500
钛铁矿	200	0.001~0.002	20~40
黑钨矿和锡石	20	0.01	20
锆石	10	0.005~0.01	5~10

我国的钪资源非常丰富，其中含钪的大型矿床为分布于华北地区(主要包括山东、河南、山西)和扬子地台西缘(主要包括云南、贵州、四川)的铝土矿和磷块岩，铝土矿含 Sc_2O_3 为 40~150μg/g；磷块岩中平均含 Sc_2O_3 为 650μg/g。攀枝花地区的钒钛磁铁矿，其超镁铁盐和镁铁盐含 Sc_2O_3 为 13~40μg/g；华南地区的斑岩型和石英型钨矿，黑钨矿含 Sc_2O_3 为 78~377μg/g，个别最高达 1000μg/g；风化壳淋积型稀土矿中含 Sc_2O_3 为 20~50μg/g 的为伴生钪矿床，含 Sc_2O_3 大于 50μg/g 的为独立钪矿床；内蒙古白云鄂博地区的稀土铁矿石中的 Sc_2O_3 平均含量为 50μg/g；广西的贫锰矿中也含有相当数量的钪，其 Sc_2O_3 含量约为 181μg/g[50,51]。

2.8.2 钪的回收处理方法

尽管钪在地壳中的含量并不稀少，与钨相近，但分布极为分散，因此几乎不可能用冶金工厂所用生产工艺来提取。由于钪经常同有色金属伴生而存在于矿物中，通常是在冶金生产的过程中作为副产品来回收。一般钪回收流程的合理性主要取决于钪在生产流程中所存在化学状态、物理状态以及富集的程度。目前国内外提取钪的重要原料来源，除了极少数的钪矿以外，通常是高温沸腾氯化生产四氯化钛回收的氯化烟尘、硫酸法生产钛白时的水解产物、冶炼钨铁时所产生的含钪废渣及钛选矿的含钪尾砂等[52-54]。

1. 从四氯化钛的氯化烟尘中回收氧化钪的方法

钛铁矿中一般含 Sc_2O_3 为 0.001%~0.002%，经过电炉熔炼，高温沸腾氯化在氯化烟尘中富集到了 0.13%~0.16%。以此种烟尘作为原料，可以采用图 2-34 所示的流程提取。从四氯化钛的氯化烟尘回收氧化钪的工艺流程由以下四个主要工序组成：

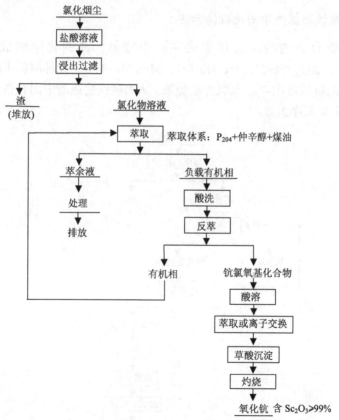

图 2-34 从四氯化钛的氯化烟尘中回收氧化钪的工艺流程

(1) 盐酸浸出。用盐酸浸出四氯化钛生产过程中的烟尘，钪的浸出率随温度的升高而升高，但浸出液的酸度对浸出率的影响不大。在液固比为 2∶1 时，浸出率达到了 80%~85%。

(2) P_{204} 溶剂萃取。将浸出液的酸度调整为 2.5mol/L，用 25% P_{204}+15%仲辛醇+60%煤油组成的萃取体系萃取钪，其萃取率可达到 90%。用 4mol/L 盐酸洗涤负载钪的有机相 2~3 次，去除杂质，而后以 5%NaOH 反萃，钪的反萃率接近 95%。从反萃液中可以回收钪的氢氧化物。

(3) TBP 溶剂萃取提纯。上一工序所得产物中钪的纯度不高，一般须再经过 TBP 萃取或离子交换分离杂质。其做法是：将钪的氢氧化物用 2mol/L 盐酸溶解后，用 TBP 萃取或离子交换排除杂质；所得溶液将酸度调配为 pH=1.0~1.5，用精制草酸沉淀；而后在 800~850℃下将草酸盐沉淀物烧制成钪的纯度大于 98%的氧化物。

(4) 草酸沉淀提纯。此氧化物如果再重复三次草酸沉淀的提纯过程，钪的纯度可以达到 99.5%以上。全流程中钪的总回收率为 60%左右。

2. 从钨锰铁冶炼渣中回收钪的方法

在钨锰铁合金的冶炼过程中钪在渣中富集，渣的化学组成为：Sc_2O_3 0.05%~0.06%，TiO_2 4%~5%，Fe 3%~4%，Mn 25%~31%。此种原料中的钪可以用图 2-35 所示的硫酸浸出-P_{204}萃取方法提取。从钨锰铁冶炼渣中回收钪的工艺流程由以下三个主要工序组成：

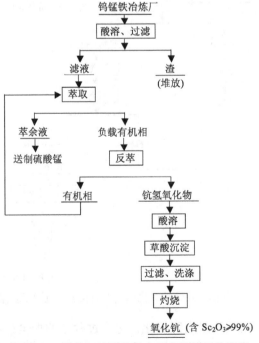

图 2-35　从钨锰铁冶炼渣中回收钪的工艺流程

(1) 硫酸浸出。冶炼渣用硫酸浸出,渣酸比为 1:2 时,钪的浸出率可以达到 85%~88%,浸出液酸度小于 1.25mol/L。浸出液中的化学成分大致为:Sc_2O_3 0.05%~0.1%,TiO_2 4%~7%,Fe 4%~6%,Mn 40%~50%。

(2) P_{204} 溶剂萃取。将浸出液用 P_{204}-煤油体系萃取钪,萃取率可以达到 95%以上。负载钪的有机相用高酸洗涤除去杂质,而后用 75℃的 5%NaOH 溶液反萃,再经过滤洗涤得到钪的氢氧化物产品。

(3) 草酸沉淀提纯。将钪的氢氧化物用盐酸溶解成 pH=1~1.5 的溶液,用草酸沉淀出草酸钪,在 800~850℃下灼烧制成含 Sc_2O_3 20%~30%氧化物。为了进一步提纯,将此氧化物用盐酸溶解成含 Sc_2O_3 50g/L 的溶液,加热溶液至 70℃,用草酸沉淀出钪的草酸盐,再灼烧可得到含 Sc_2O_3 约 70%的氧化物。如此重复 2~3 次盐酸溶解-草酸沉淀-灼烧的过程可以获得 Sc_2O_3 含量大于 98%的产品。

3. 从钛铁矿生产钛白的废液中回收钪

用硫酸法从钛铁矿生产钛白粉时,水解酸性废液中含钪量约占钛铁矿中总含量的 80%。我国生产的氧化钪绝大部分来自钛白粉厂。上海东升钛白粉厂、上海跃龙有色金属有限公司以及广州钛白粉厂等都建立了氧化钪生产线。杭州硫酸厂投产了一套年产 30kg 氧化钪的工业装置,形成了"连续萃取-12 级逆流洗钛-化学精制"三级提钪工艺路线,产品含量稳定在 98%~99%。上海跃龙有色金属有限公司采用 P_{204}-TBP-煤油协同萃取进行钪的初期富集,然后用 NaOH 反萃,盐酸溶解,再经 55%~62% TBP(或 P_{350})萃淋树脂萃取分离净化钪,最后经草酸精制得纯度大于 99.9%的 Sc_2O_3,整个方法钪的收率大于 70%。

苏联以 0.4mol/L P_{204} 自钛白母液中提取钪,O/A(有机相与水相体积比)=1/100 时钪差不多能完全同钛、铁、钙等杂质分离,用固体 NaF 反萃钪,再用 3% H_2SO_4 溶解,扩大试验中钪的回收率为 85%~90%。杨健等在用 P_{204}-TBP 从钛白母液中提钪时,先加入抑制剂,抑制 P_{204} 对铁、钛的萃取,而后用混酸及硫酸洗涤萃取有机相,使有机相中 TiO_2 含量降至 0.1mol/L,Fe 含量降至 0.5mol/L。玛彦琳等以 P_{507}-N_{7301}-煤油混合萃取剂提钪,萃取率达 95%以上,经一次草酸沉淀,Sc_2O_3 产品纯度达 99%以上。聂利等采用两段提钪,第一段采用 P_{507}-癸醇-煤油萃取,第二段用 P_{5709}- TBP-煤油萃取,钪浓缩 50 多倍。刘慧中先用 N_{1923} 选择性萃钪,而后再加 TBP 萃钪进一步除杂,经两段提钪,钪总共浓缩了 50 多倍,草酸精制后 Sc_2O_3 纯度为 99%,回收率为 84%。此外离子交换法、乳状液膜法也已用于钛白废液提钪。

从钛白水解母液中提取钪的原则流程如图 2-36 所示[55]。

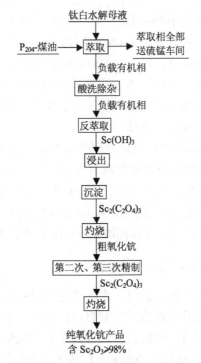

图 2-36　从钛白母液中回收氯化钪工艺流程

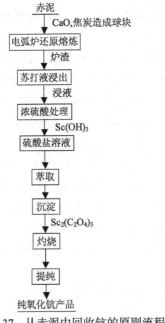

图 2-37　从赤泥中回收钪的原则流程

4. 从赤泥中回收钪

据估算，全世界 200 万 t 的钪储量中有 75%~80% 是伴生在铝土矿中，在生产氧化铝过程中，铝土矿在碱溶时，Fe、Ca、Si、Mg、Ti、Sc 等元素由于氧化铝的大量溶解而留在赤泥中得到富集，铝土矿中 98% 以上的钪富集于赤泥中，其 Sc_2O_3 的含量可达 0.02%。

从赤泥中回收钪的方法有：还原熔炼法处理赤泥、硫酸化焙烧处理赤泥、废酸洗液浸出处理赤泥、用碳酸钠溶液浸取、直接用浓度 50% 的硫酸浸出、用浓盐酸浸取。从赤泥中回收钪的原则流程如图 2-37 所示。

5. 白云鄂博尾矿中钪的回收[56]

1) 提取钪的原料

白云鄂博矿床为大型的稀土铁铌多金属共生矿，矿床中各种岩矿石普遍含钪，各类矿石含 Sc_2O_3 为 40~160ppm，其平均值为 82ppm。白云鄂博矿经选铁和稀土后，钪在尾矿中得到了富集。本工艺的原料为包钢稀土尾矿坝中的尾矿，经浮选、磁选等方法逐级除去大部分的稀土、铁、萤石、铌等物质后，作为提取钪的原料，对原料的多元素分析和 XRD 分析分别见表 2-37 和图 2-38。

表 2-37 尾矿成分及含量(%)

成分	Sc_2O_3	REO	SiO_2	FeO	Al_2O_3	MgO
含量	0.030	0.23	53.85	5.85	15.34	5.40

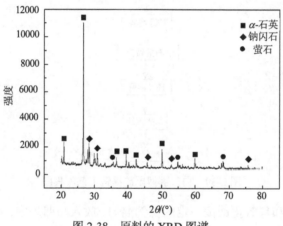

图 2-38 原料的 XRD 图谱

从表 2-37 可看出，该原料中主要成分为 SiO_2、Al_2O_3 和 FeO 等，其他成分的含量相对较少，钪的含量为 0.030%。从图 2-38 中可看出，SiO_2 主要以 α-石英相存在于原料矿中。

原料中钪主要存在于钠闪石中，而钠闪石属于硅酸盐，若想浸出钪，必须破坏硅酸盐结构，因此采用先碱焙烧后盐酸浸出的工艺将钪浸出，然后用 P_{507} 萃取除杂，再经氢氧化钠反萃、酒石酸铵沉淀、草酸沉淀等步骤得到氧化钪，具体工艺流程如图 2-39 所示。

2) 白云鄂博尾矿中钪的浸出

首先，利用碱法焙烧，将矿物中的 α-石英相转化为活性 Na_2SiO_3，破坏掉矿物原来的结构，使以类质同晶象形式存在于矿物晶格中的钪裸露出来，再用盐酸做浸出剂，从结构已经破坏的矿物中将钪浸出。

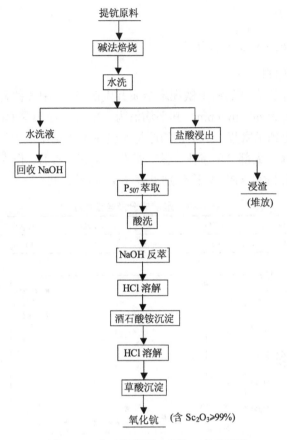

图 2-39　白云鄂博尾矿提钪工艺流程图

　　将含钪原料和氢氧化钠按一定的比例混匀，放入马弗炉中，在 350℃保温 2h，焙烧后的矿粉用水洗涤，过滤，然后用 3.5mol/L 的盐酸浸出 2.0h，并用稀盐酸洗涤滤饼，以期将滤饼中的钪全部洗入滤液中，此时钪的浸出率为 99% 以上，酸浸液中钪的浓度为 20~40mg/L。表 2-38 为酸浸液的成分分析[57]。

表 2-38　酸浸液成分分析

元素	Fe	Mg	Al	Na	Mn	REO	Ti	K	Ba	F	Sc
浓度/(g/L)	15.50	4.40	2.65	1.48	1.28	0.33	0.23	0.16	1.17	0.63	0.017

3) 钪的富集与提纯

　　根据酸浸液中钪含量低、酸度高、杂质种类多、含量高等特点，采用 P₅₀₇ 萃取法富集钪。酸浸液酸度较高，基本上都在 3mol/L 以上，直接用 P₅₀₇：煤油(体积比)=1：2 的有机相萃取，钪的萃取率可达 95% 以上。用 4mol/L 盐酸洗涤负载有机相 2~3 次，去除杂质，然后用 4mol/L 的氢氧化钠反萃，可得到含 Sc₂O₃≥1% 的富集物，此步钪的收率≥90%[58]。

用盐酸溶解反萃沉淀出的钪富集物，调 pH 为 2.5 左右，再用酒石酸铵沉淀钪，可以将钪中的钛、铁、铝、锆及稀土等杂质除去，经过两次酒石酸铵沉淀，可得到含 Sc_2O_3≥65%的富集物，此步钪的收率≥90%[59]。

用盐酸溶解酒石酸钪，用草酸沉淀钪，以进一步精制氧化钪。用盐酸溶解酒石酸钪成 pH=1.5~2.0 的溶液，加草酸沉淀出草酸钪，然后在 800℃焙烧得到氧化钪，经过 2~3 次草酸沉淀过程，可以得到纯度达 99%以上的 Sc_2O_3，钪的总收率为 70%。

参 考 文 献

[1] 王景伟. 氟碳铈矿及伴生矿物浮选行为的研究[J]. 稀土, 1991, (2):33-37

[2] 潘金叶. 有色金属提取冶金手册[M]. 北京: 冶金工业出版社, 1993: 69.

[3] 余永富. 中国稀土学会第二届学术会议论文集[C]. 1990, (1): 32-36.

[4] 孙培梅, 李洪桂. 机械活化碱分解独居石新工艺[J]. 中南工业大学学报, 1998, (1): 42.

[5] 王晓铁, 刘建军. 包头混合型稀土精矿氧化焙烧分解工艺研究[J]. 稀土, 1996, (6): 6-9.

[6] Hikichi Y, Hukuo K, Shiokawa J. Solid state reaction between rare earth orthophosphate and oxide[J].Bulletin of the Chemical Society of Japan, 1980, 53: 1455-1456.

[7] 吴文远. 碳酸钠分解独居石和氟碳铈混合型稀土精矿的机制研究[J]. 中国稀土学报, 2001, 19(增刊): 61-64.

[8] 吴文远, 陈旭东, 陈杰, 等. CaO-NaCl 焙烧分解独居石的研究[J]. 稀土, 2004, 25(2): 16-19.

[9] 李作顺. 中国稀土学会第一次学术会议论文摘要汇编[J]. 稀土, 1980: 15-16.

[10] 常世安, 王树茂. 氟碳铈镧矿纯碱焙烧制取氯化稀土工艺过程产物的相结构[J]. 稀有金属, 1996, 20(5): 383-390.

[11] 钱九红, 李国平. 中国稀土产业发展现状[J]. 稀有金属, 2003, 27(6): 183-188.

[12] Li M, Zhang X W, Liu Z G, et al. Mixed rare earth concentrate leaching with HCl-AlCl₃ solution[J]. Rare Metals, 2013, 32(3): 312-317.

[13] 刘佳, 李梅, 柳召刚, 等. 包头混合稀土精矿络合浸出的研究[J]. 中国稀土学报, 2012, 30(6): 673-679.

[14] 张晓伟, 李梅, 柳召刚, 等. HNO₃-Al(NO₃)₃ 溶液分离包头混合稀土精矿的研究[J].中国稀土学报, 2013, 31(5): 588-595.

[15] Li M, Zhang X W, Liu Z G, et al. Kinetics on leaching fluorine from mixed rare earth concentrate with hydrochloric acid and aluminium chloride[J]. Hydrometallurgy, 2013, 140: 71-76.

[16] 李梅, 柳召刚, 张栋梁, 等. 白云鄂博稀土精矿制备氯化稀土的新方法[P]: 中国, 201110221839.4. 2012.

[17] 杨庆山, 杨涛. 氟碳铈矿的冶炼新工艺研究[J]. 稀有金属与硬质合金, 2014, 42(1): 1-4.

[18] 李良才. 稀土提取及分离[M]. 赤峰: 内蒙古科学技术出版社, 2011:137.

[19] 付红扬, 魏莹莹, 李勇, 等. 铝盐配位分离氟碳铈矿酸浸液中氟和铈[J]. 中国稀土学报, 2013, 31(4): 393-398.

[20] 李良才, 葛星坊. 攀西稀土矿湿法冶炼技术现状及展望[J]. 稀土, 1999, 20(4): 52-55.

[21] Bian X, Yin S H, Luo Y, et al. Leaching kinetics of bastnaesite concentrate in HCl solution[J].Transactions of Nonferrous Metals Society of China, 2011,(21):2306-2310.

[22] 边雪, 吴文远, 杨眉, 等. 以 NaCl-CaCl₂ 为助剂 CaO 分解氟碳铈矿的研究[J].有色矿冶, 2007, 23(5): 34-38.

[23] 朱国才, 田君. 氟碳铈矿提取稀土的绿色化学进展[J]. 化学通报, 2000, (12): 6-11.

[24] 何春光, 曹植曹, 刘咏, 等. 氟碳铈矿环境友好冶炼工艺研究[J]. 四川师范大学学报(自然科学版), 2002, 25(4): 394-396.

[25] Zhang J P, Lincoln F J. The decomposition of monazite by mechanical milling with calcium oxide and calcium chloride[J]. Journal of Alloys and Compounds, 1994, 205:69-75.

[26] 吴文远. 独居石稀土精矿、独居石与氟碳铈混合型稀土精矿的焙烧方法[P]: 中国, 01128097.2. 2001.

[27] 吴文远, 涂赣峰, 孙树臣, 等. 氧化钙分解人造独居石的反应机理[J]. 东北大学学报(自然科学版), 2002, (12): 1158-1151.

[28] 马鹏起. 稀土报告文集[M]. 北京: 冶金工业出版社, 2012.

[29] 李梅, 柳召刚, 王觅堂, 等. 分馏萃取理论在白云鄂博尾矿稀土选矿工艺中的应用研究[J]. 内蒙古科技大学学报, 2012, 31(1): 4-8.

[30] 李梅, 高凯, 张栋梁, 等. 白云鄂博稀土及伴生资源清洁高效提取新工艺[A]//2015 年全国稀土金属冶金工程技术交流会论文集[C]. 中国有色金属学会、中国稀土学会、包头稀土研究院、江西理工大学, 2015: 5.

[31] 李梅, 柳召刚, 高凯, 等. 一种稀土矿提高稀土品位的选矿方法[P]: 中国, 201110224275. 2012.

[32] 李梅, 柳召刚, 胡艳宏, 等. 高钙稀土精矿的除钙方法[P]: 中国, 201110224260. 2012.

[33] 李梅, 马煜林, 张栋梁, 等. 连续浮选机在稀土浮选中的应用[J]. 中国稀土学报, 2014, 3(32): 377-384.

[34] 李梅, 马煜林, 柳召刚, 等. 一种白云鄂博尾矿浮选铁精矿的选矿方法[P]: 中国, 201310300718.8.2015.

[35] 王秀艳. 包头稀土精矿硫酸低温焙烧分解工艺研究[J]. 稀土, 2003, 24(4): 24-29.

[36] 时文中. 氯化铵焙烧法从混合型稀土精矿中回收稀土[J]. 河南大学学报(自然科学版), 2002, (2): 45-49.

[37] 杨倩志. 用助溶剂萃取法从包头稀土矿中提取稀土氧化物[J]. 稀有金属, 1968, 12(1): 86-89.

[38] 陈旭东, 吴文远. CaO-NaCl 体系焙烧混合型稀土精矿的研究[J]. 稀土, 2004, 22(2): 210-213.

[39] 吴文远. CaO-NaCl 焙烧混合型稀土精矿过程中的分解反应[J]. 中国稀土学报, 2004, 22(2): 210-213.

[40] 张丽清, 张凤春. 加碳氯化-氧化反应方法从氟碳铈矿-独居石混合精矿中提取稀土[J]. 过程工程学报, 2007, 7(1): 75-78.

[41] 王勇, 于秀兰, 舒燕, 等. 碳热氯化法分解包头混合稀土精矿提取稀土[J]. 有色金属, 2009, 61(1): 68-71.

[42] 于秀兰, 王之昌, 王勇, 等. 采用 AlCl₃ 脱氟-碳热氯化法从混合稀土精矿中提取稀土[J]. 过程工程学报, 2008, 8(2): 258-262.

[43] 李梅, 邹吉文, 张栋梁, 等. HCl-H₂O₂ 溶液浸出氟碳铈矿的研究[J]. 中国稀土学报, 2015, 33(1): 87-95.

[44] 赵靖, 汤洵忠, 吴超. 我国离子吸附型稀土矿开采提取技术综述[J]. 云南冶金, 2001, 30(1): 11-14.

[45] 刘振芳. 液膜法从离子吸附型稀土矿中提取稀土[J]. 稀土, 1988, (2): 3-8.

[46] 朱昌洛, 李华伦, 沈993伟. 半风化离子吸附型稀土矿可浸性试验研究[J]. 矿产综合利用, 2007, (3): 24-27.

[47] 黄小卫, 张国成. 一种从含氟硫酸稀土溶液中萃取分离铈的工艺[P]: 中国, CN 95103694.7. 1995.

[48] 赵铭, 谢隆安, 胡波波. 混合稀土精矿浓硫酸低温焙烧工业化的研究[J]. 包钢科技, 2013, 39(3): 47-49.

[49] 徐邦学.稀土分离、制取工艺优化设计与稀土材料应用技术实用手册[M]. 长春: 吉林音像出版社, 2008: 134-351.

[50] 张学玉. 分散元素钪的矿床类型与研究前景[J]. 地质地球化学, 1997, (4): 93-97.

[51] 林河成. 金属钪的资源及其发展现状[J]. 四川有色金属, 2010, (2): 1-5.

[52] 肖金凯. 工业废渣赤泥中钪的分布特征[J]. 地球地质化学, 1996, (2): 82-86.

[53] 启春生, 严纯华. 新世纪的战略资源——钪的提取与应用[J]. 中国稀土学报, 2001, 19(4): 289-297.

[54] 张忠宝, 张宗华. 钪的资源与提取技术[J]. 云南冶金, 2006, 35(5): 23-26.

[55] 李海, 童张法, 陈志传, 等. 钛白废酸中钪的提取工艺改进[J]. 无机盐工业, 2006, 38(9): 51-53.

[56] 李梅, 柳召刚, 王觅堂, 等. 一种从白云鄂博尾矿中回收钪的选矿方法[P]: 中国, ZL201210399777.0. 2012.

[57] 李梅, 胡德志, 柳召刚, 等. 白云鄂博稀土尾矿中钪的浸出方法研究[J]. 中国稀土学报, 2013, 31(6): 703-709.

[58] 李梅, 胡德志, 柳召刚, 等.一种白云鄂博尾矿分选钪富集物的方法[P]: 中国, ZL201210399795.9.2012.

[59] 陈燕飞, 李梅, 胡德志, 等. 白云鄂博尾矿提钪酸浸液萃取除铁方法的研究[J].有色金属(冶炼部分), 2013, (11): 1-4.

第3章 稀土元素的化学分离方法

3.1 概 述

稀土元素的化学分离是利用某些稀土元素的盐类在水溶液中的溶解度不同或利用某些变价稀土元素的特性所采用的分离方法。

稀土元素的化学分离包括稀土元素和非稀土元素的分离，某一个(或几个)稀土元素与其他稀土元素的分离。稀土元素和非稀土元素的分离是利用某种具有选择性的沉淀剂使非稀土元素沉淀，或者将稀土元素全部沉淀，从而将两者分离。一个(或几个)稀土元素和其他稀土元素分离是利用一些稀土元素变价后形成的盐溶液和一般的三价稀土元素的盐溶液的溶解度具有的差异，从而将其分离得到高纯单一稀土元素。例如，Ce^{4+}、Eu^{2+}和其他的三价稀土元素的性质具有很大的差异，故可以将它们从其他稀土元素中分离出来。

稀土元素的化学分离方法主要有分级结晶、分步沉淀以及氧化还原法等。工业上利用这些方法可以制备某些稀土的富集物，从而为进一步获得高纯单一稀土元素打下坚实的基础。

3.2 分级结晶法与分步沉淀法分离稀土元素

3.2.1 分级结晶法分离稀土元素

分级结晶法是利用不同稀土元素的盐溶液具有不同的溶解度，溶解度小的优先结晶析出，富集在晶体内，溶解度大的则留在母液中。故分级结晶法要求所用的晶体有大的溶解度和温度系数，相邻元素之间的溶解度差距要大，在加热浓缩过程中要稳定、不分解。

由于稀土元素的物理化学性质相近，故在结晶的过程中易于生成异质同晶。在实际的生产操作中，要得到较满意的分离效果，必须根据盐类在固-液之间的分配系数不同，采用重复的结晶-溶解-结晶的分离过程。

在实际应用中，一般采用蒸发结晶和冷却结晶两种方法。前者是蒸发除去部分溶剂而使溶解度较小的盐类结晶析出；后者是对于有较大溶解度和温度系数的盐类，在冷却时优先结晶析出。

在分级结晶分离过程中，一般采用稀土硝酸铵复盐结晶法。这是基于各种稀土元素所形成的硝酸铵复盐在水中溶解度的差异，实现分离目的。由于镧系收缩，各元素的离子半径随原子序数增加而减小，即碱性减小。所以，稀土元素形成的硝酸铵复盐的溶解度是随着原子序数的增加而增大的，因此该方法可以用于稀土元素的分离。

在硝酸稀土溶液中引入 NH_4^+、Mg^{2+}、Mn^{2+}，它们与稀土离子形成的稀土硝酸铵、镁、锰复盐的相对溶解度见表 3-1。

表 3-1　稀土硝酸铵、镁、锰复盐的相对溶解度(20℃)

	La^{3+}	Ce^{3+}	Pr^{3+}	Nd^{3+}	Sm^{3+}
硝酸铵复盐 $RE(NO_3)_3 \cdot 2NH_4NO_3 \cdot 4H_2O$	1.0	1.5	1.7	2.2	4.6
硝酸镁复盐 $2RE(NO_3)_3 \cdot 3Mg(NO_3)_2 \cdot 24H_2O$	1.0	1.2	1.2	1.5	3.8
硝酸锰复盐 $2RE(NO_3)_3 \cdot 3Mn(NO_3)_2 \cdot 24H_2O$	1.0	1.2	—	1.5	2.5

将稀土硝酸盐溶液和一定量的硝酸铵混合，经过蒸发浓缩、冷却结晶，即可得到含有四个结晶水的稀土硝酸铵复盐：

$$RE(NO_3)_3 + 2NH_4NO_3 + 4H_2O \Longrightarrow RE(NO_3)_3 \cdot 2NH_4NO_3 \cdot 4H_2O \qquad (3\text{-}1)$$

由于镧的硝酸铵复盐的溶解度比其他稀土元素的小，因此在冷却结晶中首先析出，随后析出的是铈、镨、钕等。因钇组稀土不能生成硝酸铵复盐，所以不能用分级结晶法将它们分离[1]。

分级结晶法在稀土的发展历史上曾扮演着重要的角色。分级结晶法的优点：设备简单，只需一般的加热蒸发容器即可；结晶时稀土是饱和溶液，浓度高，故单位设备体积的处理量大；试剂添加次数少，大部分分级结晶只需要一次加入试剂即可；晶体和母液两相分离较容易。由于其具有上述优点，工业上曾采用硝酸铵复盐分级结晶法生产 La 和 Ce[2]。分级结晶法的缺点：不能连续自动地进行，要得到高纯单一稀土需要进行多次重复操作，所需时间较长，工作效率低，而且收率也低，所以这种方法一般用来富集某种初级产品。

3.2.2　分步沉淀法分离稀土元素

分步沉淀法是使相似元素分离的一种较为有效的经典方法。分步沉淀法也是利用不同化合物溶解度的差异，使溶解度较小的元素优先沉淀，从而可以在一定条件下按溶解度的不同进行分步沉淀，达到某几个元素的彼此分离[3]。

在稀土溶液中加入足量的沉淀剂，使不同的稀土按溶解度或沉淀的 pH 的不同进行分步沉淀，然后过滤得沉淀和滤液两相。由于不同三价稀土在沉淀和滤液两相之间的分配系数差别不大，而且不同稀土之间还易于生成异质同晶，在沉淀的同时伴随载带和共沉淀发生。因此，想要得到较好的分离效果，需要反复地进行沉淀和过滤。而且每次沉淀操作都需要添加沉淀剂，以进行下一级的沉淀，同时还需将上一级的沉淀溶解；当遇到不易沉淀、不易过滤时，既浪费时间，又不能连续自动进行，这些缺点限制了分步沉淀法在稀土元素中的应用。有实际应用的主要包括：硫酸复盐沉淀和草酸盐沉淀等。

1. 硫酸复盐沉淀

在稀土硫酸盐溶液中加入碱金属硫酸盐或硫酸铵，在加热和搅拌条件下，则形成碱金属稀土硫酸盐复盐沉淀。

$$x\mathrm{RE_2(SO_4)_3} + y\mathrm{Me_2SO_4} + z\mathrm{H_2O} = x\mathrm{RE_2(SO_4)_3} \cdot y\mathrm{Me_2SO_4} \cdot z\mathrm{H_2O} \qquad (3\text{-}2)$$

式中：Me 为 Na、K、$\mathrm{NH_4}$。x、y、z 是随生成条件不同而不同的，在较低浓度碱金属硫酸盐中，x、y、z 一般分别为 1、1、2。

稀土元素硫酸盐复盐的溶解度随原子序数的增加而增大。其溶解度还与沉淀剂有关，钾、钠和铵的硫酸盐复盐的溶解度顺序为：$(\mathrm{NH_4})_2\mathrm{SO_4} > \mathrm{Na_2SO_4} > \mathrm{K_2SO_4}$。利用这些性质可以将稀土元素分为三组：难溶铈组元素：La、Ce、Pr、Nd、Sm；微溶铽组元素：Eu、Gd、Tb、Dy；可溶钇组元素：Y、Ho、Er、Tm、Yb、Lu。

由于相邻稀土元素硫酸复盐的溶解度差别较小，因此在进行分步沉淀分离时，重复操作次数较多[4]。在分步沉淀过程中同时会出现共沉淀现象，可加入一些络合剂：乙酸铵、三乙酸铵、乙二胺四乙酸及其盐类，以增加各稀土元素的硫酸复盐的溶解度。

2. 草酸盐沉淀

在一定条件下，在稀土硝酸盐或氯化物中加入一定量的草酸，可生成稀土草酸盐沉淀 $\mathrm{RE_2(C_2O_4)_3} \cdot n\mathrm{H_2O}$，$n$ 一般为 10，但也有 6、7、9 或 11。

各稀土元素的草酸盐在水中的溶解度较小，但其溶解度随着稀土元素原子序数的增加而增大。25℃时，水合稀土草酸盐在水中的溶解度见表 3-2。

表 3-2 25℃时水合稀土草酸盐在水中的溶解度(g/L)

草酸盐	溶解度	草酸盐	溶解度
$\mathrm{Sc_2(C_2O_4)_3 \cdot 6H_2O}$	7.4	$\mathrm{Nd(C_2O_4)_3 \cdot 10H_2O}$	0.74
$\mathrm{La_2(C_2O_4)_3 \cdot 10H_2O}$	0.62	$\mathrm{Sm(C_2O_4)_3 \cdot 10H_2O}$	0.69
$\mathrm{Ce_2(C_2O_4)_3 \cdot 10H_2O}$	0.41	$\mathrm{Gd(C_2O_4)_3 \cdot 10H_2O}$	0.55
$\mathrm{Ce_2(C_2O_4)_3}$	3.11	$\mathrm{Yb(C_2O_4)_3 \cdot 10H_2O}$	3.34
$\mathrm{Pr(C_2O_4)_3 \cdot 10H_2O}$	0.74	$\mathrm{Y_2(C_2O_4)_3 \cdot 9H_2O}$	1

分步沉淀法虽然存在间歇式操作、劳动强度大、稀土回收率较低等缺点，但采用此法进行稀土初分组，尤其是从稀土中分离非稀土杂质效果较好，故目前仍

在稀土生产中的前处理工序中采用。

3.3　铈的氧化分离

四价铈的碱性弱于三价稀土元素，在溶液的 pH 为 0.7~1.0 的范围内可水解生成 $Ce(OH)_4$ 沉淀，而其他的三价稀土离子的水解 pH 为 6~8，从而实现铈元素和其他稀土元素分离的目的。所以在实际生产中通常将三价铈先氧化为四价铈，再用中和法使铈优先沉淀或从稀土氢氧化物中优先溶解非铈稀土元素，实现铈与非铈稀土元素的分离。同时 Ce^{4+} 在水溶液中能形成配位化合物，也易被有机萃取剂萃取，所以工业上采用硫酸盐法、碳酸盐法和萃取法可以快速有效地分离提纯二氧化铈[5]。

铈可以被多种氧化剂氧化，而且氧化方法也很多，按氧化方式可分为气体氧化、化学试剂氧化、电解氧化等。气体氧化所用的氧化剂有氧气(或空气)、氯气、臭氧。氯气在氯化稀土溶液中氧化对氧化设备的防腐性和密封性要求很高，臭氧氧化也受到工业制备臭氧设备的限制，因此还没有在实际生产中应用。由于铈的氧化还原电位随体系的酸度变化而变化，在酸性溶液中 Ce^{4+} 属于强氧化剂，故氧气、氯气和双氧水不能将 Ce^{3+} 氧化为 Ce^{4+}。在弱酸性或碱性溶液中的 Ce^{3+} 就很容易被氧化。目前工业上常用的氧化剂有氧气、氯气、臭氧、高锰酸钾、双氧水等[6]。

3.3.1　空气氧化法

空气氧化法是利用空气中的氧在一定条件下将铈氧化为四价的一种氧化方法。此方法通常是在空气中焙烧氟碳铈矿精矿、稀土草酸盐以及碳酸盐(称为焙烧氧化)或烘烤稀土氢氧化物(干法空气氧化)或将空气通入稀土氢氧化物浆料中(湿法空气氧化)进行氧化。

1. 焙烧氧化

将氟碳铈精矿在 500℃下空气中焙烧或将白云鄂博稀土精矿加碳酸钠在 600~700℃下空气中焙烧，稀土矿物在分解的同时，矿物中的铈被氧化为四价。从焙烧产物中分离铈的方法有稀土硫酸复盐法、溶剂萃取法等。

除稀土精矿氧化焙烧外，草酸稀土、碳酸稀土等盐类在空气气氛下进行焙烧分解，铈被氧化为 CeO_2。为保证焙烧制得的氧化稀土混合物有较好的溶解性，焙烧温度不宜过高，通常在 700~800℃。氧化物可以用 1~1.5mol/L 硫酸溶液溶解或 4~5mol/L 的硝酸溶液溶解。用硫酸和硝酸浸出焙烧矿时，铈主要呈四价进入溶液中。前者是在 45℃左右，得到含 REO 50g/L 的硫酸稀土溶液，再利用 P_{204} 萃取法生产二氧化铈；后者是在温度为 80~85℃时制取含 REO 150~200g/L 的硝酸稀土溶液，然后利用 TBP 萃取分离铈。

用稀硫酸或稀硝酸溶解稀土氧化物时，其中的 CeO_2 是比较难溶的，所以在溶解后期需要向溶液中加入少量氢氟酸作为催化剂，以提高 CeO_2 的溶解度[7]。

2. 干法空气氧化

将稀土氢氧化物置于烘干炉内，在通风条件下，100~120℃氧化 16~24h，其氧化反应如下：

$$4Ce(OH)_3 + O_2 + 2H_2O =\!=\!= 4Ce(OH)_4 \tag{3-3}$$

铈的氧化率可达 97%，将氧化温度继续提高到 140℃，则可将氧化时间缩短为 4~6h，铈的氧化率也可达到 97%~98%。干法空气氧化过程中产生大量粉尘，劳动条件差，目前主要在实验室中使用。

3. 常压湿法空气氧化

将氢氧化稀土用水调成浆液，控制 REO 浓度为 50~70g/L，加 NaOH 提高浆液的碱度至 0.15~0.30mol/L，加热至 85℃时直接通入空气将浆液中的三价铈全部氧化为四价铈。在氧化过程中水分的蒸发量比较大，所以应随时补充一定量的水，以维持较稳定的稀土浓度。当每批次氧化 40L 浆液时，氧化时间为 4~5h，铈的氧化率可达 98%。每次氧化 8m³ 氢氧化稀土浆液时，空气流量为 8~12m³/min，氧化时间增加至 15h，铈的氧化率才可以达到 97%~98%。

常压湿法空气氧化法的特点为：铈的氧化率高，产量大，劳动条件好，操作简单，工业上通常用此法生产粗二氧化铈[8]。

4. 加压湿法空气氧化

在常压下空气氧化时间较长，人们通过采用加压的方式缩短氧化时间。由于空气压力的增加，即体系中的氧分压增加，有利于氧在溶液中的溶解并向稀土氢氧化物颗粒表面扩散，从而加速氧化过程的进行。

将氢氧化稀土用水调浆至 60g/L 左右，用氢氧化钠调节 pH 至 13，升温至 80℃左右，通入空气进行氧化，压力控制在 0.4MPa，氧化 1h，铈的氧化率就可达到 95%以上。实际生产中氧化原料氢氧化稀土是由稀土硫酸钠复盐沉淀进行碱转化得到的。为了缩短流程，可将稀土硫酸钠复盐沉淀和碱液一并加入加压氧化槽内，保持一定的压力和温度，通入空气或富氧，使复盐中的稀土转化为稀土氢氧化物的同时，将其中的 $Ce(OH)_3$ 氧化为 $Ce(OH)_4$。

在加压条件下复盐的碱转化速度、铈的氧化速度以及铈的氧化率均得到提高。反应 45min，复盐碱转化率和铈的氧化率均达到 96%以上。

3.3.2　氯气氧化法

将氯气通入稀土氢氧化物中时，三价铈被氧化为四价铈，氧化过程中有盐酸生成，溶液酸度增加，三价稀土氢氧化物被溶解。当溶液的 pH 增加到 3.5 时，三价稀土氢氧化物几乎全部溶解，而 $Ce(OH)_4$ 不溶留在沉淀中，通过洗涤、过滤，可制得粗氢氧化铈。

$$2Ce(OH)_3 + Cl_2 + 2H_2O = 2Ce(OH)_4 + 2HCl \tag{3-4}$$

$$RE(OH)_3 + 3HCl = RECl_3 + 3H_2O \tag{3-5}$$

氯气在氧化三价铈时，介质的酸碱度对氧化过程有很大的影响，碱度高，氧化速度快，当溶液的 pH 降至 3.5 以下时，氯气就失去氧化 Ce^{3+} 的能力。所以当采用弱酸性氯化稀土溶液为原料时，在氯气氧化过程中，必须加入 10% 的氢氧化钠溶液调节酸度，维持溶液的 pH 在 3.6 以上，保证氧化反应继续进行。

应当注意，在用氯气氧化法时，氢氧化稀土的浆料中不能含有 NH_4Cl。因通入溶液中的氯首先和 NH_4Cl 作用，生成氮气和盐酸，当 NH_4Cl 被作用完后，氯气才开始氧化 Ce^{3+}。

$$2NH_4Cl + 3Cl_2 = N_2 + 8HCl \tag{3-6}$$

由于在氯气氧化过程中得到的 $Ce(OH)_4$ 浆液中含有大量的氯气，所以每次氧化结束后，需要将浆液煮沸 20min，以排除溶液中的氯气。$Ce(OH)_4$ 滤饼用 2% 的 NH_4Cl 溶液洗涤，除去吸附的三价稀土。洗涤时，若洗液酸度在 0.1mol/L 左右，溶液中电解质含量又少，则具有胶体性质的 $Ce(OH)_4$ 能形成稳定的红色胶体。氯气氧化法主要用来生产粗二氧化铈，品位为 92%~94%，铈回收率为 99% 以上。当溶液中含铈量很少($CeO_2/REO < 0.1\%$)时，用此法从稀土溶液中除微量铈的效果也很明显[9]。

3.3.3　高锰酸钾氧化法

高锰酸钾在较高的酸度下能将铈氧化。实际应用中，通常是将 20% 的高锰酸钾溶液在搅拌下缓慢加入 90℃ 的硝酸稀土或硫酸稀土的弱酸性溶液中，高锰酸钾将 Ce^{3+} 氧化为 Ce^{4+}，同时 Ce^{4+} 水解沉淀出 $Ce(OH)_4$。

$$3Ce(NO_3)_3 + KMnO_4 + 2H_2O = 2Ce(NO_3)_4 + Ce(OH)_4\downarrow + KNO_3 + MnO_2 \tag{3-7}$$

$$Ce(NO_3)_4 + 4H_2O = Ce(OH)_4\downarrow + 4HNO_3 \tag{3-8}$$

$$2HNO_3 + Na_2CO_3 = 2NaNO_3 + H_2O + CO_2 \tag{3-9}$$

反应中，Ce^{3+}被氧化为 Ce^{4+}后发生水解生成 $Ce(OH)_4$，同时产生 HNO_3，阻止了 Ce^{4+}水解反应的进行。所以操作中在加高锰酸钾氧化 Ce^{3+}的同时，加适量的中和剂维持溶液的 pH 为 3~4，以便使 Ce^{4+}完全水解沉淀。目前，生产上常采用碳酸钠或碳酸氢铵作为中和剂。

采用高锰酸钾氧化法分离混合氯化稀土溶液中的铈时，其基本操作条件与上相同，只是需将 $KMnO_4$ 与 Na_2CO_3 或 NH_4HCO_3 按照摩尔比 1：4 或 1：8 配成溶液加入到氯化稀土溶液中，控制 pH=4，使 Ce^{4+}水解生成 $Ce(OH)_4$ 沉淀。这是因为向溶液中单独加入 $KMnO_4$ 会生成氯气，其氧化反应如下：

$$3CeCl_3 +KMnO_4+8NH_4HCO_3+2H_2O \Longrightarrow 3Ce(OH)_4\downarrow+MnO_2\downarrow+8NH_4Cl+KCl+8CO_2\uparrow$$

$$(3\text{-}10)$$

用上述方法制得的 $Ce(OH)_4$ 中含有大量的 $MnCl_2$，需将其除去。可将 $Ce(OH)_4$ 用水调浆，然后加入固体草酸，其反应方程式如下：

$$2Ce(OH)_4 + 4H_2C_2O_4 \Longrightarrow Ce_2(C_2O_4)_3\downarrow + 8H_2O + 2CO_2\uparrow \qquad (3\text{-}11)$$

$$MnO_2 + H_2C_2O_4 + 2HCl \Longrightarrow MnCl_2 + 2H_2O + 2CO_2\uparrow \qquad (3\text{-}12)$$

同时 MnO_2 也被草酸还原成 Mn^{2+}进入溶液而与铈分开。此法可减少盐酸用量，并且没有氯气产生。在工业生产上用草酸法除锰得到的二氧化铈中 MnO_2 含量常在 0.15%以上。

用高锰酸钾氧化法从混合稀土元素中分离二氧化铈是一个快速有效的方法。此法制得的氢氧化铈颗粒粗，容易过滤，二氧化铈的含量可达到 98%~99%，铈的回收率高于 99%。主要缺点是水解产物 $Ce(OH)_4$ 受到锰的污染，给操作带来麻烦。高锰酸钾氧化分离铈的方法最适宜于从含低铈的稀土溶液中进一步除去微量铈。

3.3.4　过氧化氢氧化法

在碱性、中性或弱酸性的介质中(pH=5~6)加入双氧水，溶液中的三价铈将被双氧水氧化为四价的氢氧化铈和过氧化铈。

在碱性介质中，铈的氧化过程分为两个阶段进行：

$$2Ce(OH)_3 + H_2O_2 \Longrightarrow 2Ce(OH)_4 \qquad (3\text{-}13)$$

$$2Ce(OH)_3 + 3H_2O_2 \Longrightarrow 2Ce(OH)_3OOH + 2H_2O \qquad (3\text{-}14)$$

加热至 80℃以上时，过氧化铈转变为 $Ce(OH)_4$：

$$Ce(OH)_3OOH \longrightarrow Ce(OH)_4 + 1/2O_2\uparrow \qquad (3\text{-}15)$$

在弱酸性稀土硝酸盐或氯化物溶液中，室温下搅拌加入过氧化氢，反应先生成红褐色过氧化铈胶状沉淀，加热煮沸则过氧化铈转化为黄色四价氢氧化铈。随着过氧化氢用量的增加，铈的氧化率增加，铈产品的纯度随酸度的增加而增加，而铈的收率则随铈的氧化率和酸洗液酸度的增加而降低。

3.3.5 电解氧化法

电解含铈的酸性水溶液，可在阳极将三价铈氧化为四价铈。在电解的过程中，不引入化学试剂，没有外源杂质的引入，而且生产成本低，尤其适合电量丰富的地区。

现在已用于生产的方法主要是电解氧化-萃取联合法[10]。在电解氧化-萃取联合法基础上开展的铈的电解氧化萃取-电解还原反萃工艺仅适用于稀土硝酸盐和稀土硫酸盐体系。这是因为在盐酸体系中 Ce^{4+} 的氧化性高于 Cl^-，而且随电解的进行，溶液中 Ce^{4+} 的浓度逐渐升高，Ce^{4+} 对 Cl^- 的氧化能力增大，产生氯气的反应加剧，导致铈的氧化率不高。但是在低酸度下，三价铈氧化为四价的同时有 $Ce(OH)_4$ 沉淀产生，这一过程可以减少 Ce^{4+} 和 Cl^- 接触的机会，避免 Ce^{4+} 与 Cl^- 作用，提高铈的氧化率。依据这一原理，用石墨作阳极，钛作阴极，电解氯化稀土溶液($CeO_2/REO \geqslant 45\%$)过程中补加碱液保持溶液的 pH=3~5，曾得到铈的氢氧化物($CeO_2/REO \geqslant 80\%$)。这种铈的富集物可以作为制备抛光粉或萃取提取纯铈的原料使用，也可以降低氧化铈的生产成本，但是由于沉淀物的分离不好，对电解过程影响很大，并使操作难以进行而难以应用于生产实践。相比较而言，硝酸体系和硫酸体系电解氧化提取铈的方法更容易在工业中实现。

1. 硝酸稀土溶液中的电解氧化

电解是在由塑料或橡胶制成的电解槽中进行的，隔膜采用螺丝夹紧，将电解槽分成三个电解室，中间为阳极室，两边为阴极室。阳极为钛网镀铂，阴极为钛网，极间距为 20mm。电解时，阳极插入溶液的深度为 100mm，保证阳极活性面积为 $2m^2$。

电解氧化中采用铂阳极和钛阴极，通入直流电，在阳极和阴极表面发生如下反应：

阳极反应：

$$Ce^{3+} =\!\!= Ce^{4+} + e \tag{3-16}$$

$$2\,NO_3^- =\!\!= 2NO_2 + O_2 + 2e \tag{3-17}$$

阴极反应：

$$2H^+ + 2e =\!\!= H_2 \tag{3-18}$$

$$Ce^{4+} + e \Longrightarrow Ce^{3+} \qquad (3\text{-}19)$$

$$NO_3^- + 4H^+ + 3e \Longrightarrow NO + 2H_2O \qquad (3\text{-}20)$$

$$NO_3^- + 2H^+ + e \Longrightarrow NO_2 + H_2O \qquad (3\text{-}21)$$

在硝酸盐溶液中，阳极表面的副反应为 NO_3^- 被氧化而放出氧气；阴极主要是氢离子的还原反应放出氢气，在阳极形成的 Ce^{4+} 与阴极接触也会被还原为 Ce^{3+}，使电流效率降低。电压较高时，NO_3^- 也被还原放出 NO、NO_2。对于无隔膜电解槽应该尽量扩大阳极面积，减小阴极面积，降低 Ce^{4+} 与阴极接触的概率，以便提高电解的电流效率和铈的氧化率。阳极面积/阴极面积为 200 时，铈的氧化率可达98%左右，但电流效率低。采用离子交换膜将电解槽分为阳极室和阴极室，含 Ce^{4+}的阳极液不再和阴极接触，避免 Ce^{4+} 的还原，从而可以提高铈的氧化率、产率和电流效率。

影响电解氧化的因素如下：

(1) 电极材料。

在酸性水溶液中进行电解氧化时，由于铈的标准电极电位(1.61V)高于氧的电极电位(1.23V)，为防止氧在阳极上优先析出，应当选择适合的电极材料以及采取其他措施来提高氧的析出电位。

由于三价铈的氧化-还原过程中伴随着硝酸的氧化或还原为氮氧化物的电化学反应，因此应防止由酸的消耗引起 $Ce(OH)_4$ 在阳极上沉淀而覆盖阳极表面，导致导电性降低，槽电压升高，从而使电解过程无法进行。

电解氧化时，最理想的阳极材料是金属铂，但铂太贵，投资大。所以在铈电解氧化工艺中也采用石墨阳极、涂钌钛板阳极、锰钛阳极和铅银阳极等。这些阳极材料在电解氧化的开始阶段，效果均好，但随着电解氧化时间的延长，石墨阳极粉化脱落，铅银或铅阳极钝化，涂钌阳极和锰钛阳极被腐蚀，都不是理想的阳极材料。现在国内外采用钛片上镀铂阳极，铂镀层厚度为 3~4μm，使用性能良好。能耐 1~4mol/L 硝酸和 1~2mol/L 硫酸的腐蚀，而且造价比铂阳极便宜。

对于阴极材料一般要求不高，主要是能耐阴极液的腐蚀和有良好的导电性。在硝酸体系中进行电氧化时，钛和不锈钢均是可行的，在硫酸体系中进行电氧化时，最好采用钛阴极。

(2) 隔膜的选择。

铈电解氧化槽分无隔膜槽和隔膜槽两类。工业上主要使用隔膜电解氧化槽生产二氧化铈。隔膜材料有多孔陶瓷、多孔塑料和离子交换膜等。使用压板式电解氧化槽时，主要采用离子交换膜。隔膜应满足如下要求：在 3mol/L 硝酸或 1mol/L硫酸溶液中不被腐蚀，抗 Ce^{4+} 的氧化，耐 100℃ 温度，有足够的机械强度，传递离子的速度快等。满足上述要求的膜主要是全氟磺酸增强型阳离子交换膜。用此种隔膜的电解氧化槽氧化率可达到 99%，而采用无隔膜电解氧化槽，当阳极面积/阴极面积为 4 和 200 时，铈的氧化率依次只有 85%和 98%。在生产上若采用大的面积比，则阴极电流密度过高，给电解槽结构带来难以解决的问题。

(3) 电解液的组成。

硝酸稀土电解液原料中 CeO_2 浓度和酸度对电解氧化过程有很大影响。欲提高铈的氧化速度，须提高 Ce^{3+} 与阳极表面的接触概率，只有 Ce^{3+} 与阳极接触，Ce^{3+} 才能给出电子而形成 Ce^{4+}。当电解液中 Ce^{3+} 浓度高，Ce^{3+} 与阳极接触机会多时，铈氧化速度快，电效高，单位阳极活性面积上的氧化产率也高。在电解氧化开始时 Ce^{3+} 浓度高，氧化速度快，随着电解时间的延长，Ce^{3+} 的浓度逐渐降低，铈的氧化速度也随之减慢(表 3-3)。这时大部分电能消耗在放氧反应上，电流效率下降。因此在电解氧化过程中，阳极电流密度应随电解氧化时间的延长和 Ce^{3+} 浓度的下降而降低，以节省电耗。

表 3-3　CeO_2 浓度对电解氧化 Ce^{3+} 的影响

硝酸稀土溶液体积/mL	CeO_2 浓度 /(g/L)	阳极电流密度 /(A/dm^2)	电解氧化时间 /min	铈氧化率/%	电流效率/%	产率/[kg CeO_2/ (m^2·d)]
300	110	30	9	93	54	245
300	160	30	11	37	66	304
300	208	30	13	98	73	340

阳极液的酸度对电解氧化的影响不大，只要保证在电解氧化时不发生 Ce^{4+} 水解生成 $Ce(OH)_4$ 的反应即可。若生成 $Ce(OH)_4$ 沉淀，它将附着在电极板上，使槽压增加，阳极钝化。在 Ce^{3+} 的电解氧化过程中，阳极室中的 H^+ 透过隔膜到达阴极室，在阴极表面被还原成氢气放出。所以在实际操作中，当电解液中 CeO_2 浓度高时，酸度也要相应增加，当 CeO_2 浓度低时，酸度可以减低。当硝酸稀土阳极液中含 CeO_2 为 100~200g/L 时，其中的游离硝酸浓度以 1.5~2.5mol/L 为宜。

(4) 阳极电流密度。

阳极电流密度越大，在电极表面上 Ce^{3+} 被氧化为 Ce^{4+} 的速度越快，但溶液中的 Ce^{3+} 浓度不足以补充电极反应的要求时，NO_3^- 将在阳极上氧化析出 NO_2 和 O_2，致使氧化的电流效率降低，硝酸的消耗量增加。阳极电流密度的大小应根据阳极液中铈的浓度来确定。铈的浓度低时，阳极电流密度不宜过高，否则会造成 NO_3^- 大量分解，放出氧气。

(5) 阴极电流密度。

因为只有在较高的电流密度下，以下反应才能进行

$$NO_3^- + 4H^+ + 3e = NO + 2H_2O \tag{3-22}$$

$$NO_3^- + 2H^+ + e = NO_2 + H_2O \tag{3-23}$$

所以阴极的电流密度应满足电解氧化反应同时进行的要求。

对无隔膜电解槽,应尽量增大阳极与阴极面积的比值,以抑制 Ce^{4+} 在阴极表面被还原。故通常阴极电流密度都在阳极电流密度的几倍甚至几十倍以上。

2. 硫酸稀土溶液中的电解氧化

浓硫酸焙烧分解白云鄂博稀土精矿工艺可得到大量纯净的稀土硫酸盐溶液,其稀土浓度一般为 REO:30~40g/L,其中 $CeO_2/REO \approx 50\%$,这为铈的电解氧化提供了廉价的原料。

在稀土硫酸盐溶液中插入铂阳极和钛阴极,通直流电后,在阳极和阴极表面发生以下反应。

阳极反应:

$$Ce^{3+} = Ce^{4+} + e \tag{3-24}$$

$$2SO_4^{2-} = 2SO_3 + O_2 + 4e \tag{3-25}$$

$$SO_3 + H_2O = H_2SO_4 \tag{3-26}$$

阴极反应:

$$2H^+ + 2e = H_2 \tag{3-27}$$

$$Ce^{4+} + e = Ce^{3+} \tag{3-28}$$

在硫酸盐溶液中,阳极主反应为 Ce^{3+} 被氧化为 Ce^{4+},副反应为 SO_4^{2-} 被氧化放出 O_2,生成的 SO_3 与水作用又形成 H_2SO_4。

影响硫酸稀土溶液中电解氧化的因素与硝酸体系的情况基本相似,最佳操作条件如下:

料液组成　　　REO 30~40g/L,CeO_2/REO 约 50%,H_2SO_4 0.35~0.5mol/L

槽电压　　　　4~5V

阳极电流密度　8~10A/dm^2

隔膜　　　　　全氟磺酸增强型阳离子交换膜

电流效率　　　34%

铈的氧化率　　80%~90%

阳极产率　　　　　　　　　$50kg\ CeO_2/(m^2 \cdot d)$

电能消耗　　　　　　　　　$2.4kW \cdot h/kg\ CeO_2$

由于硫酸稀土溶液中稀土浓度低，故电流效率低，特别是在电解氧化后期，Ce^{3+}浓度只有 2g/L 左右，这时的瞬间电流效率只有 5%~6%，为了提高电流效率，降低电耗，在生产上应随着电解氧化的进行，适当地降低电流密度。另外，也可以采用两台电解氧化槽串联氧化：首先在第一台槽中用较大的电流密度进行氧化，当铈的氧化率为 70% 时，将电解液用有机溶剂萃取 Ce^{4+}，少铈电解液再在另一台电解氧化槽中采用低电流密度氧化，以达到节电的目的。

3.4　铕的还原分离

三价铕离子容易被还原为二价表现出碱土金属离子的特性，和三价稀土元素的特性相差较大，从而可以利用这一性质将溶液中的铕和其他稀土分离。

还原 Eu^{3+} 的方法主要有金属还原法、电解还原法和光致还原法。金属还原法是目前工业上普遍使用的方法，电解还原法刚进入工业试验阶段，而光致还原法还处于实验室研究阶段。

铕和锌的标准电极电位如下：

$$Eu^{3+} + e =\!\!=\!\!= Eu^{2+} \qquad -0.43V \tag{3-29}$$

$$Zn^{2+} + 2e =\!\!=\!\!= Zn \qquad -0.76V \tag{3-30}$$

利用金属锌粉、锌粒或锌汞齐为还原剂，可以顺利地从弱酸性溶液中将三价铕还原为二价铕，其反应如下：

$$Zn + 2EuCl_3 =\!\!=\!\!= 2EuCl_2 + ZnCl_2 \tag{3-31}$$

以锌粉为还原剂时，操作是间断还原。而用锌粒或锌汞齐为还原剂时可以实现连续还原。在还原过程中二价铕离子容易被氢离子氧化：

$$Eu^{2+} + H^+ =\!\!=\!\!= Eu^{3+} + 1/2H_2 \tag{3-32}$$

$$Eu^{2+} + H^+ + 1/4O_2 =\!\!=\!\!= Eu^{3+} + 1/2H_2O \tag{3-33}$$

一般采用以下措施来避免上述反应的发生：

(1) 降低料液的酸度，控制 pH 为 3.0~4.0，以减少氢离子对二价铕离子的氧化作用。

(2) 在惰性气氛或者隔绝空气的条件下进行还原，防止氧参与二价铕离子的氧化反应。

(3) 过滤还原液时，需用煤油或二甲苯保护。

金属锌将三价铕还原得到二价铕溶液，再选用硫酸亚铕-硫酸钡共沉淀法、氨水沉淀法、离子交换法和溶剂萃取法可制取高纯度氧化铕。硫酸亚铕-硫酸钡共沉淀法、氨水沉淀法和溶剂萃取法制取高纯度氧化铕已得到工业应用。

3.4.1 锌还原-碱度法

锌还原-碱度法是当前生产高纯氧化铕的最常用的工业方法。该方法工艺简单，铕与稀土分离效果好，化工试剂消耗少，已在国内稀土工厂推广使用。

其原理就是基于二价与三价稀土元素碱度的差别而进行稀土与铕的分离。三价铕用锌粉(或锌粒)还原成二价铕之后，用氨水沉淀三价稀土，此时因二价铕与碱土金属性质相似而留在溶液中。还原及沉淀反应如下：

$$2EuCl_3 + Zn \longrightarrow 2EuCl_2 + ZnCl_2 \tag{3-34}$$

$$RECl_3 + 3NH_4OH \longrightarrow RE(OH)_3\downarrow + 3NH_4Cl \tag{3-35}$$

当溶液中 Eu^{2+} 含量较高时，Eu^{2+} 也可能形成 $Eu(OH)_2$ 沉淀。此时，可在溶液中加入适量的氯化铵，使 Eu^{2+} 形成稳定的配合物，从而减少 $Eu(OH)_2$ 的生成，提高铕的回收率。另外，氯化铵的加入可以使氢氧化稀土沉淀粗大，便于过滤。

Eu^{2+} 在水溶液中能被氧和氢离子氧化，所以在操作时要防止溶液与空气接触。在用锌还原-碱度法生产高纯氧化铕时，生成大量的氢氧化稀土沉淀，其颗粒细，体积大，带有胶体性质，难以过滤。随过滤时间的延长，Eu^{2+} 很容易被氧化，从而降低了氧化铕的回收率，生产中采用油封或惰性气体保护的方法。本法主要用来生产高纯氧化铕，而不是一般的富集方法。处理的原料中 Eu_2O_3/REO 以高于50%为佳，这样可以减少氢氧化物的过滤量，缩短过滤时间，保证较高的回收率。

锌还原-碱度法提铕的工艺条件为：氯化稀土溶液浓度为 50~60g/L，pH=3~4，NH_4Cl 浓度为 1.5~2.0mol/L，锌粉用量为 10g/L，锌粉粒度约为 0.074mm，氨水浓度为 2mol/L，其用量与原始料液体积相同。还原时间为 10~20min，还原温度为 25℃，还原过程和沉淀过程均在密闭容器中进行。过滤时先用煤油作保护层，其厚度为 2.5cm。滤液中的 Eu^{2+} 用双氧水进行氧化，沉淀出 $Eu(OH)_3$，然后经酸溶、草酸沉淀和灼烧制得含 $Eu_2O_3 > 98\%$ 的粗产品。再经一次还原分离即可制得 99.99% 的高纯氧化铕。

3.4.2 锌还原-硫酸钡共沉淀法

在稀土矿物中，铕含量很低。锌还原-硫酸钡共沉淀法是从含铕较低的氯化稀土溶液中富集氧化铕的经典方法之一。目前，从矿物中提取铕的方法多数是采用溶剂萃取法进行钕-钐分组，再从钐、铕、钆富集物中分离铕。但仍有少数厂家采用此法。

将含 Eu^{3+} 的氯化稀土溶液配成 REO 浓度为 200g/L，pH=4.5，Eu_2O_3/REO= 0.1%~2%，在室温搅拌条件下，向每升料液中加入硫酸镁或硫酸铵，使 SO_4^{2-} 达到 20g/L，然后再加锌粉 10~15g/L 进行还原，还原生成的 Eu^{2+} 与 SO_4^{2-} 形成难溶的 $EuSO_4$ 沉淀。当料液中 Eu_2O_3 浓度高时，因 $EuSO_4$ 的溶解度在水中只有 0.018mol/L，所以铕有 95%以上沉淀析出。但当料液中铕含量低时，$EuSO_4$ 沉淀速度很慢，而且沉淀不完全，所以在锌还原的同时，需向溶液中加入 $BaCl_2$ 溶液，利用 Ba^{2+} 与溶液中的 SO_4^{2-} 形成难溶的 $BaSO_4$ 沉淀，$BaSO_4$ 与 $EuSO_4$ 为同晶异构体，它能将溶液中的 $EuSO_4$ 全部载带下来。

共沉淀法富集氧化铕制得的硫酸亚铕和硫酸钡的沉淀俗称白饼，过滤后应加入 2%的硫酸铵溶液洗去所吸附的稀土溶液，以提高粗铕的品位。白饼是一种比较难溶的硫酸盐。过去常用 5mol/L 的硝酸溶液氧化溶解 $EuSO_4$，从而使 $BaSO_4$ 留在不溶渣内。硫酸铕溶液再经草酸法净化得到粗氧化铕，作为生产纯氧化铕的原料。如果原料中含氧化铕高，可以不加 $BaCl_2$ 共沉淀剂，直接用锌还原-硫酸亚铕沉淀法富集氧化铕，制得品位高的硫酸亚铕。

3.4.3　锌还原-离子交换法

由于三价稀土与某些淋洗剂的络合能力强于二价铕，因此淋洗剂可将二价铕优先淋洗下来，从而达到三价稀土与二价铕分离的目的。此工艺省去了碱度法过滤同时减少了铕被氧化的概率。

富集铕的氯化稀土溶液(REO 浓度为 30g/L，Eu_2O_3/REO=80%~85%，pH=3)通过锌柱后，Eu^{3+} 还原为 Eu^{2+}，流出液直接流入阳离子交换树脂柱(铵型)，铕和稀土全部被吸附在树脂上，然后用 EDTA 溶液淋洗(EDTA 浓度为 0.5%~1.0%，pH=6.5，NH_4Ac 浓度为 6g/L，盐酸羟胺浓度为 1g/L)，淋洗线速度为 1cm/min，三价稀土首先流出。本法的分离系数为 5 左右，故光谱纯氧化铕的回收率只有 37%，大部分产品中 Eu^{2+} 含量为 99%~99.9%，在稀土中 Eu_2O_3 含量仍高达 18.5%。也可用乙酸铵代替 EDTA 为淋洗剂分离二价铕。

3.4.4　锌还原-溶剂萃取法

首先将稀土氯化物溶液中的三价铕用锌还原，再用 P_{204} 从还原液中萃取分离二价铕，二价铕不被萃取而留在溶液中。该体系中，二价铕和三价稀土的分离系数 $\beta_{Eu^{2+}/RE^{3+}}$ 为 10^4~10^7，所以能有效地将二者分离。由于有机溶剂中含有某些氧化性物质，因此在萃取过程中有部分二价铕被氧化，致使铕的回收率降低。另外，在萃取操作中，必须保证稀土的萃取率接近 100%，才能得到纯度为 99.99%的氧化铕产品。

3.4.5　光致还原-硫酸亚铕沉淀法

用光激发 Eu^{3+} 的荷移跃迁带，可使 Eu^{3+} 发生光还原反应，生成 Eu^{2+}：

$$Eu^{3+}+H_2O \longrightarrow [Eu^{2+}\text{-}H_2O^+] \longrightarrow Eu^{2+}+H^+ + —OH \qquad (3\text{-}36)$$

反应中生成的—OH 具有很强的氧化性，可以使 Eu^{2+} 氧化为 Eu^{3+}。在实验中利用甲酸和甲酸钠缓冲溶液可有效地清除—OH 自由基，反应如下：

$$HCOOH + —OH \longrightarrow H_2O + CO_2^-(H)^+ \qquad (3\text{-}37)$$

用硫酸钠作沉淀剂，将 Eu^{2+} 沉淀为 $EuSO_4$，从而与三价稀土分离。光还原法分离氧化铕的优点在于分离过程中不引入金属离子，但该法尚处于实验室阶段。

除以上方法外还可以利用电解法提取铕，用电解法将 Eu^{3+} 在阴极上还原为 Eu^{2+}，达到铕与稀土的分离有三种方法：汞阴极电解法、离子交换隔膜电解槽电解法和多孔碳电极电解法。

我国大多数稀土工厂从钐、铕、钆富集物中生产高纯氧化铕的最常用流程为萃取法与碱度法联合流程。

该流程采用三出口萃取技术，在萃取法生产氧化钐的同时，在洗涤段富集氧化铕。氧化铕的品位由进料中的 8.0%~12%富集到 70%以上，为碱度法生产高纯氧化铕提供了理想的原料，省去了用硫酸盐法富集氧化铕的工序。在整个流程中，氧化铕在生产过程中形成闭路，因此氧化铕的总回收率高。碱度法直接使用粗氯化铕溶液为原料，又省去溶料等操作，故减少了原材料消耗。

3.5　其他元素的氧化-还原分离

3.5.1　化学试剂氧化富集镨、铽

稀土元素中除铈能形成四价氧化态外，镨和铽也可以被氧化为四价，但 Pr^{4+}、Tb^{4+} 的氧化性很强（$E_{Pr^{4+}/Pr^{3+}}^{\ominus}$ =2.9V，$E_{Tb^{4+}/Tb^{3+}}^{\ominus}$ =3.2V），很难稳定地存在于水溶液中，因此很难找到一种工业上适用的分离方法。多年来一些学者曾采用不饱和的杂多酸离子 $[PW_{11}O_{39}]^{7-}$ 或 $[P_2W_{17}O_6]$ 等为配位剂，以过硫酸铵为氧化剂，在中性条件下可将 Tb^{3+} 氧化为 Tb^{4+}。另外，在 $Tb(NO_3)_3$ 溶液中加 KOH、KIO_4 和 $K_2S_2O_8$，也可以制得 Tb^{4+} 的络阴离子溶液，但溶液性质不稳定，很难将四价铽从三价稀土元素中分离出来。目前有研究者将镨、铽变价元素先制成四价氧化态的稳定固体化合

物，然后再利用溶解性能上的差异，将其与其他三价稀土分离，从而达到初步富集的目的。

3.5.2　电解氧化法分离镨、钕

三价稀土氧化物或氢氧化物很容易溶解在熔融的氢氧化钾中，而 PrO_2、CeO_2 和 TbO_2 则不溶于氢氧化钾。将氢氧化镨钕熔解在熔融的氢氧化钾中，形成 $KNdO_2$、$KPrO_2$，反应如下：

$$KOH+Nd(OH)_3 \longrightarrow KNdO_2+2H_2O \tag{3-38}$$

$$KOH+Pr(OH)_3 \longrightarrow KPrO_2+2H_2O \tag{3-39}$$

将熔盐置于镍坩埚内电解，以镍坩埚为阳极，铂为阴极，槽电压为 4V，总电流为 0.5~0.7A，则三价镨在阳极被氧化为褐色粉末，沉积在坩埚底部，然后将上部熔盐倾斜放出，底部 PrO_2 得到富集。再用水浸泡 PrO_2 富集物，粉化后用稀醋酸溶解氢氧化钕，PrO_2 不溶解而留在不溶渣中，从而实现镨钕分离。此法虽不能制得纯氧化镨和氧化钕，但可以快速富集镨和钕。

3.5.3　空气氧化法分离镨、钕

铈、镨和铽的氧化物与碳酸钡在空气中焙烧，发生以下反应：

$$CeO_2+BaCO_3 \longrightarrow BaCeO_3+CO_2 \tag{3-40}$$

$$Pr_6O_{11}+6BaCO_3+1/2O_2 \longrightarrow 6BaPrO_3+6CO_2 \tag{3-41}$$

$$Tb_4O_7+4BaCO_3+1/2O_2 \longrightarrow 4BaTbO_3+4CO_2 \tag{3-42}$$

反应产生的 $BaCeO_3$、$BaPrO_3$ 和 $BaTbO_3$ 为强氧化剂，当用盐酸溶解时，Cl^- 首先还原高价镨，$BaPrO_3$ 被优先溶解，而 Nd_2O_3 不溶，从而达到富集的目的。

用氧化法从三价稀土中分离四价镨和铽的工艺还局限于试验阶段，虽然国内外报道过一些方法，但都只能起到富集效果，而且成本高、工序多，未在工业生产中使用。

3.5.4　汞齐还原分离钐、铕、镱

控制一定条件，在水溶液中 Sm^{3+}、Eu^{3+} 和 Yb^{3+} 能被钠汞齐中的钠还原成金属，与汞形成汞齐，从而可与水溶液中的其他稀土分离[11]。钠汞齐与 Sm^{3+}、Eu^{3+} 和 Yb^{3+} 的反应如下：

$$Sm^{3+}+3Na\text{-}Hg \longrightarrow Sm\text{-}Hg+3Na^+ \tag{3-43}$$

$$Eu^{3+}+3Na\text{-}Hg\longrightarrow Eu\text{-}Hg+3Na^+ \tag{3-44}$$

$$Yb^{3+}+3Na\text{-}Hg\longrightarrow Yb\text{-}Hg+3Na^+ \tag{3-45}$$

当用 Na-Hg 还原 Sm^{3+}、Eu^{3+} 和 Yb^{3+} 时，钠汞齐中的金属钠与水接触，发生水解反应，生成 NaOH，使溶液的碱度升高。为防止形成稀土氢氧化物沉淀，还原过程通常在柠檬酸、乙酸或磺基水杨酸中进行。

在磺基水杨酸介质中，料液酸度为 pH=4.3~4.4，Na-Hg 中钠含量为 0.44%时，Sm、Eu 和 Yb 的萃取率分别为 51.8%、100%和 97.4%，其他稀土则不能被萃取，因此易于将 Sm、Eu 和 Yb 和其他稀土分离。如果在操作中首先将溶液碱度调至 pH=10.7，用含钠 0.1%的钠汞齐还原，只有 Eu 形成汞齐，Eu_2O_3 的品位由 1.76%提高到 98%，回收率为 98%~100%。然后将母液碱度用盐酸调至 pH 为 2~6，再用含钠 0.3%~0.4%的钠汞齐还原，则 95%以上的 Sm 进入汞相，Sm_2O_3 的品位达到99%。

将电解制备钠汞齐，钠汞齐还原 Sm^{3+}、Eu^{3+} 和 Yb^{3+}，稀土汞齐分解回收三道工序串联在一起，即可实现连续化操作。这种方法操作方便，处理量大，防护较好。

3.6　化学气相传输法

化学气相传输法是 1971 年由 Schafer 提出的一种制备方法，它可用于新化合物的合成、单晶生长和化合物的提纯。稀土的气相传输规律是火法分离的基础，气态配合物的热力学特性是稀土火法分离技术的关键。基于这一原理，Adachi 等采用化学气相传输法分离稀土元素。

将一定量的稀土氧化物加入成比例的 KCl 和活性 C，混合均匀后置于反应舟内。混合稀土氧化物与 KCl 和 C 的质量比为 1∶1∶6，反应舟置于反应炉内的温度最高处。将收集管紧靠反应舟放于反应管内，作为反应后的接收装置。打开氩气控制阀，调节一定的气体压力，通入氩气，升温到 800K。当温度升到 800K 时，关闭氩气，打开氯气发生装置。接通水泵，利用水流的流动形成的负压吸附氯气进入反应炉，氯化 2h。氯化反应进行 2h 之后，继续升温，同时通入氩气，等到温度升到 1300K 后开始计时，反应 6h 后结束。反应结束后，将收集管取出，用6mol/L 盐酸分数次清洗收集管，洗涤液定容后进行 ICP(电感耦合等离子体)测试。实验结果表明稀土元素分离时遵循下述规则：随着原子序数的递增，即离子半径的减小(镧系收缩)，各稀土元素的最大沉积位置由高温区逐渐转向低温区；原子序数小的稀土元素在高温区优先沉积，原子序数大的稀土元素在低温区优先沉积，从而实现分离[12]。

参 考 文 献

[1] 李良才. 稀土提取及分离[M]. 赤峰: 内蒙古科学技术出版社, 2011: 380-390.

[2] 李芳, 孙都成, 王兴磊. 酸分级结晶法分离稀土镧铈[J]. 化工技术与开发, 2009, 38(9): 11-14.

[3] 尹小文, 刘敏, 赖伟鸿, 等. 草酸盐沉淀法回收钕铁硼废料中稀土元素的研究[J]. 稀有金属, 2014, 38(6): 1093-1098.

[4] 徐帮学. 稀土分离、制取工艺优化设计与稀土材料应用新技术实用手册[M]. 长春: 吉林音像出版社, 2014: 655-666.

[5] 李春萌. 稀土铈萃取分离方法研究[J]. 技术与装备, 2011, 4: 48-49.

[6] 吴文远. 稀土冶金学[M]. 北京: 化学工业出版社, 2005: 141-154.

[7] 徐光宪. 稀土(下册). 2 版[M]. 北京: 冶金工业出版社, 1995: 810-816.

[8] 林河成. 氧化铈的生产、应用及市场状况[J]. 稀有金属, 2005, 24(1): 9-11.

[9] 邓佐国, 徐廷华, 杨凤丽. 混合轻稀土萃取分离工艺优化研究[J]. 江西有色金属, 2013,17(1): 29-31.

[10] 柳召刚, 刘建刚, 刘建军, 等. 硫酸介质中铈的电解氧化及提铈工业试验研究[C]. 北京:中国稀土学会第四届学术年会论文集, 2000: 141-145.

[11] 李良才. 稀土提取及分离[M]. 赤峰: 内蒙古科学技术出版社, 2011: 415-417.

[12] 何鹏, 苍大强, 宗燕兵, 等. 化学气相传输法分离二元混合稀土氧化物[J]. 稀土, 2005, 26(1): 53-56.

第4章 离子交换色层法分离稀土元素

20世纪50年代中期，离子交换色层法是分离混合稀土制取单一稀土的主要方法，而后逐渐被生产周期短、生产效率高、成本低的溶剂萃取法所代替。但由于离子交换色层法具有能获得高纯单一稀土产品的突出特点，目前有时还被用于制取超高纯单一稀土产品以及分离除钇以外的重稀土元素的生产中。

4.1 离子交换色层法的基础知识

4.1.1 离子交换树脂的类型与性质

离子交换树脂是一种不溶于一般溶剂，并带有能够解离的官能团的高分子化合物。离子交换树脂由三部分构成：①主干部分，即高分子部分；②交联部分，如磺酸基苯乙烯树脂中起聚合作用的二乙烯苯部分，通过交联剂将高分子链连接成网状，构成树脂的骨架，因此交联部分也被称为交联剂；③官能团部分，即固定在树脂上的活性离子基团，如磺酸基树脂的—SO₃H部分，在溶液中—SO₃H的氢可以电离，与水溶液中的阳离子相交换。图4-1为聚苯乙烯型阳离子交换树脂的化学结构示意图。

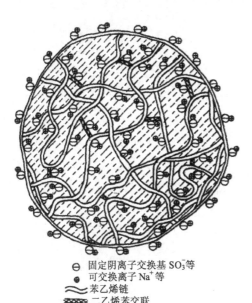

⊖ 固定阴离子交换基 SO_3^- 等
⊕ 可交换离子 Na^+ 等
〜〜 苯乙烯链
▬▬ 二乙烯苯交联
▨▨ 水合水

图 4-1 聚苯乙烯型阳离子交换树脂的
化学结构示意图

根据树脂所带的官能团性质的不同，离子交换树脂可以分成强酸型、弱酸型、强碱型、弱碱型四种类型。酸型树脂功能基上的阳离子可被溶液中的阳离子交换，所以也被称为阳离子交换树脂。碱型树脂功能基上参加离子交换的是阴离子，所以也被称为阴离子交换树脂。强酸和强碱型树脂的特点是电离度很高，在很大的pH范围内都可以达到理论交换容量。例如，R—SO₃

树脂(R 代表树脂的骨架部分)的有效 pH 范围为 0~14。强酸和强碱型树脂的另一个特点是转型体积变化小，转型的盐类稳定，洗涤时不易水解。与强酸和强碱型树脂的特点不同，弱酸和弱碱型树脂的特点是电离度受 pH 影响很大，只能适用于 pH 变化小的交换体系。另外，它们转型的盐类不稳定，洗涤时容易水解。

习惯上也有根据功能基上的交换离子的名称命名的方法，如 Na 型、NH_4 型、H 型、OH 型等。除 H 型、OH 型外，其他离子型的树脂统称为盐型。盐型树脂是由 H 型或 OH 型树脂上的 H^+ 或 OH^- 与某一盐类溶液中的离子交换而形成的，这一过程也称为转型。在稀土分离中，主要采用的是强酸型磺酸基苯乙烯离子交换树脂。

交联度是指树脂中含有的交联剂的质量分数，可由下式计算：

交联度 = 交联剂质量 / (交联剂质量+高分子部分质量)×100%

在分离工艺中一般选用交联度为 8%~10%的树脂。因为交联度过大，单位质量的树脂可交换离子的容量减小；但是交联度过小将使得主干部分的网状结构疏松，造成树脂的力学强度下降，磨损量增大。

树脂对各离子吸附的选择性也与交联度有关。一般规律是交联度大，树脂的选择性强、分离效果好[1,2]。

4.1.2 离子交换过程的基本参数

1. 树脂的选择性

树脂对不同离子的亲和力不同，与树脂亲和力大的离子易于被树脂吸附。树脂对不同离子亲和力之间的差别称为选择性，常用选择系数表示。例如，以 H 型交换树脂与电解质溶液接触时，磺酸基树脂 RSO_3H 上的 H^+ 与溶液中的阳离子 M^{n+} 发生交换反应：

$$nRSO_3H + M^{n+} = (RSO_3)_nM + nH^+ \tag{4-1}$$

为了表示不同价态的阳离子对树脂亲和力的大小，式(4-1)也可以简单写为

$$H_R^+ + 1/nM^{n+} = 1/nM_R^{n+} + H^+ \tag{4-2}$$

当式(4-2)反应达平衡时，树脂对溶液中离子的选择系数为

$$K_{1/nM\text{-}H} = [M^{n+}]_R^{1/n}[H^+] / \{[M^{n+}]^{1/n}[H^+]_R\}$$

它表示金属离子从树脂相中置换出 H^+ 的能力。

选择系数表达的是树脂对溶液中离子吸附的选择性，选择系数越大，吸附能力越强。树脂对各金属离子选择性强弱不同的原因还不十分清楚。但在常温下的

稀水溶液中，金属离子与树脂间的亲和力有如下规律：

(1) 阳离子交换树脂与不同价态的阳离子间的亲和力随离子电荷数的增加而增强，如：$Th^{4+}>RE^{3+}>Gu^{2+}>H^+$。

(2) 阳离子交换树脂与同价态的阳离子间的亲和力随水合离子半径的减小而增大，如：$La^{3+}>Ce^{3+}>Pr^{3+}>Nd^{3+}>Sm^{3+}>Eu^{3+}>Gd^{3+}>Tb^{3+}>Dy^{3+}>Ho^{3+}>Er^{3+}>Tm^{3+}>Yb^{3+}>Lu^{3+}$。

(3) 对于 H^+ 或 H_3O^+ 来说，阳离子交换树脂的亲和力与树脂功能基的酸性强弱有关。例如，羧酸型阳离子树脂(弱酸型)对 H^+ 的吸附能力强，其次序为：$H^+>Fe^{3+}>Al^{3+}>Ca^{2+}>Mg^{2+}>K^+>Na^+$。

磺酸型阳离子树脂(强酸型)对 H^+ 的吸附能力弱，其次序为：$Fe^{3+}>Al^{3+}>Ca^{2+}>Mg^{2+}>K^+>Na^+>H^+$。

(4) 阴离子交换树脂的选择性与阴离子的电荷数、水合离子半径以及它们所形成相应酸的酸性有关。对于强碱型树脂来说，其吸附次序为：$SO_4^{2-}>C_2O_4^{2-}>NO_3^->Cl^->OH^->F^->HCO_3^->HSiO_3^-$。

对于弱碱型树脂来说，其吸附次序为：$OH^->SO_4^{2-}>NO_3^->PO_4^{3-}>Cl^->HCO_3^-$。

引起树脂溶胀体积较小的离子，一般与树脂的亲和力较大。

2. 分配比

在离子交换反应达到平衡时，如不考虑被交换离子在树脂相和水溶液相中的状态，只考虑浓度比值，则比值为一常数 D。常数 D 即为被交换离子在两相中的分配比，其表达式为

$$D = M_R(每克树脂中的离子浓度) / M(每毫升溶液中的离子浓度) \qquad (4-3)$$

比较式(4-2)和式(4-3)可得出分配比与选择系数的关系：

$$D = \{K_{1/nM\text{-}H}[H^+]_R / [H^+]\}^n \qquad (4-4)$$

从上式可知选择系数越大，分配比越大；溶液的酸度越高，分配比越小。

3. 全交换容量和操作交换容量

全交换容量(也称理论交换容量)是指树脂所含可交换离子的总数，这些离子完全参加交换的容量一般为 3~5mg/g 干树脂。操作交换容量是指在一定的条件下所达到的交换容量，它与树脂的物理性质(粒度、强度等)和溶液的浓度等操作条件有关。实际生产中，操作交换容量小于全交换容量。图 4-2 所示的是含有被交换离子的溶液连续流过树脂柱过程中流出体积与流出液中被交换离子浓度 c/c_0 变

化之间的关系曲线(c_0 为被交换离子的原始浓度)。从图中可见，在初期被交换离子完全被树脂吸附，流出液中没有被交换离子出现，此时待流出液的体积 V 继续增加达到 a 点体积时，流出液中开始出现被交换离子，点 a 称为穿透点。以 a 点作垂线，图 4-2 左侧面积 S_1 即相当于操作交换容量。也就是说操作交换容量是以穿透点 a 为界线树脂的吸附容量。过 a 点流出液体积 V 继续增加，不断增大至 c/c_0=1，V 与 c/c_0 的关系曲线在图中和坐标所围面积相当于全交换容量。

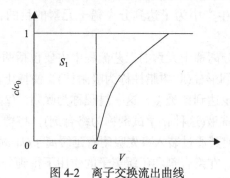

图 4-2　离子交换流出曲线

V. 流出体积；c. 流出液中被交换离子浓度；a. 穿透点

4. 分离系数

分离系数以 β 表示，代表溶液中两种离子 A、B 的分离效果，其值等于同一条件下两离子分配比的比值，即

$$\beta_{A/B} = D_A / D_B = [A]_R [B] / \{[B]_R [A]\} \tag{4-5}$$

将式(4-4)代入式(4-5)，得出分离系数与选择系数的关系式：

$$\beta_{A/B} = \{K_{1/nA\text{-}H}[H^+]_R / [H^+]\}^{n_1} / \{K_{1/nB\text{-}H}[H^+]_R / [H^+]\}^{n_2} \tag{4-6}$$

当 A、B 化合价相等时，即 $n_1 = n_2 = n$ 时

$$\beta_{A/B} = (K_{1/nA\text{-}H} / K_{1/nB\text{-}H})^n \tag{4-7}$$

当 A、B 化合价都等于 1 时，即 $n_1 = n_2 = 1$ 时，分离系数为一常数

$$\beta_{A/B} = K_{A\text{-}H} / K_{B\text{-}H} \tag{4-8}$$

分离系数的绝对值越大，表明 A 和 B 的分离效果越好。当 $\beta_{A/B} = 1$ 时，说明 A 和 B 不能分离[3,4]。

4.2　离子交换色层法分离稀土元素的原理

4.2.1　离子交换色层法分离稀土元素的工艺流程

稀土元素之间的化学性质十分相近,树脂对它们的选择性几乎相等,以至于两相邻稀土元素的分离系数接近 1,仅依靠树脂对稀土元素吸附能力上的差别是难以将它们分离的。生产中为了达到分离稀土元素的目的,采用了离子交换色层法。

离子交换色层法分离稀土元素的工艺流程中主要包括两个步骤:①将稀土溶液通过内装有树脂的圆形柱(此树脂柱称为吸附柱),使稀土离子吸附在树脂上,持续通入稀土溶液直至达到穿透点,这一过程称为吸附。②用含有能与稀土元素络合的化学试剂的淋洗液(这种化学试剂称为络合剂),将稀土元素从吸附柱中的树脂上淋洗下来,并使其通过装入事先吸附有延缓离子(如铜离子)树脂的圆形柱。稀土元素经过该柱时,在络合剂和延缓离子的作用下得到分离,这一过程称为淋洗(分离)。在淋洗过程中,各离子在分离柱上形成各自的吸附带,因离子多具有不同颜色,所以在分离柱上形成不同的色带。随淋洗过程的进行,色带向下移动,稀土元素依原子序数由大到小流出分离柱。分别收集不同单一稀土元素的溶液,可进一步制得相应的稀土产品。在此工艺中由于分离柱中形成了色带,将这一工艺方法称为离子交换色层法[5]。

4.2.2　吸附过程

在吸附过程中,混合稀土溶液以一定的流速通过吸附柱时,稀土的水合离子同树脂上的阳离子相交换。由于镧系元素对强酸性阳离子交换树脂的亲和力随原子序数的增大而减小,原子序数小的稀土元素优先吸附在离子交换树脂上。当料液连续通过吸附柱交换树脂床时,原子序数小的稀土元素可将已吸附在交换树脂上的原子序数大的稀土元素从交换树脂上交换下来。当吸附柱穿透时,停止进料液,此时吸附柱的树脂床上部吸附了较多的原子序数小的稀土离子,在吸附柱的树脂床下部吸附了较多的原子序数大的稀土离子。但是由于稀土离子对交换树脂的相对亲和力的差别很小,故在吸附柱中虽可使稀土离子进行一定程度的分离,但这种分离作用是相当有限的。吸附柱的主要作用不是分离稀土元素,而是使待分离的稀土离子吸附于吸附柱中的交换树脂上[6]。

4.2.3　淋洗过程

淋洗时,络合淋洗剂由吸附柱顶部进入,顺序通过吸附柱及其后串接的各个分离柱。淋洗过程中,吸附柱中的稀土离子受离子交换树脂交换基团的吸引力及淋洗剂中络合配位体对它的络合能力的联合作用。EDTA、NH$_4$Ac 等有机试剂与稀土元素生成配合物的稳定常数随原子序数的增大而增大，这一规律与树脂对稀土元素的亲和力的变化规律相反。在稀土分离中利用这些络合剂淋洗稀土离子来增大稀土元素间的分离系数，提高分离效果。其原理如下：若络合淋洗剂 X 溶液通过已吸附 A、B 两离子的树脂时，在吸附柱内发生 X 与 A、B 的络合作用：B+X══BX，A+X══AX，若 BX 的络合常数大于 AX，则 AX 将与下层树脂中的 B 发生置换反应：B$_R$+AX══BX+A$_R$，其浓度平衡常数为

$$K_c = \frac{[BX][A_R]}{[B_R][AX]} \qquad (4-9)$$

A、B 与 X 形成配合物的稳定常数为

$$K_A = \frac{[AX]}{[A][X]} \qquad (4-10)$$

$$K_B = \frac{[BX]}{[B][X]} \qquad (4-11)$$

将式(4-10)、式(4-11)代入式(4-9)：

$$K_c = \frac{K_B}{K_A} \times \frac{[A_R]/[A]}{[B_R]/[B]} \qquad (4-12)$$

[A$_R$]/[A]和[B$_R$]/[B]分别为分配比 D_A 和 D_B，则

$$K_c = \frac{K_B}{K_A} \times \frac{D_A}{D_B} = \frac{K_B}{K_A} \times \beta_{A/B} \qquad (4-13)$$

已知 $K_B/K_A>1$，故 $K_c>\beta_{A/B}$。而 K_c 等于有络合淋洗剂时 A 与 B 的分离系数，可知分离系数增大了。

稀土分离中所使用的淋洗剂除了应符合与稀土元素形成配合物的稳定常数小于其与树脂上事先已吸附的延缓离子形成的配合物的稳定常数要求外，还应满足如下条件：

(1) 试剂与金属离子形成的配合物必须易溶于水。

(2) 试剂在络合反应中要有选择性，即两种待分离元素所形成的配合物的稳定性要有差别，差别越大越好。

(3) 试剂与稀土元素所形成的配合物要有足够的稳定性，以使得 NH$_4^+$、H$^+$等离子易于置换树脂上的稀土离子。

(4) 试剂中的离子与树脂上的稀土离子的交换速度大[7]。

EDTA 与稀土元素的络合稳定常数较大，且随稀土元素原子序数的增加而增大。用 EDTA 淋洗稀土时，大部分两相邻稀土的分离系数达到了 2 以上，使这些稀土元素的分离成为可能。正是由于 EDTA 的这些优点，稀土分离工艺中才广泛用其作为淋洗剂。鉴于 EDTA 的广泛性，下文以它为例讨论淋洗过程。

生产中为了保持反应体系酸度的稳定，一般是将 EDTA 用 NH_4OH 转化成 $pH > 7.5 \sim 8.5$，浓度约在 1% 的 EDTA 铵盐来使用。EDTA 的化学式为 $(NH_4)_3HY$[8]。当其流经已穿透的吸附柱时，与吸附有稀土离子的交换树脂发生以下交换反应：

$$RE_R^{3+} + (NH_4)_3HY \rightleftharpoons 3NH_{4R}^+ + H^+ + REY^- \tag{4-14}$$

这时 EDTA 与稀土结合为 REY^- 配合物进入溶液。

从吸附柱上部被淋洗下来的原子序数小的稀土离子 RE_Z^{3+}，向下流动时与树脂上原子序数较大的稀土离子 RE_{Z+1}^{3+} 相互置换，原子序数较小者重新被吸附到树脂上，其置换反应如下：

$$RE_ZY^- + RE_{Z+1R}^{3+} \rightleftharpoons RE_{Z+1}Y^- + RE_{ZR}^{3+} \tag{4-15}$$

这样在吸附柱内反复发生式(4-14)和式(4-15)的反应，使得原子序数较大的稀土离子向吸附柱下部运动的速度快于原子序数小的稀土离子，其结果是 RE_R^{3+} 在吸附柱上部富集，RE_{Z+1}^{3+} 在下部富集。但是由于淋洗前吸附柱中 RE_R^{3+} 和 RE_{Z+1}^{3+} 基本是均匀的，故吸附柱中的淋洗过程只能是初步分离过程。

从吸附柱的底部流出的淋洗液进入分离柱。为使稀土元素分离，选择一种金属离子优先吸附于树脂上，该种金属离子与树脂的亲和力小于稀土元素，与 EDTA 的络合能力大于稀土元素。当 REY^- 溶液通过该树脂时与 RE^{3+} 置换，使稀土离子吸附于树脂上，并不断地按式(4-14)和式(4-15)交替发生吸附-解吸过程使稀土元素分离。由于这种金属离子与 RE^{3+} 的置换作用延长了 RE^{3+} 在分离柱中的停留时间，增加了原子序数小的稀土离子和原子序数大的稀土离子的交换次数，所以称该种金属离子为延缓离子。一般稀土生产选择 Cu-H 型混合树脂。发生的反应为

$$2Cu_R^{2+} + 2H_R^+ + 2NH_4(REY) \rightleftharpoons 2RE_R^{3+} + (NH_4)_2(CuY) + H_2(CuY) \tag{4-16}$$

$$Cu_R^{2+} + H^+ + H(REY) \rightleftharpoons RE_R^{3+} H_2(CuY) \tag{4-17}$$

由于 $(CuY)^{2-}$ 比 $(REY)^-$ 稳定，且稀土离子对交换树脂的亲和力比铜离子对交换树脂的亲和力大，因此分离柱中交换树脂上的铜离子被稀土离子交换下来而进入

溶液中，稀土离子被重新吸附而阻留在分离柱树脂床的 Cu^{2+}-H^+离子带上。随着淋洗剂不断向下流动，吸附于分离柱交换树脂上的稀土离子又被淋洗下来，原子序数小的稀土离子可交换被吸附于交换树脂上的原子序数大的稀土离子。由于延缓离子的阻留作用，稀土离子不可能畅通无阻地通过分离柱，而是在稀土离子向分离柱下部移动过程中不断交替地发生吸附、淋洗作用，延长了稀土离子通过分离柱的时间[9]。原子序数不同的稀土离子以略微不同的速度向下移动，使原子序数大的稀土离子跑在稀土离子带的前部，原子序数较小的稀土离子则留在稀土离子带的后部。当它们移动相当长的距离后，相互间的距离将越拉越远，在分离柱上可形成单一稀土离子的吸附带。将各交换树脂层上的稀土离子分别淋洗下来，即可达到分离稀土元素的目的。

4.2.4　分离柱中的交换树脂的选择

H^+也有阻留作用，但其阻留作用不强，而且随着淋洗过程的进行，溶液中的氢离子浓度增大，pH 下降，当溶液 pH<1 时，EDTA 会结晶析出，堵塞柱子，影响操作的正常进行；而吸附柱中流出的淋洗液通过 Cu^{2+}吸附饱和的树脂时，可能会发生如下反应：

$$3Cu_R^{2+} + 2NH_4(REY) \Longrightarrow 2RE_R^{3+} + (NH_4)_2(CuY) + Cu(CuY)\downarrow \qquad (4-18)$$

沉淀物 Cu(CuY)不断增多会导致分离柱堵塞。而 $H_2(CuY)$的溶解度较大，可有效防止堵塞现象发生。

延缓离子的选择应遵循的原则如下：

(1) 与树脂的亲和力小于稀土元素，与 EDTA 的络合能力大于稀土元素。

(2) 易溶于水溶液，在较宽的 pH 范围内不水解，与 EDTA 的配合物不易结晶。

(3) 离子有明显的颜色，并区别于稀土离子的颜色，便于观察。

(4) 对环境无污染并且易于回收。

(5) 价格低廉，适于工业生产使用。

当溶液从分离柱流出时，开始是无稀土的 $H_2(CuY)$溶液。当 Cu-H 离子带在分离柱中消失时，流出液中开始出现稀土离子。分离柱足够长时，稀土离子按原子序数从大到小的顺序流出，分步接取流出液可得到含单一稀土的淋洗液。

由上可知，采用离子交换色层法分离稀土元素时，络合淋洗剂和延缓离子起了主要作用，交换树脂对稀土离子亲和力的差异仅起次要作用。在络合淋洗剂作用下，稀土离子间的分离系数一般也只能提高几倍，所以仅靠吸附柱的淋洗作用无法完全分离稀土元素，必须借助分离柱中的延缓离子的作用才能使稀土离子在不断反复交替的吸附-淋洗过程中得到完全分离。

4.2.5　影响稀土离子交换分离的因素

(1) 淋洗液 pH 的影响。稀土元素与 EDTA 形成配合物的稳定性随 pH 的降低而降低，而且这种影响对原子序数小的稀土元素更为显著。依此规律，适当地降低 pH，使原子序数较小的稀土元素易于吸附在树脂上，同时原子序数较大的稀土元素易于从树脂上洗下来，从而有利于提高淋洗分离的选择性。但应注意，pH 过低也会影响淋洗剂对稀土离子的选择性，尤其当 pH<1 时，会导致 EDTA 结晶析出，堵塞分离柱，妨碍分离工作的进行。

(2) 淋洗剂浓度。淋洗剂浓度的确定依据是稀土与淋洗剂所生成配合物的溶解度。在溶解度允许的范围内，提高淋洗剂的浓度，可以提高流出液中的稀土浓度，缩短生产周期，但是过高会影响分离效果，并导致配合物结晶析出。通常 EDTA 淋洗剂的浓度为 0.015~0.03mol/L。

(3) 淋洗速度。淋洗速度主要受离子交换反应动力学条件的约束，在选择了合适的树脂和淋洗温度等条件下，离子交换反应速率主要取决于交换剂离子向树脂内部和稀土与交换剂的配合物离子向树脂外部的扩散速度。淋洗速度过快，大于离子交换反应速率，则会降低分离效果。降低淋洗速度，可以使得离子交换反应趋于完全。淋洗曲线上相邻两元素的混合区宽度减小，有利于提高分离效果和单一产品的收率。但流速过慢，可能会发生稀土离子色带之间的离子扩散，反而降低分离效果。

(4) 淋洗温度。提高离子交换过程的温度，可使离子交换反应速度加快。提高温度也可以使稀土与淋洗剂的配合物溶解度增大，因此在较高的温度下可以采用较快的淋洗速度和较高的淋洗液浓度，这对于提高生产效率和分离效果都是十分有利的。但高温淋洗尚存在设备上的问题，目前生产上仍采用常温。

(5) 柱比。柱比是指分离柱中的树脂总体积和吸附柱树脂总体体积之比。柱比越大，两种分离元素在分离过程中交换的次数越多，交换反应越完全，分离效果越好。但过大的柱比将使生产周期延长，淋洗液和延缓离子的用量增加。因此合理选择柱比十分重要。

4.3　高温高压离子交换法

用常压离子交换分离和提纯稀土时，通常采用较低的淋洗剂浓度，淋洗速度只有 0.2~0.5cm/min。要使分离产品的纯度达到大于 99.999%，除个别的稀土元素外，绝大部分的分离还有相当的难度，其致命的缺点是流速慢、生产周期长、产率低，如果增加理论塔板高度，会导致稀土带的畸形，从而使得分离效果变差。因此，高温高压离子交换方法的诞生，给分离带来了无限的希望和极大的成功。

自从 1968 年用微粒树脂的加压离子交换技术取得成功后,美国首先将该方法使用在军事工业的核原料提纯上,在强化分离速度、提高分离程度的效率方面,都取得了飞跃的进展。

通过对工艺参数中流速、温度、淋洗剂 pH、柱比等因素进行实验探索分析,采用高温高压离子交换方法制备高纯稀土,工艺上是可行的。其原理、工艺过程和工艺操作和普通离子交换法基本相同,但由于提高了温度和压力(一般为 50~70℃、1~2MPa),采用粒度为 50~100μm 的较细树脂,提高了离子扩散速度,缩短了达到平衡的时间,降低了理论塔板高度。因此高温高压离子交换法可以缩小柱比(一般为 1∶3),提高流速(一般为 15~20cm/min),缩短生产周期(为原来的 1/10~1/20),降低淋洗剂消耗(为原来的 1/10),大幅度提高淋洗液中稀土的浓度和成品率,强化生产过程[10]。

4.4　离子交换色层分离稀土元素的应用

采用离子交换色层法分离稀土元素时,国内均采用 732 型(001×7)强酸性苯乙烯系阳离子交换树脂。市售出厂的交换树脂含有一定量的有机物和无机物杂质,使用前须对离子交换树脂进行预处理以除去杂质。先将出厂的离子交换树脂放入纯水中浸泡 24h,让其充分膨胀,再用纯水反复漂洗以除去色素、灰尘及水溶性杂质。尽量将水排尽后,再用浓度为 2mol/L 的盐酸浸泡 24h,以除去酸溶性杂质。尽量将盐酸液排尽后,用纯水洗涤以洗去残留的盐酸直至 pH 为 3~4 时备用。有时还须在纯水中进行筛分,获得所需粒级及粒度比较均匀的离子交换树脂以供使用。有时还须转型,转变为所需的形式。交换柱一般用有机玻璃或聚氯乙烯板卷制而成,也可用相应直径的塑料管制成,其直径和高度取决于生产规模、料液组成及淋洗条件等因素。交换柱的下端呈锥形,在圆柱体与圆锥体交界处装有筛板(焊接或嵌接),筛板上均匀地铺有玻璃纤维、泡沫塑料或尼龙筛网以支撑离子交换树脂,防止离子交换树脂漏入锥体部分。装柱是采用自由沉降法,即先在交换柱中装相当量的纯水,再将离子交换树脂分批地装入柱中,交换树脂在柱内水中自由沉降可完全排除离子交换树脂床内所夹带的气泡。交换树脂床达所需高度后,静置一定时间以获得比较密实的离子交换树脂床。

4.4.1　以醋酸铵为淋洗剂提取高纯氧化钇

(1) 配制淋洗剂。将一定量的冰醋酸加入预先加有适量纯水的配料槽中,加水稀释至(0.5±0.1)mol/L,然后用酸碱滴定法标定浓度。达所需浓度后,在搅拌条件下缓慢加入氨水或通氨气至溶液 pH 为 6.5±0.1 时为止。

(2) 配制料液。先在反应槽中加热盐酸至 70~80℃,将粗氧化钇加入其中,在搅拌条件下溶解，然后加热蒸去大部分盐酸，加入适量纯水，滤去酸不溶物。用纯水稀释滤液至稀土浓度约为 50g/L 为止。

(3) 柱上操作。①根据柱比要求准备 4~5 根交换柱，每柱均装入–60~+80 目 NH_4^+ 型离子交换树脂，将其顺序排列，第一根柱为吸附柱，其余为分离柱。②稀土负载：将第一根柱与料液高位槽相连，使料液以 0.3~0.5cm/min 的线速度通过离子交换树脂床，用饱和草酸溶液定期检查流出液，穿透时停止负载。穿透后不需洗去离子交换树脂床中的料液。③淋洗分离：将已负载稀土离子的吸附柱与分离柱顺序串接，将吸附柱与淋洗剂高位槽相连接。淋洗剂从吸附柱顶部进入柱内，以 0.4~0.5cm/min 的线速度顺序通过吸附柱和分离柱。当稀土离子吸附带前沿流至最后一根分离柱底部时，常以饱和草酸溶液检查淋洗液，当出现稀土离子后，应按一定体积分步接取淋洗液，直至淋洗液中无稀土离子时为止。然后从每份淋洗液中取样进行分析，据分析结果将组成相近的淋洗液合并，再进行化学处理。稀土离子淋洗完后，将各交换柱断开，分别用纯水洗去离子交换树脂床中的淋洗剂醋酸铵。

(4) 化学处理。①不含稀土元素而只含醋酸铵的淋洗液经调整浓度和酸度后返回做淋洗剂用。②含稀土离子的淋洗液经加热蒸发浓缩至原体积的 1/5~1/4 后，调整 pH=2~3，用饱和草酸溶液沉淀稀土，静置，过滤，将滤液废弃。滤饼烘干、灼烧，可获得所需纯度的稀土氧化物。

4.4.2 HEDTA-H₃Cit 阳离子交换色层法分离镱和镥[11]

用 2-羟乙基乙二胺三乙酸(HEDTA)和柠檬酸(H_3Cit)体系做淋洗剂，采用阳离子交换色层法分离镱、镥。EDTA 用作轻、中稀土分离的淋洗剂时，需用 Cu^{2+} 作为延缓离子，但 Cu^{2+} 和 EDTA 的配合物稳定常数与重稀土离子和 EDTA 的配合物稳定常数接近，甚至小于 Yb^{3+}、Lu^{3+} 的配合物稳定常数，流出液中 Yb^{3+}、Lu^{3+} 与 Cu^{2+} 一起流出，降低了产品的纯度。以 HEDTA 做淋洗剂，用 H^+ 做延缓离子，不会引进新的杂质阳离子。因此，HEDTA 可用于轻稀土和重稀土的分离，特别是重稀土分离。

按镱、镥 1：1 摩尔比分别称取一定量的 Yb_2O_3、Lu_2O_3，加入 6mol/L HCl 溶液，加热使之溶解并蒸去溶液中多余的盐酸，使稀土氯化物混合溶液 pH=5~6，将稀土氯化物混合溶液配制成 30g/L 的料液备用。在 25℃下，量取一定量的料液，以 0.3mL/min 的流速吸附于 Φ15mm×140mm 色谱柱中使之饱和，用去离子水淋洗至无氯离子；用 1mol/L HCl 以 0.6mL/min 的流速将 Φ15mm×840mm 色谱柱转化成氢型，用去离子水淋洗至洗脱液 pH=7.00，最后将 Φ15mm×140mm 色谱柱和 Φ15mm×840mm 色谱柱用橡胶管串联。用不同的淋洗剂淋洗色谱柱，每过一定时间用比色法检测洗脱液中是否含有稀土离子，如果洗脱液中含有稀土离子，按一定体积依次编号，收集含稀土离子的洗脱液，直到洗脱液中不含稀土离子。用等离子体原子光谱分析测定洗脱液中稀土离子的浓度，以稀土离子浓度对淋洗体积作图绘出淋洗曲线。根据淋洗曲线上交叉区洗脱液体积占含稀土离子总洗脱液体积的比例确定分离效果，根据检测洗脱液中出现稀土离子前洗脱液的总体积确定淋洗周期。

实验结果显示 Yb、Lu 分别可与 HEDTA-H_3Cit 形成三元配合物，和纯 HEDTA 相比其配合物稳定常数之间的差异较大，分别为 9.47(lg$K$)、9.74(lg$K$)，阳离子交换色层法分离 Yb、Lu 时可增加二者的分离系数。用 HEDTA 和 H_3Cit 摩尔比为 1∶1，浓度为 0.02mol/L，pH 为 6.00 的 HEDTA-H_3Cit 体系做淋洗剂，Yb、Lu 可取得较好的分离效果。

4.5　萃取色层法分离稀土元素

萃取色层法又称萃淋树脂法，是继离子交换法和溶剂萃取法后，于 20 世纪 70 年代发展起来的一种新型分离方法。它是以吸附在惰性支体上或以与树脂聚合的萃取剂做固定相，以无机水溶液做移动相，用于分离无机物质的一种新的分离技术。它的基本原理是液-液萃取和色层技术结合，根据各组分在两相的分配比不同而分离。萃取色层分离稀土的反应过程包括两部分，即稀土元素在树脂上的吸附负载和稀土元素的淋洗分离。当混合稀土料液流经色层柱时，将和浸渍树脂中的萃取剂发生交换反应，同时由于萃取剂对稀土离子的萃取能力从 La 到 Lu 是逐渐增强的，因此在吸附柱上层，原子序数大的稀土离了多一些，下部原子序数小的稀土离子多一些；淋洗剂淋洗时，通过萃取中的反萃原理来扩大稀土元素之间性质的差异，以达到分离提纯的目的。不同的稀土离子以不同的速度沿分离柱向下移动的过程中不断反复进行吸附和解吸交换反应，当它们移动较长距离后，相互之间经过重新分配得到各自单独的吸附带，淋洗下来后，即得各个纯度较高的单一稀土元素。

萃取色层树脂包括浸渍树脂和螯合树脂。浸渍树脂是把萃取剂浸透到多孔材料支持体中而制成。在长期的实践中发现，浸渍树脂的分离效果不够稳定，有逐渐降低的缺点。其原因是固定相不够稳定，也就是多孔材料上吸附的有机萃取剂不牢固，当用淋洗剂淋洗时，萃取剂有流失现象，所以反复使用时导致分离效果不断降低。为了克服这个缺点，许多研究工作者对多孔材料的选择进行了研究，使用的多孔材料支持体有交联聚苯乙烯、聚氨基泡沫塑料、纤维素、硅胶、改性硅化物、纸张、膜等。与此同时，20 世纪 70 年代开始合成了含相应萃取剂官能团的螯合树脂，又称萃淋树脂。萃淋树脂是在惰性树脂的合成(如苯乙烯和二乙烯苯聚合成聚苯乙烯)过程中加入一定量的萃取剂，使萃取剂被圈入多孔的树脂中而形成的。树脂粒度大小及其中萃取剂含量的多少、惰性树脂的交联度的大小，都与分离效果有关。一般商品萃淋树脂的粒度为 100~150 目，其中萃取剂的含量为 40%~60%。采用萃淋树脂分离，可克服淋洗时萃取剂显著流失的缺点，因此它可以多次反复使用，使萃淋分离得到进一步发展。目前，对萃取色层技术的研究主要集中在萃淋树脂色层法的研究上。

目前合成萃淋树脂时先将苯乙烯单体、二乙烯苯单体和萃取剂(或稀释后的萃取剂)按一定比例混合均匀，再加入引发剂组成有机相，纯水和分散剂按一定比例混合均匀组成水相。在不断搅拌和加热条件下，以一定速度将有机相倒入水相中，调节搅拌速度，使有机相形成大小合适的小球体，并均匀分散在水相中。当温度升至 85℃时，保温 12h，然后继续升温至 95℃，再保温 10h，最后将球体分离出来，经洗涤、干燥、筛分获得所需的萃淋树脂。一般单体聚乙烯化合物占单体总质量的 5%~70%，常用量为 8%~60%，萃取剂含量一般占树脂总质量的 10%~90%，常用量为 40%~75%，引发剂用量为单体质量的 0.01%~4%，常用量为 0.2%~2%。常用的引发剂有过氧化乙酰、过氧化苯甲酰、过氧化异丙基苯等。分散剂有甲基纤维素、羟乙基纤维素、羧甲基纤维素、明胶等。悬浮聚合温度为 30~150℃，常用温度为 60~95℃。

根据萃淋树脂中萃取剂的类型，用于分离稀土用的萃淋树脂有三种：①中性有机磷树脂，如 TBP 树脂、P_{350} 树脂等；②酸性有机磷树脂，如 P_{204} 树脂、P_{507} 树脂；③胺类树脂，如 N_{263} 树脂、Aliguot 树脂等。部分萃淋树脂的物理性能列于表 4-1 中。

表 4-1　部分萃淋树脂的物理性能

树脂代号	萃取剂	萃取剂含量%	粒度/mm	视密度/(g/cm³)	真密度/(g/cm³)
OC1023	TBP	45	0.3~1.0	0.66	1.03
OC1026	P_{204}	25	0.3~1.0	0.60	0.97
CL-TBP	TBP	60	0.07~0.84	0.59	1.02
CL-P_{204}	P_{204}	50	0.07~0.84	0.53	
CL-P_{507}	P_{507}	55	0.07~0.3	0.45	1.02
CL-N_{263}	N_{263}	43	0.07~0.3		

4.5.1　萃取色层法的基本原理

萃取色层法是以吸附在惰性支体上或以与树脂聚合的萃取剂做固定相，以无机水溶液做移动相，用于分离无机物质的一种分离技术。它的基本原理是液-液萃取和色层技术结合，根据各组分在两相的分配比不同而分离。15 种稀土元素均可依据各种稀土元素在不同酸度下与固定相如萃淋树脂配合能力的差别，采用梯度淋洗的方法，使其得到完全的分离。

采用萃取色层法分离稀土元素时，其设备和工艺操作与离子交换法相类似，一般也是经过吸附—洗涤—淋洗(解吸)等步骤来完成。首先将吸附有萃取剂的充填料(浸渍硅球或萃淋树脂)装入柱中,用一定浓度的酸溶液通过色层柱进行酸平衡,然后让含混合稀土的料液通过吸附柱,此时充填料为固定相,料液为流动相。料液通过吸附柱时,被萃物从流动相中以萃合物形态萃取到固定相中。吸附柱穿透后即停止负载,切断料液,负载柱后串接若干根分离柱。然后用不同浓度的无机酸或无机盐溶液进行梯度淋洗或恒温淋洗。淋洗剂从吸附柱的顶端进入,顺序通过吸附柱和分离柱,随着淋洗液在色层柱中不断向下流动,在色层柱中不断交替进行吸附-淋洗过程,不同的稀土元素色带以略微不同的速度向下移动,随着移动距离的增加各稀土元素色带逐渐分开。等体积或等时间分部接取淋洗液,取样分析,将组成相同的淋洗液合并后分别送去进行化学处理即可获得纯稀土化合物。其分离过程也主要在淋洗阶段。

4.5.2　萃取色层法分离的判据

1. 分配系数和分离系数

淋洗过程是萃取色层法主要的分离过程。淋洗剂流动相自上而下通过色层柱与萃取树脂固定相接触时,待分离元素在两相中不断地重新分配,易于同萃取剂络合的成分将在固定相中积累,相比之下难于同萃取剂络合的成分将在流动相中富集。随流动相通过色层柱的体积的增加,各组成的淋洗曲线呈高斯分布。根据Martin 分配色层原理分析淋洗曲线可以认为,对某一成分而言,在平衡状态下,淋洗液中该成分的浓度最大,此时分配系数 D 与最大浓度时的淋洗液体积的关系可以表示为

$$V_R = V_M + DV_S \tag{4-19}$$

式中：V_R 为某一成分浓度达到最大时的淋洗液体积,或称保留体积；V_S 为固定相体积；V_M 为色层柱的自由体积(设 V 为柱床总体积,$V_M = V - V_S$)。

从式(4-19)可知,淋洗过程的分配系数定义为平衡状态下,流动相与固定相中的某一组成浓度的比值,即 $D = (V_R - V_M)/V_S$,这区别于溶剂萃取中的分配比的定义。同理,两组分的分离系数为

$$\beta = D_1 - D_2 = (V_{R1} - V_M)/(V_{R2} - V_M) \tag{4-20}$$

淋洗过程中,分配比 D 的大小反映了某一成分与固定相络合能力的高低,D 值越大络合能力越低,与固定相的吸附能力成反比。D 值与淋洗液的酸度有关,用中性磷型萃取剂和酸性磷型萃取剂合成的萃取树脂分离稀土元素时,D 值随淋洗液的酸度增加而增加。同样,分离系数越大,说明两组分的分离效果越好,但

β 值随淋洗液酸度的增加而减小，使分离效果变差。

2. 理论塔板数

流动相中的离子在色层柱中从上至下反复经历了吸附(萃取)、解吸(反萃取)的过程，吸附(萃取)—解吸(反萃取)一次所需要的行程称为理论塔板高度，也可以称为一个理论塔板数。在色层柱中所包含的理论塔板数越多，两组分的分离效果越好。理论塔板数用 N 表示，通常用经验公式计算：

$$N = 16(V_R / V_W)^2 \tag{4-21}$$

式中：V_W 代表某组分流出曲线的色谱峰基线宽度。假设一个理论塔板高度为 H，柱中固定相床的高度为 L，则

$$N = L / H \tag{4-22}$$

可见在 L 一定的色层柱中，H 越小，N 越大，分离效果越好。含有萃取剂的萃淋树脂的 H 值一般在几毫米，因此其分离效率高于其他的离子交换树脂。

3. 分离度

在萃取色层分离过程中，如图 4-3 所示，两组分淋洗曲线色谱峰重叠的面积越小，则表示两组分的分离程度越高。决定谱峰重叠程度的是两谱峰峰顶的间距和谱峰峰底的宽度，因此用式(4-23)可以定量地描述两组分的分离程度：

$$R_S = (V_{R1} - V_{R2}) / [1/2(V_{W1} + V_{W2})] \tag{4-23}$$

式中：R_S 为两组分分离度；V_{R1} 和 V_{R2} 分别为组分 1 和 2 浓度达到最大时的淋洗液体积；V_{W1} 和 V_{W2} 分别为组分1和2流出曲线的色谱峰基线宽度。

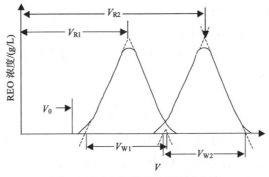

图 4-3 两组分萃取色层淋洗曲线

V_0 表示组分 1 开始淋洗时的淋洗液体积

分离度 R_S 的大小表示出了两组分萃取色层分离的效果，R_S 越大，分离效果越好。在淋洗酸度不变的条件下，一般 $R_S \geq 1.3$ 时两组分可以定量分离。分离度 R_S 与固定相的萃取能力、分离系数 β 和理论塔板数 N 有关。萃取能力越大，固定相的萃取容量越高，R_S 也随之增加。但过高的萃取容量将使得分离时间增长并引起谱峰峰底的宽度增加，反而会降低分离效果。分离系数 β 对 R_S 的影响较大，提高β 不但能增大 R_S，而且可缩短分离时间，提高柱的分离能力。选用恰当的萃取剂(包括添加剂)合成的固定相及采用不同组成的流动相(如待分离元素的配比、水溶液体系、添加剂、酸度等)都可以提高分离系数。色层柱中的理论塔板数越多，分离度 R_S 越大。在柱长一定时，降低固定相与流动相的黏度、提高操作温度等有利于加快反应速率的措施都可以减小理论塔板高度，增加理论塔板数。当理论塔板高度受到限制不能改变时，延长柱长，增加理论塔板数也可提高分离效果[12]。

4.5.3　影响萃取色层法的因素

(1) 温度。温度升高有利于稀土分离。提高色层柱的温度可以增加两组分在萃取剂上的交换反应速率和离子在固定相中的迁移速率。但温度过高时，柱内会产生蒸气，蒸气在柱内的运动将导致树脂出现断层和沟流现象，反而使分离效果变差。并且对于 P_{507} 萃淋树脂来说，超过 55℃，会导致 P_{507} 脱离树脂而流失。

(2) 萃淋树脂粒度。杂质元素的质量分数随树脂中粗颗粒的增多而迅速升高，可以想象，细树脂比表面积大，与溶液进行离子交换的界面积也大，同时由于粒度小，内部离子与外表面离子完成交换也更容易，从而提高分离效果。但另一方面，树脂越细，阻滞力越大，不利于溶液流动。

(3) 稀土载量与组成。稀土载量增加时产品纯度下降，这一方面是由于负载段变长使分离段相对缩短，另一方面是杂质绝对量增加后，杂质向产品元素交叉区的渗透也加深。另外，稀土组成也会影响分离效果。例如，在 CL-P507-HCl 体系中，铥、镱之间存在着萃取抑制现象[13]。

(4) 柱型(单柱与双柱)。试验发现，在树脂用量和稀土载量不变的情况下，采用单柱分离很难得到高纯产品，因此可采用串联方式进行分离。串联方式又分为两种，一种是大柱在前小柱在后，把需要截取的组分溶液从大柱底部引出后顺序流过小柱得到产品溶液；另一种是小柱在前大柱在后，小柱作为饱和柱使用，大柱专门做分离柱使用。这两种方式都能得到令人满意的分离效果，但比较而言，采取后一种连接方式，操作更为灵活方便。

(5) 柱内径与长径比。尽管长径比没有增加，但随着柱内径的增大，元素分离的实际空间距离也增大了，加之分离柱截面积增大和内腔比表面积减小而削弱了柱壁和树脂床中的沟流作用，从而使元素的分离效果变好。

(6) 淋洗液酸度。淋洗液酸度是影响组分分离的重要因素之一。淋洗液酸度高，则淋出液稀土浓度高，淋洗周期短，但分离效果会降低[14]。淋洗液酸度低时分离效果好，但稀土浓度低，淋洗周期延长。

(7) 淋洗剂浓度。淋洗剂的浓度对稀土分离影响很大。例如，在 Cl-P$_{507}$-HCl 体系中采用萃取色层法分离铒、铥、镱时，随着淋洗剂浓度的增大，稀土元素的淋洗峰都向前移动，峰变窄，峰形对称性增大，拖尾程度减弱，两峰间的空白值逐渐减小，甚至发生交叉，分离效果差。

(8) 淋洗液流速。淋洗速度对分离效果的影响也很大。淋洗速度实际上是交换速度，淋洗速度慢分离效果好，淋洗速度快则分离效果转差，但淋洗速度慢时生产周期长，需要选择合适的淋洗速度。

4.5.4　萃取色层法的操作程序

(1) 柱子准备。用干法或浆液法将萃淋树脂装入柱中，萃淋树脂粒度一般在 0.074~0.13mm。轻轻捣紧床层，在床层面上盖泡沫塑料或玻璃纤维等固定层，以防止树脂漂浮。以数倍于树脂床体积的水淋洗，仔细地除去树脂床中的气泡。然后用相应的溶剂将固定相中的杂质淋洗干净，再用数倍体积的淋洗剂预淋树脂床。如果淋洗过程中采用数种淋洗剂，则需要用第一种淋洗剂预先洗树脂床。

(2) 吸附。将配制好的料液通过色层柱，使待分离元素与萃取剂络合而负载于萃取树脂上的过程称为吸附，也可以称为进料。溶解被萃组分的溶剂须与分离过程中应用的第一种淋洗剂的成分相同或类似。料液应无沉淀物，以防堵塞树脂床。进料的流速应尽量使固定相和流动相之间达平衡饱和，进料流速一般均小于淋洗流速。最低加料量取决于成分检测的最小量，即取决于检测极限。最高加料量应由满足分离要求的最低分离度来确定。吸附结束后还须用水洗出柱中未吸附的稀土元素和残留的酸，这样可以提高柱的分离效率。

(3) 淋洗。为避免固定相溶解于淋洗液的溶解损失，延长柱子的使用寿命，淋洗剂必须用萃取剂进行预饱和。可将淋洗剂与做固定相的萃取剂在容器内搅拌平衡或采用使淋洗剂通过"预饱和柱"的方法进行萃取剂预饱和。由于稀土元素的淋洗与淋洗液的酸度有关，原子序数越高，淋洗液的酸度越大，因此混合稀土原料分离过程中采取梯度淋洗的方法，即随流出元素原子系数的增大逐渐提高淋洗液的酸度。

负载柱后串接若干分离柱，预饱和的淋洗液从负载柱上部加入，顺序流经负载柱和分离柱，采用梯度淋洗法使各稀土元素得到分离。淋洗流速须恒定，一般为 1cm/min。稀土元素在分离柱中得到分离后，等体积或等时间接取淋洗液，测量每份淋洗液的组分浓度，然后将组成相同或相近的淋洗液合并。以浓度为纵坐标、淋洗时间或淋洗液体积为横坐标作图即得淋洗曲线。

(4) 淋洗液。根据淋洗液的组成采用相应的方法进行化学处理，含稀土元素的淋洗液经草酸沉淀、过滤、灼烧可得相应的稀土氧化物产品。沉淀和灼烧时须控制一定的条件，以获得理化参数合格的稀土产品。

4.5.5　萃取色层法存在的问题及其发展

目前萃取色层法分离稀土的工艺主要使用的萃取剂为 P_{507}，尽管其能分离、提纯出 99.95%~99.999%的高纯稀土产品[15]，但仍存在以下显著缺点：①采用梯度淋洗，给操作带来不便；②耗酸量大，若进行大批量生产需增加净化装置，使工业生产应用受到一定限制。

近年来，国外合成了一种新型膦类萃取剂 Cyanex272，它比 P_{507} 多一个烷基，少一个烷氧基，其 pK_a 值比 P_{507} 高，具有比 P_{507} 选择性高、萃取酸度低和易反萃等优点，适于重稀土的分离、提纯[16]。廖春发等[17,18]对 Cyanex272 浸渍树脂吸萃重稀土的机理进行了研究，发现 Cyanex272 浸渍树脂吸萃重稀土形成萃合物的萃合比接近 3，Cl^- 不参与配位。Cyanex272 浸渍树脂吸萃重稀土的反应式可表示为 $RE_{(a)}^{3+} + 3HA_{(r)} \rightleftharpoons REA_{3(r)} + 3H_{(a)}^+$，反应的实质是树脂上的萃取剂与稀土离子发生了阳离子交换；Cyanex272 浸渍树脂吸萃重稀土时，Cyanex272 中的氢都参与了反应，Cyanex272 的利用率较溶剂萃取法提高 1 倍。但是，它对稀土的萃取容量不如 P_{507}，大约只为 P_{507} 的一半，分离系数也没有明显提高。

自 20 世纪 50 年代发现协同效率后，对 Cyanex272 与膦(磷)类萃取剂的协同萃取体系进行了研究，发现由膦(磷)类萃取剂组成的双萃取剂浸渍树脂的性能比单一使用一种萃取剂制成的浸渍树脂有优势。Cyanex272 与膦(磷)类萃取剂组成双萃取剂的浸渍树脂在同等实验条件下比单一 Cyanex272 萃取剂的浸渍树脂对稀土具有更好的选择性，其分配比有很大的提升，饱和吸附量也有所增加，详见表 4-2。

表 4-2　不同萃取剂体积比下的稀土分配比 pK_a

体系	萃取剂体积比									
	1:0	0:1	6:1	5:1	4:1	3:1	2:1	1:1	1:2	1:3
C272:P_{507}	—	1.84	—	—	2.07	2.55	2.69	5.44	3.09	2.56
C272:C302	1.76	0.11	2.11	2.88	2.67	2.13	1.96	1.41	—	—
C272:C923	1.76	1.03	—	—	2.91	3.22	3.95	4.89	3.89	3.65
C272:TBP	—	0.78	—	—	3.88	4.13	5.0	4.7	4.07	2.62

4.6　阳离子交换纤维色层法制备高纯稀土氧化物

目前，工业上分离制备 99%~99.99%的稀土氧化物的方法有离子交换法、萃取色层法、溶剂萃取法、化学分离法等。其中，制取高纯稀土氧化物，特别是在制备高纯度重稀土氧化物方面，离子交换法具有明显的优点，是其他分离方法所不能比拟的。然而，传统的颗粒阳离子交换树脂分离具有生产周期长、排代剂浓度低、化工原材料消耗量大等缺点。采用高温高压的细粒阳离子交换树脂分离法，虽然克服了上述缺点，但设备投资大、操作复杂、成本高，还存在安全隐患。强酸性阳离子交换纤维是国外20世纪80年代发展起来的一种新型的离子交换材料，它是一种聚乙烯醇系的交换纤维，由于表面积大，化学活性基团又集中在纤维表面，故交换反应速度快，引起了人们的注意，但其主要应用在水处理方面。内蒙古科技大学李梅教授的研究团队[19,20]成功将阳离子交换纤维应用在高纯稀土氧化物的制备领域。

将 V_S-1 型阳离子交换纤维切成短丝，用酸碱交替洗涤处理后，转为 H^+ 型，用水压法以一定的密度均匀地装入有机玻璃(或玻璃)柱中，然后将吸附柱中的交换纤维预先转为 NH_4^+ 型，将分离柱中的交换纤维按一定的铜氢比预先转为 Cu-H 型，将待分离的稀土原料吸附于吸附柱上，用水洗至中性，然后用一定浓度及酸度的 EDTA 溶液淋洗吸附柱及分离柱，稀土离子和非稀土离子按一定规律从最后的分离柱中流出而得到分离，检测收集，得到高纯稀土产品，离子交换纤维再生后可重复使用。李梅教授团队详细研究了柱填充密度、柱比、EDTA 浓度、淋洗速度及温度等操作条件对分离提纯效果的影响。通过优化工艺条件，成功制备了 ≥99.999%的 Er_2O_3、Ho_2O_3、Pr_6O_{11} 等高纯稀土氧化物。

阳离子交换纤维色层法克服了颗粒阳离子交换树脂分离中交换速度慢，淋洗周期长的缺点，线速度提高 2~4 倍，淋洗剂浓度提高 2 倍，生产周期仅为阳离子交换树脂法的 1/5 左右，节省淋洗剂 1/3 左右。同时阳离子交换纤维色层法也克服了萃取色层法分离系数小、淋洗液浓度低、周期长、用酸量大的缺点。阳离子交换纤维色层法在制备高纯稀土方面具有较好的经济效益，有良好的发展前景。

参 考 文 献

[1] 李良才. 稀土提取及分离[M]. 赤峰: 内蒙古科学技术出版社, 2011: 313-328.

[2] 张长鑫, 张新. 稀土冶金原理与工艺[M]. 北京: 冶金工业出版社, 1997: 169-171.

[3] 吴文远. 稀土冶金学[M]. 北京: 化学工业出版社, 2005: 128-140.

[4] 黄礼煌. 稀土提取技术[M]. 北京: 冶金工业出版社, 2006: 205-246.

[5] 吴炳乾. 稀土冶金学[M]. 长沙: 中南工业大学出版社, 2001：150-157.

[6] 李洪桂. 湿法冶金学[M]. 长沙: 中南大学出版社, 2002: 250-319.

[7] 李洪桂. 稀有金属冶金原理及工艺[M]. 北京: 冶金工业出版社, 1981: 81-97.

[8] 叶大伦. 实用无机物热力学数据手册[M]. 北京: 冶金工业出版社, 1981: 25-1000.

[9] 廖春发, 聂华平, 焦芸芬, 等. 萃取色层技术分离提纯稀土的现状与展望[J]. 过程工程学报, 2006, (S1): 128-132.

[10] 阮建红. 加压离子交换法提纯稀土氧化镥的研究[J]. 湖南冶金, 2006, 34(3): 17-19.

[11] 何捍卫, 贾守亚, 郭伟信. HEDTA-H_3Cit 体系阳离子交换色层法分离镱和镥的研究[J]. 中国稀土学报, 2010, 28(1): 43-47.

[12] 胡元钧. 萃取色层在稀土分离中的应用[J]. 科技情报开发与经济, 2007, 17(19): 188-189.

[13] 王雁鹏, 李玉武, 殷惠民. CL-P507-HCl 体系萃取色层法分离铒、铥、镱[J]. 湿法冶金, 2008, 27(1): 22-24.

[14] 杨桂林, 蒋广霞, 李桂珠, 等. P507 萃取色层法提取高纯 Lu_2O_3 影响因素研究[J]. 稀有金属, 1999, (1): 75-78.

[15] 李才生, 钟学明, 李依群. 超高纯氧化铕的制取方法[J]. 江西冶金, 2004, (12): 9-11.

[16] 张瑞华. 新型萃取剂 Cyanex272 在萃取分离稀土中的应用[J]. 江西有色金属, 1998, 12(2): 39-43.

[17] 焦芸芬, 廖春发, 聂华平, 等. Cyanex272 浸渍树脂吸萃重稀土机理[J]. 过程工程学报, 2009, (12): 1099-1102.

[18] 廖春发, 焦芸芬, 邱定蕃. 膦(磷)类萃取剂浸渍树脂吸附重稀土的性能[J]. 过程工程学报, 2007, (2): 268-272.

[19] 李梅, 叶祖光, 张瑞祥, 等. 阳离子交换纤维色层法制备高纯氧化铒的研究[J]. 稀土, 1995, 16(3): 17-19.

[20] 叶祖光, 李梅, 张瑞祥, 等. 一种阳离子交换纤维色层法制备≥5N 的单一中重稀土氧化物的制备方法 [P]: 中国, 94115903. 5. 2000.

第5章 溶剂萃取法分离稀土元素

由于稀土元素之间的物理和化学性质是十分相近的，采用一般的分级结晶、分步沉淀等化学方法，从稀土精矿分解所得到的混合稀土产品中分离提取出高纯度的单一的稀土元素是非常困难的。借助其他的物质与每一稀土元素化学作用的不同，增大稀土元素之间化学性质差别的方法都有利于稀土元素间的分离。利用每一个稀土元素在两种不互溶的液相之间的不同分配，将混合稀土原料中的每一稀土元素逐一分离的方法称为稀土溶剂萃取分离法。溶剂萃取分离方法具有生产的产品纯度和收率高、化学试剂消耗少、生产环境好、生产过程连续进行、易于实现自动化控制等优点，是稀土分离工业应用十分广泛的工艺方法。

5.1 溶剂萃取法的基本知识

5.1.1 萃取体系的组成

溶剂萃取法分离稀土元素中互不相溶的两相是由有机物质组成的有机相和水溶液组成的水相。有机相主要包括萃取剂、稀释剂，水相包括含有待萃取元素的水溶液(一般称为料液)、洗涤液、反萃液等水溶液。这些组成的作用分别介绍如下：

(1) 萃取剂。萃取剂是能与被萃物生成一种不溶于水相而溶于有机相的萃合物，使被萃物与其他物质分离的有机试剂。萃取剂在室温下可以是液体，也可以是固体。用于稀土分离的萃取剂全部呈液体状态。

按萃取剂与被萃取金属的络合方式不同，萃取剂可分为中性络合萃取剂、酸性络合萃取剂、胺类萃取剂、螯合萃取剂等。

(2) 稀释剂。稀释剂是用于改善萃取剂的物理性能(减小密度、降低黏度、增加流动性)的惰性有机溶剂，其本身不参与萃取反应。可用作稀释剂的有煤油、正己烷、环己烷、苯、甲苯、醇类等，煤油是在工业上最常用的稀释剂。

(3) 料液。料液是含有多种待分离元素的水溶液。如果溶液中含有元素 A、B，A 与萃取剂生成萃合物的能力大于 B，则 A 称为易萃组分，B 称为难萃组分。

(4) 洗涤液。洗涤液是用于洗涤已萃取有 A 和少量 B 的有机相，使其中的 B 洗回到水相，A 得到纯化的水溶液。

(5) 反萃液。反萃液是使有机相中的被萃物质与萃取剂解离返回水相而使用的水溶液。

(6) 添加剂。添加剂是在萃取生产中，有时为了控制第三相的生成所加入的有机或无机的添加物。

(7) 络合剂。络合剂是为了提高有机相的萃取能力和分离效果而添加的化学试剂。此种试剂与金属离子形成的配合物难于被萃取的络合剂称为抑萃络合剂，反之称为助萃络合剂。

(8) 盐析剂。盐析剂指溶于水相而不被萃取，又不与金属离子络合，但能促进萃合物的生成，从而有利于萃合物转入有机相的无机盐类。它除了能提高萃取分配比外，有时还能提高相邻稀土元素之间的分离系数，NH_4NO_3 和 $LiNO_3$ 是最常用的盐析剂。

5.1.2　萃取过程的基本参数

1. 分配比(D)

水溶液中的金属离子常以多种络合离子状态存在，在萃取过程中可以以其中一种或多种形态的离子被萃取。这与 Nernst 分配定律的表述："当以溶液在基本上不相混溶的两个溶剂中分配时，如在给定的温度下，两相达平衡后，且溶质在两相的分子状态相同，则其在两相中的浓度比为一常数 k" 不相符，因此不适合用 Nernst 分配定律来正确地表示被萃取物在两相中的分配情况[1]。

由于 Nernst 分配定律不能直接用于萃取过程中，故引入一个萃取达到平衡时被萃取物在两相中的实际浓度比来表示该种物质的分配关系。即

$$D = C_{有} / C_{水} \tag{5-1}$$

式中：$C_{有}$ 为萃取平衡时，被萃取物在有机相中的浓度；$C_{水}$ 为萃取平衡时，被萃取物在水相中的浓度；D 为分配比。

D 的值越大，表示该种被萃取物越容易被萃取。通过比较在某一萃取剂中几种金属离子的 D 值可以排列出被萃取的顺序。在萃取分离中，可以根据被萃取物在萃取顺序中的位置确定分离界限。例如，在料液中含有 A、B、C、D…溶质，通过测试在某萃取剂中的分配比，确定出其被萃取的顺序为 A>B>C>D>…。

分配比 D 与 Nernst 分配常数 k 不同，其值的大小与溶液中的被萃取物浓度、溶液的酸度、萃取剂浓度以及稀释剂的性质等因素有关。只有在理想状态下，被萃取物在任何一相中均不参与任何反应时，$D=k$ 才可能成立。

2. 萃取率(q)

萃取率 q 表示萃取平衡时，萃入有机相中的被萃物的物质的量与原料液中该种物质的物质的量的百分比。即

$$q=C_有 V_有/(C_水 V_水 + C_有 V_有) \times 100\% = (C_有/C_水)/(C_有/C_水 + V_水/V_有)$$

$$=D/(D+V_水/V_有) \tag{5-2}$$

式中：$V_水$ 表示料液的体积；$V_有$ 表示有机相的体积。

如令 $V_有/V_水=R$，R 称为相比，则有

$$q=D/(D+1/R) \tag{5-3}$$

由式(5-3)可见，萃取率不仅与分配比有关，而且与相比有关，相比 R 的值越大萃取率 q 越高。

3. 分离系数($\beta_{A/B}$)

含有两种以上溶质的溶液在同一萃取体系、同样萃取条件下进行萃取分离时，各溶质分配比 D 的比值用于表示两溶质之间的分离效果。其表达式为

$$\beta_{A/B}=D_A/D_B=C_{A有} C_{B水}/(C_{A水} C_{B有}) \tag{5-4}$$

式中：D_A、D_B 表示 A、B 两种溶质的分配比，通常以分配比较大者记为 A，表示易萃组分，较小者记为 B，表示难萃组分。

$\beta_{A/B}$ 称为分离系数。一般来说，$\beta_{A/B}$ 值越大，A 与 B 的分离效果越好，但是应注意 D_A 和 D_B 同时都足够大时，由于 A 和 B 的萃取率都很高，此时尽管 $\beta_{A/B}$ 值很高，也不能说明 A 和 B 的分离效果很好。例如，表 5-1 中第一组数据尽管 $\beta_{A/B}$ 达到了 50，但是 A 和 B 的萃取率都分别达到了 99.97%和 98.50%，此时 A 和 B 同时被萃入有机相，分离作用很小。而第二组数据虽然 $\beta_{A/B}$ 比第一组小，但分离效果却好于第一组。对于第一组数据的情况，可以用积分分离系数表达分离效果。

$$V_{A/B}=(\beta_{A/B}+D_A R)/(D_A R+1) \tag{5-5}$$

表 5-1　分配比、分离系数和萃取率

	D_A	D_B	$\beta_{A/B}$	E_A/%	E_B/%
第一组	2500	50	50	99.97	98.50
第二组	10	1	10	91.00	50

4. 萃取比(E)

在萃取过程连续进行时，常用被萃物在两相中的质量流量比表示平衡状态。即

$$E_A = A_有/A_水 或 E_B = B_有/B_水 \tag{5-6}$$

式中：E_A、E_B 分别为 A 和 B 的萃取比，$A_有$ 和 $B_有$ 或 $A_水$ 和 $B_水$ 分别为 A 和 B 在有机相中或水相中的质量流量。由分配比的定义可知，$E_A = A_有 V_有/(A_水 V_水) = D_A R$ 或 $E_B = B_有 V_有/(B_水 V_水) = D_B R$，在此处，$R$ 是连续萃取过程的有机相流量和水相流量之比。对于确定流比的连续萃取过程，则有 $\beta_{A/B} = E_A/E_B$。

5. 萃余分数 φ

萃余分数与萃取率相对应，是指萃取平衡时被萃取组分在萃余水相中的总量占萃取前料液中该组分总量的百分比，以 φ 表示。则有

$$\varphi = 1 - q = 1 - D/(D + 1/R) = 1/(DR + 1) \tag{5-7}$$

例如，萃余分数 φ_A 是指经萃取后，水相中难萃组分或易萃组分的剩余量与其在原料液中量的比值。φ_A 为萃余水相中 A 的质量流量与料液中 A 的质量流量之比，$\varphi_A = A_l/A_F$。

6. 饱和容量

在一定温度下，被萃取组分在两相中的分配达到平衡时，该组分在有机相中的浓度和它在水相中的浓度存在相关关系。随着水相中被萃取组分浓度的增加，有机相中被萃取组分的浓度也增加。而当水相中被萃取组分浓度达到一定程度时，被萃取组分在有机相中的浓度基本维持不变。这时，有机相中被萃取组分的浓度就是该浓度的萃取剂对该组分的饱和容量。

7. 级数

萃取体系中，有机相同水相接触进行萃取，每实现一次接触平衡为一级。实际上，在萃取过程中需将有机相同水相进行多次接触平衡，这种接触平衡的次数称为级数。

5.2　串级萃取工艺及理论

5.2.1　串级萃取的方式

所谓串级萃取，是把若干个单级萃取器串联起来，使有机相和水相多次接触，从而大大提高分离效果的萃取工艺[2]。

串级萃取按有机相和水相流动方式的不同，可分为错流萃取、逆流萃取、半逆流萃取、分馏萃取和回流萃取等几种[3](表 5-2)。它们各自的适用范围不同，其中最重要的是分馏萃取，它能从萃余水相和萃取有机相两头出口同时得到高纯度和高收率的产品，容易达到或接近最优化工艺指标。

表 5-2　串级萃取的种类

串级方式	流动方式	特点及应用
错流萃取		β 很大时可得纯 B，但 B 的收率很低，有机相消耗大，生产中不常用
错流洗涤		β 很大时可得纯 A，但 A 的收率低，洗液消耗大，生产中不常用，也可用于稀土与少量难萃取非稀土杂质间的分离
错流反萃		反萃液消耗大，仅用于高纯产品和难萃元素的生产工艺
逆流萃取		β 不大也可得到纯 B，有机相消耗不大，但 B 的收率不很高
逆流洗涤		β 不大也可得到纯 A，洗液消耗不大，但 A 的收率不很高
分馏萃取		β 不大，可同时获得纯 A、纯 B，收率很高，在实际生产中应用最广
回流萃取	在分馏萃取中将 S 改为含纯 B 的有机相，或把 W 改为含纯 A 的洗液，或两者都改	β 很小时可利用纯组分回流方式来提高纯度，但产量降低；一般用于启动或者工艺调整阶段
半逆流萃取	料液投放在各萃取器中，让有机相逐一通过，水相留在原级不动	与离子交换工艺类似，可用于多组分元素的分离，是间断式操作，但交错区大、收率低，实际生产中很少使用
半逆流反萃	有机相料液一次投放在各级萃取器中，让反萃液逐一通过，有机相留在原级不动	与萃淋色谱工艺类似，仅用于难反萃工艺，以降低反萃液酸度、提高反萃效果
共流萃取		没有分离效果，仅用于对水相稀土溶液的萃取浓缩

注：表中 A 和 B 分别表示易萃组分和难萃组分；F 和 $\overline{F}$ 分别表示水相和有机相料液；S、H 和 W 分别表示空白有机相、洗液和反萃液；x_i 和 y_i 分别表示第 i 级萃余液和萃取液。

5.2.2 串级萃取理论

1. 串级萃取过程

稀土分离工业主要采用的是分馏萃取形式，因此串级萃取过程主要介绍分馏萃取过程中所需要的级数、有机相和水相流量等工艺参数的确定方法[4]。

分馏萃取工艺由图 5-1 中所示的逆流萃取段、逆流洗涤段和反萃取段组成，各段分别由若干级单一萃取器串接而成，其作用分别如下：

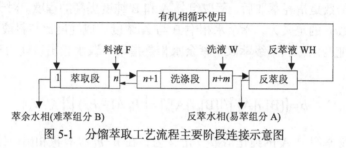

图 5-1　分馏萃取工艺流程主要阶段连接示意图

(1) 萃取段。萃取段由 1 至 n 级组成。在第 n 级加入料液 F，第 1 级混合室加入有机相 S 并从该级澄清室流出含有难萃组分的萃余水相。萃取段的作用是使料液中的易萃组分 A 和有机相经过 n 级的逆流接触后与萃取剂形成萃合物被萃取到有机相中，与难萃组分 B 分离。

(2) 洗涤段。洗涤段由 $n+1$ 至 $n+m$ 级组成。在第 $n+m$ 级加入洗涤液(如酸溶液、去离子水等)，使其与已经负载了被萃物的有机相经过 m 级的逆流接触，作用是将机械夹带或少量萃入有机相的难萃组分 B 洗回到有机相中，以提高易萃组分 A 的纯度。

(3) 反萃段。在反萃段中用水溶液(酸溶液、碱溶液、去离子水等)与有机相接触，使经过洗涤纯化的易萃物 A 与有机相解离返回水相。反萃过程是萃取的逆过程，反萃取是萃取反应的逆反应。反萃段所需要的级数与被萃物的反萃率有关，一般在 8 级以下，经反萃的有机相可以循环使用。

2. 分馏萃取理论基础

1) 萃余分数和纯化倍数

在研究分馏串级萃取时，为了研究经 n 级萃取和 m 级洗涤后产品所能达到的纯度与收率，或者说产品在达到一定的纯度和收率条件下，所必需的萃取段级数和洗涤段级数，引用了萃余分数和纯化倍数的概念[5]。这两个参数的数学表达式以及和产品收率和纯度的关系式分别表示如下：

(1) 萃余分数。

萃余分数 Φ_B 和 Φ_A 是指经过萃取后，水相中难萃组分 B 或易萃组分 A 的剩余量与其在原料液中量的比值，其表达式为

$$\Phi_A =萃余水相中 A 的质量流量/料液中 A 的质量流量=A_1/A_F \qquad (5-8)$$

$$\Phi_B =萃余水相中 B 的质量流量/料液中 B 的质量流量=B_1/B_F \qquad (5-9)$$

(2) 纯化倍数。

纯化倍数是指经萃取后，萃取组分 A 和 B 纯度提高的程度。对于难萃组分 B 的纯化倍数 b 的定义为，萃余水相中 B 与 A 浓度比或纯度比与料液中 B 与 A 的浓度比或纯度比，在串级萃取中萃余水相是指第一级水相出口处的萃余液[6]。表达式为

$$b=\left[[B]_1/[A]_1\right]/\left[[B]_F/[A]_F\right]=\left[P_{B_1}/(1-P_{B_1})\right]/\left[f_B/f_A\right] \qquad (5-10)$$

对于易萃组分 A 的纯化倍数 a 定义为，在 $n+m$ 级有机相出口处有机相中 A 与 B 浓度或纯度比与料液中 A 与 B 浓度比或纯度比。同样有

$$a=\left[\overline{[(A)_{n+m}]}/\overline{[(B)_{n+m}]}\right]/\left[[A]_F/[B]_F\right]=\left[\overline{[P_{A_{n+m}}]}/\left(1-\overline{[P_{A_{n+m}}]}\right)\right]/\left[f_A/f_B\right] \quad (5-11)$$

式中：$[B]_1$、$[A]_1$ 和 $[B]_F$、$[A]_F$ 分别表示水相出口萃余液中和料液中 B 和 A 的浓度；$\overline{[(A)_{n+m}]}$、$\overline{[(B)_{n+m}]}$ 分别表示有机相出口有机相中 A 和 B 的浓度；P_{B_1}、$\overline{[P_{A_{n+m}}]}$ 分别为 B 在第一级萃余液中的纯度和 A 在 $n+m$ 级出口有机相中的纯度；f_A、f_B 分别表示料液中 A 和 B 的摩尔分数或质量分数。

(3) 纯化倍数与萃余分数的关系。

将式(5-8)和式(5-9)代入式(5-10)中，可以得到表示 B 组分经 $n+m$ 级分离后的纯化倍数 b 与萃余分数的关系：

$$b=\Phi_B/\Phi_A \qquad (5-12)$$

同样可得 A 组分的纯化倍数：

$$a=(1-\Phi_A)/(1-\Phi_B) \qquad (5-13)$$

上两式也可以写成如下形式：

$$\Phi_A=(a-1)/(ab-1) \qquad (5-14)$$

$$\Phi_B=b(a-1)/(ab-1) \qquad (5-15)$$

(4) 产品收率。

由萃余分数的意义可知，料液中 B 组分在萃取过程的收率 Y_B 实际上是 B 组分的萃余分数 Φ_B，同样可知 A 组分的收率 Y_A 是 $1-\Phi_A$。即

$$Y_B=\Phi_B=b(a-1)/(ab-1) \tag{5-16}$$

$$Y_A=1-\Phi_A=a(b-1)/(ab-1) \tag{5-17}$$

2) 分馏萃取理论中的基本假设

Alders 在研究分馏萃取理论时，在假定萃取比 E_A 和 E_B 在各级萃取中都是相同的前提下，推导出了恒定萃取比条件下的分馏萃取方程。虽然用此方程可以求解萃取段和洗涤段的级数，但由于方程过于复杂，实际应用很不方便。徐光宪进一步提出了关于分馏萃取理论的四个基本假设。依此假设可以将分馏萃取分离为逆流萃取和逆流洗涤两个具有独立性的部分。这使得分馏萃取的计算过程简化，在生产实际中发挥了较大的作用。四个基本假设如下：

(1) 两组分体系。在分馏萃取的公式推导过程中，只考虑易萃组分 A 和难萃组分 B 的分离。若实际分离中有多个组分 A，B，C，D，…，假定分离界限在 A 和 B，C，D，…之间，则 A 为易萃组分，B，C，D，…合并为一个难萃组分。依此类推，分离界限将多组分的体系分为两组，易萃组统称为易萃组分，记为 A；难萃组称为难萃组分，记为 B。

(2) 平均分离系数。严格说分馏萃取体系的各级萃取器中 A 和 B 的分离系数 β 是不相等的，但它们的变化不大，在串级萃取计算中可采用它们的平均值。有时萃取段的平均分离系数和洗涤段的平均分离系数不相等，分别以 β 和 β' 表示，即

$$\beta=E_A/E_B \tag{5-18}$$

$$\beta' = E_A' / E_B' \tag{5-19}$$

(3) 恒定混合萃取比体系。Alders 对恒定萃取比体系的假设与实际的偏差较大。在实际的稀土萃取工艺中，为了使工艺条件易于控制，常把大部分级中的有机相中金属离子浓度(M)调节到接近恒定(除第一级和第 n 级外)，因而萃取段的混合萃取比 E_m 恒定，即

$$E_m = (\overline{A+B}) / (A+B) = \overline{(M)} / (M) \tag{5-20}$$

同理，洗涤段的混合萃取比 E_m' 也可调节洗涤段有机相中的金属离子浓度 (M)′，使其在大部分级中接近恒定(除 $n+m$ 级外)，即

$$E'_m = \overline{(A+B)}'/(A+B)' = \overline{(M)}'/(M)' \tag{5-21}$$

例如，酸性萃取体系只要预先把有机相皂化到一定程度，就能符合恒定混合萃取比的条件。含有盐析剂的中性磷型萃取体系或胺盐萃取体系，E_m 和 E'_m 也接近恒定。

(4) 恒定流比。流比是指萃取过程中料液进入流量、有机相流量、洗液流量三者的比例关系，分馏萃取的公式推导过程中假定流比恒定不变。

3) 分馏萃取系统中的物料分布

(1) 水相进料的物料分布。被萃物以水溶液进入萃取体系中的方式称为水相进料萃取。在恒定混合萃取比体系中，水相进料萃取的特点是：有机相中金属离子浓度除有机出口外，其他各级中均接近最大萃取量 S；洗涤段各级水相中的金属离子浓度均接近最大洗涤量 W；萃取段除第一级外，其他各级水相中金属离子浓度均为洗涤量 W 和料液进入量 M_F 的总和。根据物料平衡原理可以推导出萃取段和洗涤段水相的金属离子分布公式。例如：

在洗涤段：
$$W = S - \overline{M_{n+m}} \tag{5-22}$$

在萃取段：
$$W + M_F = S + M_1 \tag{5-23}$$

分馏萃取全流程物料平衡式：
$$M_1 + \overline{M_{n+m}} = M_F \tag{5-24}$$

上式两边同除 M_F，并令 $f'_B = M_1/M_F$，$f'_A = \overline{M_{n+m}}/M_F$

则有
$$f'_B + f'_A = 1 \tag{5-25}$$

f'_B 和 f'_A 分别是水相出口 B 的质量分数和有机相出口 A 的质量分数，它们与料液组成、产品纯度和收率有关，即

$$f'_B = f_B g Y_B / P_{B_1} \tag{5-26}$$

$$f'_A = f_A \cdot Y_A / [\overline{P_{A_{n+m}}}] \tag{5-27}$$

由以上公式可以得出恒定混合萃取比 E_m 和 E'_m 在萃取过程中的表达式：

$$E_m = S/(S + M_1) \tag{5-28}$$

$$E'_m = S/(S - \overline{M_{n+m}}) \tag{5-29}$$

并可以进一步推导出 E_m 和 E'_m 的换算关系式：

$$E_m = E'_m \cdot f'_A / (E'_m - f'_B) \tag{5-30}$$

$$E'_m = E_m f'_B / (E_m - f'_A) \tag{5-31}$$

将上述公式编制成分馏萃取物料分布表(表 5-3)，可清楚地了解分布规律。

表 5-3　分馏萃取水相进料方式物料分布表

萃取剂 S　　　　　　水相料液 M_F　　　　　　洗液 W

段别	萃取段			洗涤段		
级别	1	i	n	$n+1$	j	$n+m$
有机相离子总量	S	S	S	S	S	M_{n+m}^*
水相离子总量	M_1	$W+M_F$	$W+M_F=S+M_1$	$W=S-M_{n+m}^*$	W	W
萃取比		$E_m=S/(S+M_1)$		$E'_m=S/(S-M_{n+m}^*)$		

* 本表中表示有机相。

(2) 有机相进料的物料分布。被萃物以有机相进入萃取体系中的方式称为有机相进料萃取。在恒定混合萃取比体系中，有机相进料萃取的特点是：萃取段有机相中金属离子浓度各级中均接近最大萃取量 S；洗涤段各级有机相中的金属离子浓度除 $n+m$ 级外，均为 $S+M_F$；萃取段水相中除第一级外，金属离子浓度均接近最大洗涤量 W；洗涤段各级水相中金属离子浓度也均为最大洗涤量 W。按照类似水相进料物料平衡的推导过程可以得到分馏萃取有机进料的物料分布表(表5-4)。

表 5-4　分馏萃取有机相进料方式物料分布表

萃取剂 S　　　　　　有机相料液 M_F　　　　　　洗液 W

段别	萃取段			洗涤段		
级别	1	i	n	$n+1$	j	$n+m$
有机相离子总量	S	S	$S+M_F^*$	$S+M_F^*$	$S+M_F^*$	M_{n+m}^*
水相离子总量	M_1	W	$W=S+M_1$	$W=S+M_F^*-M_{n+m}^*$		
萃取比		$E_m=S/W$		$E'_m=(S+M_F^*)/W$		

* 本表中表示有机相。

4) 最优萃取比方程

(1) 串级萃取的最优化标准。在已经确定了萃取体系和分离系数等有关参数的前提下，萃取生产中所期望的是在产品的纯度和收率都很高的条件下，同时具有最大的生产量。根据这一要求制订的工艺流程称为最优化工艺。实际上，所谓最优化工艺就是经济效果最好的工艺。因此可以从分离效果和产量两个方面来判别萃取工艺是否是最优化的。符合这两个最优化标准之一的，即可认为是最优化的串级萃取工艺。这两个标准是：①萃取器的总容积 $V_\text{总}$ 和日产量相同的情况下，分离效果达到最好；②萃取器的总容积 $V_\text{总}$ 和分离效果相同的情况下，日产量达到最大。

(2) 分馏萃取的级数计算公式。根据分馏萃取中萃取段和洗涤段相互独立的观点，应用 kremer 逆流萃取方程可以得出萃取段的级数 n 的级数公式：

$$b=\Phi_\text{B}/\Phi_\text{A}=(E_\text{A}^{n+1}-1)(1-E_\text{B})/[(1-E_\text{B}^{n+1})(E_\text{A}-1)] \tag{5-32}$$

由于 $E_\text{A}>1$，$E_\text{B}<1$，于是 $E_\text{A}^{n+1}\gg1$，$E_\text{B}^{n+1}\ll1$，所以式(5-32)可以简化为

$$b=E_\text{A}^n\approx(\beta E_\text{B})^n \tag{5-33}$$

对上式取对数，可以计算萃取段的级数 n

$$n=\ln b/\ln(\beta E_\text{B}) \tag{5-34}$$

同理也可以得到洗涤段的级数 m 的计算公式：

$$m+1=\ln a/\ln(\beta'/E_\text{A}') \tag{5-35}$$

(3) 最优萃取比方程。在串级萃取的生产中，难萃组分 B 的产量和其萃取比 E_B 有如下关系：

$$Q_\text{B}=1.44V_\text{总}(\text{B})_n(1-E_\text{B})/\left[n(1+r)t(1+R)\right] \tag{5-36}$$

式中：Q_B 为 B 的日产量(kg/d)；$V_\text{总}$ 为萃取器混合室的总容积(L)；$(\text{B})_n$ 为进料级 B 的浓度(g/L)；n 为萃取段级数；r 为澄清室与混合室的体积比；t 为混合搅拌时间(min)；R 为相比。

将式(5-34)代入式(5-36)，得

$$Q_\text{B}=1.44V_\text{总}(\text{B})_n(1-E_\text{B})\ln(\beta E_\text{B})/[(1+r)t(1+R)\ln b]$$

$$=1.44V_\text{总}(\text{B})_n/[(1+r)t\ln b]\,[(1-E_\text{B})/(1+R)]\ln(\beta E_\text{B})$$

$$=K[(1-E_\text{B})/(1+R)]\ln(\beta E_\text{B}) \tag{5-37}$$

欲求 Q_B 的最大值，对式(5-37)以 E_B 微分，使 $\partial Q_\text{B}/\partial E_\text{B}=0$，并用 Taylor 级数展开微分结果，忽略高阶小数，得到最优条件下的萃取比与分离系数的关系式。

$$E_\text{B}=1/\sqrt{\beta} \tag{5-38}$$

$$E'_A = \sqrt{\beta'} \tag{5-39}$$

式(5-38)和式(5-39)称为最优萃取比方程。将最优萃取比代入式(5-34)和式(5-35)则得到最优化标准②条件下的分馏萃取所用的级数。

$$n = \ln b / \ln(\beta / \sqrt{\beta}) \tag{5-40}$$

$$m + 1 = \ln a / \ln(\beta' / \sqrt{\beta'}) \tag{5-41}$$

5) 分馏萃取过程的控制

在分馏萃取过程中，为了提高产品 B 的纯度，可以提高萃取量 S，使水相中的 A 萃取得更彻底，但此时会使 B 的收率和产量降低，如果 S 提高过大可能会导致产品 A 纯度下降。同样，为了提高产品 A 的纯度，可以提高洗涤量 W，使有机相中的 B 洗涤得更彻底，但会使 A 的收率和产量降低，如果 W 提高过大可能会导致产品 B 纯度下降。如果同时提高 S 和 W，虽然短时间内可以获得高纯度的 A 和 B 两种产品，但是时间过久会造成萃取体系内 A 和 B 积累过高，当 A 和 B 的积累超过一定的限度时，A 和 B 作为杂质在两产品出口溢出，影响产品的纯度。只有合理地选择 S 和 W 值，才可保证 A 和 B 两个产品的纯度和收率同时很高。

为寻求最佳 S 和 W 值，现引入最佳回洗比 J_w 和最佳回萃比 J_s 的概念。回萃比 J_s 的定义为萃取量与水相出口金属离子质量流量之比，即

$$J_s = S / M_1 \tag{5-42}$$

同样可以定义回洗比为洗涤量 W 与有机相出口金属离子质量流量之比，即

$$J_w = W / \overline{M_{n+m}} \tag{5-43}$$

对于恒定混合萃取比体系，可由恒定的混合萃取比控制回洗比和回萃比。下面以水相进料为例，结合表 5-3 和式(5-42)与式(5-43)推导它们之间的关系式：

$$E'_m = S / W = (\overline{W + M_{n+m}}) / W = 1 + 1 / J_w \tag{5-44}$$

$$E_m = S / (S + M_1) = J_s / (1 + J_s) \tag{5-45}$$

将最优萃取比方程式(5-38)和式(5-39)中的 A 和 B 的萃取比以混合萃取比代替并代入式(5-44)和式(5-45)中，则得出恒定萃取比条件下的最优回洗比和最优回萃比公式，即

$$J_w = (E'_m - 1)^{-1} = (\sqrt{\beta'} - 1)^{-1} \tag{5-46}$$

$$J_s=E_m/(1-E_m)=(\sqrt{\beta}-1)^{-1} \tag{5-47}$$

分馏萃取工艺中，为了保证 A 产品的纯度，J_s 应采用式(5-47)的计算值。为了保证 B 产品的纯度，J_w 应采用式(5-46)的计算值。应引起注意的是，在实际的稀土分离生产工艺中，E_A 和 E_B 并不恒定，只有混合萃取比基本恒定。对 E_A 而言，只有料液中的 A 是主要组分，洗涤段的大部分级数中 $P_A>0.9$ 时，才有可能使 $E'_A \cong E'_m$，如果不符合此条件，将使得代入 E'_m 计算得出的 J_w 及洗涤段级数 m 不可靠。同理只有料液中的 B 是主要组分，萃取段的大部分级数中 $P_B>0.9$ 时，才有可能使 $E_B \cong E_m$，如果不符合此条件，将使得代入 E_m 而计算得出的 J_s 及萃取段级数 n 不可靠。也就是说，在一个确定料液组成的分馏萃取过程中，E_B 和 E'_A 或 J_s 和 J_w 只能其中之一满足恒定萃取比条件。实际上 E_B 和 E'_A 或 J_s 和 J_s 是相互关联的两组变数，利用前述的有关公式不难证明它们之间的关系：

$$E'_m = E_m \cdot f'_B/(E_m-f'_A) \tag{5-48}$$

$$E_m = E'_m \cdot f'_A/(E'_m-f'_B) \tag{5-49}$$

合并式(5-46)~式(5-49)得到 J_w、J_s、f'_B 三者之间的关系式：

$$J_w=[(1+J_s) \cdot f'_B-1]/(1-f'_B) \tag{5-50}$$

由式(5-50)可见，随 f'_B 改变，J_s 可以大于、小于或等于 J_w。当 $J_s=J_w$ 时，由式(5-46)和式(5-47)得

$$f'_B=\sqrt{\beta}/(1+\sqrt{\beta}) \tag{5-51}$$

由式(5-51)可以判别出萃取过程所处的控制阶段。例如，$f'_B>\sqrt{\beta}/(1+\sqrt{\beta})$ 时 $J_s<J_w$，则说明萃取过程为萃取段所控制，$f'_B<\sqrt{\beta}/(1+\sqrt{\beta})$ 时 $J_s>J_w$，则说明萃取过程为洗涤段所控制。如处于萃取段控制，则应首先使 E_m 满足最优化条件式(5-45)，然后按式(5-48)计算 E'_m，如处于洗涤段控制，则首先使 E'_m 满足最优化条件式(5-44)，然后按式(5-49)计算 E_m，随之再由式(5-54)和式(5-55)计算萃取量 S 和洗涤量 W。

$$E_m=1/\sqrt{\beta'} \tag{5-52}$$

$$E'_m=\sqrt{\beta'} \tag{5-53}$$

$$S=E_m \cdot f'_B/(1-E_m) \tag{5-54}$$

$$W=S-f'_A \tag{5-55}$$

与水相进料的推导过程相同，也可以得到有机相进料萃取过程控制段的判别式。表 5-5 中汇总了两种进料方式，四种控制状态下以最优化方法计算 E'_m、E_m、S、W 的过程。

表 5-5　不同控制状态下最优化参数计算方法

	萃取段控制		洗涤段控制
水相进料	判别: $f'_B > \sqrt{\beta}/(1+\sqrt{\beta})$		判别: $f'_B < \sqrt{\beta}/(1+\sqrt{\beta})$
	$E_m=1/\sqrt{\beta}$		$E'_m=1/\sqrt{\beta}$
	$E'_m = E_m \cdot f'_B /(E_m - f'_A)$		$E_m = E'_m \cdot f'_A /(E'_m - f'_B)$
	$S= E_m \cdot f'_B /(1-E_m)$		$W=S-f'_A$
	萃取段控制		洗涤段控制
有机相进料	判别: $f'_A > 1/(1+\sqrt{\beta})$		判别: $f'_A < \sqrt{\beta}/(1+\sqrt{\beta})$
	$E_m=1/\sqrt{\beta}$		$E'_m=1/\sqrt{\beta}$
	$E'_m = (1-E_m \cdot f'_A)/f'_B$		$E_m=(1-E'_m \cdot f'_B)/f'_A$
	$S=E_m \cdot f'_B /(1-E_m)$		$W=S+f'_B$

6) 最优化分馏萃取工艺设计

对一个确定的萃取体系，最优化工艺设计过程可分为六个主要步骤：

(1) 确定分离系数。由单级萃取试验测试不同料液浓度、料液酸度、料液组成、有机相组成等萃取条件下各金属离子的分配比 D，划分分离界限，依两组分的假设确定易萃组分 A 和难萃组分 B。根据分离界限两相邻金属离子的分配比计算萃取段和洗涤段的分离系数 β 和 β'。

(2) 确定分离指标。分离指标是指萃取生产产品应达到的纯度和收率。分离指标的确定主要取决于产品方案。在生产实践中，根据原料中的稀土配分和市场对稀土产品的需求，通常有三种产品方案。第一种：易萃组分 A 为主要产品，规定了 A 的纯度 $[\overline{P_{A_{n+m}}}]$ 和收率 Y_A；第二种：难萃组分 B 为主要产品，规定了 B 的纯度 P_{B_l} 和收率 Y_B；第三种：要求 A 和 B 同为主要产品并同时规定了 A 和 B 的纯度。在萃取工艺的设计中为了计算方便，也常把纯化倍数 a 和 b 及水相出口 B 的质量分数 f_B 和有机相出口 A 的质量分数 f'_A 归入分离指标中。由于三种产品方案给出的规定指标不同，因此计算纯化倍数 a 和 b 及出口分数 f_B 和 f'_A 的方法随之也分为如下三种：

第一种规定了 A 的纯度 $[\overline{P_{A_{n+m}}}]$ 和收率 Y_A：

$$a = \left[\overline{[P_{A_{n+m}}]}/\left(1-\overline{[P_{A_{n+m}}]}\right)\right]/(f_A/f_B) \tag{5-56}$$

$$b = (a-Y_A)/\left[a(1-Y_A)\right] \tag{5-57}$$

$$P_{B_1} = bf_B/(f_A + bf_B) \tag{5-58}$$

$$f_A' = f_A \cdot Y_A/\overline{P_{A_{n+m}}} \tag{5-59}$$

$$f_B' = 1 - f_A' \tag{5-60}$$

第二种规定了 B 的纯度 P_{B_1} 和收率 Y_B：

$$b = [P_{B_1}/(1-P_{B_1})]/(f_B/f_A) \tag{5-61}$$

$$a = (b-Y_B)/[b(1-Y_B)] \tag{5-62}$$

$$\overline{P_{A_{n+m}}} = af_A/(f_B + af_A) \tag{5-63}$$

$$f_B' = f_B \cdot Y_B/P_{B_1} \tag{5-64}$$

$$f_A' = 1 - f_B' \tag{5-65}$$

第三种规定了 A 和 B 的纯度 $[\overline{P_{A_{n+m}}}]$ 和 P_{B_1}：

$$a = \left[\overline{[P_{A_{n+m}}]}/\left(1-\overline{[P_{A_{n+m}}]}\right)\right]/(f_A/f_B) \tag{5-66}$$

$$b = [P_{B_1}/(1-P_{B_1})]/(f_B/f_A) \tag{5-67}$$

$$Y_B = b(a-1)/(ab-1) \tag{5-68}$$

$$Y_A = a(b-1)/(ab-1) \tag{5-69}$$

$$f_A' = f_A \cdot Y_A/[\overline{P_{A_{n+m}}}] \tag{5-70}$$

$$f_B' = f_B \cdot Y_B/P_{B_1} \tag{5-71}$$

(3) 判别控制段。确定进料方式后，按表 5-5 判别萃取过程所处的控制段。

(4) 计算最优化工艺参数和级数。遵照表 5-5 的计算程序计算 E_m、E_m'、S 和

W。将最优化的混合萃取比 E_m 和 E'_m 代入级数计算公式(5-40)和式(5-41)，得到恒定混合萃取比最优化条件下的分馏萃取级数计算公式。

$$n = \ln b / \ln(\beta E_m) \tag{5-72}$$

$$m + 1 = \ln a / \ln(\beta' / E'_m) \tag{5-73}$$

(5) 计算萃取过程的流比。在以上的公式中萃取量 S 和洗涤量 W 都是以进料量 $M_F = 1$ 为基准计算得到的质量流量(mol/min 或 g/min)，而实际生产中为了方便流量控制，采用的是体积流量(L/min)。质量流量与体积流量的换算关系是

$$V_F = M_F / C_F = 1 / C_F \tag{5-74}$$

$$V_S = S / C_S \tag{5-75}$$

$$V_W = 3W / C_H \text{(假定从有机相中洗下 1mol RE}^{3+}\text{需要 3mol H}^+\text{)} \tag{5-76}$$

式中：V_F 为进料的体积流量；C_F 为料液中稀土浓度(mol/L 或 g/L)；V_S 为有机相的体积流量；C_S 为有机相的稀土饱和浓度(mol/L 或 g/L)；V_W 为洗液的体积流量；C_H 为洗液的酸浓度(mol/L)。

流比的表示经常以 V_F 为单位来说明 V_F、V_S、V_W 的比例关系：

$$V_S : V_F : V_W = (V_S / V_F) : 1 : (V_W / V_F) \tag{5-77}$$

(6) 计算浓度分布。由体积流量可以计算水相出口浓度$(M)_1$、有机相出口浓度$(M)_{n+m}$ 和萃取段与洗涤段各级中的水相金属离子浓度分布。

水相出口　　　　　　　$(M)_1 = M_1 / (V_F + V_W) \tag{5-78}$

当水相出口 B 的纯度 P_{B_1} 足够高时，$M_1 = f'_B$，则

$$(M)_1 = f'_B / (V_F + V_W)$$

萃取段　　　　　　　$(M)_i = (M_F + W) / (V_F + V_W) \tag{5-79}$

洗涤段　　　　　　　$(M)_j = W / V_W \tag{5-80}$

有机相出口　　　　　$\overline{(M)_{n+m}} = \overline{M_{n+m}} / V_S \tag{5-81}$

当有机相出口 A 纯度足够高时，$\overline{M_{n+m}} = f'_A$，则

$$\overline{(M)_{n+m}} = f'_A / V_S \tag{5-82}$$

[例] 混合稀土矿配分的氯化稀土原料，经以镨钕为界限分离后，反萃液中稀土浓度为 1.4mol/L，其中各稀土元素的摩尔分数为：Nd_2O_3 89.3%，Sm_2O_3 7.0%，Eu_2O_3 1.0%，Gd_2O_3+重稀土 2.7%。现用酸性磷型萃取剂提取 Nd_2O_3，并要求其纯度 $P_{B_1} \geqslant 99.99\%$，收率 $Y_B \geqslant 99.5\%$。已知 $\beta_{Sm/Nd} = \beta'_{Sm/Nd} = 8.0$。试计算分馏萃取的优化工艺参数。

[解] (1)确定分离界限

根据酸性磷型萃取剂萃取稀土的序列(参见 5.4 节)可知 Nd_2O_3 为难萃组分，Sm_2O_3 和其余稀土为易萃组分，分离界限选择在 Sm 与 Nd 之间，因此有

$$\beta_{Sm/Nd} = \beta'_{Sm/Nd} = \beta_{A/B} = \beta'_{A/B} = 8.0$$

$$f_{Nd_2O_3} = f_B = 0.893, \quad f_{Sm_2O_3+重稀土} = f_A = 0.107$$

$$P_{Nd_2O_3} = P_{B_1} = 0.9999, \quad Y_B = 0.995$$

(2) 计算分离指标

此题属于以 B 为主要产品，规定了 P_{B_1} 和 Y_B 类型的工艺，可按之前所述三种分离指标的第二种计算本题中的分离指标。

$$b = [P_{B_1}/(1-P_{B_1})]/(f_B/f_A) = (0.9999/0.0001)/(0.893/0.107) = 1198.089$$

$$a = (b-Y_B)/[b(1-Y_B)] = (1198.089-0.995)/1198.089 \times (1-0.995) = 199.849$$

$$[\overline{P_{A_{n+m}}}] = af_A/(f_B+af_A) = 199.849 \times 0.107/(0.893+199.849 \times 0.107) = 0.96$$

$$f'_B = f_B \cdot Y_B/P_{B_1} = 0.893 \times 0.995/0.9999 = 0.889$$

$$f'_A = 1 - f'_B = 0.111$$

$$Y_A = a(b-1)/(ab-1) = 199.849 \times (1198.089-1)/(199.849 \times 1198.089-1) = 0.999$$

(3) 判别控制段

水相进料的控制段判别值为 $\sqrt{\beta}/(1+\sqrt{\beta})$，代入 $\beta=8.0$，并与 $f'_B = 0.889$ 比较得出：

$$f'_B > \sqrt{\beta}/(1+\sqrt{\beta}) = 2.828/(1+2.828) = 0.739$$

根据表 5-5 中的判别原则，本题的萃取过程属于萃取段控制。

(4) 计算优化工艺参数和级数

遵照表 5-5 所示的程序，工艺参数计算如下：

$$E_m=1/\sqrt{\beta}=1/\sqrt{8}=0.354$$

$$E_m'=E_m\cdot f_B'/(E_m-f_A')=0.354\times0.889/(0.354-0.111)=1.296$$

$$S=E_m\cdot f_B'/(1-E_m)=0.354\times0.889/(1-0.354)=0.488$$

$$W=S-f_A'=0.488-0.111=0.377$$

$$n=\ln b/\ln(\beta E_m)=\ln1198.089/\ln(8.0\times0.354)=6.809\approx7\text{ 级}$$

$$m+1=\ln a/\ln(\beta'/E_m')=\ln199.849/\ln(8.0/1.296)=2.9\approx3\text{ 级}$$

$$m\approx2$$

(5) 计算流比

当有机相饱和萃取量 $C_s=0.20\text{mol/L}$，洗液酸度 $C_H=4.5\text{mol/L}$，并已知料液稀土浓度 $C_F=1.4\text{mol/L}$ 时，可将质量流量换算为体积流量。

$$V_F=M_F/C_F=1/1.4=0.714\text{L/min}$$

$$V_S=S/C_S=0.488/0.20=2.44\text{L/min}$$

$$V_W=3W/C_H=3\times0.377/4.5=0.251\text{L/min}$$

流比为　　　　　　$$V_S/V_F:1:V_W/V_F=3.417:1:0.352$$

(6) 计算浓度分布

题中 $P_{B_l}-0.9999$ 为高纯度，则 $M_1=f_B'=0.889$；$[\overline{P_{A_{n+m}}}]=0.96$ 不是高纯度，则

$\overline{M_{n+m}}=M_Ff_AY_A/[\overline{P_{A_{n+m}}}]=1\times0.107\times0.999/0.96=0.111$。

水相出口　　$(M)_1=M_1/(V_F+V_W)=0.889/(0.714+0.251)=0.921\text{mol/L}$

萃取段　　　$(M)_i=(M_F+W)/(V_F+V_W)=(1+0.377)/(0.714+0.251)=1.427\text{mol/L}$

洗涤段　　　$(M)_j=W/V_W=0.377/0.251=1.502\text{mol/L}$

有机相出口　$\overline{(M)_{n+m}}=\overline{M_{n+m}}/V_S=0.111/2.44=0.045\text{mol/L}$

在实际生产中萃取分离所用的级数及其他工艺参数与理论计算值有时差别较大。这主要是由萃取过程中的分离效率(即级效率)不高所致。生产中影响级效率的因素很多，有萃取器的设计问题，也有分离系数随各级中组成变化而波动和多组分体系中有效分离系数的计算等问题。初步设计中可以选择一个经验的级效率系数对理论计算级数进行校正，而后再经模拟实验确认。

5.3　中性络合萃取体系分离稀土元素

5.3.1　中性络合萃取体系的特点

中性络合萃取体系的特点是：①萃取剂是中性有机化合物(如 TBP、P_{350} 等)；②被萃取物是中性无机盐，如 $RE(NO_3)_3$；③萃取剂与被萃取物结合起来生成中性配合物，如 $RE(NO_3)_3 \cdot 3TBP$。

5.3.2　中性络合萃取剂

中性络合萃取剂中最重要的是中性磷氧萃取剂，它们的萃取官能团是 P=O；其次是中性碳氧萃取剂，如酮、醚、醇等，它们的萃取官能团是 C=O 或 C—O；此外还有含 P=S 官能团的中性磷硫萃取剂和中性含氮萃取剂，如吡啶等。在稀土工业中通常只用中性磷氧萃取剂，如 P_{350}(甲基膦酸二仲辛酯)萃取剂，它属于 $(RO)_2RP$=O 型，其萃取能力大于 $(RO)_3P$=O 型的萃取剂 TBP(磷酸三丁酯)。相比之下，TBP 的碱性较弱，可以在较低的酸度下进行萃取。

目前研究的中性磷类萃取剂主要包括单磷酰基和多磷酰基中性磷萃取剂[7-8](图 5-2)。与 P 原子相邻的基团决定了中性磷类萃取剂的萃取效果，因为它们主要是通过磷酰氧上的未配位孤电子对(P=O)与稀土离子(M^{3+})进行配位。由于 RO 基团的电负性大于 R 基团，其推电子能力减少了 P=O 中 O 上的电荷密度，使其同稀土配位的能力减弱。对于中性磷类萃取剂，R 基团的空间效应很大程度上决定了萃取剂的萃取能力。

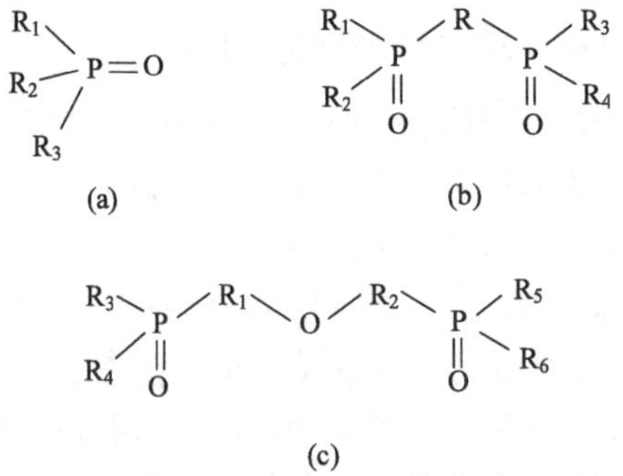

图 5-2　中性磷类萃取剂结构式

(a)单磷酰基中性磷萃取剂; (b)烷基相连的双磷氧萃取剂; (c)单醚双磷氧萃取剂

5.3.3　中性磷氧型萃取剂的萃取反应

中性磷氧型萃取剂属于磷酸酯，其通式是 $(RO)_3P$=O，其中 R 表示烷氧基

R—O 或烷基 R—。烷基或烷氧基通过氧原子上的孤电子对与中性金属化合物分子中的金属原子以配位键生成萃合物。配位键越强，R_3P=O 的萃取能力越强。RO 基团含电负性较大的氧原子，有较大的吸电子能力，称为吸电子基；而 R 是斥电子基。R_3P=O 中 R 基越多，P=O 键上的氧原子电子云密度越大，即碱性越强，与金属元素形成配位键的能力越强[9]。因此中性磷氧型萃取剂的萃取能力随 R 的增多而增强。它的基本反应有以下几种。

1. 与水分子的反应

中性磷氧萃取剂能与水生成 1∶1 的配合物，它是由氢键缔合而成的。

$$R_3P=O+H—O—H=R_3P=O\cdots H—O\cdots H \tag{5-83}$$

因此 1L 纯 TBP 在常温下可以溶解 3.6mol 的水。

2. 与酸的反应

中性磷氧型萃取剂能萃取酸，通常生成 1∶1 的配合物。当水相酸度很高时，还能生成 1∶2、1∶3 的配合物。

TBP 萃取酸的次序如下：

$$草酸\text{~}乙酸 > HClO_4 > HNO_3 > H_3PO_4 > HCl > H_2SO_4$$

这一次序大致是阴离子的水化能增加的次序，即 SO_4^{2-} 的水化能最大，所以 TBP 对 H_2SO_4 的萃取能力最小。

不同中性磷氧萃取剂萃取酸的次序略有不同，且随酸的浓度而异。例如，三辛基氧化磷萃取低浓度(<2mol/L)酸的次序为

$$HNO_3 > HClO_4 > HCl >　H_3PO_4 > H_2SO_4$$

萃取 6mol/L 的酸的次序为

$$HCl > HNO_3 > H_2SO_4 > H_3PO_4$$

所以中性磷氧萃取剂萃取酸的次序不但和阴离子的水化能有关，而且和酸的电离常数、P=O 键的碱性以及分子大小等因素有关。

3. 萃取金属硝酸盐的反应

中性磷氧萃取剂萃取硝酸盐的反应主要属于中性络合萃取机理，即通过磷氧键的氧原子与金属原子配位，形成中性萃合物。它的一般反应式可以写为

$$nR_3P{=}O+Me(NO_3)_n \Longrightarrow Me(NO_3)_n \cdot nR_3P{=}O \qquad (5\text{-}84)$$

现已应用于稀土分离工业的中性磷氧型萃取剂(如 TBP 和 P_{350})萃取金属硝酸盐的反应主要属于中型络合萃取机理，即通过 $P{=}O$ 键上的氧原子与金属原子配位，形成中性萃合物，其反应式可以表示为

$$RE^{3+} + 3NO_3^- + 3TBP_{(o)} \Longleftrightarrow RE(NO_3)_3 \cdot 3TBP_{(o)} \qquad (5\text{-}85)$$

在其他条件相同时，中性磷氧型萃取剂与稀土原子生成的萃合物的稳定性取决于稀土离子的电荷与半径，即：①稀土离子的价数越高，萃合物越稳定，分配比 D 越大。例如，用 TBP 在 HNO_3 介质中萃取 Ce^{4+} 与 RE^{3+} 时，$D_{Ce}>D_{RE}$，$\beta_{Ce/RE}>50$；②同价稀土离子，半径越小，萃合物越稳定，分配比 D 越大。例如，TBP 在硝酸介质中萃取镧系元素时，其分配比 D 随原子半径的减小而增大。

4. 萃取金属卤化物的反应

中性磷氧型萃取剂萃取金属卤化物的反应机理比较复杂，除中性络合萃取机理外，水合阳离子络合萃取机理更为重要。即含氧萃取剂在高酸度条件下与水合氢离子 H_3O^+ 形成有机络合阳离子，然后与无机络阴离子形成离子缔合物而被萃取。

例如，当 TBP 萃取溶液酸度为 $2mol/L$ 时，萃取机理是中性络合反应，萃合物为 $FeCl_3 \cdot 3TBP$，萃取反应为

$$FeCl_3+3TBP {=\!=} FeCl_3 \cdot 3TBP \qquad (5\text{-}86)$$

当酸度在 $6mol/L$ 以上时，TBP 分子与水合氢离子 H_3O^+ 形成的络阳离子与络阴离子 $FeCl_4^-$ 缔合，其反应式可表示为

$$FeCl_3+H_3O^++Cl^-+3TBP {=\!=} (H_3O^+ \cdot 3TBP)+(FeCl_4)^- \qquad (5\text{-}87)$$

5.3.4　影响分配比和分离系数的因素

P_{350} 和 TBP 是稀土分离常用的萃取剂，其中 P_{350} 为甲基膦酸二仲辛酯，属于

$$
\begin{matrix}
R \\
| \\
(RO)_2P{=}O
\end{matrix}
$$

类。它萃取稀土的能力比属于 $(RO)_3P{=}O$ 类的 TBP 强。下面以 P_{350} 萃取稀土为例说明影响分配比的各种因素。

P_{350} 萃取稀土硝酸盐的反应式为

$$RE_3{}^+ + 3NO_3^- + 3P_{350(o)} \Longleftrightarrow RE(NO_3)_3 \cdot 3P_{350(o)} \qquad (5\text{-}88)$$

萃取反应的平衡常数 K 等于

$$K = \frac{[\text{RE}(\text{NO}_3)_3 \cdot 3\text{P}_{350}]_\text{o}}{[\text{RE}^{3+}][\text{NO}_3^-]^3[\text{P}_{350}]_\text{o}^3} \tag{5-89}$$

假定稀土在水相中主要以 RE^{3+} 的形式存在，则分配比 D 等于

$$D = \frac{[\text{RE}(\text{NO}_3)_3 \cdot 3\text{P}_{350}]_\text{o}}{[\text{RE}^{3+}]} \tag{5-90}$$

将式(5-89)代入式(5-90)中，得

$$D = K[\text{NO}_3^-]^3[\text{P}_{350}]_\text{o}^3 \tag{5-91}$$

上式中 $[\text{P}_{350}]_\text{o}$ 为自由萃取剂 P_{350} 的浓度，它等于 P_{350} 的起始浓度即总浓度 $C_{\text{P}_{350}}$ 减去萃合物浓度 $\text{RE}(\text{NO}_3)_3 \cdot 3\text{P}_{350}$ 的 3 倍(因每一分子萃合物用去 3 分子 P_{350})，再减去 P_{350} 与 HNO_3 的萃合物浓度$(\text{HNO}_3 \cdot \text{P}_{350})$，即

$$[\text{P}_{350}]_\text{o} = C_{\text{P}_{350}} - 3[\text{RE}(\text{NO}_3)_3 \cdot 3\text{P}_{350}]_\text{o} - [\text{HNO}_3 \cdot \text{P}_{350}] \tag{5-92}$$

以上各式也适用于 TBP 萃取稀土的反应，只要把其中的 P_{350} 改为 TBP 即可。下面讨论 P_{350} 或 TBP 在硝酸体系中萃取稀土时，影响分配比 D 和分离常数 β 的各种因素。

1. 酸度的影响

以 TBP(100%)萃取硝酸稀土(无其他盐析剂)为例来说明酸度变化对 D 的影响。由图 5-3 可见，D 对$[\text{HNO}_3]$的曲线呈 S 形。例如，La^{3+}的萃取曲线，在$[\text{HNO}_3]<3\text{mol/L}$ 时，D 随$[\text{HNO}_3]$的增加而增加，当$[\text{HNO}_3]=3\text{mol/L}$ 时达到极大值，然后随$[\text{HNO}_3]$增加而减小，至$[\text{HNO}_3]=8\text{mol/L}$ 时达到极小值，然后又随$[\text{HNO}_3]$增加而增加。这是因为$[\text{HNO}_3]$对 D 的影响有三种作用：

(1) 在$[\text{HNO}_3]$不太高时，$[\text{NO}_3^-]$浓度随$[\text{HNO}_3]$增加而增加，由式(5-91)，D 与$[\text{NO}_3^-]$的 3 次方成正比，所以也相应增加。

(2) 由式(5-88)，$[\text{HNO}_3]$增加引起$[\text{TBP}\cdot\text{HNO}_3]$的增加，而自由萃取剂浓度$[\text{TBP}]_\text{o}^3$ 则减小。由式(5-89)可知$[\text{HNO}_3]$与$[\text{TBP}]_\text{o}^3$成正比，所以 D 也相应减小。

(3) C_{HNO_3} 继续增加时，水相的盐析作用增加，因而使 D 增加。所以盐析作用或盐效应是指水相中溶解的酸 HX 或其盐类 MX_n，它们离解生成 H^+、M^{n+}、X^-。这些离子容易与水结合成水化离子 $\text{H}^+(\text{H}_2\text{O})_x$、$\text{M}^{n+}(\text{H}_2\text{O})_y$、$\text{X}^-(\text{H}_2\text{O})_z$，因而使自由

水分子的浓度大大降低，这样就使水相中稀土离子的有效浓度大大增加，从而使萃取率或分配比增加。

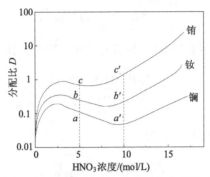

图 5-3 硝酸浓度对 TBP 萃取稀土的影响

对 La^{3+} 来说，当[HNO_3]<3mol/L 时，(1)作用是主要的，所以 D 增加。当 3mol/L<[HNO_3]<8mol/L 时，(2)作用是主要的，所以 D 减小。当[HNO_3]>8mol/L 时，(3)作用是主要的，所以 D 又增加，这样 D 对[HNO_3]的曲线就呈 S 形。

图 5-3 中的镧、钕、铕 3 条曲线的形状是不完全一致的。因镧的络合能力最弱，HNO_3 与 $LaNO_3$ 竞相络合 TBP 的竞争作用比较明显，所以曲线呈明显的 S 形。但铕与原子序数大于铕的重稀土元素与 TBP 的络合能力较强，它们不但能与 TBP 结合，而且还能把 $TBP·HNO_3$ 配合物中的 TBP 夺过来而释放出 HNO_3，如式 (5-93)所示：

$$Eu^{3+}+3\,NO_3^-+3TBP·HNO_{3(o)}\Longrightarrow Eu(NO_3)_3·3TBP+3HNO_3 \qquad (5-93)$$

HNO_3 的竞争作用相对地较弱，即(2)作用不明显，所以曲线下凹不明显。在图 5-3 中，沿某一硝酸浓度，如[HNO_3]=5mol/L 处，做一垂线，与镧、铕、钕曲线分别相交于 a、b、c 三点，它们之间的距离就代表分离系数的大小，即 $lg\beta_{Nd/La}=ab$，$lg\beta_{Eu/Nd}=bc$，$lg\beta_{Eu/La}=cd$。

由于纵坐标是按对数比例尺画的，所以

$$ab=lgD_{Nd}-lgD_{La}=lgD_{Nd/La}=lg\beta_{Nd/La} \qquad (5-94)$$

同样在[HNO_3]=10mol/L 处做一垂线，与镧、铕、钕曲线分别相交于 a'、b'、c' 3 点，它们之间的距离比 a、b、c 之间的距离大。由此可见，分离系数随[HNO_3]增加而增加，这就是用 TBP 分离相邻稀土元素要选择高酸度的原因。

上面讨论的是没有其他盐析剂的情况。如有其他盐析剂(如 NH_4NO_3 或 $LaNO_3$)存在，则因[NO_3^-]一开始就比较高，所以(1)作用不重要，D 随[HNO_3]变化的曲线一开始就下降。

P$_{350}$ 对镨镧的分离系数 $\beta_{Pr/La}$ 与硝酸浓度[HNO$_3$]之间有下述关系：①无其他盐析剂时，$\beta_{Pr/La}$ 随[HNO$_3$]增加而增加；②以 LiNO$_3$ 为盐析剂时，在[HNO$_3$]=1~1.5mol/L 时，$\beta_{Pr/La}$ 最大；③以 NH$_4$NO$_3$ 为盐析剂时，在[HNO$_3$]=1~1.5mol/L 时，$\beta_{Pr/La}$ 最大。在 P$_{350}$ 萃取分离镧的工艺中，通常采用 0.5~1.0mol/L HNO$_3$ 的浓度。

2. 盐析剂的影响

在用 TBP 或 P$_{350}$ 分离稀土的工业中，常加入 LiNO$_3$ 或 NH$_4$NO$_3$ 做盐析剂以提高分配比 D，有时还可以提高相邻稀土元素之间的分离系数 β(表 5-6、表 5-7、图 5-4)。盐析剂的作用是多方面的：①盐析剂浓度增加，即[NO$_3^-$]增加，由式(5-91)可见，D 与[NO$_3^-$]的 3 次方成正比。②由于盐析剂的离子水化作用，自由水分子的浓度减小，稀土离子的活度系数提高，从而使 D 增加。或者说，由于自由水分子浓度降低，抑制了稀土离子的水化作用或亲水性，使之有利于转入有机相。③盐析剂还有降低水相的介电常数和抑制水相中金属离子的聚合等作用，这些都有利于萃合物的形成。

表 5-6　P$_{350}$ 萃取稀土体系中盐析剂 LiNO$_3$ 浓度对分离系数 $\beta_{Pr/La}$ 的影响

LiNO$_3$ 浓度/(mol/L)	分配比 D		分离系数 $\beta_{Pr/La}$
	D_{Pr}	D_{La}	
1	0.201	0.151	1.33
2	0.462	0.155	2.72
3	0.594	0.186	3.19
4	0.697	0.183	3.81
5	1.28	0.240	5.34
6	1.47	0.254	5.78

表 5-7　P$_{350}$ 萃取稀土体系中盐析剂 LiNO$_3$ 浓度对分离系数 $\beta_{Nd/Pr}$ 的影响

LiNO$_3$ 浓度/(mol/L)	$\beta_{Nd/Pr}$	LiNO$_3$ 浓度/(mol/L)	$\beta_{Nd/Pr}$
1	1.23	4	1.44
2	1.39	5	1.57
3	1.42	6	1.65

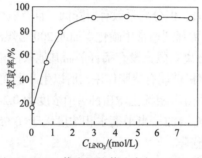

图 5-4　用 100%TBP 萃取钇的萃取率与 LiNO$_3$ 浓度的关系

当盐析剂的摩尔浓度相同时，阳离子的价数越高，盐析效应越大。对于同价的阳离子，其半径越小盐析效应越大。这是因为价数高半径小的阳离子的水化作用强，因而使自由水分子数减少的作用也较大。一般金属离子的盐析效应按下列次序递降：

$$Al^{3+}>Fe^{3+}>Mg^{2+}>Ca^{2+}>Li^+>Na^+>NH_4^+>K^+$$

虽然 Al^{3+} 的盐析效应最大，但采用何种盐析剂还需考虑不影响下一步分离、不影响产品质量、价格便宜、水中溶解度大等因素，通常宜用 NH_4NO_3。有时为了简化流程，可用提高稀土料液浓度的方法来代替外加盐析剂，因为稀土硝酸盐本身也有盐析作用，这种情况称为"自盐析"。

由图 5-5 可见 P_{350} 萃取各个稀土元素时，分配比 D 与原子序数 Z 之间的关系。当存在 6mol/L NH_4NO_3 盐析剂时(曲线 1)，钇在钐或铕的位置，当无盐析剂时(曲线 2)，钇在相当于铈或镨的位置。

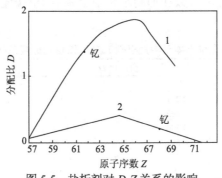

图 5-5　盐析剂对 D-Z 关系的影响

3. 萃取浓度的影响

从式(5-91)可见，当其他条件恒定时，P_{350} 萃取稀土的分配比 D 与萃取剂浓度的 3 次方成正比。当 P_{350} 浓度小于 50%时，分配比 D 很小，不利于萃取。当 P_{350} 浓度大于 70%时，分配比 D 虽大，但分离系数有所降低，且有机相黏度增大，分层慢，也不利于萃取操作。P_{350} 的稀释剂通常用磺化煤油或 200 号煤油。重溶剂也可用作 P_{350} 的稀释剂，且分配比和分离系数比没有稀释剂而其他条件相同时略有提高。但因重溶剂有一定的毒性，对有机玻璃有溶胀作用，所以生产上优先使用煤油。

由图 5-6 可见，当平衡水相稀土$[RE(NO_3)_3]$浓度为 0.24~0.65mol/L 时，分配比随水相稀土浓度的升高而增加；当平衡水相浓度大于 0.65mol/L 时，各个轻稀土元素的分配比下降最为显著。

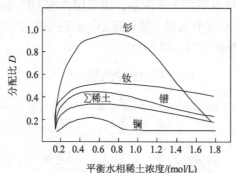

图 5-6　P_{350} 萃取硝酸轻稀土体系中分配比 D
与平衡水相稀土浓度之间的关系

在高稀土浓度时，由于稀土自身的盐析作用和相互竞争，$\beta_{Pr/La}$ 随稀土浓度增加而增大(图 5-7)，但稀土浓度太大，则黏度大，对分层不利，生产上常采用 320g/L 左右。

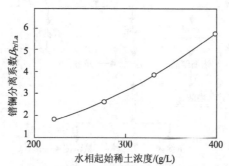

图 5-7　水相起始稀土浓度对 P_{350} 萃取分离 $\beta_{Pr/La}$ 的影响

5.3.5　中性络合萃取体系萃取分离钍和铀

P_{350} 与 TBP 相比，在较低的酸度下对稀土也有较高的萃取能力，但是对重稀土元素的萃取能力小于轻稀土元素，因此 P_{350}-HNO_3 体系萃取仅应用于从少铈混合稀土中提取纯镧，从镨钕富集物中分离镨、钕以及提取高纯氧化钪等方面。P_{350}-HNO_3 体系萃取分离稀土元素时，因为镧的分配比最小，易于同其他稀土元素分离，因此曾经作为提取高纯度镧的主要工艺而广泛应用，但目前已被 P_{507} 萃取体系取代。

用 TBP 从硝酸溶液中萃取钍和铀是行之有效的方法之一。在萃取过程中，$Th(NO_3)_4$ 与 TBP 生成 $Th(NO_3)_4 \cdot 2TBP$，硝酸铀酰与 TBP 生成 $UO_2(NO_3)_2 \cdot 2TBP$，都可以被萃取。但是铀的分配比高于钍，更易被萃取。由于铀和钍的分离系数随 TBP 浓度的变化而不同，即低浓度时的分离系数大于高浓度时的。因此分离工艺中采用先在 5%TBP 浓度下优先萃取铀，而后用 40%TBP 萃取分离钍和稀土。也可以采用先 30%TBP 萃取分离钍、铀和稀土，而后再用 5%TBP 萃取分离铀和钍，后接 40%TBP 萃取提纯钍(图 5-8)。

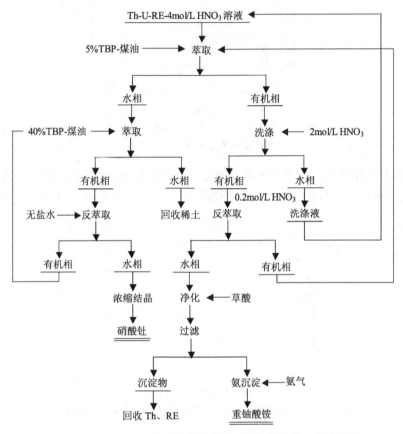

图 5-8　TBP-HNO₃体系萃取分离铀、钍和稀土的工艺流程图

另外，钍的分配比与水相中钍的浓度和硝酸浓度有关。当水相中钍浓度低而有机相中 TBP 浓度高时，D_{Th} 随硝酸浓度的增大而增大。反之，如果水相中钍浓度高，D_{Th} 受酸度的影响不大。溶液中如含有四价铈，因其分配比与钍相近而难分离。萃取钍时，可以加入双氧水使四价铈还原为三价，增大钍与铈的分离系数，以增强钍与铈的分离效果。

此流程中先用 5%TBP 萃取铀，经反萃取所得的含硝酸铀酰的溶液用草酸盐沉淀法净化除钍和稀土后，再通入氨气使铀呈重铀酸铵沉淀析出。萃取铀的余液中含有钍、稀土和铁、钛等杂质，该溶液用 40%TBP 萃取钍，用无盐水反萃钍，反萃液经浓缩结晶回收硝酸钍。萃取钍的余液可用于回收稀土。

5.4　酸性络合萃取体系分离稀土元素

5.4.1　酸性络合萃取体系的特点

酸性络合萃取体系包括酸性磷氧型萃取剂、羧酸类萃取剂及酸性含氧型萃取剂,它们共有的萃取特点是:①萃取剂是有机弱酸;②被萃取物是金属阳离子;③萃取的机理是阳离子交换。反应式如式(5-95)所示:

$$M_{水}^{n+}+nHA_{有} \rightleftharpoons MA_{n有}+nH_{水}^{+} \tag{5-95}$$

式中:HA 为酸性萃取剂,A 为有机分子部分,H 为分子中可参加交换反应的阳离子。

5.4.2　酸性萃取剂

酸性萃取剂主要包括酸性磷氧型萃取剂、羧酸类萃取剂和螯合萃取剂。在稀土工业中应用的主要有酸性磷氧型萃取剂 P_{204}、P_{507},以及羧酸类萃取剂环烷酸、脂肪酸等。

1. 酸性磷氧型萃取剂

当正磷酸分子中仍保留一个或两个羟基未被烷基或烷氧基代替时,则分子具有酸性,这类萃取剂称为酸性磷氧型萃取剂。按照萃取剂分子上含有的烷基或烷氧基的个数不同,可以将其分为三种类型:①一元酸性磷酸酯,如磷酸二烷基酯 $(RO)_2PO(HO)$、烷基磷酸甲烷基酯 $(RO)RPO(HO)$、二烷基磷酸 $R_2PO(HO)$;②二元酸性磷酸酯,如磷酸一烷基酯 $(RO)PO(HO)_2$、一烷基磷酸 $RPO(HO)_2$;③双磷酰化合物,如烷撑双磷酸 $(RO)PO(CH_2)_nOP(OR)$。磷氧型萃取剂分子中所含烷氧基的数量越多,酸性越强,使得萃取剂的萃取能力增大。

上述三种类型中最重要的是一元酸磷酸酯,目前稀土工业广泛使用的萃取剂 P_{204} 和 P_{507} 均属于这一类。

(1) 二(2-乙基己基)磷酸(P_{204})。P_{204} 的中文名称是二(2-乙基己基)磷酸,又称为磷酸二异辛酯(其结构式如图 5-9 所示),国外的商品代号为 D_2EHPA。P_{204} 萃取剂在非极性溶剂(如煤油)中,通常以二聚分子(H_2A_2)存在。萃取稀土后生成包括氢键在内的 8 原子螯合环结构的螯合萃合物,但此螯合环与完全由配位键和共价键构成的螯合环相比稳定性较差。

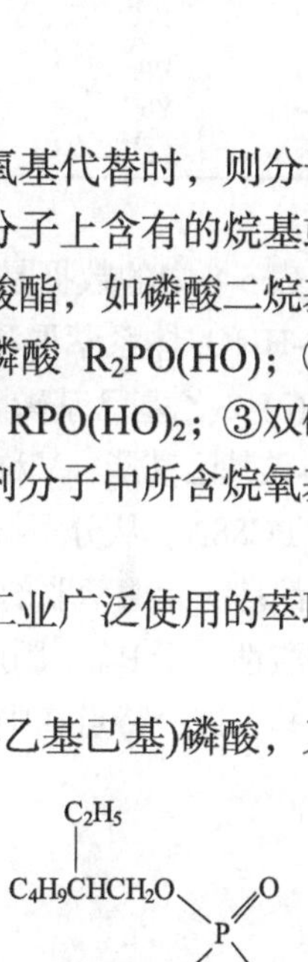

图 5-9　P_{204} 结构式

酸性磷氧型萃取剂(包括 P_{204}、P_{507})萃取金属离子时，主要是以 OH 基的 H^+ 离子与金属离子进行交换。其萃取能力随金属阳离子的电荷数增加而增加；金属阳离子的电荷数相同时，萃取能力随离子半径的减小而增加；对同一金属离子，萃取能力随溶液的酸度增加而减小。对于三价的稀土元素，P_{204} 萃取的分配比 D 随稀土原子序数的增加而增加。这样的萃取规律通常称为"正序萃取"(表 5-8)。

表 5-8　P_{204} 萃取稀土的分配比 D 和分离系数 β

稀土元素	分配比 D	分离系数 β
Y^{3+}	1.00	
La^{3+}	1.3×10^{-4}	$\beta_{Ce/La}=2.8$
Ce^{3+}	3.6×10^{-4}	$\beta_{Pr/Ce}=1.5$
Pr^{3+}	5.4×10^{-4}	$\beta_{Nd/Pr}=1.3$
Nd^{3+}	7.0×10^{-4}	$\beta_{Pm/Nd}=2.7$
Pm^{3+}	1.9×10^{-3}	$\beta_{Sm/Pm}=3.2$
Sm^{3+}	5.9×10^{-3}	$\beta_{Eu/Sm}=2.2$
Eu^{3+}	0.013	$\beta_{Gd/Eu}=1.5$
Gd^{3+}	0.019	$\beta_{Tb/Gd}=5.3$
Tb^{3+}	0.100	$\beta_{Dy/Tb}=2.8$
Dy^{3+}	0.280	$\beta_{Ho/Dy}=2.2$
Ho^{3+}	0.620	$\beta_{Er/Ho}=3.0$
Er^{3+}	1.4	$\beta_{Tm/Er}=3.5$
Tm^{3+}	4.9	$\beta_{Yb/Tm}=3.0$
Yb^{3+}	14.7	$\beta_{Lu/Yb}=3.0$
Lu^{3+}	39.4	

表 5-8 中的数据是 P_{204}-煤油-$HClO_4$ 体系的实验结果，P_{204}-煤油-HCl 体系和 P_{204}-煤油-HNO_3 体系萃取稀土也有相同的规律。

(2) 2-乙基己基磷酸单-2-乙基己基酯(P_{507})。P_{507} 的中文名称是 2-乙基己基磷酸单-2-乙基己基酯，又称为异辛基磷酸单异辛酯，国外的商品代号为 HDEHP，商品名称为 PC88A。从分子结构上看 P_{507} 属(RO)RPO(HO)类(图 5-10)，P_{204} 属(RO)₂PO(OH)类，都是一元酸萃取剂，但是 P_{507} 分子中含有一个烷基 R，由于 R 具有斥电子性，分子的酸性弱于 P_{204}。因此 P_{204} 的萃取能力大于 P_{507}。P_{507} 酸性弱，适于在低酸度下萃取和反萃，这一特点在中、重稀土的分离中显示出了很大的优势。

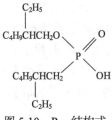

图 5-10　P_{507} 结构式

P_{507} 萃取稀土元素的特点与 P_{204} 相同，属于正序萃取。P_{507} 萃取稀土元素有较高的分离系数(表 5-9)，镧系 15 个元素的平均分离系数 $\beta=3.04$，大于已见报道的所有萃取剂。

表 5-9　稀土元素在实际体系中的分离系数 β 和饱和萃取量 C

萃取剂-煤油-盐酸体系	β							C/(g/L)
	Ce/La	Pr/Ce	Nd/Pr	Sm/Nd	Eu/Sm	Eu/Gd	Tb/Gd	
70% P_{350}	~2.0	~1.6	1.3~1.4					~80
20%环烷酸	1.8~2.0	1.3~1.4	1.2~1.3	2.0~3.0				~35
1mol/L P_{204}	3.0~4.0	1.6~1.8	1.3~1.4	6.0~8.0	1.8~2.0	1.3~1.4	3.0~4.0	~18
1mol/L P_{507}	5.0~8.0	1.8~2.2	1.5~1.6	8.0~12	2.0~2.2	1.5~1.6	3.0~4.0	~28

(3) 新型酸性膦类萃取剂 Cyanex272[10,11]。美国氰胺公司合成的新型酸性膦类萃取剂 Cyanex272(图 5-11)的分离系数远远大于 P_{507}，并且由于 Cyanex272 分子中的支链结构(2,4,4-三甲基戊基)的空间位阻效应，它萃取稀土离子时的选择性优于 P_{204} 和 P_{507}。加之 Cyanex272 分子结构中不含有酯氧原子，使它的 pK_a 值比 P_{204} 和 P_{507} 大，从而使得 Cyanex272 萃取稀土所需的水相酸度低，反萃更容易。Cyanex272 在中、重稀土萃取分离中的突出效果引起了国内外稀土萃取剂研究人员的关注，但其萃取容量小，萃取过程中易于乳化，并且该产品目前大多数靠进口。国内自主生产的该产品纯度低、杂质多，很难达到所要求的萃取性能。

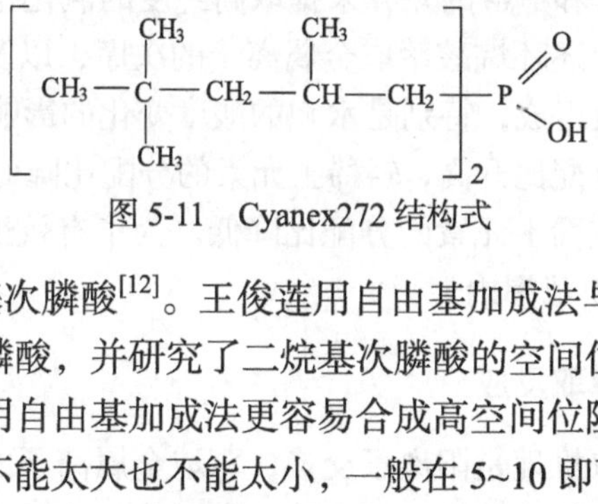

图 5-11　Cyanex272 结构式

(4) 高位阻二烷基次膦酸[12]。王俊莲用自由基加成法与格氏反应法合成了一系列高位阻二烷基次膦酸，并研究了二烷基次膦酸的空间位阻效应与萃取效果的关系。文中指出，采用自由基加成法更容易合成高空间位阻的产物。二烷基结构中的烷基上的碳原子不能太大也不能太小，一般在 5~10 即可，二烷基次膦酸由于其极差的溶解性，一般不作为萃取剂。当烷基结构为 3-甲基丁基(HYY-7)和 3,3-二甲基丁基(HYY-3)时，其萃取能力太强，几乎没有分离效果，但当烷基结构为2,4,4-三甲基戊基(Cyanex272)、1-甲基丁基(HYY-8)和环己基(HYY-11)时恰恰相反，具有一定分离性能，但萃取效果太差。只有二(2,3-二甲基丁基)次膦酸(HYY-2)表现出了良好的萃取与分离性能，此萃取剂不仅萃取重稀土铥、镱、镥的能力几乎是 Cyanex272 的两倍，而且对难分离重稀土元素 Gd/Eu、Er/Y、Lu/Yb 有较好的选择性，分离性能优于 P_{507}，具有较高的借鉴价值。

2. 羧酸类萃取剂

羧酸的化学分子式的通式为 RCOOH，也可以简单写成 HA，是一种有机弱酸，在有机相中以 HA 和(HA)$_2$ 两种形式存在。萃取稀土后的萃合物除 REA$_3$、RE(HA$_2$)$_3$ 外，还有其他中间形式，如 REA$_3 \cdot x$HA。羧酸类萃取剂普遍的缺点是萃取酸度较低(一般 pH=4~6)，且易乳化，选择性较差[13]。

在稀土分离工业中，羧酸类萃取剂中最重要的是环烷酸，其分子结构式如图 5-12 所示。

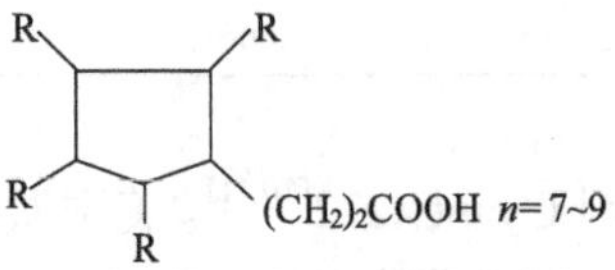

图 5-12　环烷酸结构式

环烷酸萃取金属离子的次序是：$Fe^{3+} > Th^{4+} > Zr^{4+} > U^{4+} > UO_2^{2+} > Al^{3+} > Cu^{2+} > Zn^{2+} > Pb^{2+} > Cd^{2+} > RE^{3+} > Ni^{2+} > Sr^{2+} > Co^{2+} > Fe^{2+} > Mn^{2+} > Ca^{2+} > Mg^{2+}$。

环烷酸萃取稀土元素的次序与 P$_{204}$ 和 P$_{507}$ 差异很大。例如，10%环烷酸-10%混合醇-80%煤油-HCl(pH=4.8~5.1)体系的萃取次序为：$Sm^{3+} > Nd^{3+} > Pr^{3+} > Dy^{3+} > Yb^{3+} > Lu^{3+} > Tb^{3+} > Ho^{3+} > Tm^{3+} > Er^{3+} > Gd^{3+} > La^{3+} > Y^{3+}$，生产中利用环烷酸萃取稀土元素的次序与 P$_{204}$ 和 P$_{507}$ 的差异来提取高纯度的氧化钇。

应该指出的是，上述环烷酸萃取金属离子的次序，以及萃取稀土元素的次序受萃取体系组成、料液组成，特别是水相的酸度变化的影响较大。实验证明，pH 升高时重稀土元素的分配比升高，轻稀土元素的分配比降低；pH 降低时，轻稀土元素的分配比升高，重稀土元素的分配比降低。为了有效地分离轻重稀土元素，一般 pH 选择在 4.7~5.1 范围内。

5.4.3　酸性萃取剂的萃取反应

酸性萃取剂的萃取机理是阳离子交换，萃取金属离子的一般反应式可以用式(5-96)表示为

$$M^{n+} + n\overline{HA}_{有} \rightleftharpoons \overline{MA_{n}}_{有} + nH^+ \tag{5-96}$$

其萃取平衡常数(称萃合常数)为

$$K = [\overline{MA_{n有}}][H^+]^n / \{[M^{n+}][\overline{HA}_{有}]^n\} \tag{5-97}$$

由于酸性萃取剂是有机弱酸，在萃取稀土的过程中除式(5-96)所标示的平衡外，还存在萃取剂在两相中的溶解分配，萃取剂在水相中的解离，水相稀土化合

物解离，解离的稀土离子与解离的萃取剂阴离子在水相中络合，在水相中生成的萃取配合物溶于有机相五个平衡过程。这五个平衡反映了酸性萃取剂的萃取机理，而式(5-97)是五个平衡的综合表现。因此，萃取反应的平衡常数又可以表示为

$$K=[MA_n]_{有}[H^+]^n/\{[M^{n+}][HA]_{有}^n\}=K_a{}^n\cdot\beta_n\cdot\varLambda/\lambda^n \tag{5-98}$$

式中：K_a 为酸性萃取剂的解离常数；β_n 为萃取配合物 REA_3 的稳定常数；$\varLambda$ 为萃取配合物 REA_3 在两相间的分配常数；λ 为萃取剂在两相间的分配常数。

一般而言，K_a 越大，将导致 $\varLambda$ 增加，K_a 越大，对 K 增大有利。实际上酸性萃取体系的萃取反应机理是非常复杂的，萃取过程中除上述平衡之外，还可能有聚合平衡，萃取配合物也可能不止一种，它是一个多种配位平衡同时存在的复杂体系。为了方便讨论，下文将分别对 P_{204}、P_{507} 和环烷酸萃取剂的萃取典型反应和影响分配比 D 与分离系数 β 的因素进行论述。

1. P_{204} 萃取体系

1) 萃取反应

(1) 萃取三价稀土离子。

P_{204} 萃取三价稀土离子的反应为阳离子交换，反应式同式(5-95)，萃取序列属正序萃取，钇与 P_{204} 的分配比在钬、铒之间。

P_{204} 萃取三价稀土离子的分配比 $D=[REA_3]_{有}^3/[RE^{3+}]$，代入式(5-97)，得

$$D=K[HA]_{有}^3/[H^+]^3 \tag{5-99}$$

式中：$[HA]_有$ 为自由萃取剂浓度，即为参加萃取反应的萃取剂浓度。

(2) 硫酸体系中萃取 Ce^{4+}。

在纯净的 $Ce(SO_4)_2$ 溶液中，水相酸度在 pH≤1.0 时，Ce^{4+} 以离子形式被萃取：

$$nCe^{4+}+2n(HA)_{2有}=\!=\!=(CeA_4)_{n有}+4nH^+ \tag{5-100}$$

当 pH=1.7~2.0 时，Ce^{4+} 可能以络合离子的形式被萃取：

$$nCeO^{2+}+n(HA)_{2有}=\!=\!=(CeA_4)_{n有}+2nH^+ \tag{5-101}$$

$$[CeSO_4]^{2+}+(HA)_{2有}=\!=\!=CeSO_4A_{2有}+2H^+ \tag{5-102}$$

生产实际中，氟碳铈矿经氧化焙烧用硫酸浸出的溶液中除 Ce^{4+} 外还有 F^-，Ce^{4+} 与 F^- 以络阴离子存在于溶液中，萃取时同 P_{204} 生成萃合物进入有机相。

$$[CeF_2]^{2+}+(HA)_{2有}=\!=\!=CeF_2A_{2有}+2H^+ \tag{5-103}$$

(3) P_{204} 的协同萃取反应。

向 P_{204} 中加入某些萃取剂，萃取体系表现出正协同萃取效应和负协同萃取效应。例如，单独使用 P_{204} 时，镧的分配比 $D=0.07$，加入噻吩甲酰三氟丙酮(HTTA)后镧的分配比 $D>0.07$，且随 HTTA 浓度的增加而增加，这说明 P_{204}-HTTA 是正协同萃取体系。反之，镧的分配比随加入的乙酰丙酮(AA)、三正辛胺(TOA)、磷酸三丁酯(TBP)浓度的增加而减小，说明这些体系是负协同萃取体系。

正协同萃取体系的萃取过程被认为是取代机理：一个 HTTA 分子从 P_{204} 的萃合物 $RE(HA_2)_3$ 中取代两个 HA 分子，形成混合配位体的萃合物，被取代下来的 P_{204} 继续萃取生成新的混合配位体萃合物，这种混合配位体萃合物更稳定，使分配比提高，其反应表示如下：

$$RE(HA_2)_3+HTTA\Longrightarrow RE(HA_2)_2\cdot TTA+2HA \tag{5-104}$$

P_{204}+TBP 虽然是负协同萃取体系，但是由于在含氟硫酸浸出溶液中萃取 Ce^{4+} 过程中有抑制第三相生成的作用而经常被生产实践采用[14]。

2) 影响分配比和分离系数的因素

对式(5-99)两边取对数，有

$$\lg D=\lg K+3\lg[HA]_{有}+3pH \tag{5-105}$$

由式(5-103)~式(5-105)，可以分析 P_{204} 萃取三价稀土离子时，各因素对分配比 D 及分离系数 β 的影响。

(1) 水相酸度的影响。

由式(5-105)可知，$\lg D$ 随 pH 的增加而增加，当[HA]$_{有}$不变时，pH 每增加一个单位，则分配比增加 1000 倍，可见酸度的影响之大。图 5-13 中示出的是 P_{204} 萃

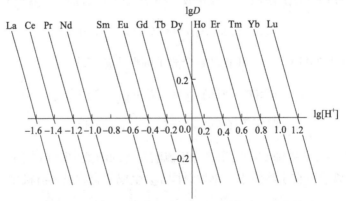

图 5-13　P_{204} 萃取三价稀土离子时酸度与分配比的关系

实验条件：P_{204}(1mol/L)-甲苯，$RECl_3$ 为 0.05mol/L

取三价稀土离子时，式(5-105)所表达的 $\lg D$ 与 pH 的关系。图中各直线的斜率为 −3，数值 3 是稀土元素的化合价。由图可知，在同一酸度下，各稀土元素的分配比随酸度的增加而增加。利用此图可以确定两相邻稀土元素分离时的水相酸度。例如，在 Sm 的线上，pH=4.0($\lg[H^+]$=−0.6)时，D_{Sm}=1(即 $\lg D_{Sm}$=0)，这说明该酸度下 Sm 在有机相和水相中的浓度分布相等，没有分离作用。

如果选择 pH>4.0(即 $\lg[H^+]$<−0.6)，D_{Sm}>1(即 $\lg D_{Sm}$>0)，此时 Sm 及原子序数大于 Sm 的稀土元素优先萃取进入有机相；而 D_{Nd}>1(即 $\lg D_{Nd}$>0)时，原子序数小于 Nd 的稀土元素和 Nd 难被萃取而富集于水相中，经多级萃取使 Nd 和 Sm 分离。依此原理，可实现其他两稀土元素的分离。

同理，选择适当酸度的溶液做洗涤液，可以将萃入有机相的难萃稀土元素洗回水相，使有机相中的易萃稀土元素得到净化。如果酸度足够高，使易萃组分的分配比 D<1，则有机相中的易萃组分将被反萃至水溶液中。

(2) 其他因素的影响。

提高萃取剂的浓度和料液稀土的浓度都有利于提高分配比 D，但过高的萃取剂浓度将使得有机相的黏度增加，导致两相分层慢，不利于萃取反应的进行。因此，工业生产中一般设定 P_{204} 的浓度为 1.0~1.5mol/L。对于硫酸溶液来说，稀土硫酸盐的溶解度较低，过高的料液浓度会使其在萃取器中出现结晶，严重时将妨碍萃取的进行[15]。

稀释剂对分配比 D 也有影响，应选择在两相中分配常数 λ 较小的惰性有机溶剂作为稀释剂。

此外，P_{204} 萃取稀土离子的分配比 D 随水相阴离子的不同而不同，其原因是阴离子与金属离子的络合能力不同。

2. P_{507} 萃取体系

1) 萃取反应

P_{507} 萃取稀土离子的反应因矿物酸不同而有所区别。

(1) 硝酸体系。

在硝酸体系中，P_{507} 萃取稀土离子的反应受水相酸度的影响，存在着阳离子交换反应和类似于中性萃取体系的溶剂化萃取反应。由于有机相中同时存在着 P_{507} 的二聚分子和单体分子，可以认为溶剂化萃取反应物是逐渐产生的，即阳离子交换萃取和溶剂化萃取两种反应机理是逐渐过渡的。在 P_{204} 萃取重稀土元素时也存在这一现象。两种萃取反应可以用一个通式表示：

$$RE^{3+}+nNO_3^-+(3-n/3)(HA)_{2有}\Longrightarrow RE(NO_3)_n(HA_2)_{3有-n}\cdot 4n/3(HA)_有+(3-n)H^+ \qquad (5-106)$$

式(5-106)中的 n=0~3。在低酸度条件下，n=0，萃取反应机理是阳离子交换，

反应式为

$$RE^{3+}+3(HA)_{2有}\Longrightarrow RE(HA_2)_{3有}+3H^+ \tag{5-107}$$

随硝酸浓度的增加，有机相中的 P_{507} 二聚分子不断被解离为单分子，使 n 逐渐增大，即阳离子交换萃取反应逐渐向中性萃取反应机理过渡，当 $n=3$ 时则完全过渡为溶剂化萃取反应机理，其反应式为

$$RE^{3+}+3NO_3^-+2(HA)_{2有}\Longrightarrow RE(NO_3)_3\cdot4(HA)_有 \tag{5-108}$$

与此同时，P_{507} 萃取硝酸的反应式为

$$H^++NO_3^-+H_2O+(1/2)(HA)_{2有}\Longrightarrow(HNO_3\cdot H_2O\cdot HA)_有 \tag{5-109}$$

阳离子交换萃取反应[式(5-106)]的平衡常数 K_1 的表达式为

$$K_1=[RE(HA_2)_3]_有[H^+]^3/\left\{[RE^{3+}][(HA)_2]_有^3\right\} \tag{5-110}$$

同样，依式(5-107)和式(5-108)可以得出高酸度下萃取平衡常数 K_2 的表达式：

$$K_2=[RE(NO_3)_3\cdot4HA]_有/\left\{[RE^{3+}][NO_3^-]^3[(HA)_2]_有^2\right\}$$

$$=4D(1+K_H[H^+]^2\cdot\alpha_{H_2O})^2/\left\{[NO_3^-]^3[(HA)_2]_有\right\} \tag{5-111}$$

式中：自由萃取剂浓度 $[(HA)_2]_有=(C_{P_{507}}-[H^+]_有-4[RE^{3+}]_有)/2$；$\alpha_{H_2O}$ 为 H_2O 的活度；$K_H=1.4\times10^{-3}$ 为 P_{507} 萃取硝酸反应的平衡常数。

(2) 硫酸体系。

在硫酸体系中，P_{507} 萃取稀土离子的反应机理与硝酸体系基本相同，存在着阳离子交换反应和类似于中性萃取体系的萃取反应。例如，低酸度下三价稀土离子 Er^{3+} 的萃取反应和反应的平衡常数为

$$Er^{3+}+5/2(HA)_{2有}\Longrightarrow ErA\cdot(HA_2)_{2有}+3H^+ \tag{5-112}$$

$$K_1=[ErA\cdot(HA_2)]_{2有}[H^+]^3/\{[Er^{3+}][(HA)_2]_有^{5/2}\} \tag{5-113}$$

萃取四价稀土离子铈的反应和平衡常数为

$$Ce^{4+}+3(HA)_{2有}\Longrightarrow CeA_2\cdot(HA_2)_{2有}+4H^+ \tag{5-114}$$

$$K_1=[CeA_2\cdot(HA_2)]_{2有}[H^+]^4/\{[Ce^{4+}][(HA)_2]_有^3\} \tag{5-115}$$

高酸度下的溶剂化萃取反应式为

$$Er^{3+}+3/2\,SO_4^{2-}+2(HA)_{2\text{有}}=\!=\!=Er(SO_4)_{1.5}\cdot 4HA_\text{有} \tag{5-116}$$

$$Ce^{4+}+2H\,SO_4^-+SO_4^{2-}+(HA)_{2\text{有}}=\!=\!=H_2Ce(SO_4)_3\cdot 2HA_\text{有} \tag{5-117}$$

高酸度下 P_{507} 萃取硫酸，其反应式为

$$H^++HSO_4^-+(HA)_{2\text{有}}=\!=\!=H_2SO_4\cdot 2HA_\text{有} \tag{5-118}$$

由于 P_{507} 萃取硫酸的反应与 P_{507} 萃取稀土元素的反应同时进行，P_{507} 萃取稀土元素的反应平衡受到了 P_{507} 萃取硫酸反应的制约，P_{507} 萃取稀土元素的分配比 D 与两个反应的平衡常数都有关系[16]，如：

萃取 Er^{3+}

$$K_2=D_{Er^{3+}}\,(1+\beta n[\,SO_4^{2-}\,]^n)(1+K_H[H^+][HSO_4^-])^2/\left\{\,[\,SO_4^{2-}\,]^{3/2}[(HA)_2]_\text{有}^2\right\} \tag{5-119}$$

萃取 Ce^{4+}

$$K_2=D_{Ce^{4+}}\,(1+\beta_n[\,SO_4^{2-}\,]^n)/\left\{\,[HSO_4^-]^2[\,SO_4^{2-}\,][(HA)_2]_\text{有}\right\} \tag{5-120}$$

式中：n 为溶剂化分子种类数；β_n 为 n 种溶剂化合物稳定常数之和；K_H 为 P_{507} 萃取硫酸反应式(5-118)的平衡常数。

(3) 盐酸体系。

在盐酸体系中，P_{507} 萃取稀土离子的反应机理为阳离子交换，萃取反应同式(5-95)，萃取平衡常数可以用式(5-98)表示。

2) 影响分配比和分离系数的因素

由于 P_{507} 在盐酸体系中萃取稀土离子的反应机理是阳离子交换，因此分配比 D 与酸性自由萃取剂的浓度 $[HA]_\text{有}$ 等因素的关系可以用式(5-105)说明，各因素对分配比的影响规律与 P_{204} 萃取体系相同，此处不再讨论。

在硫酸体系和硝酸体系中，P_{507} 萃取稀土离子的过程存在着阳离子交换反应和类似于中性萃取体系的溶剂化萃取反应，萃取机理比盐酸体系复杂。为了便于讨论，现将萃取反应平衡常数表达式转换成与分配比有关的公式。

低酸度下硝酸体系的平衡常数如式(5-115)所示，即

$$K_1=[RE(HA_2)_3]_\text{有}[H^+]^3/\left\{[RE^{3+}][(HA)_2]_\text{有}^3\right\} \tag{5-121}$$

按萃取分配比的定义，可以有

$$D=K_1'\,[RE(HA_2)_3]_\text{有}/[RE^{3+}] \tag{5-122}$$

式中：K_1' 是对分配比定义式以 $[RE(HA_2)_3]_有$ 代表 $C_有$ 而产生的误差的校正系数。代入式(5-121)中，得出：

$$D = K_1 K_1' \ [\ (HA)_2]_有^3/[H^+]^3 \tag{5-123}$$

由式(5-113)和式(5-115)可归纳出低酸度下硫酸体系平衡常数的表达式：

$$K_1 = [REA_{n-2}\cdot(HA_2)]_{2有} \ [H^+]^n/ \{ [Ce^{n+}][(HA)_2]^{n-j} \} \tag{5-124}$$

式中：萃取 Er^{3+} 时，$n=3$、$j=0.5$；萃取 Ce^{4+} 时，$n=4$、$j=1$。

与式(5-123)的推理相同，可得出低酸度下硫酸体系萃取分配比 D 的关系式：

$$D = K_1 K_1' \ [\ (HA)_2]_有^{n-j}/[H^+]^n \tag{5-125}$$

与上同理，由式(5-125)可得出高酸度下硝酸体系萃取分配比 D 的表达式：

$$D = (K_2/ \ K_2') \ [NO_3^-]^3[(HA)_2]_有^2$$

$$= (K_2/4)[\ NO_3^-]^3[(HA)_2]_有^2/(1+K_H[H^+]^2\cdot \alpha_{H_2O})^2 \tag{5-126}$$

式中的 K_2' 与前述 K_1' 的意义相同。

由式(5-115)和式(5-119)可以得出高酸度下硫酸体系萃取 Er^{3+} 和 Ce^{4+} 的分配比 D 的表达式：

$$D_{Er^{3+}} = K_2 \ [SO_4^{2-}]^{3/2}[(HA)_2]_有^2/ \{ (1+\beta n[SO_4^{2-}]^n)(1+K_H[H^+][HSO_4^-])^2 \} \tag{5-127}$$

$$D_{Ce^{4+}} = K_2 \ [HSO_4^-]^2 \ [SO_4^{2-}]^{3/2}[(HA)_2]_有^2/(1+\beta n[SO_4^{2-}]^n) \tag{5-128}$$

分析式(5-123)~式(5-128)可知，影响萃取分配比的因素有水相的酸度 $[H^+]$、自由萃取剂浓度 $[(HA)_2]_有$、阴离子浓度 $[NO_3^-]$ 或 $[SO_4^{2-}]$、配合物的稳定常数 β 以及稀释剂的性质等。其中，$[(HA)_2]_有$ 对 D 的影响与 $[H^+]$ 无关，其余各因素均与 $[H^+]$ 的变化有关。萃取过程中随水溶液酸度 $[H^+]$ 的增加，分配比 D 的变化在低酸度时符合阳离子交换机理，在高酸度时符合溶剂萃取机理。实验证明，D 随酸度 $[H^+]$ 变化存在明显的转折点，实验结果如图 5-14 和图 5-15 所示。

图 5-14 和图 5-15 表明在低酸度时，D 随酸度的增加而减小，是典型的酸性萃取规律；在高酸度时，D 随酸度的增加而增大，其原因是阴离子增加，减小了水分子的溶剂化作用，使金属离子的配合物萃入有机相的能力增强，这一现象可以用中性萃取的盐析效应概念解释。

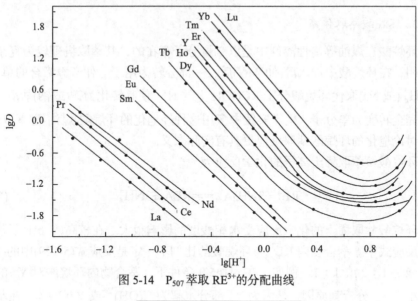

图 5-14　P_{507} 萃取 RE^{3+} 的分配曲线

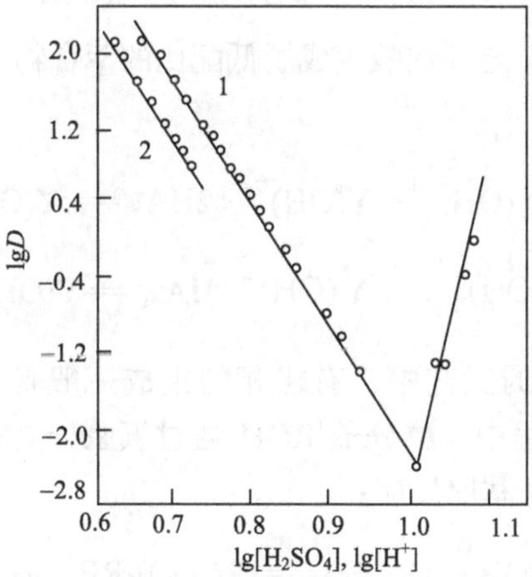

图 5-15　平衡水相酸度对 P_{507} 萃取 $Er(III)$ 的影响

1. $\lg D$-$\lg[H_2SO_4]$; 2. $\lg D$-$\lg[H^+]$

　　水相中的稀土浓度对分离系数 β 也有一定的影响。在 P_{507}-煤油-HNO_3 体系中，β 随水相稀土浓度升高而降低，P_{507}-煤油-HCl 体系中，水相稀土浓度升高对 β 的影响不大(表 5-10)。

表 5-10　水相中稀土浓度 C_{RE} 与 $\beta_{Ce/La}$ 的关系

HNO_3 体系	C_{RE}/(mol/L)	0.10	0.20	0.40	0.70	1.00	1.19	
	$\beta_{Ce/La}$	4.07	3.53	3.11	2.66	2.35	2.10	
HCl 体系	C_{RE}/(mol/L)	0.19	0.39	0.70	1.00	1.31	1.75	2.01
	$\beta_{Ce/La}$	5.66	5.84	6.00	5.69	5.45	6.03	5.59

3. 环烷酸萃取体系

环烷酸在煤油等惰性溶剂中是以二聚分子存在的，其萃取机理较为复杂。实验证明，在环烷酸中加入醇(仲辛醇)后，一部分转为用于与仲辛醇缔合的单分子，用 NH_4^+ (或 Na)取代环烷酸分子 RCOOH 上的 H^+，使其转化为铵(或钠)盐后，则环烷酸完全转变为单分子。生产实践中多用这种经皂化的环烷酸-煤油-醇萃取体系，因此讨论皂化的环烷酸萃取反应更具有实际意义。

环烷酸铵萃取稀土离子的化学反应为

$$RE^{3+}+3NH_4A_{有}\Longrightarrow REA_3+3NH_4^+ \tag{5-129}$$

环烷酸萃取稀土的化学反应受水相酸度的影响很大。在较高的 pH 下萃取稀土的反应式中，萃合物内 RE^{3+} 与环烷酸的比例不一定是反应式(5-129)中的 1:3，而可能是 1:2 或 1:1。例如，在 pH>5.0 条件下，萃合物内环烷酸对 Y^{3+} 的比值可以小于3。分析其原因，是因为 Y^{3+} 部分水解为 $Y(OH)^{2+}$ 或 $Y(OH)_2^+$，在萃取过程中 $Y(OH)^{2+}$ 或 $Y(OH)_2^+$ 与环烷酸生成了低配比的萃合物。其反应过程可以用以下的反应式表示：

$$Y^{3+}+OH^-\Longrightarrow Y(OH)^{2+} \quad Y(OH)^{2+}+2HA_{有}\Longrightarrow Y(OH)A_{2有}+2H^+ \tag{5-130}$$

$$Y^{3+}+2OH^-\Longrightarrow Y(OH)_2^+ \qquad Y(OH)_2^++HA_{有}\Longrightarrow Y(OH)_2A_{有}+H^+ \tag{5-131}$$

在环烷酸萃取稀土的工艺中，有机相的组成一般是 25%环烷酸-10%仲辛醇-65%煤油，在萃取过程中，醇分子 ROH 通过氧原子上的孤电子对可能与稀土形成配价键化合物而参加萃取反应：

$$RE^{3+}+3RCOOH_{有}+nROH_{有}\Longrightarrow (RCOO)_3RE^{3+}\cdot nROH_{有}+3H^+ \tag{5-132}$$

在混合稀土料液中经常含有 Ca^{2+}、Mg^{2+}、Fe^{2+}、Mn^{2+}、Fe^{3+}、Al^{3+}、Pb^{2+}、Si^{4+} 等杂质。这些杂质有的影响稀土产品质量，有的在萃取过程中引起有机相乳化，影响生产的正常进行。根据前文中提到的环烷酸萃取金属离子序列的特殊性，可以将这些杂质分为易于稀土萃取的杂质 Fe^{3+}、Al^{3+}、Pb^{2+} 和难于稀土萃取的杂质 Ca^{2+}、Mg^{2+}、Fe^{2+}、Mn^{2+} 及不被萃取的杂质 Si^{4+}。

对于易萃取杂质 Fe^{3+}、Al^{3+}，可以通过控制水相的 pH≥4.0，使其萃入有机相与稀土分离。但应注意的是 Fe^{3+}、Al^{3+} 在 pH 较高时很容易形成含有羟基的络合阳离子 $Fe(OH)_2Fe^{4+}$、$Al(OH)_2^+$，在环烷酸萃取时，以 $Fe(OH)_2Fe^{4+}$、$Al(OH)_2^+$ 为核心形成悬浮颗粒，使有机相出现乳化现象。特别是水相中的 Si^{4+} 含量较高时，有机相乳化现象加重。因此这类杂质最好在环烷酸萃取前除去[17]。Ca^{2+}、Mg^{+2}、Fe^{2+}、Mn^{2+}杂质，在环烷酸萃取稀土时留于水相而同稀土分离。

5.4.4　酸性萃取剂的皂化

酸性萃取体系的萃取过程中，水相的酸度对萃取分配比 D 和分离系数 β 影响最大。而且随萃取反应的进行，萃取剂分子内的 H^+ 不断向溶液释放，致使水相的酸度不断提高，导致分配比 D 下降。为了克服这一弊病，生产中采用皂化的方法将萃取剂在萃取前先转化为铵或钠盐，在随后的萃取过程中，水相中的金属离子与萃取剂中的 NH_4^+ 或 Na^+ 相互置换，NH_4^+ 或 Na^+ 进入水相不影响酸度，稳定了萃取过程。萃取工业中常用的皂化剂有氨水、氢氧化钠、碳酸氢铵、碳酸钠等[18]。

1. 氨皂化工艺

氨皂化工艺是指采用液氨、氨水或碳酸氢铵作为皂化剂，具有成本低、皂化效果好和纯度高等优点。但在萃取过程产生的废水中含有很多的 NH_4^+，如排放将会造成江、河、湖甚至海中的化学耗氧量(COD)过高，破坏水质。氨皂化反应和皂化有机相的萃取反应如下：

氨皂化反应

$$NH_4^+ + HA_{有} = NH_4A_{有} + H^+ \tag{5-133}$$

氨皂化萃取剂的萃取反应

$$3NH_4A_{有} + RE^{3+} = REA_{3有} + 3NH_4^+ \tag{5-134}$$

早期氨皂化采用液氨作为皂化剂，一方面液氨需要在较高压力条件下运输和储存，存在一定的危险性；另一方面由于浓度高，在皂化过程中有一定量氨气放出，对操作环境污染严重。此后采用较低浓度的氨水皂化，操作环境较好，因此被稀土分离企业广泛使用。采用碳酸氢铵作为皂化剂，由于其用量大、溶解度低和皂化过程中温度低等问题，在实际生产中应用较少。

工业生产中，为了提高皂化废水中的氯化铵浓度和考虑到皂化过程放热对槽体的影响，氨水碱度控制在 8mol/L 左右。如果氨水浓度较低，不仅产生的废水量大而且废水中氯化铵的浓度较低。如果氨水浓度过高，在皂化过程中氨水挥发严重且释放大量的热，对萃取槽(PVC 材料制作)的形变影响较大。采用 8mol/L 的氨水作为皂化剂，产出的皂化废水中 NH_4Cl 浓度大于 2.99mol/L，为皂化废水的资源化利用奠定了良好的基础。

2. 钠皂化工艺

由于《稀土工业污染物排放标准》对稀土企业排放的生产废水中 Cl^- 和 Na^+ 含量没有设定具体指标，钠皂废水经过简单的除油、除杂等工序处理后即可排放。因此采用钠皂替代氨皂是目前稀土冶炼分离企业广泛使用的替代技术，其技术本身已相当成熟，但是成本较高，而且对 Na^+ 有特殊要求的高纯稀土化合物产品无法达到其指标要求[19]。

钠皂化工艺是采用液碱、片碱或碳酸钠溶液作为皂化剂，其皂化工艺过程与氨皂类似。采用氢氧化钠溶液进行皂化时，通常将氢氧化钠溶液浓度控制在一定范围内，主要有以下原因：其一是如果浓度过低，配制过程中需要消耗的水量增大，导致皂化废水产出量增加且废水中氯化钠浓度降低，不利于皂化废水的处理。其二是如果浓度太高，一方面由于氢氧化钠的碱性较强，在皂化过程中会出现局部乳化；另一方面是由于水量的减少使皂化有机相的温度大幅升高，对萃取设备的形变影响较大。通常将氢氧化钠浓度控制在 5mol/L 左右，产出的废水中 NaCl 浓度大于 5mol/L。

高浓度氯化钠废水的长期排放对于内陆地区的土壤和水体均有一定的危害性，但是对处于沿海地区的某稀土分离企业来说，皂化废水经过除油过滤处理后就能排入大海。

3. 钙(镁)皂化工艺

针对氨皂化稀土分离企业生产过程产生的废水无法达到稀土工业污染排放标准，以及部分企业采用钠皂化稀土分离生产过程中存在运行成本过高、固定投资大等问题，雷金勇[20]研发了氧化钙-氢氧化钙皂化稀土分离工艺。首先用经氧化钙皂化后的萃取剂与混合氯化稀土进行模糊萃取，将其分成三组稀土溶液，再用经氢氧化钠皂化后的萃取剂分别对三组稀土溶液进行萃取分离单一稀土元素。该工艺主要有如下优势：①萃取分离过程使用价格低廉、原料易得的石灰，经处理后取代氨水和液碱进行皂化反应，在降低原料消耗的同时，从源头消除氨氮废水污染，有利于环境的保护。②萃取分离过程中，采用液态氧化钙预处理有机相，从源头杜绝了氨皂化引起的废水高氨氮问题；部分减少了高盐废水排放；液-液反应比液-固反应速率快，萃取更完全，而且操作简单易控制。③采用氧化钙-氢氧化钠皂化萃取分离技术，可大大降低酸碱单耗，生产成本大幅下降；处理能力提高，并且大部分产品的纯度、质量稳定性有所提高。

周洁英等[21]研究了稀土萃取有机相的无氨连续皂化工艺。结果表明：用无氨皂化剂碳酸钙皂化 30min，有机相皂化值可达 0.5~0.54mol/L，且易分相，流动性好，Ca/RE 分离最佳级数为 8 级。以此条件在 30L 萃取槽中进行综合试验，结果有机相皂化值稳定为 0.5~0.54mol/L，所得氧化物稀土总量大于 99%，CaO 和 Cl⁻ 的质量分数稳定小于 0.05%；皂化成本远低于氨水和氢氧化钠的皂化成本。该技术已成功应用于国内某稀土分离厂，经济技术指标达到行业要求且稀土产品质量合格。

4. 稀土皂化工艺

北京有色金属研究总院等单位研究了碳酸稀土皂化技术[22]，将空白有机相放入皂化槽的混合室，并将碳酸稀土用稀土溶液或低浓度盐酸、硝酸溶液调制成碳酸稀土浆液后，引入皂化槽的混合室与有机萃取剂混合反应，稀土离子被萃入有机相，氢离子被置换到水相与碳酸根离子结合，生成二氧化碳和水，从而使碳酸稀土逐步溶解，稀土离子被萃入有机相，得到负载有机相和酸性溶液。

采用碳酸稀土取代已有的氨等碱性化合物对萃取剂进行皂化，虽然萃取过程不直接产生氨氮等含盐废水，但在碳酸稀土的制备过程中，采用碳酸钠或碳酸氢铵对氯化稀土溶液进行沉淀时，会有氯化钠或氯化铵等含盐废水的产生。例如，采用碳酸钠作为沉淀剂，产生的氯化钠不仅存在废水处理问题，而且产生的废水量较大。以碳酸氢铵沉淀氯化稀土溶液为例(碳酸氢铵溶液浓度为 3mol/L，氯化镧溶液浓度：$[LaCl_3]=1.74mol/L$)，生产 1 吨碳酸镧(REO 含量为 45%)产生废水(碳沉上清液)4m³，废水中 NH_4Cl 浓度大于 1.58mol/L。

除用碳酸稀土皂化外，还可用稀土碱性化合物皂化。宋丽莎等[23]研究设计和构建了与 P_{507}-煤油有机相皂化反应相关的液-液萃取反应、固-液稀土分解和酸中和反应。其中，酸性萃取剂首先萃取水相中的游离稀土离子并放出氢离子，加入的固体稀土碱性化合物则与这些氢离子发生中和反应而被酸溶解并放出稀土离子，以补充先期萃取消耗的稀土离子。其净效果是固体稀土碱性化合物溶解，有机相实现了稀土的皂化。水相中含有一定量的稀土离子，且始终在反应体系中循环使用，无需排放废水，不存在有机相的溶解和微乳化损失。由于不需额外加入水，当溶液中游离的稀土浓度合适时，可以使溶液中的稀土离子和氢离子浓度以及皂化有机相中的稀土浓度保持在一个稳定的水平，连续稳定地得到合格有机相并使废水排放量大大减小。出口有机相中的稀土负载浓度达到 0.1mol/L 以上，最好在 0.15mol/L 以上。具有显著的环境经济效益，适合于各种酸性萃取剂的稀土皂化与萃取分离。酸性络合萃取有机相的稀土皂化可以替代氨皂和钠皂用于稀土元素的萃取分离，节约碱消耗。

内蒙古科技大学李梅教授团队在现行 P_{507} 萃取分离稀土工艺生产条件下，对有机相 P_{507} 的皂化剂进行了深入研究，分别以氢氧化钠、氨水、氢氧化钙、氢氧化镁为有机相皂化剂，研究有机相皂化剂在连续皂化的情况下，对萃取分离稀土产品的产量、质量及消耗的影响。研究表明：①以氨水为皂化剂时，萃取分离工艺操作稳定性好，P_{507}单耗正常，单一氯化稀土质量良好，生产成本低，但废水中氨氮严重超标；②以氢氧化钙为皂化剂时，萃取分离工艺的流量计量困难，因非稀土杂质铝、铁含量较高，有机相比重增大，槽体运行稳定性差，P_{507}单耗大，氯化镧铈中钙含量高，氯化钕镨中铝含量高，废水中悬浮物明显，须过板框处理，非稀土元素含量高，生产成本较高；③以氢氧化镁为皂化剂时，萃取分离工艺的流量计量困难，因非稀土杂质铝、铁含量较高，有机相比重增大，槽体运行稳定性差，P_{507}单耗大，易萃组分中铝含量高，废水浑浊，非稀土元素含量高，生产成本较高；④以氢氧化钠为皂化剂时，有机相的流动性较差，P_{507}单耗正常，单一氯化稀土质量良好，废水中非稀土杂质含量高，生产成本高。

5.4.5　酸性络合萃取体系分离包头稀土精矿

1. P_{507}萃取分离包头稀土精矿工艺

P_{507}萃取分离稀土元素是利用稀土随着原子序数的增加，原子半径逐步缩小，从而与萃取剂形成配合物的稳定性随着原子序数的增大而增强的原理，采用成熟的 $RECl_3$-P_{507}-HCl 萃取分离技术体系，通过控制不同的相比、萃取级数、洗涤等条件，从而达到分离的目的。稀土分离中往往按其"四分组"效应首先将原料分离为轻、中、重稀土富集物，分组的切割位置通常选择边界元素间分离系数(或等效分离系数)较大并保持易萃取和难萃取组分的比例不致悬殊，同时兼顾产品要求、设备条件、工艺衔接、操作稳定性和可执行性等因素，以降低生产成本、提高流程的稳定性。当切割位置的边界元素含量较低时，可采用三出口进行富集。

包头华美稀土高科有限公司针对清洁生产，以包头稀土精矿为原料，提出了全捞萃取转型——P_{507}萃取分离的生产工艺[24]。该工艺以 P_{507} 与煤油的混合溶剂为萃取剂，以 MgO 为皂化剂，皂化有机相与硫酸稀土溶液混合后，稀土萃入有机相，再用 HCl 反萃后转化为氯化稀土溶液，根据需要氯化稀土溶液浓缩结晶为固体氯化稀土或被分离。分离时以 P_{507} 与煤油的混合溶剂为萃取剂，MgO 为皂化剂，HCl 为反萃剂，经 Ce/Pr 分组，再经 La/Ce、Nd/Sm 分组产出氯化镧、氯化铈、氯化镨钕及氯化钐铕钆四种料液。其中氯化镧、氯化铈用 Na_2CO_3 沉淀后转为碳酸盐，再根据需要去灼烧窑内灼烧后产生氧化镧及氧化铈。氯化镨钕及氯化钐铕钆经草酸沉淀后转化为草酸盐，再去灼烧窑灼烧后产出氧化镨钕及氧化钐铕钆。生产工艺流程如图 5-16 所示。

该工艺的焙烧矿水浸液不进行碳沉生产碳酸稀土，而是直接进入硫酸体系进行萃取转型，然后用 P_{507} 萃取分离稀土。从环保角度考虑，此工艺的最大特点是不产生低浓度的硫酸铵废水，废水主要为由反萃产生的低浓度(2%)硫酸废水，其处理的难度要小得多，与生产碳酸稀土相比节约用水量近 50%；另一方面，从稀土分离工艺上说，近年来由于直接用不经分离的包头矿组成的 PrNd 合金生产钕铁硼磁性材料，所以该工艺不进行 PrNd 分离，直接生产 PrNd 氧化物，这样简化了萃取流程，降低了生产成本。

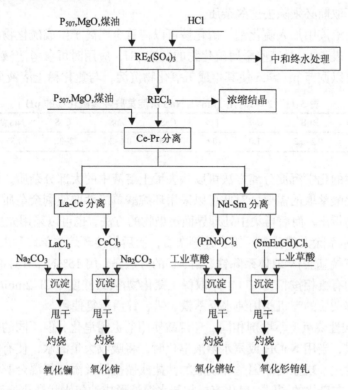

图 5-16 全捞萃取转型分离生产工艺流程图

2. 环烷酸-混合醇-RECl₃ 体系提纯 Y₂O₃

1) 工艺流程

环烷酸萃取稀土元素的序列中 Y 位于最后，工业中利用这一性质来生产氧化钇。图 5-17 中是环烷酸-混合醇-RECl₃ 体系提取高纯 Y₂O₃ 的原则流程。

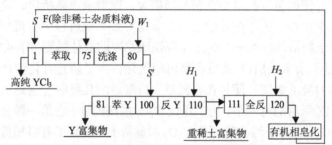

图 5-17 环烷酸-混合醇-RECl₃ 体系提取高纯 Y₂O₃ 的流程

2) 工艺特点

(1) 环烷酸萃取稀土元素的 pH 在 4.7~5.2 范围内，很多非稀土杂质在这个酸度下发生水解反应，生成絮状的氢氧化物，引起有机相乳化，影响萃取生产。因此料液在萃取前必须除去这些杂质。

在稀土溶液中加入硫化钠、硫化铵可以使重金属离子生成硫化物沉淀，从溶液中除去。表 5-11 是某些金属硫化物的沉淀 pH，应用时可参考溶液中的铁、铝杂质，也可以调节 pH ≥4.5 使其生成氢氧化物沉淀，与氯化稀土溶液分离。

表 5-11　25℃时用 1mol/L NaS 沉淀某些金属硫化物的 pH

硫化物	Bi_2S_3	CuS	PbS	CdS	ZnS	CoS	NiS	FeS
沉淀 pH	0.2~0.3	1.0	0.6	1.15	0.6~2.2	2~3.5	8.5	5.5~6.5

用上述的化学沉淀分离方法可以除去稀土溶液中的大部分杂质，但有时仍不能满足环烷酸萃取的需要。对此可以采用环烷酸单级萃取使剩余杂质在萃取时以界面污染物析出，而后再集中处理界面污染物的方法，也可以采用先用 N_{235}(三烷基胺)萃取体系除大部分铁、铅、锌等杂质，而后再接环烷酸单级萃取的方法。

N_{235}(三烷基胺)萃取体系除铁、铅、锌的方法是，用 15%N_{235}-15%混合醇-70%煤油组成的有机相按相比=1：1 萃取稀土氯化物溶液(酸度 HCl≈2mol/L)，萃取了铁、铅、锌杂质的有机相用纯水反萃铁、铅、锌后重复使用。

(2)与酸性磷氧型萃取剂相同，环烷酸使用前也需皂化，但不同的是环烷酸的水溶性很强，当用 NaOH 或氨水溶液皂化时，将吸收大量的水，使有机相的体积增大。产生这一现象的原因是环烷酸的钠盐或铵盐以及添加剂混合醇都是表面活性剂，所以在皂化的同时，皂化有机相与水溶液形成油包水状微小透明液滴(直径为 20~200nm)，使大量的碱溶液被包裹在有机相中，致使有机相的体积增大。实践表明，NaOH 或氨水溶液的浓度越低，环烷酸有机相溶入水的量越大，因此生产中一般使用高浓度 NaOH 或氨水溶液皂化。

包裹碱溶液的环烷酸有机相同稀土料液接触时，随萃取过程的进行，环烷酸盐(钠盐或铵盐)转变为环烷酸与稀土的萃合物，环烷酸盐(钠盐或铵盐)失去了表面活性剂的作用，使油包水状微小透明液滴破裂，碱溶液重新析出，使有机相体积减小，水相体积增加。由于碱液的析出，容易导致萃取过程中有机相乳化，因此实际生产中稀土料液的酸度(pH=2)高于环烷酸萃取的最佳酸度(pH=4.7~5.2)。在有机相入口(也是萃余水相出口)处更容易出相乳化，为了防止乳化应严格控制有机相的皂化度和料液的酸度，使其在有机相入口附近的几级酸度达到最佳。

(3) 图 5-17 所示的流程中，为了保证 Y_2O_3 的高纯度，在第一段分馏萃取中降低了收率(约 85%)，为了回收这部分 Y_2O_3 和重稀土，设置了有机相进料的第二段分馏萃取。在第二段的萃取分离中，采用两段反萃方式分别回收 Y_2O_3 和重稀土。

此工艺中的两种钇产品的纯度分别为：高纯氧化钇 $Y_2O_3/\sum REO \geqslant 99.99\%$；钇富集物 $Y_2O_3/\sum REO \geqslant 94\%$(占原料中的 14%)。

高纯氧化钇的收率 (包括草酸沉淀、灼烧)为 85%。

3) 工艺条件

(1) 有机相皂化值：$NH_4^+=0.6mol/L$；

(2) 料液稀土浓度：$RECl_3=0.8mol/L$、pH=2~3；

(3) 洗液和反萃液浓度：$W_1=2.6mol/L$ HCl；$H_1=1.27mol/L$ HCl；$H_2=3.0mol/L$ HCl。

5.4.6　新型酸性萃取剂及应用

1. CHON 型绿色萃取剂的设计及应用

新一代 CHON 型绿色萃取剂作为稀土资源高效绿色分离领域内的新成员，其在分子结构设计理念上突破传统有机膦氧系萃取剂(P_{507}、P_{204} 等)的束缚，且在绿色离子液体溶剂体系中表现出更高的负载容量等一系列卓越特质。

作为新一代 CHON 型萃取剂用于高效回收稀土二次资源的实例，杨帆等[25]在 2013 年将合成的酰胺酸型萃取剂 DODGAA(N, N-dioctyldiglycol amic acid)应用到废弃三基色荧光灯粉中所含全稀土元素的分离回收。结果表明，对比现用高效有机膦氧酸型萃取剂 P_{507}，新开发的 CHON 型酰胺酸型萃取剂 DODGAA 可以在较低 pH 条件下对稀土二次资源高效萃取回收且 Nd/Pr 分离系数接近 2.5(P_{507}=1.4)。此外，在稀土二次资源中 Fe、Al、Zn、Cu 等典型共存的其他金属的除杂上也表现出更加卓越的性能。

8-羟基喹啉作为 CHON 型萃取剂的另一分子主干结构，其衍生物也被应用于稀土的分离。8-羟基喹啉系 CHON 型萃取剂由于 pK_a 值较高，所以对于稀土离子的萃取能力不如传统有机羧酸系的萃取剂。但在特定离子液体萃取体系中，对于磁性相关稀土 Nd(Ⅲ)与 Dy(Ⅲ)离子的分离表现出非常卓越的性能，其 Dy/Nd 分离系数接近 108，而在一般有机萃取剂中只有 43。

另外，8-羟基喹啉与羧酸有机萃取剂仲辛基苯氧基乙酸(CA12)对稀土元素有较好的协萃效应。该混合体系在硝酸介质中对不同的稀土元素，存在不同的协同萃取效应。通过实验得出在较低的硝酸浓度下具有较高的反萃率。因此，该混合体系能够用于实际的分离应用中[26]。

2. 杯芳烃衍生物萃取分离稀土

杯芳烃在溶剂萃取方面受到了越来越多的重视。廖伍平等[27]选择合成了不同官能团修饰的系列杯芳烃衍生物，如磺酰基桥连杯芳烃和膦酰基修饰的杯芳烃衍生物，研究和比较了其从硝酸或盐酸介质中萃取分离稀土/钍的性能，探讨了萃取反应的机理。发现磺酰基桥连杯[4]芳烃(图 5-18)能在较低的酸度下实现钍和稀土的分离，而杯[4]芳烃中性膦衍生物分离钍与稀土的酸度则较高；杯[4]芳烃膦酸衍生物分离单一稀土的性能和 P_{507} 类似。杯芳烃衍生物在钍和稀土分离方面具有较好的应用前景，而在单一稀土分离方面还需进一步探索。孙玉丽等[28]研究了盐酸介质中，振荡时间、酸度、萃取剂浓度及温度等热力学因素对叔丁基磺酰基桥连杯[4]芳烃萃取钍的影响，并比较了钍与稀土的萃取性能，结果表明：该杯芳烃衍生物是一种优良的钍/稀土萃取分离试剂，在 pH=1.5 时，Th^{4+} 的萃取率>99%，而稀土的萃取率在 20%以下。该萃取剂萃取钍的萃合物可能为 $Th(H_2L)\cdot Cl_2$ 与 $Th(H_2L)_2$ 的混合物，

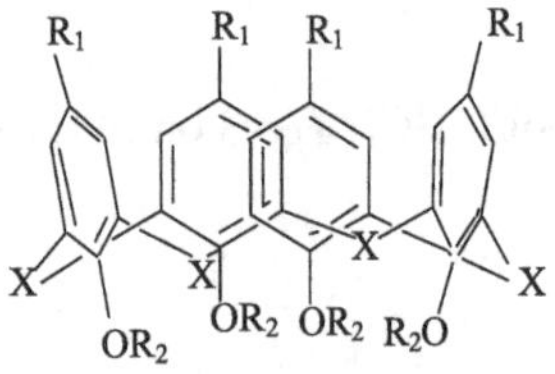

图 5-18　杯[4]芳烃结构

其萃取平衡常数为 102.14。萃取过程为吸热反应，298K 时萃取热力学函数 ΔH、ΔG 和 ΔS 分别为 15.13kJ/mol、12.21kJ/mol 和 9.79J/(mol·K)。此外，该萃取剂具有良好的反萃性能，采用 0.3mol/L 盐酸，钍的单次反萃率可达到 85%以上。

3. (2,3-二甲基丁基)(2,4,4′-三甲基戊基)次膦酸(INET-3)的合成及其萃取重稀土

非对称二烷基次膦酸可以通过分别调节两个烷基链的结构对其空间位阻和电子效应进行精细的调控，在对称二烷基次膦酸(R_1R_2POOH, $R_1=R_2$)萃取重稀土的构效关系研究基础上，设计新型非对称二烷基次膦酸化合物(2,3-二甲基丁基)(2,4,4′-三甲基戊基)次膦酸。以次磷酸钠为磷源，利用其与 2,3-二甲基-1-丁烯的自由基加成反应先合成单(2,3-二甲基丁基)次膦酸中间体，继而使其与二异丁烯继续发生自由基加成反应，实现了(2,3-二甲基丁基)(2,4,4′-三甲基戊基)次膦酸的合成。

萃取能力是萃取剂重要的性能指标之一。萃取能力太强，如 P_{204} 和 P_{507}，反萃酸度高，对稀土元素的分离能力就弱。萃取能力弱，如 Cyanex272，分离性能有所提高，但萃取容量小。INET-3、P_{507} 和 Cyanex272 对 $Tm^{3+}/Yb^{3+}/Lu^{3+}$ 的萃取呈现相同的规律，INET-3 的萃取能力介于 P_{507} 和 Cyanex272 之间，偏向于 Cyanex272。这表明 INET-3 对稀土离子的萃取容量有望较 Cyanex272 有所提高，同时对稀土元素的分离性能有望较 P_{507} 有所改善，反萃酸度有望降低[29]。

5.5　离子缔合萃取体系分离稀土元素

5.5.1　离子缔合萃取剂及萃取特点

萃取剂与水溶液接触后，被萃取金属离子以络阴离子(也有阳离子)与萃取剂以离子缔合方式形成萃合物被萃入有机相，属于这种萃取机理的萃取体系被称为离子缔合萃取体系。离子缔合萃取体系的萃取剂是含氧或含氮的有机化合物。在

稀土分离工业中应用的主要是含氮的胺类萃取剂，如季胺 $RR'R''R'''N^+X^-$(N_{263})、伯胺 RNH_2(N_{1923})及叔胺 $RR'R''N$(N_{235})。N_{263} 曾广泛用于稀土分离，后来随 P507 萃取剂的出现而逐渐被取代。N_{235} 由于具有从稀土溶液中萃取非稀土杂质的功能，现仍用于生产中。值得重视的是，N_{1923} 萃取剂在硫酸介质中可以选择性萃取 Th^{4+}、Ce^{4+} [30]。这对于开发氟碳铈和独居石混合型稀土精矿环保型无放射污染的清洁处理工艺有重要意义。

5.5.2　离子缔合萃取剂的萃取反应

1. 萃取 H_2SO_4 和 H_2O

萃取酸是胺类萃取剂的基本性质，生成的铵盐能与水相中的阴离子进行交换，对阴离子的交换能力按以下次序：

$$ClO_4^- > NO_3^- > Cl^- > HSO_4^- > F^-$$

形成铵盐后还能萃取过量的酸，被萃的酸容易被水反萃，因此可以用于回收酸。

N_{1923} 萃取 H_2SO_4 的反应为

$$2RNH_{2有} + 2H^+ + SO_4^{2-} == (RNH_3)_2SO_{4有} \tag{5-135}$$

$$RNH_{2有} + H^+ + HSO_4^- == RNH_3 \cdot HSO_{4有} \tag{5-136}$$

实验表明，水相中 $H_2SO_4 < 0.5mol/L$ 时，萃合物的组成为 $(RNH_3)_2SO_4 \cdot 2.5H_2O_有$，萃取反应遵从式(5-135)；$H_2SO_4 > 1.0mol/L$ 时，萃取反应遵从式(5-136)，萃合物的组成为 $RNH_3 \cdot HSO_4 \cdot 2H_2O_有$。

2. 萃取 RE^{3+}

N_{1923} 在一定的浓度范围内以二聚分子存在时与 RE^{3+} 的萃取反应为

$$RE^{3+} + 1.5SO_4^{2-} + 1.5(RNH_3)_2SO_{4有} == (RNH_3)_3RE(SO_4)_{3有} \tag{5-137}$$

$$RE^{3+} + 1.5SO_4^{2-} + 3RNH_3 \cdot HSO_{4有} == (RNH_3)_3RE(SO_4)_{3有} + 1.5H_2SO_4 \tag{5-138}$$

在水相酸度较低时，萃取反应为式(5-137)；水相酸度较高时，反应为式(5-138)。N_{1923} 萃取稀土元素的萃取率随水相中 H_2SO_4 浓度的增加而降低，其降低的幅度随稀土元素的原子序数增加而增大；在不同的酸度中，萃取率随原子序数增加而降低，即倒萃取序列。

3. 萃取 Th^{4+}

N_{1923} 在 H_2SO_4 水溶液中能萃取 Th^{4+}，萃取反应如式(5-139)所示：

$$Th^{4+}+2SO_4^{2-}+2(RNH_3)_2SO_{4有}=\!=\!=(RNH_3)_4Th(SO_4)_{4有} \tag{5-139}$$

其萃取率随水溶液的 pH 升高而增加。

4. 萃取 Ce^{4+}

在 N_{1923} 中加入不同溶剂时，N_{1923} 浓度对 Ce^{4+} 萃取分配比 D 的影响如图 5-19 所示。从图中可知，在不同的溶剂和 H_2SO_4 浓度时，lgD-$lg[(RNH_3)_2SO_4]_有$ 关系曲线的斜率均等于 2，由此可认为 N_{1923} 萃取 Ce^{4+} 的反应为

$$Ce^{4+}+2SO_4^{2-}+2(RNH_3)_2SO_{4有}=\!=\!=(RNH_3)_4Ce(SO_4)_{4有} \tag{5-140}$$

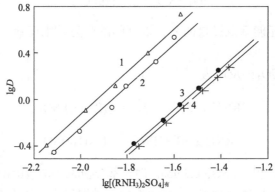

图 5-19　N_{1923} 浓度对 Ce^{4+} 萃取分配比 D 的影响(25℃)

1. N_{1923}-正庚烷(H_2SO_4 平衡)-0.5mol/L H_2SO_4；2. N_{1923}-正庚烷-0.79mol/L H_2SO_4；

3. N_{1923}-苯-0.79mol/L H_2SO_4;4. N_{1923}-CCl$_4$-0.38mol/L H_2SO_4

5.5.3　离子缔合萃取体系萃取分离混合型稀土精矿

1) 工艺流程

氟碳铈和独居石混合型稀土精矿经硫酸焙烧后的浸出液组成为：$\sum REO$ 30~50g/L，ThO_2 0.2g/L，Fe^{3+} 11~18g/L，PO_4^{3-} <10g/L，残余 H_2SO_4 0.4~0.6mol/L。以此浸出液为萃取料液，用 N_{1923} 分离钍和提取混合氯化稀土的工艺流程如图 5-20 所示。

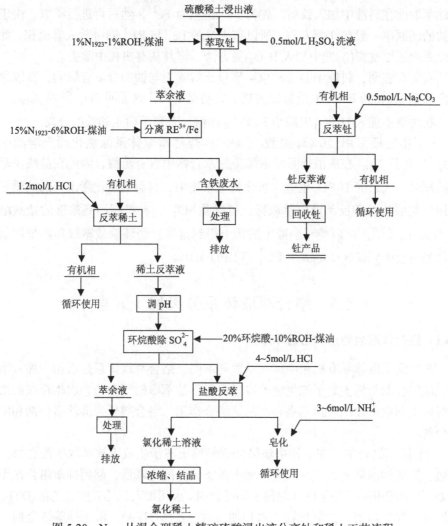

图 5-20 N$_{1923}$ 从混合型稀土精矿硫酸浸出液分离钍和稀土工艺流程

2) 工艺特点

(1) 全流程由三段萃取组成。第一段采用 1%N$_{1923}$-1%ROH(混合醇)-煤油体系分离钍。经萃取后得到的钍产品纯度为 ThO$_2$>99.5%，ThO$_2$ 收率大于 99%，萃余液中 ThO$_2$/$\sum$REO<5×10^{-6}%。若进一步用 TBP-煤油-HNO$_3$ 体系提纯钍，可制取高纯度的硝酸钍产品。

(2) 第二段用 15%N$_{1923}$-6%ROH(混合醇)-煤油体系，利用 N$_{1923}$ 在低酸度 (H$_2$SO$_4$<0.5mol/L)下萃取稀土而不萃取二价铁离子的原理，除去铁等非稀土杂质。反萃采用盐酸，将原硫酸稀土溶液转变为氯化稀土溶液。

料液中的铁离子基本上是以 Fe^{3+}存在的，萃取时达不到与稀土分离的目的。

因此萃取前在料液中加入铁屑，先将 Fe^{3+} 还原为 Fe^{2+}，然后再进行萃取。由于三价铁的还原率一般在 98%左右，所以有少量的 Fe^{3+} 与 RE^{3+} 同时萃入有机相，此时可以采取还原洗涤(洗液中加入 H_2O_2)的方法，将其从有机相中除去。

有研究表明，料液中的 Fe/P_2O_5 质量比对稀土与铁的分离有影响，其规律是分离系数 $\beta_{RE/Fe}$ 随 Fe/P_2O_5 质量比的减小而明显增大，这说明 PO_4^{3-} 影响 $\beta_{RE/Fe}$。

在洗液中加入 H_3PO_4 以减小 Fe/P_2O_5 比值，有利于稀土和铁的分离。

(3) 第三段采用 20%环烷酸-10%ROH-煤油萃取体系除氯化稀土溶液中的 SO_4^{2-}。由于 N_{1923} 在硫酸体系萃取稀土的萃合物中含有硫酸，因此在盐酸反萃稀土的同时，大量的 H_2SO_4 也进入氯化稀土水相中，将影响氯化稀土产品的质量。选用环烷酸从盐酸反萃液中萃取稀土可排除 SO_4^{2-}，有机相用高浓度的盐酸溶液 (4~5mol/L)反萃，可以使萃余液中的稀土得到富集。经环烷酸萃取和高浓度盐酸反萃的溶液中 $\sum REO>150g/L$，$SO_4^{2-}/\sum REO<0.05$。

5.6　络合萃取体系分离稀土元素

5.6.1　络合萃取的特点和络合萃取剂

与协同萃取体系有机相中加入萃取剂不同，络合萃取体系是水相中加入络合剂，该络合剂与稀土离子能生成可溶于水但不被萃取的配合物。水相存在的络合剂对稀土萃取可以产生抑萃络合和助萃络合作用，络合剂分为抑萃络合剂和助萃络合剂。

(1) 抑萃络合剂。在水相中该络合剂与稀土离子生成不被萃取的配合物。抑萃络合剂能抑制稀土的萃取，使得稀土离子的分配比降低，起到抑萃络合作用。例如，用硝酸甲基三烷基铵萃取稀土硝酸盐时，水相加入二乙三胺五乙酸(DTPA)，或用环烷酸萃取镨、钕氯化物，水相加入氨三乙酸(NTA)，由于抑萃络合剂的配位体离子中有多个亲水性基团，可与稀土离子生成可溶于水而不被萃取的配合物，因此稀土离子的分配比降低。

(2) 助萃络合剂。在水相中该络合剂与稀土离子生成可被萃取的配合物。助萃络合剂能使稀土离子的分配比增加，起到助萃络合作用。例如，用 P_{350} 萃取稀土硝酸盐时，水相加入硝酸铵或硝酸锂做盐析剂，硝酸根与稀土离子生成 $RE(NO_3)_i^{3-i}$ 系列的配合物，可被有机相更多地萃取，使稀土离子的分配比增加，所以硝酸根起到助萃络合作用。分配比提高的原因，除了硝酸根的助萃络合作用外，还有盐析作用。盐析剂离子的水化，减少了自由分子的浓度，减弱了稀土离子的水化作用，使之有利于萃取。此外，盐析剂还有降低水相的介电常数和抑制稀土离子的聚合的作用，这都有利于萃合物的生成。助萃络合作用在某些络合交换萃取体系中是十分重要的，较高浓度的盐析剂使易萃组分尽可能地萃取到有机相，充分地发挥"推拉"作用,而在回收络合剂时盐析剂使稀土离子萃入有机相与络合剂分离。

5.6.2 络合萃取体系的萃取反应

1. 络合萃取体系分离系数的计算

稀土离子萃取分离中使用最多的是氨羧络合剂乙二胺四乙酸(EDTA)、乙二胺羟乙基三乙酸(HEDTA)、二乙三胺五乙酸(DTPA)等，这些均是抑萃络合剂。氨羧络合剂是多元弱酸，在水溶液中可以多种形式存在，但是在一定 pH 条件下只能以其中一种、二种，至多三种主要形式存在。稀土的氨羧配合物已经被广泛地研究过，上述氨羧络合剂的几种配位体在稀溶液中与整个稀土系列生成配合物的组成和稳定常数都已经测定过，因此根据稳定常数可以预计水相加入氨羧络合剂时分离系数的变化。

徐光宪等研究用硝酸甲基三烷基铵萃取镨、钕硝酸盐，水相不加入络合剂时,镨的分配比大于钕的分配比，萃取具有倒序性。综合水相 pH、硝酸锂浓度和起始总稀土浓度的变化等 15 个试验数据,得到水相无氨羧络合剂存在的分离系数经验公式:

$$\beta^0_{Pr/Nd} = 2.51 - 1.30\theta \tag{5-141}$$

式中：θ 为有机相的稀土饱和度。

因此，当 $\theta = 0.85$ 时，$\beta^0_{Pr/Nd} = 1.40$；当 $\theta = 0.8$ 时，$\beta^0_{Pr/Nd} - 1.47$。根据硝酸甲基三烷基铵对镨钕的倒序萃取性质，在水相中加入一个"正序"抑萃络合剂 DTPA 组成推拉体系，则可以扩大硝酸甲基三烷基铵对镨钕萃取的差别，从而提高分离系数。为了简单起见，以下的叙述均略去相应的电荷符号。DTPA 与镨、钕离子的络合反应为

$$Pr + L \Longrightarrow PrL \tag{5-142}$$

$$Nd + L \Longrightarrow NdL \tag{5-143}$$

配合物稳定常数

$$K_{Pr} = [PrL] / ([Pr][L]) \tag{5-144}$$

$$K_{Nd} = [NdL] / ([Nd][L]) \tag{5-145}$$

设无 DTPA 时的分离系数为 $\beta^0_{Pr/Nd}$，水相加入 DPTA 时的分离系数为 $\beta_{Pr/Nd}$。

由定义有

$$\beta_{\mathrm{Pr/Nd}}^{0} = \frac{[\mathrm{Pr}]_{(o)}}{[\mathrm{Pr}]} \Big/ \frac{[\mathrm{Nd}]_{(o)}}{[\mathrm{Nd}]} \tag{5-146}$$

$$\beta_{\mathrm{Pr/Nd}} = \frac{[\mathrm{Pr}]_{(o)}}{[\mathrm{Pr}]+[\mathrm{PrL}]} \Big/ \frac{[\mathrm{Nd}]_{(o)}}{[\mathrm{Nd}]+[\mathrm{NdL}]} \tag{5-147}$$

因此有

$$\beta_{\mathrm{Pr/Nd}} = \beta_{\mathrm{Pr/Nd}}^{0} \frac{1+K_{\mathrm{Nd}}[\mathrm{L}]}{1+K_{\mathrm{Pr}}[\mathrm{L}]} \tag{5-148}$$

DTPA 为五元弱酸，在水相中逐级电离，可以以 H_5L、H_4L、H_3L、H_2L、HL 和 L 六种形式存在，所以水相中络合剂的总浓度 c_L 为

$$c_{\mathrm{L}}=[\mathrm{L}]+[\mathrm{HL}]+[\mathrm{H_2L}]+[\mathrm{H_3L}]+[\mathrm{H_4L}]+[\mathrm{H_5L}]=\sum_{i\to 0}^{5}[\mathrm{H}_i\mathrm{L}] \tag{5-149}$$

考虑到水相中 DTPA 的加质子反应：

$$\mathrm{L+H = \!\!= HL}$$
$$\mathrm{HL + H = \!\!= H_2L}$$
$$\mathrm{H_2L+ H = \!\!= H_3L}$$
$$\mathrm{H_3L+ H = \!\!= H_4L}$$
$$\mathrm{H_4L+ H = \!\!= H_5L}$$

加质子反应的加质子常数分别为

$$K_{\mathrm{HL}} = [\mathrm{HL}]/([\mathrm{L}][\mathrm{H}]) \tag{5-150}$$

$$K_{\mathrm{H_2L}} = [\mathrm{H_2L}]/([\mathrm{L}][\mathrm{H}]) = [\mathrm{H_2L}]/(K_{\mathrm{HL}}[\mathrm{L}][\mathrm{H}]^2) \tag{5-151}$$

$$K_{\mathrm{H_3L}} = [\mathrm{H_3L}]/([\mathrm{H_2L}][\mathrm{H}]) = [\mathrm{H_3L}]/(K_{\mathrm{HL}} \cdot K_{\mathrm{H_2L}}[\mathrm{L}][\mathrm{H}]^3) \tag{5-152}$$

$$K_{\mathrm{H_4L}} = [\mathrm{H_4L}]/([\mathrm{H_3L}][\mathrm{H}]) = [\mathrm{H_4L}]/(K_{\mathrm{HL}} \cdot K_{\mathrm{H_2L}} \cdot K_{\mathrm{H_3L}}[\mathrm{L}][\mathrm{H}]^4) \tag{5-153}$$

$$K_{\mathrm{H_5L}} = [\mathrm{H_5L}]/([\mathrm{H_4L}][\mathrm{H}]) = [\mathrm{H_5L}]/(K_{\mathrm{HL}} \cdot K_{\mathrm{H_2L}} \cdot K_{\mathrm{H_3L}} \cdot K_{\mathrm{H_4L}}[\mathrm{L}][\mathrm{H}]^5) \tag{5-154}$$

定义络合剂总浓度 c_L 与参与络合反应的络合剂浓度[L]之比为 DTPA 的酸效

应系数，并令酸效应系数为 Y，于是

$$Y = 1 + \frac{[\text{HL}]}{[\text{L}]} + \frac{[\text{H}_2\text{L}]}{[\text{L}]} + \frac{[\text{H}_3\text{L}]}{[\text{L}]} + \frac{[\text{H}_4\text{L}]}{[\text{L}]} + \frac{[\text{H}_5\text{L}]}{[\text{L}]}$$

$$= 1 + K_{\text{HL}}[\text{H}] + K_{\text{HL}} \cdot K_{\text{H}_2\text{L}}[\text{H}]^2 + K_{\text{HL}} \cdot K_{\text{H}_2\text{L}} \cdot K_{\text{H}_3\text{L}}[\text{H}]^3 +$$

$$K_{\text{HL}} \cdot K_{\text{H}_2\text{L}} \cdot K_{\text{H}_3\text{L}} \cdot K_{\text{H}_4\text{L}}[\text{H}]^4 + K_{\text{HL}} \cdot K_{\text{H}_2\text{L}} \cdot K_{\text{H}_3\text{L}} \cdot K_{\text{H}_4\text{L}} \cdot K_{\text{H}_5\text{L}}[\text{H}]^5$$

$$= 1 + \sum_{j=1}^{5} Q_j[\text{H}]^j$$

$$(5\text{-}155)$$

这里 Q_j 为 DTPA 的累积质子常数。DTPA 的各级加质子常数为其电离常数的倒数，根据电离常数可求得 Q_j 值为 $\lg Q_1 = 10.58$，$\lg Q_2 = 19.18$，$\lg Q_3 = 2351$，$\lg Q_4 = 26.06$，$\lg Q_5 = 27.86$。

由于 DTPA 的加质子效应，镨、钕的条件稳定常数为

$$K'_{\text{Pr}} = K_{\text{Pr}} / Y \qquad (5\text{-}156)$$

$$K'_{\text{Nd}} = K_{\text{Nd}} / Y \qquad (5\text{-}157)$$

于是有

$$K_{\text{Pr}} = K'_{\text{Pr}} Y = K'_{\text{Pr}} c_{\text{L}} / [\text{L}] \qquad (5\text{-}158)$$

$$K_{\text{Nd}} = K'_{\text{Nd}} Y = K'_{\text{Nd}} c_{\text{L}} / [\text{L}] \qquad (5\text{-}159)$$

以此代入式(5-148)得

$$\beta_{\text{Pr/Nd}} = \beta_{\text{Pr/Nd}}^{0} \frac{1 + K'_{\text{Nd}} c_{\text{L}}}{1 + K'_{\text{Pr}} c_{\text{L}}} \qquad (5\text{-}160)$$

在有关手册中可查到 $K_{\text{Pr}} = 1.17 \times 10^{21}$，$K_{\text{Nd}} = 3.98 \times 10^{21}$，用式(5-156)及式(5-157)可以计算不同 pH 下的 K'_{Pr} 和 K'_{Nd}，列于表 5-12 中。

表 5-12　镨和钕的 DTPA 配合物的条件稳定常数

RE	K	K'							
		pH1.0	pH1.2	pH1.4	pH1.6	pH1.8	pH2.0	pH2.8	pH3.3
Pr	1.17×10^{21}	0.014	0.13	1.20	9.7	72	530	5.3×10^5	2.12×10^7
Nd	3.98×10^{21}	0.048	0.43	4.01	33	250	1700	1.7×10^6	7.12×10^7

如果 c_L=0.1mol/L，从表 5-12 中可见，当 pH≥2.8 时，$K'_{Pr}c_L \gg 1$，$K'_{Nd}c_L \gg 1$，因而式(5-160)中的 1 可以略去，在同一溶液中 c_L 相同，于是有

$$\beta_{Pr/Nd} \approx \beta^0_{Pr/Nd} \frac{K'_{Nd}}{K'_{Pr}} \tag{5-161}$$

当水相 pH 较低时，如 pH=1.0，$K'_{Pr}c_L \ll 1$，$K'_{Nd}c_L \ll 1$，于是 $\beta_{Pr/Nd} \approx \beta^0_{Pr/Nd}$，加入 DTPA 没有提高分离系数。当水相 pH 为 3.3 时，加入 DTPA 时镨钕的分离系数可提高 3.4 倍。

$$\beta_{Pr/Nd} \approx 3.4\beta^0_{Pr/Nd} \tag{5-162}$$

水相起始稀土浓度为[RE]^0=3.6mol/L(其中[Pr]^0=0.09mol/L，[Nd]^0=2.70mol/L)、硝酸锂浓度为[LiNO$_3$]=2.0mol/L，有机相硝酸甲基三烷基铵浓度[S]=0.65mol/L，DTPA 浓度 c_L 为 0.223mol/L 时，实验测定不同 pH(0.86~5.30)下的分离系数 $\beta_{Pr/Nd}$。另外，在上述实验相同的[RE]^0、[Nd]^0、[LiNO$_3$]和平衡 pH 为 2.96 的条件下，改变 c_L 的浓度在 0.13~0.27mol/L，测得 $\beta_{Pr/Nd}$ 为 4.4~5.2。用式(5-162)计算 $\beta_{Pr/Nd}$=4.76，$\beta^0_{Pr/Nd}$=1.47，则 $\beta_{Pr/Nd}$=5.0，这与上述实验相符合。有人研究用三正辛胺(TOA)从浓硝酸锂溶液中萃取示踪量的 Ce^{3+}、Pm^{3+}、Eu^{3+}，萃取也有倒序性质。水相加入 10mol/L 的 EDTA 或 DTPA，与未加入络合剂相比较，萃取分配比下降，分离系数明显增加。以加入 DTPA 为例，水相中有 DTPA 的逐级电离，稀土离子与 DTPA 的络合反应包括配合物的加质子反应以及锂离子与 DTPA 的络合反应等。

DTPA 的逐级电离：

$$H_5L \Longrightarrow H_4L+H$$

$$H_4L \Longrightarrow H_3L+H$$

$$H_3L \Longrightarrow H_2L+H$$

$$H_2L \Longrightarrow HL+H$$

$$HL \Longrightarrow H + L$$

各级电离常数：

$$K_{a_1} = [H_4L][H]/[H_5L] = [L][H]^5/(K_{a_5} \cdot K_{a_4} \cdot K_{a_3} \cdot K_{a_2}[H_5L]) \tag{5-163}$$

$$K_{a_2} = [H_3L][H]/[H_4L] = [L][H]^4/(K_{a_5} \cdot K_{a_4} \cdot K_{a_3} \cdot [H_4L]) \tag{5-164}$$

$$K_{a_3} = [H_2L][H]/[H_3L] = [L][H]^3/(K_{a_5} \cdot K_{a_4}[H_3L]) \tag{5-165}$$

$$K_{a_4} = [HL][H]/[H_2L] = [L][H]^2/(K_{a_5}[H_2L]) \qquad (5\text{-}166)$$

$$K_{a_5} = [HL][H]/[HL] \qquad (5\text{-}167)$$

锂离子与 DTPA 的络合反应：

$$Li + L \Longrightarrow LiL$$

配合物稳定常数 K_{Li}：

$$K_{Li} = [LiL]/([Li][L]) \qquad (5\text{-}168)$$

稀土离子与 DTPA 的络合反应及配合物的加质子反应：

$$RE + L \Longrightarrow REL$$

$$REL + H \Longrightarrow REHL$$

$$REHL + H \Longrightarrow REH_2L$$

$$K_0 = [REL]/([RE][L]) \qquad (5\text{-}169)$$

$$K_1 = [REHL]/([REL][H]) = [REHL]/(K_0[RE][L][H]) \qquad (5\text{-}170)$$

$$K_2 = [REH_2L]/([REHL][H]) = [REH_2L]/(K_0 \cdot K_1 [RE][L][H]^2) \qquad (5\text{-}171)$$

DTPA 的总浓度 c_L：

$$c_L = [L] + [HL] + [H_2L] + [H_3L] + [H_4L] + [H_5L] + [LiL]$$

$$= [L](1 + \frac{[H]}{K_{a_4}} + \frac{[H]^2}{K_{a_5} \cdot K_{a_4}} + \frac{[H]^3}{K_{a_5} \cdot K_{a_4} \cdot K_{a_3}} + \frac{[H]^4}{K_{a_5} \cdot K_{a_4} \cdot K_{a_3} \cdot K_{a_2}}$$

$$+ \frac{[H]^5}{K_{a_5} \cdot K_{a_4} \cdot K_{a_3} \cdot K_{a_2} \cdot K_{a_1}} + K_{Li}[Li]) \qquad (5\text{-}172)$$

令

$$A = 1 + \frac{[H]}{K_{a_4}} + \frac{[H]^2}{K_{a_5} \cdot K_{a_4}} + \frac{[H]^3}{K_{a_5} \cdot K_{a_4} \cdot K_{a_3}} + \frac{[H]^4}{K_{a_5} \cdot K_{a_4} \cdot K_{a_3} \cdot K_{a_2}} +$$

$$\frac{[H]^5}{K_{a_5} \cdot K_{a_4} \cdot K_{a_3} \cdot K_{a_2} \cdot K_{a_1}} + K_{Li}[Li]$$

于是有 $\qquad\qquad\qquad c_L=[L]A$ $\qquad\qquad\qquad$ (5-173)

或 $\qquad\qquad\qquad [L]=c_L/A$ $\qquad\qquad\qquad$ (5-174)

设无络合剂和有络合剂时萃取的分配比为 D^0 和 D，则有

$$D^0=[RE]_0/[RE] \qquad\qquad\qquad (5\text{-}175)$$

$$D=[RE]_0/([RE]+[REL]+[REHL]+[REH_2L])$$

$$=[RE]_0/\{[RE](1+K_0[L]+K_0\cdot K_1[L][H]+K_0\cdot K_1\cdot K_2[L][H]^2)\}$$

$$=D^0/\{1+[L](K_0+K_0\cdot K_1[L][H]+K_0\cdot K_1\cdot K_2[L][H]^2)\}$$

$$=D^0/\left\{1+\frac{c_L}{A}\sum_{i=0}^{n}K_i[H]^i\right\} \qquad\qquad (5\text{-}176)$$

令 $\qquad\qquad\qquad F=1+\dfrac{c_L}{A}\sum_{i=0}^{n}K_i[H]^i$

对于两个稀土元素则有

$$D_1=D_1^0/F_1 \qquad\qquad\qquad (5\text{-}177)$$

$$D_2=D_2^0/F_2 \qquad\qquad\qquad (5\text{-}178)$$

$$\beta_{1/2}=\frac{D_1^0}{F_1}\Big/\frac{D_2^0}{F_2}=\beta_{1/2}^0\frac{F_2}{F_1} \qquad\qquad (5\text{-}179)$$

$$=\beta_{1/2}^0\frac{1+\dfrac{c_L}{A}\sum_{i=0}^{n}{}^2K_i[H]^i}{1+\dfrac{c_L}{A}\sum_{i=0}^{n}{}^1K_i[H]^i} \qquad\qquad (5\text{-}180)$$

水相加 DTPA 时生成 REL、REHL 和 REH$_2$L 三种配合物，因此：

$$\beta_{1/2}=\beta_{1/2}^0\frac{1+({}^2K_0+{}^2K_0\cdot{}^2K_1[H]+{}^2K_0\cdot{}^2K_1\cdot{}^2K_2[H]^2)\dfrac{c_L}{A}}{1+({}^1K_0+{}^1K_0\cdot{}^1K_1[H]+{}^1K_0\cdot{}^1K_1\cdot{}^1K_2[H]^2)\dfrac{c_L}{A}} \qquad (5\text{-}181)$$

用萃取法和 pH 滴定法测定的稀土(Ce^{3+}、Pm^{3+}、Eu^{3+})和 DTPA 配合物的条件稳定常数见表 5-13。

表 5-13　稀土与 DTPA 配合物的条件稳定常数

RE	[LiNO₃]/(mol/L)	K_0	$K_0 \cdot K_1$	$K_0 \cdot K_1 \cdot K_2$
Ce³⁺	5	$(2.6 \pm 0.3) \times 10^{14}$	$(3.0 \pm 2.4) \times 10^{16}$	$(1.9 \pm 0.9) \times 10^{19}$
	6	$(5.1 \pm 0.5) \times 10^{12}$	$(4 \pm 3.1) \times 10^{15}$	$(9 \pm 7.1) \times 10^{12}$
	8	$(1.1 \pm 0.1) \times 10^{12}$	$(1.0 \pm 0.7) \times 10^{14}$	$(7 \pm 3.9) \times 10^{16}$
Pm³⁺	5	$(3.1 \pm 0.3) \times 10^{15}$	$(2.2 \pm 0.9) \times 10^{17}$	$(1.5 \pm 0.9) \times 10^{20}$
	6	$(4.2 \pm 0.4) \times 10^{14}$	$(1.3 \pm 0.7) \times 10^{16}$	$(1.8 \pm 0.9) \times 10^{19}$
	8	$(2.1 \pm 0.3) \times 10^{13}$	$(3.0 \pm 1.8) \times 10^{15}$	$(2.1 \pm 0.9) \times 10^{18}$
Eu³⁺	5	$(1.4 \pm 0.2) \times 10^{16}$	$(1.8 \pm 0.9) \times 10^{18}$	$(3 \pm 1.7) \times 10^{14}$
	6	$(2.0 \pm 0.2) \times 10^{15}$	$(1.0 \pm 0.5) \times 10^{17}$	$(5 \pm 3.2) \times 10^{19}$
	8	$(6.6 \pm 0.5) \times 10^{13}$		$(4 \pm 2.1) \times 10^{17}$

从表 5-13 的数据可知，萃取是在 $K_0 + K_0 \cdot K_1[H] + K_0 \cdot K_1 \cdot K_2[H]^2 \gg 1$ 的条件下进行，所以式(5-181)可改写为

$$\beta_{1/2} \approx \beta_{1/2}^0 \frac{^2K_0 + {}^2K_0 \cdot {}^2K_1[H] + {}^2K_0 \cdot {}^2K_1 \cdot {}^2K_2[H]^2}{^1K_0 + {}^1K_0 \cdot {}^1K_1[H] + {}^1K_0 \cdot {}^1K_1 \cdot {}^1K_2[H]^2} \tag{5-182}$$

实验测定了用 0.2mol/L TOA 从有 DTPA 的 6mol/L LiNO₃ 溶液中萃取 Ce-Tm、Pm-Eu、Ce-Eu 的分离系数，如表 5-14 所示，实验结果与计算值符合。

表 5-14　实验测定与计算的分离系数

元素对	β^0	$\beta_{试验}$	$\beta_{计算}$	pH$_{试验}$	pH$_{计算}$
Ce-Pm	3.0	28	24.7	2.4~2.5	2.4~2.5
Pm-Eu	1.4	63	6.2	2.0~2.5	1.9~2.5
Ce-Eu	5.8	140	152	2.3~2.4	2.0~2.5

2. 影响络合萃取体系分离系数的因素

根据上述的研究，可以认为水相加入氨羧络合剂的络合萃取体系，其分离系数与无络合剂时的分离系数和两个元素配合物的稳定常数的比值有关，可以根据手册已有的配合物稳定常数或实验测得的配合物条件稳定常数来估算加入氨羧络合剂时的分离系数。如何选择合适的络合剂以有利于分离系数的提高，下面分三种情况讨论。

(1) 当水相无络合剂存在时，稀土具有正序萃取性质，即 $\beta_{Z+1/Z}^0 > 1$，水相加入与稀土离子具有倒序络合性质的抑萃络合剂，即 $K_Z/K_{Z+1} > 1$；无络合剂存在时，稀土具有倒序萃取性质，即 $\beta_{Z+1/Z}^0 > 1$，水相加入正序抑萃络合剂，即 $K_Z/K_{Z+1} > 1$ 时，最有利于提高分离系数，分离系数成倍增加。

(2) 当无络合剂存在时，稀土萃取无选择性，即 $\beta^0 = 1$，无论加入正序或倒序抑萃络合剂，都可以提高分离系数。但是分离系数的增加小于第一种情况，只能提高到两元素配合物条件稳定常数的比值。

(3) 无络合剂存在时，稀土具有正序萃取性质，水相加入正序络合抑萃络合剂；或者无络合剂存在时，稀土具有倒序萃取性质，水相加入倒序络合抑萃络合剂，由于萃取作用和络合作用相互抵消，分离系数的变化比较复杂。当配合物稳定常数差别比较小时，水相加入络合剂会使分离系数降低，甚至使体系丧失分离能力(β=0)。只有当配合物稳定常数差别足够大时，才能使体系分离系数有所增加。同样分离系数的增加也不如第一种情况大。

5.6.3　酸性络合萃取体系分离稀土

有络合剂存在下萃取稀土，研究得比较多的有胺类萃取剂、中性磷类萃取剂和酸性萃取剂，其中酸性萃取剂包括羧酸类和酸性磷类萃取剂。

1. 胺类络合萃取体系

伯胺能从硫酸体系中有效地萃取稀土。Rice 试验过几十种胺类化合物对稀土的萃取性能，结果表明只有叔碳伯胺适用于硫酸体系中萃取稀土，相邻元素的分离系数为 1.4。Bauer 用 Primene JM-T-煤油从硫酸体系中萃取铈组稀土，水相加入抑萃络合剂 DTPA，单级萃取分离系数显著提高。但是在多级萃取中没有得到很好的分离效果。例如，稀土组成为 La_2O_3 34%，CeO_2 52%，Pr_6O_{11} 3.7%，Nd_2O_3 10%，Sm_2O_3 0.3%的原料，虽经 50 级分馏萃取只得到纯度为 55%的 La_2O_3。用无铈混合轻稀土为原料，经 20 级分馏萃取也只得到纯度为 95%的 La_2O_3，其回收率为 96%。

叔胺硝酸盐能从弱酸性、高盐析剂溶液中萃取稀土，萃取只有倒序性质，水相加入正序抑萃络合剂能够显著提高分离系数。Bauer 用 A336(三烷基胺)为萃取剂，$LaNO_3$ 做盐析剂萃取 La-Ce 和 Tm-Yb。结果表明，当水相加入 DTPA、pH=4 时，$\beta_{La/Ce}$=8.5；pH=2~3 时，$\beta_{Tm/Yb}$=3.4。

徐光宪等在研究了硝酸甲基三烷基铵-二甲苯萃取镨钕的机理的基础上，往水相加入 DTPA 用于提高镨钕的分离系数，实验研究了 DTPA 浓度、萃取剂浓度和水相 pH 变化对 Pr-Nd 分离系数的影响。结果表明：当 Pr 浓度=0.090mol/L、Nd 浓度=0.270mol/L、DTPA 浓度=0.223mol/L、$LaNO_3$ 浓度=2.0mol/L 和萃取剂浓度=0.65mol/L，pH=3.3 时，$\beta_{Pr/Nd}$ 达到最大为 4.92。

2. 羧酸络合萃取体系

Bauer 采用环烷酸为萃取剂萃取分离稀土元素，当水相中加入络合剂 EDTA 时，对提高钇组稀土之间的分离系数有利，结果表明该体系萃取分离稀土元素的平均分离系数为 2.2，钇的萃取顺序与 pH 有关，pH<8 时钇在 Tb-Dy 之间；pH=10 时钇在钕的位置，因此可以通过调整水相 pH，两步萃取分离钇。当水相中加入 DTPA 时，能提高铈组稀土的分离系数，结果表明该体系萃取分离稀土元素的平

均分离系数为 3.5，但是水相中加入 DTPA 降低了钇组稀土的分离系数，研究表明在所有的 pH 范围内，钇都在钕的位置，因此用环烷酸-DTPA 体系可以从重稀土中分离钇。

吴文远等通过在稀土氯化物溶液中加入络合剂柠檬酸(H_3AOH)，采用非皂化的 P_{204} 萃取剂分离轻稀土元素。采用单级萃取研究了不同稀土料液、酸度和柠檬酸浓度条件下，P_{204}-HCl-H_3AOH 体系中轻稀土元素的分配比和萃取饱和容量，并用回归分析法建立了以料液酸度、柠檬酸浓度和稀土浓度为变量的三元一次回归方程，分析了酸度、柠檬酸浓度和稀土浓度三因素对轻稀土的分配比和分离系数的影响。研究表明：当料液酸度 pH 为 1.0、柠檬酸浓度为 0.25mol/L、稀土浓度为 0.25mol/L 时，轻稀土元素的分配比最大达到 D_{La}=0.1767、D_{Ce}=0.7353、D_{Pr}=1.5221 和 D_{Nd}=2.4201，轻稀土元素间最大分离系数分别为 $\beta_{Ce/La}$=4.16、$\beta_{Pr/Ce}$=2.07 和 $\beta_{Nd/Pr}$=1.59。同样工艺参数下，在串级萃取分离轻稀土的生产线上得到有效级平均分离系数分别是 $\beta_{Ce/La}$ = 3.50、$\beta_{Pr/Ce}$ = 2.05 和 $\beta_{Nd/Pr}$ = 1.35，此值均高于该生产线皂化的 P_{204} 萃取体系中 $\beta_{Ce/La}$=2.14、$\beta_{Pr/Ce}$=1.67 和 $\beta_{Nd/Pr}$=1.33。并且随着柠檬酸浓度的升高，P_{204} 萃取稀土的容量逐渐增大，最大可以达到 29.71g/L，比盐酸体系提高近 50%。

5.7　协同萃取体系分离稀土元素

5.7.1　协同萃取的特点

两种或两种以上的萃取剂混合物萃取某些金属组分的分配比大于它们在相同条件下单独使用时的分配比之和的现象称为协同效应或协同萃取作用，即 $D_{协}>D_{加和}$。若 $D_{协}<D_{加和}$ 则为反协同作用，若 $D_{协}=D_{加和}$ 则为无协同效应。

5.7.2　协同萃取体系

实践表明协同萃取作用较普遍，上述中性络合萃取体系、酸性络合萃取体系和离子缔合萃取体系均可单独或互相组合为二元协同萃取体系，也可组合为三元协同萃取体系，见表 5-15。

表 5-15　协同萃取体系

分类		符号	实例
二元异类协萃体系	螯合与中性络合	A+B	Eu^{3+}/H_2O-HNO_3 $\left/\begin{matrix}TTA\\TBP\end{matrix}\right\}$环己烷
	螯合与酸性络合	A+C	Th^{4+}/HCl-LiCl $\left/\begin{matrix}TTA\\TOA\end{matrix}\right\}C_6H_6$

续表

	分类	符号	实例
二元异类协萃体系	中性络合与离子缔合	B+C	$PuO_2^{2+}/H_2O\text{-}HNO_3 \Big/ \dfrac{TBP}{TBAN}\Big\}$ 煤油
	酸性与离子缔合	B+D	$RE^{3+}/H_2O\text{-}HCl \Big/ \dfrac{N_{1923}}{P_{204}}\Big\}$ 煤油
二元同类协萃体系	螯合协萃	A_1+A_2	$RE^{3+}/H_2O\text{-}HNO_3 \Big/ \dfrac{HA}{TTA}\Big\}$ C_6H_6
	中性络合协萃	B_1+B_2	$RE^{3+}/H_2O\text{-}HNO_3 \Big/ \dfrac{TBPO}{TOPO}\Big\}$ 煤油
		B_3+B_4	$RE^{3+}/H_2O\text{-}HNO_3 \Big/ \dfrac{A_{336}}{TBP}\Big\}$ 煤油
	离子缔合协萃	C_1+C_2	$Pa^{5+}/H_2O\text{-}HCl \Big/ \dfrac{RCOR'}{ROH}\Big\}$
其他体系	螯合、中性络合与离子缔合三元体系	A+B+C	$UO_2^{2+}/H_2O\text{-}H_2SO_4 \Big/ \begin{matrix}P_{204}\\TBP\\R_3N\end{matrix}\Big\}$ 煤油

协同萃取反应机理比较复杂，通常认为协同萃取作用是由于两种或两种以上的萃取剂与被萃物生成一种更稳定或更疏水的含有两种以上配位体的萃合物的缘故。实践中常用的是螯合萃取剂与中性络合萃取剂组成的协同萃取体系。例如，噻吩羰基三氟丙酮(TTA)加 TBP 对稀土元素的协同萃取效应较大，但在工业上未获得应用。工业上广泛使用的为 P_{204}+TBP 协同萃取体系，此体系的协同萃取效应虽然比 TTA+TBP 差些，但其价格低廉且萃取容量大。例如，P_{204}+TBP 萃取四价铈既可避免产生第三相又可提高萃取容量，并且可使 P_{204} 在较低的酸度条件下萃取而获得高的分离效率。由于协同萃取剂可以进行不同的组合，因此会有许多不同的协同萃取体系，以下是几种协同萃取体系。

1. 中性萃取剂为主体的协萃体系

20 世纪 90 年代，Krejzler 等[31]采用 TOPO(三正辛基氧化膦)和 TPTZ[2,4,6-三(2'-吡啶基)-1,3,5-三嗪]混合萃取剂，从含镅的镧系稀土硝酸溶液中协同萃取分离镅和铕，分离系数分别为 $\beta_{Am/Eu}$=30~34、$\beta_{Nd/Eu}$=2，高于单一的 TOPO 萃取剂($\beta_{Nd/Eu}$=1.6)，但低于 $P_{204}(\beta_{Nd/Eu}$=19)和 $P_{507}(\beta_{Nd/Eu}$=24)体系萃取钕和铕的分离系数。日本大阪大学化学工程系研究了用三-n-辛基甲基胺的硝酸盐(TOMAN)和 β-双酮(LIX54、LIX51)做萃取剂协同萃取稀土(Nd、Dy、Yb)的硝酸盐，在 pH=2~3 时萃取能力与单一 TOMAN 萃取相同，而随着 pH 升高出现协同效应，在 pH 为 6 时萃取率最高，但是此方法中分离系数没有明显变化[32]。

贾琼等[33]研究了中性磷(膦)类萃取剂与 1-苯基-3-甲基-4-苯甲酰基吡唑酮-5(HPMBP)协同萃取 La。结果表明：当 pH=2 时，Cyanex923(直链三烷基氧化膦)+HPMBP、Cyanex921(三辛基氧化膦)+HPMBP、Cyanex925(支链三烷基氧化膦)+HPMBP 三种混合体系萃取的分配比分别可以达到 10、30、80，高于单一中性有机磷(膦)萃取剂(Cyanex923 萃取分配比为 D_{La}=6、Cyanex921 为 D_{La}=1.5、Cyanex925 为 D_{La}=0.2)，同时也大于 P_{204}(D_{La}=0.07)萃取和 P_{507}(D_{La}=0.05)萃取的分配比。另外，他们研究了 TBP(磷酸三丁脂)和 CA-12(仲辛基苯氧基取代乙酸)协同萃取分离钇，其中钇和钐的分离系数提高较明显，$\beta_{Y/Sm}$=7.92，高于 CA-12($\beta_{Y/Sm}$=7.07)和 TBP($\beta_{Y/Sm}$=4.0)单独萃取，但是仍低于 P_{204} 萃取($\beta_{Y/Sm}$=5×10³) 和 P_{507} 萃取($\beta_{Y/Sm}$=37.8)[34]。

2. 酸性萃取剂为主体的协萃体系

Коларик 等研究了 P_{204} 中加入某些酸性或中性萃取剂萃取稀土镧，结果显示加入噻吩甲酰三氟丙酮(HTTA)后镧的分配比为 0.19，是 P_{204} 萃取时的 2.7 倍，呈现正协萃效应；而加入乙酰丙酮(AA)、三正辛胺(TOA)、磷酸三丁酯(TBP)时，镧的分配比分别为 0.06、0.017、0.007，是 P_{204} 萃取分配比的 0.9、0.25 和 0.1 倍，呈现负协萃效应。Nishihama 等[35]采用 P_{204} 和苯乙烯-二乙烯基苯协同萃取稀土(Pr、Nd、Sm、Y 和 Er)，结果表明：pH=3 时镨钕分离系数为 1.75，pH=2 时镨钐分离系数为 35，pH=5 时钇铒分离系数为 1.8，上述分离系数与 P_{204} 萃取相比分别提高了 0.45、24 和 0.4 倍。

孔薇等[36]研究了双(2,4,4-三甲基戊基)磷酸(HBTMPP)与伯胺 N₁₉₂₃，在 pH 为 3.6 时萃取三价稀土元素的协同效应。实验表明其萃取过程具有正协同效应，稀土离子的分配比与 HBTMPP 单独萃取相比明显增加，其中 Yb 的分配比由 17.8 增加到 20，钇的分配比由 1.8 增加到 24。但是分配比增加的同时分离系数却降低，Yb 与 Y 的分离系数由 HBTMPP 单独萃取时的 7.66 降低到了 1.2。另外，他们采用萃取剂双(2,4,4-三甲基戊基)磷酸(Cyanex272)和 CA-100(仲壬基苯氧基取代乙酸)协同萃取，研究目的是从稀土 Sc、Y、La、Ga、Yb 溶液中分离 Y 元素。结果表明 pH=2 时分离系数 $\beta_{Yb/Y}$=5.14、$\beta_{Y/La}$=6.64、$\beta_{Y/Gd}$=2.41。其中 Yb 和 Y 的分离系数与 CA-100 单独萃取($\beta_{Yb/Y}$=1.74)相比提高最大，但是低于 P_{204} 萃取($\beta_{Yb/Y}$=14.7)和 P_{507} 萃取($\beta_{Yb/Y}$=17)的分离系数[37]。

黄小卫等[38,39]研究了 P_{204}-P_{507}(60%)协同萃取分离 Sm 和 Nd 的工艺过程。结果表明：在 P_{204} 中加入一定比例的 P_{507}，克服了 P_{204} 在低酸度料液条件下萃取稀土离子时易于乳化和中、重稀土元素难反萃的问题。

3. 其他类型萃取剂的协同萃取

韩维和等[40]采用 1,4-双(1′-苯基-3′-甲基-5′-氧代吡唑-4′-基)丁二酮(H₂BPMPBD)与 1-苯基-3-甲基-4-三氟乙酰基吡唑酮-5(PMTFP)从硝酸介质中协同萃取部分镧系离子，结果表明此体系中镨钕分离系数为 5，高于 P₂₀₄ 和 P₅₀₇ 萃取的分离系数($\beta_{Nd/Pr}$=1.3、$\beta_{Nd/Pr}$=1.5)。Bou-Maroun 等[41]采用 TPTZ[2,4,6-三(2′-吡啶基)-1,3,5-三嗪]与 1-苯基-3-甲基-4-苯甲酰基吡唑酮-5(HPMBP)混合协同萃取镧铕镥，结果表明 pH 为 3 时，分离系数 $\beta_{Lu/La}$=13.3、$\beta_{Eu/La}$=177.8，高于 HPMBP 单独萃取的分离系数 $\beta_{Lu/La}$=1.8、$\beta_{Eu/La}$=18。而与 P₂₀₄ 萃取($\beta_{Lu/La}$=3.03×10⁴、$\beta_{Eu/La}$=100)和 P₅₀₇($\beta_{Lu/La}$=199、$\beta_{Eu/La}$=6.52)萃取的分离系数相比镧和镥的分离系数降低，而铕和镧的分离系数则提高。

5.7.3　协同萃取分离稀土元素应用

1. 中性与中性协同萃取剂分离稀土元素

内蒙古科技大学李梅教授团队[42]以煤油为稀释剂，Aliquat336 和 TBP 为协同萃取剂，分离混合氯化稀土、硝酸稀土和硫酸稀土溶液中的稀土元素；在萃取槽中经过萃取、洗涤和反萃取使稀土元素分离；负载有机相经过反萃洗脱稀土离子后，返回继续用于萃取，反复循环使用。具体方法：氟碳铈矿与独居石混合型稀土矿物得到的混合硝酸稀土溶液，稀土元素的总浓度 REO=280g/L，其中的稀土元素配分为：La₂O₃/REO=27.3%；CeO₂/REO=49.80%；Pr₆O₁₁/REO=5.30%；Nd₂O₃/REO =15.50%；中重稀土(以氧化物计)/REO =2.10%，调节硝酸稀土水溶液的 pH 为 5~6。

将 Aliquat336 和 TBP 萃取剂按照体积比 1∶1 混合后，用 260#磺化煤油稀释为含萃取剂 1.5mol/L 的有机相后与硝酸稀土溶液用分馏萃取方式进行 Nd/Sm 分组，采用 20 级萃取，14 级洗涤，8 级反萃，流比(单位 L/min)：有机相∶稀土溶液∶洗液=3.1∶1∶0.73；洗涤段采用 3mol/L 的硝酸洗涤；用 6mol/L 的硝酸反萃。最后萃取分离得到含中重稀土以氧化物计(下文相同)约 250g/L 的溶液，该溶液用于生产中重稀土氧化物产品。

经上述 Nd/Sm 分组分离得到萃余液，以分馏萃取方式进行 Ce/Pr 分离。采用 41 级萃取，16 级洗涤，8 级反萃，流比(单位 L/min)：有机相∶稀土溶液∶洗液 =9.1∶1∶0.87；洗涤段采用 3mol/L 的硝酸洗涤；用 6mol/L 的硝酸反萃。最后萃取分离得到含镨钕氧化物约 230g/L 的溶液，该溶液可用于生产镨钕氧化物产品。

经 Ce/Pr 分离得到的含有镧铈元素的萃余液，以分馏萃取方式进行 La/Ce 分离。流比(单位 L/min)：有机相∶稀土溶液∶洗液=9.6∶1∶0.6；在萃取 22 级，洗涤 11 级，反萃取 8 级的分馏萃取槽中进行分离；洗涤段采用 3mol/L 的硝酸洗涤，6mol/L 的硝酸反萃取，得到含 $CeO_2=250g/L$ 的溶液，该溶液用于生产氧化铈产品。含镧的萃余液用于生产镧的产品。全过程稀土元素的收率大于 95%，纯度大于 99% 以上。

2. 酸性与碱性协同萃取剂分离稀土元素

内蒙古科技大学李梅教授团队[43]提出了非皂化萃取分离稀土元素的工艺。该方法采用非皂化的酸性萃取剂(P_{204} 或 P_{507})与碱性萃取剂(N_{1923}、N_{179}、N_{116}、DDA、DLA、N_{235})按一定比例混合后形成新型协同萃取剂，该协同萃取剂与稀释剂混合与无机酸发生反应后，用去离子水洗至中性用于稀土元素的萃取分离。该萃取剂在萃取稀土元素的过程中不需要进行皂化处理，能够减少由于皂化处理所产生的氨氮废水等对环境的污染等问题。

该方法以混合碳酸稀土为原料，用 3mol/L 的盐酸溶解得到稀土氯化物溶液，稀土元素的总浓度 REO=250g/L，其中的稀土元素配分为：La_2O_3/REO=26.75%；CeO_2/REO =50.00%；Pr_6O_{11}/REO =5.50%；Nd_2O_3/REO=15.50%；中重稀土(以氧化物计)/REO =2.25%，调节稀土水溶液的 pH 为 1.0~1.4。

有机相为未皂化的 P_{507} 与 N_{1923} 混合成协同萃取剂后和磺化煤油按照一定体积比配成有机溶液，其中协同萃取剂中 P_{507} 的体积分数为 50%，N_{1923} 的体积分数为 50%。协同萃取剂与煤油按照体积比为 1：1 混合成有机相，经过硫酸处理水洗，然后与稀土氯化物溶液用分馏萃取方式进行 Nd/Sm 分组，采用 16 级萃取，12 级洗涤，8 级反萃，流比(单位 L/min)：有机相：稀土溶液：洗液=2.6：1：0.51；洗涤段采用 3mol/L 的盐酸洗涤；用 6mol/L 的盐酸反萃。最后萃取分离得到含中重稀土(以氧化物计)约 220g/L 的溶液，该溶液用于生产中重稀土氧化物产品。

经上述 Nd/Sm 分组分离得到萃余液，以分馏萃取方式进行 Ce/Pr 分离。采用 56 级萃取，53 级洗涤，8 级反萃，流比(单位 L/min)：有机相：稀土溶液：洗液=8.2：1：0.84；洗涤段采用 3mol/L 的盐酸洗涤；用 6mol/L 的盐酸反萃取。最后萃取分离得到含镨钕氧化物约 200g/L 的溶液，该溶液可用于生产镨钕氧化物产品。

经 Ce/Pr 分离得到的含有镧铈元素的萃余液，以分馏萃取方式进行 La/Ce 分离。流比(单位 L/min)：有机相：稀土溶液：洗液=9.1：1：0.4；在萃取 29 级，洗涤 40 级，反萃取 8 级的分馏萃取槽中进行分离；有机相用 3mol/L 的盐酸洗涤，6N 的盐酸反萃取，得到含 $CeO_2=220g/L$ 的溶液，该溶液用于生产氧化铈产品。含有镧元素的萃余液用于生产氧化镧产品。

此外，肖海建等[44]利用 P_{507} 萃取稀土离子、N_{235} 萃取酸的特性实现了稀土的无皂化萃取分离。在振荡时间 5min、相比 1：1、料液 pH 2~3 工艺条件下，P_{507}-N_{235} 体系对稀土的萃取能力随着原子序数的增大而增大，符合"正序萃取"规律，对稀土的萃取量随着料液浓度的增加而增大。在振荡时间 8min、相比 1：1、料液浓度 1mol/L 的最优萃取工艺条件下，测定了各稀土元素组之间的平均分离系数。研究结果能为 P_{507}-N_{235} 体系应用于实际生产提供理论依据。同样是 P_{507}-N_{235} 体系萃取分离稀土，杨幼明等[45]发现体系 La/Ce 的分离系数随 N_{235} 浓度的增加逐渐增大，但当 N_{235} 的体积浓度达到 25%以上时，影响油水分相；La/Ce 分离系数随相比的提高而增大，当水相稀土浓度低时，相比大，油水分相难；La/Ce 分离系数随混合时间增加而增大，但混合时间过长，油水分相难，8min 较为合适；采用 P_{507}-N_{235} 体系，稀土元素间的分离系数优于 P_{507} 体系。

5.8 其他萃取法分离稀土元素

5.8.1 液膜萃取

液膜萃取是模拟生物膜并综合运用生物化学、物理化学和有机化学等有关理论的新技术。液膜萃取分离技术综合了固体膜分离和溶剂萃取分离技术的特点，具有有机相用量少、反应速率快、分离效率高、操作简单和选择性强的特点。我国采用液膜萃取技术从稀土溶液或废液中回收稀土以及分离钍已取得很大进展。

液膜按其成膜方式主要分为乳状液膜、支撑液膜、静电准液膜三种。目前研究较多的是乳状液膜。乳状液膜由基质、流动载体和表面活性剂组成。将含有接收相(膜内相)的小液滴分散在料液相(膜外相)中，料液相中的特定离子或化合物选择性地通过膜相向膜内相迁移。

用液膜来分离物质的过程必须要通过一个液膜体系。用乳状液膜分离时，这一体系由球面形的膜与膜外相、膜内相组成。若用于水溶液中提取与分离某种物质，膜为油膜，膜外相与膜内相均为水溶液，膜外相为连续相，膜内相为分散相。膜溶剂是组成液膜的基本成分，选择时应考虑液膜的稳定性及其对溶质配合物的溶解度的大小。由于膜溶剂的黏度对乳状液滴的生成及液膜的稳定性起决定性作用，因此一般选择黏度适中的膜溶剂。表面活性剂为极性物质，含有亲水基团和疏水基团，可在液膜表面定向排列，有利于稳定膜型和固定油水界面。液膜实际为液体表面活性膜的简称，所以在液膜分离中起到重要作用。流动载体的作用是对欲分离溶质或离子进行选择性迁移，它对欲分离溶质或离子的选择性及通量起决定作用。

液膜的选择性主要取决于所添加的流动载体，液膜起分离作用的原理主要有选择性渗透、逆向迁移和同向迁移。选择性渗透是指流动载体在膜内两个液相界面之间来回地传递被迁移的物质，通过载体和被迁移物质之间的选择性可逆反应，极大地提高被渗透溶质在液膜中的有效溶解度，增大膜内外的浓度梯度，提高传递效果。逆向迁移是指料液中欲分离的阳离子 RE^{3+} 与 H^+ 朝相反的方向扩散，其中

载体使用萃取剂 P_{204}、P_{507}、环烷酸等。

影响液膜萃取的主要因素：①液膜的渗透性。液膜的渗透性好则溶质在膜相中的迁移速度快，可提高液膜萃取的速度。液膜的渗透性与膜相的黏度有关，渗透性随黏度的增大而降低。②液膜的稳定性。影响液膜稳定性的主要因素是表面活性剂的性质及加入量和制膜时的搅拌速度及膜内酸浓度等。③液膜的溶胀性。溶胀是膜外水相通过膜进入膜内相使内相体积增大的现象。溶胀使液膜变薄，膜破损率增加，降低分离效果。④料乳液比。液膜萃取过程中，料乳液比(料液与乳状液膜的体积比)越高，萃取率也越高，膜内相中的被萃取溶质的浓度越高。

图 5-21 为液膜法提取稀土的传质过程。膜外相界面上发生提取反应式(5-183)，膜内相界面上发生解吸反应式(5-184)，当乳状液分散在稀土料液中时，稀土离子(RE^{3+})很快与乳珠表面的载体(如 P_{204})络合并通过膜相向另一侧扩散，在乳珠内相界面与酸(如 HCl)作用发生解吸，RE^{3+} 进入内相而得到富集，P_{204} 返回乳珠表面继续上述过程。

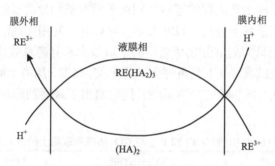

图 5-21　液膜法提取稀土的传质过程

$$RE^{3+}+3(HA)_2 \Longrightarrow RE(HA_2)_3+3H^+ \tag{5-183}$$

$$RE(HA_2)_3+3H^+ \Longrightarrow RE^{3+}+3(HA)_2 \tag{5-184}$$

文献[46]研究了应用液膜技术从低品位稀土矿渗浸液中提取稀土、分离杂质铝的最佳条件，发现以 P_{204} 为流动载体、酸性蓝 113 为表面活性剂、磺化煤油为膜溶剂、HCl 为内相解吸剂制成的液膜，对稀土的提取效果最好，且杂质铝留在膜外相，没有进入内相稀土富液，达到稀土与铝的完全分离。

5.8.2　超临界流体萃取

超临界流体是指温度和压力处于或高于临界温度(T_c)和临界压力(p_c)的流体，在此状态下，流体的性质介于气体和液体之间。超临界流体的密度和液体相近，黏度接近于普通气体，扩散系数则是液体的近百倍，从而它不仅比液体具有扩散速度快、传质速度大的优点，而且又比气体有较大的溶解能力。

超临界流体溶解物质的能力和溶质的化学性质以及超临界流体的性质有关。溶质的化学性质与超临界流体越相似，其溶解能力越大。

用超临界流体做萃取剂的条件：对被萃取物的选择性和溶解度大；操作温度应低于被萃取溶质的分解温度；临界压力低，临界温度不宜太高或太低，最好接近室温或操作温度；设备的腐蚀问题易于解决；供应充足，价格低廉。目前，众多超临界流体中，CO_2具有许多独到的优点。

超临界流体萃取具有诸多优点：超临界流体萃取可在比较适中的条件下进行；超临界流体对高沸点、高极性物质的溶解能力强；影响超临界流体溶解能力的因素，如温度、压力和组成等容易改变，有利于选择性萃取；提取后的溶液容易通过等温降压、升温、吸附等物理方法进行分离。在超临界流体中加入适当的夹带剂可以提高超临界流体萃取的提取量和选择性。

根据超临界流体技术原理，萃取的基本流程为原料—萃取—分离，得到被萃取物，萃取剂循环使用。按所采用的方法不同，又可分为变压、变温、吸附三种基本工艺流程。三种工艺流程的基本区别在于萃取釜和分离釜的操作条件。

超临界法可用于稀土分离，TBP 和 P_{204} 与 CO_2 一起用作共溶剂(或称夹带剂)。迄今，用超临界流体萃取法(SFE)所获得的萃取收率和分离系数均比用乙烷做稀释剂的复合萃取系统的高。该工艺条件为：温度 35~55℃，压力 100Pa 以上。表 5-16 给出了镧、钕、钆、钬、镱的分离系数，同时给出了观察到的加入 TBP 和 P_{204} 产生的协同效应。

表 5-16　TBP 或 TBP 和 P_{204} 与 CO_2 协同萃取稀土的分离系数

分离系数	CO_2+7%TBP	CO_2+3%TBP+2.5%P_{204}
Nd/La	6.525	2.189
Gd/Nd	1.364	4.229
Ho/Gd	1.219	1.043
Yb/Ho	0.266	5.072

5.9　离子液体在稀土元素萃取中的应用

离子液体全称为室温离子液体(room temperature ionic liquids)，是由有机阳离子与无机或有机阴离子组成的一类在室温或相近温度下呈液体状态的盐类。它展现出独特的物理、化学性质及特有的功能，是一类值得研究发展的新型的"软"功能材料或介质。离子液体是从传统的高温熔盐演变而来的，但与一般的离子化合物有着很大的不同，常规的离子化合物只有在高温状态下才能变成液态，而离子液体在室温附近很大的温度范围内均为液态，有的离子液体的凝固点甚至接近零下 100℃。此外，离子液体的结构具有更大的可设计性，可以通过修饰或调变阴阳离子的结构或种类来调控离子液体的物理化学性质，以满足特定的应用需求[47]。离子液体与传统的有机溶剂相比，具有许多独特的优点，在室温条件下蒸气压低、不易燃、物理和化学稳定性良好、液体状态温度范围宽，消除了有机化合物挥发对环境的污染。由于优越的性能，离子液体与超临界 CO_2 及双氧水被称为 21 世纪化工的三大绿色溶剂。

离子液体已经被广泛用于电化学、材料制备、催化和萃取分离等领域。其中，离子液体在金属离子萃取分离领域的应用是一个十分重要的部分。传统的液-液萃取使用一些挥发性和易燃性的有机溶剂作为有机相，造成了一定的环境污染。离子液体作为一种绿色清洁的疏水性溶剂，取代传统的挥发性有机溶剂作为萃取剂，不但解决了环境问题，而且它的萃取效率和选择性都很高。

Dai 等以冠醚 DCH-18C6 为萃取剂实现了对锶的萃取，表明离子液体萃取金属离子具有重要的应用价值[48]。Rogers 等在以离子液体为萃取相萃取过渡金属及有毒重金属离子等方面做了许多研究工作。另外，离子液体在稀土萃取方面的应用正逐渐受到重视。Nakashima 等[49]研究了以离子液体[C₄min] [NTf₂]为溶剂，以 HTTA 为萃取剂，萃取 Eu^{3+}、Nd^{3+}等金属离子的阴离子交换机理。研究发现，萃合物并不是中性复合物 $L_n(TTA)_3(H_2O)_n$ 或 $L_n(TTA)_3(HTTA)$，而是 $L_n(TTA)_4^-$ 与离子液体中的阴离子 NTf_2^- 进行离子交换而进入离子液体，NTf_2^- 被置换到水相中。又对该体系下的反萃性进行了研究。研究发现，萃取后的离子液体相与 0.01~0.1mol/L $HNTf_2$ 溶液接触，$L_n(TTA)_4^-$ 可以被 NTf_2^- 重新交换出来。

陈继等[50]和纪杨[51]对离子液体在稀土萃取中的应用进行了较为系统的研究。以二(2-乙基己基)磷酸酯(P_{204})，2-乙基己基磷酸单-2-乙基己基酯(P_{507})和双(2,4,4-三甲基戊基)磷酸(Cyanex272)阴离子作为抗衡离子，合成了一系列阴离子功能化的离子液体，这类离子液体是由季铵盐阳离子和羧酸类阴离子构成的，具有可与金属离子络合的官能团，有着比传统萃取剂更强的萃取能力和选择性。并用其中一种双功能化的离子液体[A336][P_{204}]为萃取剂，研究了对 Eu(Ⅲ)的萃取。结果表明：[A336][P_{204}]对 Eu(Ⅲ)有较好的萃取分离效果，这主要是功能化的阴阳离子相互之间的协同作用引起的；在环己烷和氯仿为稀释剂的萃取过程[A336][P_{204}]与 Eu(Ⅲ)是以 3：1 的方式结合的，在硝酸存在的酸性条件能够实现 Eu(Ⅲ)的很好的剥离，整个萃取过程的机理是离子协同机理。Rout 等[52]研究了三种新任务专一型离子液体(task-specific ionic liquids, TSILs)及其在硝酸体系下对稀土离子的萃取性能。结果表明：该体系对重稀土元素的萃取效果优于对轻稀土元素的萃取效果；具有配位阴离子的 TSILs 的阳离子对萃取性能有直接的影响，通过选择合适的阳离子可以调节其对金属离子的萃取能力和选择性。

总体上，现在研究功能性离子液体萃取稀土元素的报道还不多，使用离子液体进行稀土萃取的研究还仅仅是开始。离子液体可以通过改变阴阳离子来进行分子设计从而适应不同的体系，这是特别有利于分离过程的。同时由于离子液体的低挥发性、低溶解性，可以将经济因素和环境因素结合于一体而实现真正意义上的可持续发展。对于离子液体而言，它的萃取行为在很多方面和传统的萃取剂极为相似，在很多情况下萃取的分配行为也有随 pH 摆动的现象，这对于萃取后的反萃是极为有利的。随着环境的压力加大，离子液体在稀土元素的分离中必将得到越来越多的重视和应用。

5.10　超声波在溶剂萃取分离稀土中的应用

超声波是一种高频机械波，其频率范围为 15~60kHz。由于超声波可以产生空化效应、热效应和机械效应，因此常被用于过程的强化和引发化学反应，目前已被广泛应用于医学、冶金等各领域中。

内蒙古科技大学李梅研究团队[53]以未皂化的 P_{204} 为萃取剂，研究了超声波作用下镧铈元素的萃取分离。考察了料液酸度、超声波强度、超声波频率分别对镧铈分离系数及饱和萃取容量的影响。

考察了超声波强度分别为 $14W/cm^2$、$16W/cm^2$、$18W/cm^2$ 和 $20W/cm^2$ 时 P_{204} 萃取镧铈的分离系数，如图 5-22 所示。超声波强度的增大有利于超声空化及其次级效应的加强，而这些作用均能够强化 P_{204} 萃取分离镧铈元素。从图 5-22 可以看出，镧铈的分离系数随超声波强度的增加而升高，分离系数最大为 4.63。

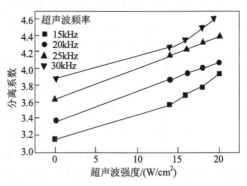

图 5-22　超声波强度对镧铈分离系数的影响

考察了超声波频率分别为 15kHz、20kHz、25kHz 和 30kHz 时 P_{204} 萃取镧铈的分配比和分离系数，其影响如图 5-23 所示。从图 5-23 可以看出，镧铈的分离系数随超声波频率的升高而增大。

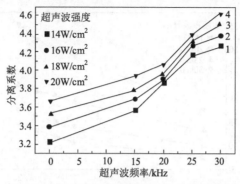

图 5-23　超声波频率对镧铈分离系数的影响

　　实验考察了 pH 为 5 时超声波对镧铈饱和萃取容量的影响，其结果如图 5-24 和图 5-25 所示。从图中可知，超声波作用下镧铈的饱和萃取容量均大于无超声波作用，且饱和萃取容量随超声波强度的增大而增大，在相同超声波强度下频率越大，稀土元素的饱和萃取容量也越大。无超声波场时 P_{204} 萃取稀土元素的机理是阳离子交换机制，且每萃取一个稀土离子放出 3 个氢离子。当超声波在液体中传播时，会发生超声空化效应、机械效应、热效应等。超声空化效应是指液体中的超声波在其负压相"拉断"液体分子形成空穴，这些空穴膨胀至半径最大值，随后在正压相急剧收缩并发生崩溃，产生强烈的冲击波和高速射流等。高频振动的超声波促使液体分子之间剧烈摩擦，这种机械机制使得空化泡崩溃产生的巨大剪切力有可能"打碎"分子的化学键，导致物质的结构发生改变。因此分析认为在超声波作用下 P_{204} 萃取分离稀土元素过程中，由于超声波的空化作用，空化泡崩溃产生的冲击波容易使得 P_{204} 二聚体中的氢键部分断裂，因此有更多的单体 P_{204} 能够与稀土离子发生萃取反应，所以超声波作用下镧铈的饱和萃取容量均大于无超声波作用，镧和铈的最大值分别达到 19g/L 和 35g/L。

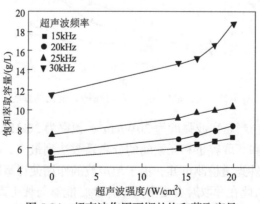

图 5-24　超声波作用下镧的饱和萃取容量

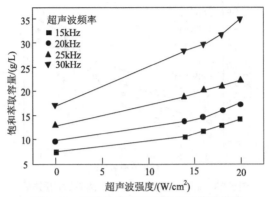

图 5-25　超声波作用下铈的饱和萃取容量

　　同样从前面的实验可知超声波强度为 20W/cm² 、频率为 30kHz 时镧铈的分离效果最好，因此实验考察了该条件下 pH 分别为 2、3、4 和 5 时 P₂₀₄ 分别萃取镧铈的分配比和分离系数。图 5-26 和图 5-27 分别是超声波作用下不同酸度对镧铈分配比和分离系数的影响图。从图 5-26 中可以看出，超声波作用下镧和铈的分配比随着 pH 的增加而升高，并且超声波作用下镧和铈的分配比均大于无超声波作用。其原因在于超声波对饱和萃取率的影响相同，由于超声波的空化作用使得 P₂₀₄ 二聚体中的氢键部分断裂，因此有更多单体的 P₂₀₄ 能够与稀土离子发生萃取反应，所以超声波作用下镧和铈的分配比均大于无超声波作用。从图 5-27 中可以看出，镧铈的分离系数随酸度的升高而增大，并且镧铈的分离系数均大于无超声波作用。

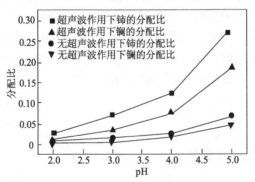

图 5-26　超声波作用下 pH 对镧铈分配比的影响

　　以上结果表明：当超声波强度为 20W/cm² 、频率为 30kHz、料液 pH 为 5 时，镧铈的分配比、饱和萃取容量和元素间的分离系数达到最大，镧铈的分离系数最大为 4.63。通过红外光谱检测可知，由于超声波的作用使得萃取剂 P₂₀₄ 二聚体中的氢键部分断裂，因此在萃取时有更多的单体 P₂₀₄ 能够与稀土离子发生萃取反应，所以超声波作用下镧铈的饱和萃取容量和分配比均大于无超声波作用。

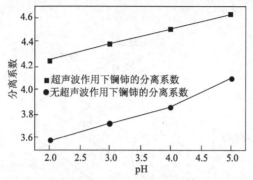

图 5-27 超声波作用下 pH 对镧铈分离系数的影响

5.11 稀土萃取过程中的萃取器

1985 年以前，我国稀土行业普遍采用常规混合澄清器，此后，全逆流混合澄清器、EC-D 型混合澄清器和多层澄清萃取器得到了稀土元素分离厂的广泛采用。同时，离心萃取器、振动筛板塔和混合澄清塔也得到了深入研究[54]。

5.11.1 箱式混合澄清器

箱式混合澄清器是一种应用较广泛、种类较多的液-液萃取设备。按同一级内有机相和水相(简称两相)进入混合室的方向与两相在澄清室中的流动方向不同，可分为以下 3 种形式：

(1) 并流式：有机相和水相同向进入混合室，两相在澄清室的流动也同向。

(2) 半逆流式：有机相和水相逆流进入混合室，两相在澄清室内的流动则同向。

(3) 全逆流式：有机相和水相逆向进入混合室，两相在澄清室内的流动也为逆向。

1. 常规混合澄清器

1985 年以前，稀土分离厂采用的萃取器是我国核燃料和有色金属湿法冶金中普遍采用的常规混合澄清器(图 5-28)。水相经前室从底部进入混合室；有机相借助于澄清室与混合室的液位高度差经隔墙上的出口溢入混合室；混合相经隔板中部出口流入澄清室。这种结构的混合澄清器，两相在混合室内的自然行程较短，可能出现混合相从轻相口和重相口返流而导致短路、降低级效率的情况。当级间搅拌器的抽吸力和输送力不相等时，澄清室的界面不稳定。同时因设置前混合室(混合室假底到槽底区)而增加了混合室的死角，降低了混合室的有效空间利用率，且不便清洗和维修。

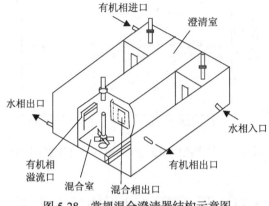

图 5-28　常规混合澄清器结构示意图

2. EC-D 型混合澄清器

EC-D 型混合澄清器(图 5-29)的主要改进是采用了大三角形搅拌器,并取消了混合室的吸液管。级前室或导流管从底部将水相和有机相吸入混合室,混合相经折流挡板上的孔溢流入澄清室。

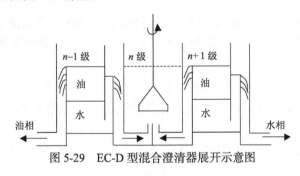

图 5-29　EC-D 型混合澄清器展开示意图

这种结构的混合澄清器的主要优点是两相在混合室内的自然行程较长,级效率较高,流通量较大,缺点是混合相从轴处中心孔排出,需要克服抗搅拌作用形成的负压,消耗大量的抽吸压头,因而搅拌强度较大,相夹带较多。此外,设备结构较复杂,各级澄清室的界面需用界面调节器控制。

3. 全逆流混合澄清器

全逆流混合澄清器(图 5-30)的主要结构特征如下:

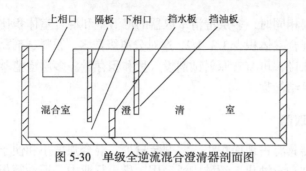

图 5-30　单级全逆流混合澄清器剖面图

(1) 混合室内不设前室或导流管，只有一个上相口(进有机相，出混合相)和一个下相口(进水相，出混合相)。

(2) 每个混合澄清单元(通称一个萃取级)内只装一块隔板、一块挡水板和一块挡油板。

(3) 有机相和水相在混合室、澄清室和整个萃取器内均呈逆向流动，故两相在混合室内的自然行程较长，级效率较高。

(4) 采用大桨叶(四叶平桨)慢转速搅拌混合，有利于避免能量集中在桨叶附近，减少液滴过粉碎，有利于两相分离。

该萃取器主要依靠水相、有机相和混合相之间的密度差所形成的推动力，以及搅拌桨叶的离心力，迫使水相和有机相在混合室、澄清室和整个萃取器内处于逆向流动状态，并完成被萃取元素在水相和有机相之间的传质过程。全逆流混合澄清器与常规混合澄清器相比，具有结构简单、运行稳定、容易控制、混合强度小、分相速度快和溶剂夹带损失少等优点，缺点是流通量小，澄清室底部有死角。

4. 多层澄清萃取器

多层澄清萃取器(图 5-31)与全逆流混合澄清器的工作原理相同，它具有全逆流混合澄清器的全部优点，其独特之处是澄清室内只设置一块稳定板和两组活动折叠板(可随时装入，随时取出)。在澄清室装置多层澄清板，不仅增加了澄清面积，减少了澄清室体积，缩短了油珠浮升距离和相聚集时间，而且还减少了澄清区的湍流。

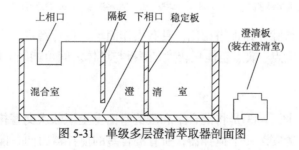

图 5-31　单级多层澄清萃取器剖面图

在生产规模相同时，多层澄清萃取器的澄清室和混合室体积比常规混合澄清器的澄清室和混合室体积少 1/3~1/2，这对分离级数多、原料试剂昂贵的萃取体系和反萃取体系来说，可节省原料试剂投入量和积存量。多层澄清萃取器的缺点是澄清板上可能黏结污物。

5.11.2　塔式萃取器

塔式萃取器具有占地面积小、溶剂装量少、混合强度小和便于密封等优点，在核燃料后处理和石油化工领域广泛采用。稀土行业中，振动筛板塔和混合澄清塔的研究和应用较多。

1. 振动筛板塔

振动筛板塔的结构和工作原理与脉冲筛板塔相类似，不同之处有以下两方面：

(1) 振动筛板塔中的筛板安装在振动轴上，而脉冲筛板塔中的筛板安装在柱体上。

(2) 振动筛板塔是通过安装在塔顶上的曲柄连接杆带动轴与筛板上下运动，而脉冲筛板塔是通过安装在塔底的脉冲器促使液体上下运动。

水相与有机相之间的传质是通过液体与筛板做相对运动、破碎两相而完成的。两相澄清分离是在两块筛板之间进行的，如图 5-32 所示。

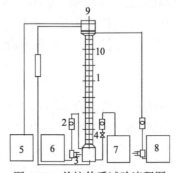

图 5-32　单柱传质试验流程图

1. 柱体；2. 转子流量计；3. 计量泵；4. 调节阀；5. 有机相出口储槽；
6. 有机相料液储槽；7. 水相出口储槽；8. 水相料液储槽；9. 调速器；10. 取样器

振动筛板塔与脉冲筛板塔相比，具有操作简单、运行稳定、塔内各部位的混合强度较均匀等优点，缺点是能耗较大，筛板与塔体之间可能因空隙而出现沟流。

2. 混合澄清塔

混合澄清塔(图 5-33)是将混合室和澄清室由上至下依次交替排列，在各混合室内中间对称位置安装一个搅拌器，所有混合室的搅拌器由同一搅拌轴带动。

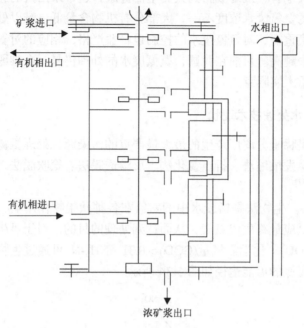

图 5-33　混合澄清塔

用于从矿浆中直接提取稀土的混合澄清塔的混合室高度为 100mm，澄清室高度为 200mm。浆相由泥砂泵输入位于塔顶部的第一混合室，与来自第二澄清室的有机相混合，自第一混合室流出的混合相向下流入第一澄清室；澄清后的浆相流入第二混合室，与来自第三澄清室的有机相混合。浆相就这样自上而下依次流经各混合室和澄清室，到达位于塔底的最后一个澄清室，浓缩相由塔底排放管定期排放，稀相流经浆相液位调节器后排放到负载有机相储槽中。该混合澄清塔具有占地面积小，级效率高和突然停运行不影响平衡状态等优点，在矿浆萃取中有广阔的应用前景。

5.12　稀土萃取的氨氮废水处理

5.12.1　概述

现代工业的发展使氨氮废水来源也越来越广，在化肥、炼油、无机化工、肉类加工、饲料生产、有色金属冶炼、农业生产行业，以及动物的排泄和日常生活中的垃圾渗滤液中，都存在氨氮废水的产生和排放[55,56]。在稀土生产的氨皂工序和化合物沉淀工序也会产生大量的氨氮废水。氨氮废水的超标排放不仅造成大面积水体富营养化，大量氨氮废水的排放进入水体降低了水体的观赏价值，会对自然环境造成极大危害，最终威胁到人类生命健康，还带来巨大的经济损失。各个工业部门排放的氨氮废水浓度不一，大部分有机物含量低，难以处理，已经引起了国内外的高度重视，对氨氮废水的控制也日益严格，相应的对氨氮废水处理技术的要求也越来越高。目前在我国，氨氮废水的处理仍是一个难题，对其治理技术的研究具有重大实际意义。

5.12.2　氨氮废水处理技术现状

氨氮废水是稀土分离厂产生的最大最严重的污染源，处理氨氮废水的方法主要有生物法、蒸发浓缩法、折点氯化法、反渗透膜法、氨吹脱法、磷酸铵镁法、乳化液膜法等[57]。

(1) 生物法。生物法是指废水中的氨氮在各种微生物作用下，通过硝化、反硝化等一系列反应最终生成氮气，从而达到处理的目的。对于可生化性高的废水[生化需氧量(BOD)：化学需氧量(COD) > 0.3]，NH_3-N 可通过生物脱氮的方法去除。废水生物脱氮的可能途径如图 5-34 所示。

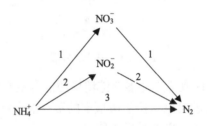

图 5-34　废水生物脱氮的可能途径

1. 硝化反硝化；2. 短程硝化反硝化；3. 厌氧氨氧化

生物法处理效果稳定，操作简单，适用范围广，不产生二次污染且比较经济；但占地面积大，低温时效率低，对运行管理要求较高。有些物质，如重金属离子对微生物的活动和繁殖有抑制作用，工业运用中应给予考虑。此外，废水中高浓度的氨氮本身对硝化过程产生抑制作用，所以采用生物法处理氨氮废水的初始浓度 < 300mg/L 时效果好。

(2) 蒸发浓缩法。蒸发浓缩法适用于铵浓度达 130g/L 以上的高浓度氯化铵废水，且消耗大量的能源，生产出来的氯化铵产品也存在市场销售困难的问题，因此该法仅适用于煤炭资源丰富且氯化铵销路较好的地区。硫酸铵废水是稀土冶炼除杂过程产生的，钙、镁等杂质离子含量较高，通过蒸发结晶后得到的硫酸铵产品的含氮量允许最高为 18%，致使产品不合格，提取出后销售困难。因此硫酸铵废水难以通过蒸发浓缩法来处理。图 5-35 是蒸发浓缩法处理氨氮废水的流程图。

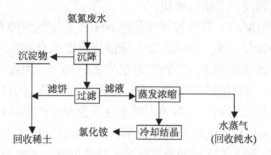

图 5-35　蒸发浓缩法处理氨氮废水的流程图

(3) 折点氯化法。折点氯化法适用于低浓度氨氮废水，且处理效果稳定，不受水温影响，投资较少，但是加氯量大，费用高，处理 NH_4^+ 浓度为 100mg/L 的废水，其处理费用为 37.6 元/(kg-NH_4^+-N)，处理率达 96%以上，工艺过程中每氧化 1mol 的氨氮会产酸 4mol，也就是说需要 1mg/L 的碱度(以 $CaCO_3$ 计)来中和产生的酸，从而增加了总溶解固体的含量，副产物氯胺和氯代有机物会造成二次污染。折点氯化法反应迅速完全、不受水温条件的影响、对氨氮的去除率高，但对液氯的安全使用和存储要求较高；另外，折点氯化法适用于不含有机物的低浓度氨氮的废水处理。对于高浓度无机氨氮废水，如氮肥厂废水等，废水量大，投资运行费用高，中间副产物氯胺和氯代有机物三氯甲烷等易造成二次污染；还存在着反应过程中总溶解固体量、产酸量增加等缺点。折点氯化法目前只能被用作低浓度氨氮废水的后续处理，净水厂的给水处理以及饮用水的深层净化等。

(4) 反渗透膜法。反渗透膜法是将低浓度氨氮废水(0.3%)浓缩至 6%~7%，然后再通过氨碱法生产氨水，其淡化水中 NH_4^+ < 10mg/L，淡水回用率达 90%。隔膜电渗析-电透析法是处理氨氮废水的新技术，氯化铵废水经预处理后，经隔膜电渗析处理，浓度得到富集，再经电解透析处理，可回收 HCl、氨水。日本科学家用此方法处理氯化铵、硝酸铵废水的新工艺，已投入工业运行。废水中含硝酸铵 1.3mol/L，经三级电渗析处理后，淡水中 NH_4^+ 降到 10ppm，浓硝酸铵经电透析处理后得到 6mol/L HNO_3 和 6mol/L 氨水，处理量为 3.5t/d。

(5) 氨吹脱法。通过调节 pH，使 NH_4^+ 转化为 NH_3，然后大量曝气，促使 NH_3 向空气中转移，达到去除水体中 NH_4^+ 的目的。吹脱法技术成熟，简单易行，工业上多有应用，但采用水蒸气吹脱时水蒸气使用量较大，能源消耗量高，日常维护烦琐，投资和运行处理设备成本昂贵，而且往往因为对吹脱出的氨不加处理任意排放，导致造成二次污染。而且大部分企业为了降低治理费用，多采用石灰来调节废水的 pH，容易导致吹脱塔和管道结水垢，如果用氢氧化钠来替换石灰，虽然大大减少结垢的现象，但是成本却大幅增加。冬天则易造成吹脱塔塔板板结，处理起来相当麻烦，尤其是氨气的挥发性随温度的降低而降低使得氨氮的吹脱效率急剧降低这个问题还一直难以解决。

(6) 磷酸铵镁法(MAP)。磷酸铵镁法是将NH_4^+以复盐沉淀的方法从水溶液中去除，是一种有效回收氮、磷、镁的方法，磷酸铵镁以水合物形式存在，是一种难溶于水的化合物，其溶度积K_{sp}在25℃时仅为2.5×10^{-13}，因此，采用磷酸铵镁法氮磷镁去除效率高，得到的磷酸铵镁又是一种高效缓释肥，具有较好的经济价值。北京有色金属研究总院的刘金良等采用稀土分离企业中产出的氨氮废水与含镁废水混合后，添加$Na_3PO_4\cdot12H_2O$作为沉淀剂，调节溶液pH=9.0，可使氨氮去除率达到98.6%，这样既解决了含镁的废水带来的盐度问题，又解决了氨氮污染问题，但是磷酸铵镁法所用沉淀剂磷酸盐成本较高，目前工业上还没有应用。图5-36是利用磷酸铵镁沉淀法处理氨氮废水的工艺流程图。

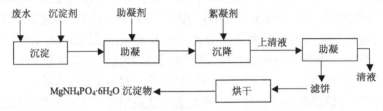

图 5-36　磷酸铵镁沉淀法处理氨氮废水的工艺流程图

(7) 乳化液膜法。乳化液膜具有选择透过性，可用于液-液分离。其膜传递过程的推动力是化学反应和浓度差。氨氮废水利用乳化液膜分离净化过程通常是以选择性透过膜(如煤油膜)为分离介质，在油膜两侧通过被选择透过物质(如NH_3)的浓度差和扩散传递为推动力，使透过物质(NH_3)进入膜内，从而达到分离的目的。乳化液膜法处理氨氮废水的工艺如图5-37所示。

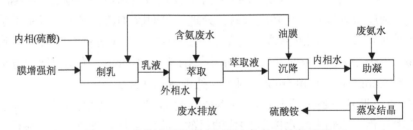

图 5-37　乳化液膜法处理氨氮废水的工艺流程图

随着新时期工业化进程的飞速发展，国家对氨氮排放标准的要求提高，氨氮已作为我国水污染控制的约束性指标。针对不同氨氮废水处理工艺分析，当前不同类型、不同浓度的氨氮废水处理工艺还有进一步改进完善的空间，在节能减排、生态环保、操作稳定高效、运行成本便宜、氨氮回收循环利用、清洁生产的原则基础上，需要优选相适宜的处理工艺，而采取以生物法为主、多种氨氮处理技术综合运用实现达标排放以及氨氮回收循环资源化，将成为今后行业的重点技术探索方向[58]。

参 考 文 献

[1] 吕松涛. 稀土冶金学[M]. 北京: 冶金工业出版社, 1978: 28-33.

[2] 徐光宪, 袁承业, 等. 稀土的溶剂萃取[M]. 北京: 科学出版社, 1987: 127-474.

[3] 徐光宪. 稀土. 2 版 [M]. 北京: 冶金工业出版社, 1995: 469-726.

[4] 翟永青, 吴文远, 孙金治. 镨钕分离系数与组成关系的数学模型[J]. 河北大学学报(自然科学版), 2000, 20(4): 346-350.

[5] 严纯华, 李标过, 徐光宪. 三、四组分串级萃取若干规律及有效、等效分离系数的讨论[A]//中国稀土学会第一届年会论文集(二分册)[C]. 北京: 中国稀土学会, 1985: 53-54.

[6] 高新华, 吴文远, 涂赣峰. 四组分体系"组合式"萃取分离工艺[J]. 有色矿冶, 2000, 16(2): 21-25.

[7] Turanov A N, Karandashev V K, Baulin V E, et al. Extraction of lanthanides(III) from aqueous nitrate media with tetra-(*p*-tolyl)[(*o*-phenylene) oxymethylene] diphosphine dioxide[J]. Solvent Extration and Ion Exchange, 2009, 27: 551-578.

[8] Turanov A N, Karandashev V K, Sharova E V, et al. Extraction of lanthanides(III) from HClO$_4$ solution with bis(diphenylphosphorylmethylcarbamoyl)alkanes[J]. Solvent Extraction and Ion Exchange, 2010, 28(5): 579-595.

[9] 游效曾, 孟庆金, 韩万书. 配位化学进展[M]. 北京: 高等教育出版社, 2000: 30-36.

[10] 牟苗苗, 陈广, 罗兴. 新型稀土萃取剂研究现状与进展[J]. 矿产保护与利用, 2015, 4: 73-78.

[11] 王艳良, 赵泽源, 孙晓琦. 基于 Cyanex272 的重稀土萃取分离新工艺[A]//中国化学会第九届全国无机化学学术会议论文集[C]. 北京: 中国化学会, 2015.

[12] Wang J L, Xu S M, Li L Y, et al. Synthesis of organic phosphinic acids and studies on the relationship between their structure and extration-separation performance of heavy rare earths from HNO$_3$ solutions[J]. Hydrometallurgy, 2013, 21: 108-114.

[13] 田君, 赵庆芳, 尹敬群, 等. 用环烷酸石油亚砜从混合氯化稀土溶液中萃取分离钇[J]. 湿法冶金, 2001, (1): 37-40.

[14] 刘营, 张国成, 黄小卫, 等. 从含氟硫酸稀土溶液中萃取铈过程产生第三相的原因[J]. 中国稀土学报, 2001, 19(4): 320-323.

[15] 周静, 严纯华, 廖春生. 氟碳铈矿除氟萃取铈(IV)工艺研究[J]. 稀土, 1998, (19), 3: 9-17.

[16] 潘叶金. 有色金属提取冶金手册(稀土金属)[M]. 北京: 冶金工业出版社, 1993: 131-135.

[17] 何培炯, 方军, 严玉顺, 等. 用环烷酸从稀土溶液中除去铁、铝的研究[J]. 稀土, 1995, 16(2): 19-22.

[18] 臧立新, 王琦. 用稀土皂化有机相技术在轻稀土分离工艺中的新应用[J]. 稀土, 1995, 16(3): 28-30.

[19] 刘瑞金, 赵治华, 桑晓云, 等. 稀土萃取分离皂化工艺及其废水资源化探讨[J]. 稀土, 2015, 36(4): 132-137.

[20] 雷金勇. 稀土矿萃取分离过程皂化工艺改造工程[J]. 资源节约与环保, 2015, (2): 62.

[21] 周洁英, 陈冬英, 杨新华, 等. 稀土萃取有机相的无氨连续皂化试验研究[J]. 湿法冶金, 2015, 34(1): 43-46.

[22] 李红卫, 黄小卫, 龙志奇, 等. 一种有机萃取剂的皂化方法[P]: 中国, CN200610001858.5. 2008.

[23] 宋丽莎, 刘艳珠, 周雪珍, 等. 酸性络合萃取有机相的稀土皂化方法[A]//2013 年中西部地区无机化学化工学术研讨会论文集[C]. 北京: 中国化学会, 2013.

[24] 包一凡. 稀土精矿湿法冶炼清洁生产技术与应用实例[D]. 呼和浩特: 内蒙古大学硕士学位论文, 2010.

[25] 杨帆, 廖秋霞, 陈鹏, 等. 新 CHON 型绿色萃取剂的设计及在稀土二次资源高效回收中的应用[A]//2015 年全国稀土金属冶金工程技术交流会论文集[C]. 北京: 中国稀土学会, 2015.

[26] 王蕊, 王彤, 于微, 等. 8-羟基喹啉与羧酸有机萃取剂(CA12)对稀土元素的萃取[J]. 吉林地质, 2015, 34(4): 114-119.

[27] 廖伍平, 卢有彩, 李艳玲, 等. 杯芳烃衍生物萃取分离稀土/钍的研究[A]//中国化学会第 29 届学术年会摘要集[C]. 北京: 中国化学会, 2014.

[28] 孙玉丽, 尚庆坤, 王小飞, 等. 磺酰基桥连杯[4]芳烃萃取分离钍与稀土[J]. 中国稀土学报, 2013, 31(5): 582-587.

[29] 陈广, 王俊莲, 张覃, 等. 新型萃取剂(2,3-二甲基丁基)(2,4,4′-三甲基戊基)次膦酸(INET-3)的合成及其萃取重稀土的性能[J]. 有色金属工程, 2014, 4(5): 29-31.

[30] 李德谦, 王忠怀, 曾广赋, 等. 伯胺 N_{1923} 从硫酸溶液中萃取铈(IV)的机理[J]. 核化学与放射化学, 1984, 6(3): 153-159.

[31] Krejzler J, Narbutt J, Foreman M R J, et al. Solvent extraction of Am(Ⅲ) and Eu(Ⅲ) from nitrate solution using synergistic mixtures of N-tridentate heterocycles and chlorinated cobalt dicarbollide [J]. 2006, 56(1): 459-468.

[32] Komasawa I, Hisada K, Miyamura M. Extraction and separation of rare earth elements by tri-n-octylmethylammonium nitrate [J]. Journal of Chemical Engineering of Japan, 1990, 23(3): 308-315.

[33] 贾琼, 李德谦, 牛春吉. 1-苯基-3-甲基-4-苯甲酰基-吡唑酮-5 与中性磷(膦)萃取剂协同萃取镧(Ⅲ)[J]. 分析化学, 2004, 32(11): 1459-1462.

[34] Li W, Wang X L, Meng S L, et al. Extraction and separation of yttrium from the rare earths with sec-octylphenoxy acetic acid in chloride media [J]. Separation and Purification Technology, 2007, 54(2): 164-169.

[35] Nishihama S, Hirai T, Komasawa I. Selective extraction of Y from a Ho/Y/Er mixture by liquid-liquid extraction in the presence of a water-soluble complexing agent [J]. Industrial & Engineering Chemistry Research, 2000, 39(10): 3907-3911.

[36] 孔薇, 王春, 李德谦. HPMBP 与伯胺 N_{1923} 对稀土元素(Ⅲ)的协同萃取[J]. 高等学校化学学报, 1997, 2(18): 177-181.

[37] Sun X B, Wang Y G, Li D Q. Selective separation of yttrium by CA-100 in the presence of a complexing agent [J]. Journal of Alloys and Compounds, 2006, 408-412: 999-1002.

[38] 黄小卫, 李建宁, 彭新林, 等. 一种非皂化有机萃取剂萃取分离稀土元素的工艺[P]: 中国, 200510098261.2. 2006.

[39] 黄小卫, 顾保江, 张国成, 等. P_{204}-NdCl$_3$ 体系萃取除钐工艺研究[J]. 稀有金属, 1996, (4): 250-253.

[40] 韩维和, 余晖, 孙炜伟. H$_2$BPMPBD 和 TOPO 协同萃取 Ln^{3+}的研究[J]. 稀土, 2005, 26(4): 33-35.

[41] Bou-Maroun E, Boos A, Arichi J, et al. Synergistic extraction of lanthanoids with heterocyclic β-ketoenols and 2,4,6-tri(2-pyridyl)-1,3,5-triazine, TPTZ. Part Ⅱ: Extraction of La(Ⅲ), Eu(Ⅲ) and Lu(Ⅲ) with a bis(4-acyl-5-hydroxypyrazole) and TPTZ [J]. Separation and Purification Technology, 2007, 53: 250-258.

[42] 李梅, 立岩宏则. 稀土元素高纯化技术开发与研究[A]//中日稀土技术合作论文集[C]. 内部资料, 1997.

[43] 常宏涛, 季尚军, 李梅, 等. P_{204} 与 N235 协同萃取钕的研究[J]. 有色金属(冶炼部分), 2015, (3): 36-40.

[44] 肖海建, 蓝桥发, 黄金, 等. P_{507}-N235 体系稀土萃取分离试验研究[J]. 稀土, 2015, 36(6): 32-38.

[45] 杨幼明, 邓声华, 蓝桥发, 等. P_{507}-N235 体系稀土萃取分离性能研究[J]. 有色金属科学与工程, 2013, 4(3): 83-86.

[46] 文献, 喻庆华, 马荣骏. 用液膜萃取从稀土浸出液中提取稀土的研究[J]. 矿冶工程, 1997, 37(3): 47-50.

[47] 张锁江, 吕兴梅, 等. 离子液体——从基础研究到工业应用[M]. 北京: 科学出版社, 2006: 1-7.

[48] Dai S. Ju Y H. Barnes C E. Solvent extraction of strontium nitrate by a crown ether using room-temperature ionic liquids[J]. Journal of the Chemical Society—Dalton Transactions, 1999, (8): 1201-1202.

[49] Nakashima K, Kubota F, Maruyama T, et al. Feasibility of ionic liquids as alternative separation media for industrial solvent extraction processes [J]. Industrial & Engineering Chemistry Research, 2005, 44 (12) : 4368.

[50] Zhang L, Chen J, Jin W Q, et al. Extraction mechanism of cerium(IV) in H_2SO_4/H_3PO_4 system using bifunctional ionic liquid extractants[J]. Journal of Rare Earths, 2013, 31(12): 1195-1201.

[51] 纪杨. 季铵类双功能化离子液的制备及其在稀土萃取中的应用[D]. 长春:吉林大学硕士学位论文, 2010.

[52] Rout A, Kotlarska J, Dehaen W, et al. Liquid-liquid extraction of neodymium(III) by dialkylphosphate ionic liquids from acidic medium: the importance of the ionic liquid cation[J]. Physical Chemistry Chemical Physics, 2013, 15: 16533-16541.

[53] 常宏涛, 季尚军, 李梅, 等. 超声波作用下溶剂萃取法分离镧铈元素[J]. 化工进展, 2014, 33(1): 169-174.

[54] 付子忠. 国内稀土行业中应用的萃取器[J]. 湿法冶金, 2009, 28(2): 119-122.

[55] 訾培建. 微波技术处理氨氮废水的实验研究[D]. 湘潭: 湘潭大学硕士学位论文, 2012.

[56] 刘国文. 钽铌冶炼含氟含氨氮废水的治理[D].长沙: 湖南大学硕士学位论文, 2007.

[57] 王春梅, 张永奇, 黄小卫, 等. 稀土冶炼废水处理技术发展现状[J]. 有色冶金节能, 2012, 2(1): 13-15.

[58] 王丽萍, 曹国平, 周小虹. 氨氮废水处理技术研究进展[J]. 化学推进剂与高分子材料, 2009, 7(3): 26-27.

第6章 稀土化合物的制备

6.1 稀土元素与非稀土元素的分离

随着稀土元素应用的日益广泛和深入，人们对单一稀土的纯度已不仅仅停留在稀土纯度的要求上，对非稀土杂质的要求也越来越高。例如，重金属杂质对荧光粉的发光性能有强烈的猝灭作用，痕量的重金属杂质都会使荧光粉的发光性能受到严重的损害。因此，稀土与非稀土杂质的分离问题，特别是痕量非稀土杂质的分离越来越受到稀土生产厂家和用户的重视。我国稀土行业涉及与稀土分离的非稀土的范畴很广，它包括稀土中放射性元素的分离、稀土中过渡金属元素的分离、稀土中碱金属和碱土金属的分离以及稀土产品中 SO_4^{2-}、Cl^-的分离等。

6.1.1 稀土中放射性元素的分离

稀土矿物多和铀钍矿物共生，现已进行工业开采的稀土矿有独居石、氟碳铈矿、磷钇矿、白云鄂博混合型矿，以这些矿为原料分离提炼的稀土产品中均含有微量放射性元素及其放射性子体。在稀土工业发展的早期，人们都很重视 U、Th、Ra 和稀土元素的分离，尤其是原子能工业的发展和需要，推动了溶剂萃取理论的完善和发展，因此分离 U、Th、Ra 的工艺是比较成熟的。工业上应用的工艺主要有：

(1) 在硝酸体系中用磷酸三丁酯(TBP) 萃取分离 U、Th。

(2) 在硫酸介质中用伯胺萃取分离 Th[1]。

(3) 在盐酸体系中用 TBP 或 N$_{503}$ 萃取分离 U。

(4) 硫酸钡共沉淀法除 Ra 等。

严格地讲，若不考虑经济成本，用这些方法可以将 U 或 Th 从稀土中去除完全，但在生产上绝大部分 U、Th 被分离后，稀土中常含有微量 U、Th、Ra，并且在稀土元素的分离生产流程中会富集进入分组(分离)后的中重稀土或重稀土中。由于 U、Th 反萃困难并可能在循环有机相中富集，而 Ra 及其子体的萃取能力一般都比较弱，伴随在镧或轻稀土中，这就是镧产品(包括金属)放射性活度高于其他轻稀土产品的原因[2]。对于 Ra 及其子体这种放射性元素，其化学性质与碱土金属相似。目前尚未研究出一种能将微量核素 Ra(碱土金属)优先萃取分离出来的萃取剂。

6.1.2　稀土中过渡金属元素的分离

过渡金属元素，如 Fe、Cu、Pb、Zn、Ni、Co、Mn 在稀土产品中常见。因为这些元素(氧化物或盐类)多数为有颜色的，所以危害严重。不论稀土产品用于何种领域，一般对过渡金属元素的含量均有严格的要求，分离这些元素，按其存在量的多少，可以采用草酸盐沉淀法、硫化物沉淀法和溶剂萃取法等。

1. 草酸盐沉淀法

草酸是稀土工业生产中比较常用的沉淀剂，它也能起到去除非稀土杂质的作用，对过渡金属有较高的净化率。因此，草酸盐沉淀法是一个比较常用的分离非稀土杂质的方法。在水溶液中稀土和草酸反应生成不溶于水而微溶于酸的草酸稀土沉淀$[RE_2(C_2O_4)_3·nH_2O]$。

稀土草酸盐微溶于酸性溶液，它在酸性溶液中的溶解度随溶液酸度的增加而增加，随溶液中游离草酸浓度的增加而降低。在一定的酸度下，稀土草酸盐的溶解度随着镧系元素原子序数的增大而增大。当溶液中含有大量的 NH_4^+ 时，重稀土草酸盐将有少量溶解在草酸铵溶液中，从而造成重稀土的损失。

这里要指出的是，对最终产品而言，一般采用草酸沉淀，控制一定的沉淀工艺可以除去稀土产品中的过渡元素杂质。但是由于碳铵沉淀技术的完善和碳酸稀土便于转型的优点，稀土碳酸氢铵沉淀工艺目前已取代草酸盐沉淀法得到普遍应用。这样虽然节省了成本，但碳铵沉淀除杂效果差，某种程度上将降低产品质量档次。

2. 硫化物沉淀法

由于许多重金属的硫化物都是溶度积很小的沉淀，所以可采用硫化物沉淀法除去稀土溶液中的铁、镍、铅、锰和铜等微量的重金属杂质，得到纯度较高的稀土化合物。

取 REO 为 50~80g/L，pH=3~4 的氯化稀土溶液，在搅拌条件下慢慢加入$(NH_4)_2S$ 或 Na_2S 水溶液沉淀非稀土杂质，生成灰黑色的胶体沉淀，加热煮沸 30min，硫化物颗粒变粗，易于澄清过滤。过滤后的稀土溶液再用草酸沉淀稀土，经 800~900℃ 焙烧，制得氧化稀土，其中的杂质含量：Fe_2O_3 小于 7μg/g，NiO 小于 10μg/g，PbO 小于 10μg/g，CuO 小于 6μg/g。在硫化物沉淀渣中还含有大量的稀土氢氧化物，需用盐酸溶解，碳铵或草酸沉淀，烧成氧化物后再返回硫化物净化工序回收稀土。

用硫化物沉淀法从稀土溶液中除去重金属杂质是很有效的方法。但硫化物为胶体，在含量很低时不易沉淀，可用活性炭或树脂吸附硫化物，达到净化的目的。

3. 溶剂萃取法

对过渡元素的萃取，前人已做了大量的工作，早为人们所熟知，成熟的分离方法较多。只要选择适当的介质和萃取剂，就能够很方便地将这些元素从稀土中选择性地分离出来。用 N_{503} 在盐酸介质中萃取氯化稀土中的 Fe，可以将其降低到 10^{-6} 数量级水平。用高分子胺萃取氯化稀土中的 Zn 和 Pb 也能把这两个杂质元素降到 10^{-6} 数量级水平。

采用 P_{507}-HCl 体系从氯化镧中分离除去 Cu、Zn、Pb、Co、Ni 等杂质，可以达到氧化镧产品中以上杂质元素含量均不大于 10^{-6} 的效果。采用环烷酸-HCl 体系分离镧中的 Ca 和 Pb，氧化镧中氧化铅含量小于 $2×10^{-6}$，氧化钙含量小于 $8×10^{-6[3]}$。

特别值得提出的是，当稀土产品中有多种微量过渡元素杂质共存时，可以借用分析化学的方法，用铜试剂(DDTC)作为清扫剂来同时分离这些元素，因为铜试剂能在适当的 pH 条件下与包括大部分过渡元素在内的 30 多种元素生成不溶解于水的沉淀，该沉淀能定量地溶解于氯仿、苯等溶剂中，从而实现萃取分离。当然，由于铜试剂价格较贵，这种方法只能用于少量纯度要求很高的稀土产品中。

6.1.3　稀土中碱金属和碱土金属的分离

碱金属 Na、K 和碱土金属 Ca、Mg、Ba 等元素广泛存在于周围环境、水源和化工原料中，常常对稀土产生污染。经测定，来自墙壁上一粒灰尘的污染就会造成 10kg 高纯钇中杂质元素 Ca 的超标。

随着对稀土元素纯度的要求越来越高，对上述元素的分离越来越为人们重视。从生产的角度来看，稀土中分离碱金属和碱土金属存在三方面的困难，一是这两族元素很难被萃取，在工业上尚没有单纯萃取碱金属和碱土金属而不萃取稀土的特效萃取剂；二是一般的化学试剂都含有一定量的碱金属和碱土金属杂质，如果使用试剂不当，反而会造成杂质元素积累，但使用更高纯度的化学试剂必然会使成本增加；三是碱金属和碱土金属的盐类一般都是水溶性物质，目前还未找到一种沉淀剂，能选择性地仅与碱金属和碱土金属生成沉淀。在稀土沉淀过程中，它们常常会夹带或包裹在稀土产品中而污染稀土产品。因此痕量的碱金属和碱土金属分离是非常困难的。

鉴于此，目前工业上常用的分离方法是将大量的稀土元素萃入有机相来实现稀土与碱金属和碱土金属的分离，其从经济角度来看是不合算的。因此在工艺设计时，稀土的分离和稀土与碱金属、碱土金属的分离应结合考虑，以便提高化工材料利用率和经济效益。例如，稀土皂的采用可以有效地除去部分 NH_4^+、碱金属和碱土金属。环烷酸萃取提 Y 和 P_{507} 提 Y 除 La、Ca 也是一个很好的实例。两套工艺，优势互补，取长补短，既克服了环烷酸体系 Y 与 La 等轻稀土元素分离困难的不足，又可同时除去氧化钇中的稀土和非稀土杂质。可以说，这种工艺组合是比较合理的。

6.1.4　稀土中 SO_4^{2-}、Cl^- 的分离

目前，国内许多稀土厂家采用硫酸焙烧法生产氯化稀土，稀土分离也一般都在盐酸介质中进行，为此最终产品中的 Cl^-、SO_4^{2-} 含量较高。随着稀土高新技术应用的进一步开拓,国内外用户在对稀土产品中金属杂质提出要求的同时,对 Cl^-、SO_4^{2-} 这类非金属杂质也提出了要求。

1. SO_4^{2-} 的分离

只要严格控制原料中 SO_4^{2-} 的含量，分离产品中 SO_4^{2-} 一般可以满足用户要求。当原料中 SO_4^{2-} 含量较高时，可采用环烷酸萃取稀土使之与 SO_4^{2-} 分离。结果表明：采用 20%～30% 环烷酸-10%～20% ROH-煤油萃取稀土，用 HCl 反萃，在氧化稀土溶液中 SO_4^{2-} 含量可以小于 5×10^{-4}。也可采用氯化钡沉淀除去 SO_4^{2-}，这种方法仅适用于原料中 SO_4^{2-} 的去除，因为加入过量的 Ba^{2+}，在除去 SO_4^{2-} 的同时，又引入了杂质 Ba^{2+}。在稀土分离过程中，可以与碱金属、碱土金属一同分离除去。为了降低灼烧成本,许多企业直接燃煤煅烧产品，但会在稀土产品中引入 SO_4^{2-} 杂质，导致二次污染。解决的办法是用炉套把稀土产品与火焰隔开。

2. Cl^- 的分离

Cl^- 的分离比较困难，因为所用的试剂、水都含有 Cl^-，稀土分离也是在盐酸介质中进行。因此，如何从盐酸介质中沉淀出符合质量要求的氯含量较低的稀土产品是许多稀土厂家希望解决的一个技术难题。稀土进行草酸沉淀时，控制一定的沉淀条件，可以实现草酸稀土中 Cl^- 含量小于 5×10^{-5}，甚至可以达到氧化稀土中 Cl^- 含量小于 5×10^{-5} 的质量要求。而稀土的碳铵沉淀的沉淀机理相对要复杂得多，每一种元素的结晶性能都不相同，沉淀条件也不一致，产品中 Cl^- 含量控制就要困难得多。长期以来人们在这方面开展了许多工作，可以生产不同氯离子含量的碳酸稀土。现在生产 Cl^- 含量小于 5×10^{-4} 的碳酸稀土已没有太大的技术问题。但当碳酸稀土产品中的 Cl^- 含量要求小于 10^{-4} 或 5×10^{-5} 时就比较困难了。因为 Cl^- 在碳酸稀土中一般有结合态、吸附态和夹带形式，而结合态和夹带的 Cl^- 是很难洗涤除去的。为了制得低氯根的碳酸稀土，必须选择合适的沉淀条件，控制碳酸稀土的结晶速率，生成小颗粒碳酸稀土沉淀，减少结合态和夹带的 Cl^-。

文献研究表明，只要控制制备条件就可以生产 Cl^- 含量小于 5×10^{-5} 的碳酸铈，但文献中尚未报道所制备的碳酸铈的稀土总量和生产周期。同时对稀土碳铵沉淀也做了一些研究工作，已批量生产了 Cl^- 含量小于 5×10^{-5} 的碳酸铈，但其总量不

高，仅 35%左右，生产周期长，不易洗涤。因此较好生产 Cl⁻含量小于 5×10^{-5} 的碳酸稀土的方法是先碳铵沉淀生产 Cl⁻含量小于 5×10^{-4} 的碳酸稀土，然后硝酸重溶转型，再碳铵沉淀[4]。

6.2　稀土氧化物的制备

稀土氧化物是稀土生产中最常见的中间产品，用于生产金属、合金和功能材料，因而有很高的要求。随着科学技术的发展，稀土氧化物得到了越来越广泛的应用，并且稀土氧化物的制备向着具有特殊物理化学性状的方向发展，如要求制备不同粒度、不同比表面积、不同形貌等的稀土氧化物和稀土复合氧化物粉体等。

6.2.1　稀土氧化物的制备方法

来自分离提纯阶段的稀土溶液，大多呈稀土氯化物、硝酸盐或硫酸盐形态。为了制取纯度较高的稀土氧化物，通常是用草酸盐沉淀法，在中性或弱酸性溶液中，预先将它们转化成稀土草酸盐。有些生产工艺为降低成本，也有用碳铵或碱液从稀土氯化物或硝酸盐的溶液中，将稀土直接沉淀成稀土碳酸盐或稀土氢氧化物的。一般认为，稀土氢氧化物和草酸盐经过 800~950℃的灼烧可完全转变成稀土氧化物，而灼烧稀土碳酸盐的温度要更高一些。大多数稀土生成 RE_2O_3 型氧化物，而铈、镨、铽则生成 CeO_2、Pr_6O_{11}、Tb_4O_7 的高价氧化物。

在生产实践中，高纯稀土氧化物几乎都采用热分解其草酸盐的方法制得。因为用草酸沉淀稀土，可生成过滤性好的草酸稀土粗晶沉淀物，它难溶于水，不易吸附杂质，还具有除去某些非稀土杂质的作用。

工业生产中，稀土草酸盐的干燥和煅烧是在 800~1000℃的箱式电炉或电加热的隧道窑中进行的。含水 20%~30%的稀土草酸盐装入石英舟后，推入分解炉中经过 4~6h 煅烧，所得产品为粒度微细的稀土氧化物，并含有少量碳。为提高煅烧产品的质量，近年来国外已采用等离子体炉在 2500~4000℃下煅烧稀土草酸盐的方法。所制得的稀土氧化物，其颗粒球形化，且组成稳定，含碳量低于 0.01%。

草酸盐沉淀法虽有产品晶粒粗、纯度高的优点，但因草酸价格较贵，产品成本也相应提高。因此当生产纯度要求不高的单一稀土氧化物或分组稀土富集物时，目前大多用比较廉价的碳酸盐沉淀法。但因稀土碳酸盐的溶解度随原子序数的递增而增大，故工业上用碳酸盐沉淀稀土的方法，主要用于轻稀土即铈组稀土。

稀土碳酸盐沉淀物由于控制的沉淀条件不同，而呈无定形或结晶状态，其组成为 $RE_2(CO_3)_3 \cdot xH_2O$。

轻稀土碳酸盐分解成氧化物的最终温度为：$La_2(CO_3)_3 \cdot 8H_2O$ 为 830℃，

$Ce_2(CO_3)_3 \cdot 5H_2O$ 为 575℃，$Pr_2(CO_3)_3 \cdot 8H_2O$ 为 570℃，$Nd_2(CO_3)_3 \cdot 8H_2O$ 为 670℃。

在氧化气氛中，稀土碳酸盐的热分解将加速进行，而以铈、镨碳酸盐的热分解速度最快。稀土碳酸盐的热分解可以在类似于稀土草酸盐的煅烧设备中进行。虽然稀土碳酸盐分解成稀土氧化物的理论温度并不很高，但在工业生产中，为了制得颗粒均匀一致和结晶构造完整的稀土氧化物，以便最大限度地减少吸收空气中的碳酸气，其适宜的煅烧温度为 950~1000℃，在此温度下的煅烧时间应不少于 2h。

6.2.2　特殊物性稀土氧化物的制备

随着科学技术的发展，作为新材料的原始材料的稀土氧化物得到了越来越广泛的应用，并且不同的用途要求稀土氧化物具有不同的物理化学特性，这样稀土氧化物的制备向着具有特殊物理化学性状的方向发展，如要求制备不同粒度、不同比表面积、不同形貌的稀土氧化物和稀土复合氧化物粉体等。

工业上制备稀土氧化物主要采用碳酸氢铵沉淀法和草酸盐沉淀法，得到稀土碳酸盐或草酸盐，然后灼烧得到稀土氧化物。近年来由于考虑成本的因素，碳酸稀土沉淀成为常用的方法，尤其是在轻稀土氧化物制备中。但这样制得的稀土氧化物，粒度一般为 3~10μm，比表面积<20m²/g，达不到要求，如果要制备超细、大颗粒、高比表面积、特殊形貌的稀土氧化物或复合氧化物还需用特殊的方法。

1. 超细稀土氧化物的制备

超细稀土化合物有着更为广泛的用途。例如，超导材料、功能陶瓷材料、催化剂、传感材料、抛光材料、发光材料、精密电镀以及高熔点高强度合金等都需要稀土超细粉体。稀土超细化合物的制备已成为近年来的研究热点。

稀土超细粉体的制备方法按物质的聚集状态分为固相法、液相法和气相法[5]。固相法处理量大，但其能量利用率低，在粉体制备过程中易引入杂质，制备出的粉体粒度分布宽，形态难控制，且同步进行表面处理比较困难；气相法制备粉体的纯度高、粒度小、单分散性好，然而设备复杂、能耗大、成本高，这些都严重制约了它们的应用发展；相比之下，液相法具有合成温度低、设备简单、易操作、成本低等优点，是目前实验室和工厂广泛采用的制备稀土化合物超细粉体的方法。液相法主要有溶胶-凝胶法[6-8]、沉淀法、水热法、微乳液法[9]、醇盐水解法[10]和模板法等，其中最适合工业化生产的首选沉淀法。

在沉淀法中，碳酸氢铵沉淀法和草酸盐沉淀法是目前生产普通稀土氧化物的经典方法，只要控制适宜的条件或加以改变就可以制备超细稀土化合物粉体，因而是最适合工业生产的方法，也是研究较多的方法。碳酸氢铵是廉价易得的工业原料，碳酸氢铵沉淀法是近年来发展起来的一种制备稀土氧化物超细粉体的方法，具有操作简单、成本低、适合工业化生产的特点。

内蒙古科技大学李梅教授团队用碳酸氢铵沉淀法制备了一次粒度为 140nm，二次粒度为 630nm 的超细 CeO_2，对其进行了表征，并用有机化合物对其进行了表面改性。同时研究了碳酸氢铵沉淀法的稀土浓度、沉淀剂浓度、沉淀温度、沉淀酸度、沉淀剂加入速度等操作条件对稀土超细粉体粒度和形态的影响。实验表明，稀土浓度、沉淀温度、沉淀剂浓度是主要影响因素[11]。

在研究中发现，稀土浓度是能否形成均匀分散超细粉体的关键，在沉淀 Ce^{3+} 的实验中，当浓度合适时，一般为 0.2~0.5mol/L，碳酸盐沉淀经烘干、灼烧得到氧化铈超细粉体，其粒度小、均匀、分散性好；当浓度过高时，则晶粒生成速度快，生成的晶粒多且小，开始沉淀就出现团聚，碳酸盐严重团聚并呈条状，最后得到的氧化铈仍然团聚严重且粒度较大；而当浓度过低时，则晶粒生成速度较慢，但晶粒容易长大，也得不到超细氧化铈。在化学反应中，温度是一个起决定性的主要因素，当反应温度低于 50℃时，沉淀形成较快，生成晶核多而粒度小，反应中 CO_2 和 NH_3 逸出量较少，沉淀呈黏糊状，不易过滤和洗涤，用乙醇多次洗涤后烘干，虽然粒度很小，但团聚严重，分散性不好，且较硬，灼烧成的氧化铈仍有块状存在，研细后经电镜分析，团聚严重，粒度较大；当反应温度为 60~70℃时，有一个溶解-沉淀过程，沉淀速度相应缓慢，这时过滤较快，颗粒很松散，不形成堆积，得到的氧化铈经电镜分析表明，颗粒很细，且均匀，基本呈球状。碳酸氢铵浓度也影响氧化铈的粒度，当碳酸氢铵浓度<1mol/L 时，得到的氧化铈粒度很小，且均匀；当碳酸氢铵浓度>1mol/L 时，会出现局部沉淀，造成团聚，得到的氧化铈粒度较大，且团聚严重。

草酸盐沉淀法操作简单、实用、经济、可工业化，是传统的制备稀土氧化物粉末的方法，但所制备的稀土氧化物粒度一般为 3~10μm。

内蒙古科技大学李梅教授团队[12]用普通草酸盐沉淀法制备超细氧化铈，通过正交实验详细地研究了沉淀方式、沉淀剂浓度、硝酸铈浓度、反应温度、滴加速度等沉淀条件对氧化铈粒度的影响，通过仔细控制沉淀条件，得到了体积中心粒度 D_{50} 为 1.011μm 的超细氧化铈粉体。研究团队也对草酸盐沉淀法进行了一些改进，用以制备稀土化合物超细粉体。先用氨水沉淀稀土离子，得到氢氧化稀土胶体，再用草酸转化，也可制得超细稀土氧化物，这样克服了氢氧化稀土难过滤的缺点，用该法制备了 $D_{50}<1$μm，比表面积小于 $50m^2/g$ 的用于精密抛光的超细氧化铈[13,14]。在滴加草酸溶液的同时滴加氨水溶液，恒定反应过程的 pH，可以得到粒度<1.0μm 的 CeO_2 粉体。将 EDTA 加入 Ce^{3+} 浓度为 0.1~0.5mol/L 的 $Ce(NO_3)_3$ 溶液中，用稀氨水调至 pH=9，加入草酸铵，在 50℃时滴加 2mol/L 的 HNO_3 溶液，至 pH=2 时，沉淀完全，可得到粒度为 40~100nm 的 CeO_2 粉体。

在沉淀法制备稀土超细化合物粉体工艺中，在沉淀反应、干燥、灼烧等阶段均会导致不同程度的团聚。李梅教授团队对草酸铈和碳酸铈沉淀过程中的成核、生长和团聚进行了详细的研究。以稀土工业常用的沉淀体系草酸盐体系和碳酸盐体系为代表，对稀土氧化物粉体的液相合成技术和粉体物性控制技术进行了系统研究，分别得到了有利于小颗粒和大颗粒生成的不同加料模式[15]。

采用连续沉淀法以草酸和碳酸氢铵为沉淀剂分别制备纳米 CeO_2 的前驱体 $Ce_2(C_2O_4)_3$ 和 $Ce_2(CO_3)_3$，研究了沉淀过程加料位置、搅拌速度、料液加入速度和反应物浓度等操作条件对 CeO_2 前驱体结晶动力学的影响，分别得到了成核速率 (B) 和生长速率 (G) 与溶液过饱和度 Δc 之间的指数关系。

草酸盐体系：

$$B = 3.01 \times 10^8 \Delta c^{1.65}, \quad R^2 = 0.91 \tag{6-1}$$

$$G = 5.17 \times 10^{-6} \Delta c^{1.82}, \quad R^2 = 0.97 \tag{6-2}$$

碳酸盐体系：

$$B = 2.85 \times 10^8 \Delta c^{1.49}, \quad R^2 = 0.92 \tag{6-3}$$

$$G = 4.98 \times 10^{-6} \Delta c^{1.76}, \quad R^2 = 0.95 \tag{6-4}$$

同时提出了将沉淀过程划分为成核与生长两个阶段，研究成核与生长过程中不同的操作条件和环境条件对于一次粒度、团聚程度以及最终团聚体大小的影响，为生产不同粒度氧化物前驱体提供了技术参数，建立了团聚体体积中心粒度与比功率及溶液过饱和度之间的数学模型：

$$L_{\text{mean}} = \left(K_1 \varepsilon^{1/2} - K_2 \varepsilon \right) \int_0^t (At - B)^{2.15} \, dt \tag{6-5}$$

式中：ε 为比功率；$S = At - B$ 为过饱和比；K_1、K_2 为比例常数，与颗粒的大小及碰撞概率等因素有关。

沉淀法具有设备简单易行、工艺过程易控制、易于商业化等优点，具有工业推广价值。但也存在一些缺点，如沉淀的过滤和洗涤比较困难，添加的沉淀剂易影响产品的纯度，不同的金属离子开始沉淀的时间不同或沉淀速度不同导致沉淀物不均匀等。

2. 高比表面积稀土氧化物及复合氧化物的制备

CeO_2-ZrO_2 复合氧化物固溶体具有高的储氧能力和良好的热稳定性，用作汽车尾气净化三效催化剂受到了广泛的关注。由于催化反应一般在表面进行，在催化反应与吸附过程中，高比表面积的 CeO_2-ZrO_2 通常因其本身具有更多活性组分，从而表现出更高的催化与吸附活性。同时其他催化材料、陶瓷材料等也需要高比表面积稀土化合物[16,17]。

高比表面积稀土氧化物及复合氧化物的制备方法主要是液相法，包括沉淀法、溶胶-凝胶法、模板法、微乳液法、络合法等，其中研究最多的是沉淀法和溶胶-凝胶法，已有许多专利和文章发表，而以沉淀法最具工业生产价值。

沉淀法是制备铈锆固溶体较为常用的方法，沉淀法所用的沉淀剂一般是氨水、碳酸氢铵等，或两者联合使用，而碳酸氢铵、氨水-碳酸氢铵沉淀剂具有工业生产前景。共沉淀法所得到的沉淀为铈锆的盐类或氢氧化物，需经过高温热分解才能形成铈锆固溶体，而高温会导致比表面积下降，另外在沉淀、干燥和灼烧过程中会使粒子聚集长大[18]。近年来，内蒙古科技大学李梅教授团队通过各种手段来改进共沉淀法，取得了多项专利[19,20]。

李梅教授团队采用碳酸氢铵-氨水混合沉淀剂沉淀金属离子，加入一定量的表面活性物质，制备出高比表面积 $Ce_{0.75}Zr_{0.25}O_2$ 固溶体，其比表面积 500℃下灼烧 2h 为 143.26m^2/g，1000℃下老化 2h 为 24.6m^2/g[21]。均相沉淀法可以控制沉淀速度，减少离子的团聚，也是制备高比表面积稀土化合物常用的方法，李梅教授团队用尿素-氨水均相沉淀法制备了比表面积大于 50m^2/g、粒度为 90nm 的 Y_2O_3 粉体。

为降低催化剂的成本，李梅教授团队尝试用不经分离的包头混合轻稀土镧铈或镧铈镨富集物代替铈制备催化材料，并对其进行掺杂研究，也取得了较好的结果[19]，这对降低催化剂的成本，综合利用包头轻稀土资源具有重要意义[22]。

3. 大颗粒稀土氧化物的制备

随着新材料技术的发展，具有可控粒度的稀土化合物展现出良好的市场前景。除小颗粒稀土化合物具有特殊的应用领域外，大颗粒的稀土化合物也具有广阔的应用市场。例如，装饰品生产厂家希望购买粒度大于 20μm、松装密度大于 1.5g/cm^3 的氧化铈，作为特殊抛光材料等。

国内外在大颗粒稀土氧化物制备研究方面，也和超细粉体制备一样，有许多方法，其中最适合工业化生产的方法当属沉淀法，但制备的粉体的体积中心粒度 D_{50} 小于 20μm。在我国稀土生产中，稀土氧化物的生产主要采用草酸盐沉淀法和碳酸盐沉淀法，但这两种方法所生产的氧化铈的体积中心粒度 D_{50} 都小于 10μm，且粒度分布不均匀，松装密度 ρ 都小于 1.5g/cm^3，达不到大颗粒稀土化合物的应用要求。

内蒙古科技大学李梅教授团队针对草酸盐沉淀法和碳酸氢铵沉淀法制备大颗粒稀土氧化物进行了仔细的研究。用草酸盐沉淀法通过仔细控制沉淀过程工艺，制备出了 D_{50}≥30μm、松装密度 > 2.0g/cm^3 的大颗粒氧化铈[23]；用碳酸氢铵沉淀法通过添加晶种和添加剂，仔细控制沉淀过程工艺，制备出了 $D_{50} \geqslant 20\mu m$，松装密度 > 1.8g/cm^3 的大颗粒氧化铈[24]，而且研究了制备条件对其粒度和流动性的影响，以及大颗粒氧化铈的应用。在草酸盐沉淀法中，制备条件对 CeO$_2$ 粉体的流动性影响不是很大，制得的大颗粒氧化铈的流动性指数介于 70~80 之间，流动性良好；碳酸氢铵沉淀法制备大颗粒 CeO$_2$，晶种和添加剂可以改善 CeO$_2$ 粉体的流动性，加入适量的晶种和添加剂，也可以制得流动性指数都介于 70~80 之间，流动性良好的大颗粒 CeO$_2$。草酸盐沉淀法制备的大颗粒氧化铈为六棱柱状(图 6-1)，可用于硬度高的装饰品表面抛光；碳酸氢铵沉淀法制备的大颗粒氧化铈为菜花形(图 6-2)，可用于硬度较低的装饰品表面抛光。两种方法生产的大颗粒氧化铈均可作为玻璃添加剂使用，并且碳酸盐体系制备的氧化铈成本较低[25,26]。

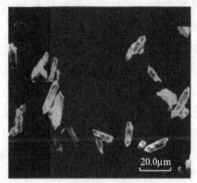
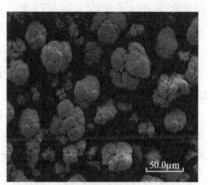

图 6-1　草酸盐沉淀法制备的氧化铈的
SEM 图

图 6-2　碳酸氢铵沉淀法制备的
氧化铈的 SEM 图

4. 特殊形貌稀土氧化物的制备

材料的性质不但与其组成、结构有关，而且还与其形貌、大小有关。材料的形貌、尺寸大小都会对其性质产生极大的影响，特殊形貌的材料会因为其形貌特殊而获得一些特殊的性能。例如，球状的稀土氧化物因有较大的储氧能力、较高的热稳定性以及良好的导电性等电化学性能，可应用于锂离子电池中；棒状或线状以及纤维状氧化物的比表面积较大，孔径很小，可用于改善催化剂的活性和储氧能力；管状氧化物具有高的催化性能以及氧化还原性能，可用作高效催化剂；特殊形貌的稀土氧化物会出现常规形貌所没有的光电效应，并有望在场发射、纳米管电装置、显示器件、高温润滑和摩擦、生物标记等领域发挥重要的作用，将会开辟稀土材料应用的新领域[27]。特殊形貌稀土氧化物的制备以及性能的研究是当今稀土材料研究的重要领域，因此寻找一种反应条件温和、易于操作、简单方便的方法来制备具有特殊形貌的稀土氧化物是极其重要的[28]。

目前，特殊形貌稀土氧化物的制备方法有水热法、沉淀法和微乳液法等[29]，通过添加不同表面活性剂或者修饰剂的模板合成法也称为仿生合成技术，可以制备出不同形貌的稀土氧化物。在制备特殊形貌纳米材料的诸多方法中，仿生合成技术是通过不同的模板剂来调控前驱体的形貌进而调控稀土氧化物的形貌，从而制备出不同形貌的稀土氧化物，具有十分明显的优势。

仿生合成技术模仿了无机物在有机物调控下生长和组装的机制，合成过程中先形成有机物的自组装体，使无机前驱物于自组装聚集体和溶液的相界面发生化学反应，在自组装体的模板作用下，形成无机-有机复合体，再将有机物模板去除后即可得到具有一定形貌或功能特殊的有组织的无机材料。模板在仿生合成技术中有着举足轻重的地位，各种模板调控的合成方法是制备结构、性能迥异的无机材料的前提。利用生物矿化原理进行仿生合成是一种崭新的无机材料合成技术，在分子水平或分子层次上进行仿生，可以设计新物质、新材料、新方法和新工艺，为具有各种特殊物理、化学性质的无机材料的制备提供了新的方法[30]。

在模板剂的结构导向作用下，通过弱的共价键，如氢键、范德华力和其他非离子键协同作用把原子、离子或分子连接在一起构筑成一个纳米结构或纳米结构的试样。

韩业斌通过添加不同的表面活性剂，研究其对前驱体形貌的影响，结果发现：阳离子型表面活性剂十六烷基三甲基溴化铵(CTAB)对前驱体的形貌影响不大，只是产物尺寸变小，分散性得到改善；加入聚乙二醇(PEG1900)和聚乙二醇辛基苯基醚(OP-1)分别得到了形状排列有序、尺寸较均匀、无团聚的微米棒及具有紧密结合中心的发散状花样微粒的 CeO_2。在 CTAB+正丁醇/环己烷/水溶液组成的油包水(W/O)型微乳液体系中，在测定的微乳液区内能制备出分散性好，粒度分布均匀的纳米 CeO_2 粒子。胡震利用正硅酸乙酯(TEOS)为模板剂，$Ce(SO_4)_2$、NaOH 为原料，在聚乙烯醇(PVA)的分散保护作用下制得球状 CeO_2 粉体。张久兴等以离子型表面活性剂(SDS、CTAB 等)为模板剂，首先构筑表面活性剂的纳米构型，调节 $(NH_2)_2CO$ 的 pH，使铈的羟基氧化物沉积在纳米构型表面，而后进行离子交换、扩孔，合成中空纳米结构氧化铈。

内蒙古科技大学李梅教授研究团队用高分子有机物聚烯丙基氯化铵(PAH)作为模板剂，用传统液相法制备出六棱片状的氧化铈。将一定量的模板剂加入到一定浓度的硝酸铈溶液中，有机物完全溶解后，把碳酸铵溶液滴加到硝酸铈溶液中，搅拌一段时间，过滤，水洗三次醇洗三次，60℃真空干燥 8h，得到六棱片状碳酸铈样品，然后 500℃保温 2h 得到六棱片状氧化铈，如图 6-3 所示。在无模板剂的情况下，溶液中游离的 Ce^{3+} 和 CO_3^{2-} 结合速度较快，碳酸铈的过饱和度较高，有利于产生大量的晶核，临界晶核尺寸较小，得到的粒子没有取向性，且晶体形状很不规则。在加了 PAH 的溶液中，成核生长的碳酸铈的某些晶面会受到吸附或抑制，使一些晶面生长受限或者变慢，从而控制各个晶面的生长速度，进而控制其晶体形态。PAH 的高分子长链静电吸引了 Ce^{3+}，减慢了 Ce^{3+} 的运动速率，从而减慢了 Ce^{3+} 和 CO_3^{2-} 的结合速率，降低了碳酸铈的过饱和度，使得临界晶核尺寸增大，有利于碳酸铈晶核的生长，在不同的晶面其生长速度不同，最终形成六棱片状形貌的碳酸铈。由于 PAH 的空间位阻作用，其吸附在晶核表面，晶体的生长受到限制，只能沿着特定晶面生长，最终形成的六棱片状又组成花瓣状，焙烧后得到六棱片状组成的花瓣状氧化铈(图 6-4)[31-33]。

(a)　　　　　　　　(b)

图 6-3　碳酸铈的 SEM 图　　　　图 6-4　添加 PAH 制备的
(a)未加 PAH; (b)加入 PAH　　　　氧化铈样品的 SEM 图

研究团队利用有机物(聚苯乙烯磺酸钠 PSS、聚烯丙基氯化铵 PAH)作为模板剂，用气相法制备出球状的碳酸铈。在烧杯中加入一定浓度的 $Ce(NO_3)_3$ 溶液和一定浓度的模板剂，混合均匀，调节 pH。烧杯用保鲜膜封住，扎 3 个孔。称取一定质量$(NH_4)_2CO_3$，研磨碎后装入培养皿中，同样，培养皿也用保鲜膜封住，扎 3 个孔。室温下，将装有$(NH_4)_2CO_3$ 的培养皿和装有 $Ce(NO_3)_3$ 的烧杯置于干燥器中。一定时间后，烧杯底部有白色沉淀，经过滤，蒸馏水和无水乙醇交替洗涤三次。60℃真空干燥 8h 得到碳酸铈，然后 500℃保温 2h 得到氧化铈。通过调整一系列的实验条件，如模板剂浓度、$Ce(NO_3)_3$ 浓度、pH、反应时间等，制备出了形貌一致，尺寸约 500nm，分散性良好的氧化铈。以 PSS 为模板剂时得到椭球状氧化铈，以 PAH 为模板剂时得到球状氧化铈，如图 6-5 所示。加入模板剂的溶液中，碳酸铈的有些晶面会受到吸附或抑制，使一些晶面生长受限或者变慢，控制各个晶面的生长速度从而控制其晶体形态。当 Ce^{3+} 的释放速度与 $Ce_2(CO_3)_3$ 的沉积速度达到动态平衡时，根据热力学能量最低原理，粒子各向同性生长，而非沿特殊位面生长，生成的结晶物更稳定，这样就容易形成球状晶体。PAH 作为聚电解质，不仅有絮凝剂的功能，还有分散的作用，能够限制粒子的团聚，使其排列规整，所以在模板剂的作用下，得到分散均匀的椭球状和球状碳酸铈，其焙烧后又可得到椭球状和球状氧化铈[34,35]。

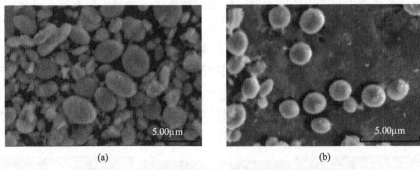

(a)   (b)

图 6-5   添加不同模板剂所得氧化铈样品的 SEM 图

(a) PSS 模板剂；(b) PAH 模板剂

李梅研究团队采用非离子型有机高分子壬基酚聚氧乙烯醚作为模板剂，在模拟生物矿化环境的体系中制备出稳定的梭形碳酸铈颗粒。室温下以氯化铈为反应料液，用碳酸铵为沉淀剂，通过改变添加剂壬基酚聚氧乙烯醚及氯化铈的浓度、加料方式、pH 等反应条件，60℃真空干燥 2h 去除游离水，合成晶体形貌最好，形状为规则的梭形、尺寸均匀(6μm 左右)，且分散性很好的碳酸铈颗粒，如图 6-6 所示。壬基酚聚氧乙烯醚(NPEO)是一类非离子表面活性剂，是烷基酚聚氧乙烯醚(APEO)类非离子表面活性剂的主要品种。其表面活性主要来自于壬基酚的疏水性和对位取代长链上乙氧基重复单元的亲水性，NPEO 的乙氧基长链的控制作用使得晶核沿有序方向生长，诱导了 $Ce_2(CO_3)_3$ 晶体的成核和生长，进而控制碳酸铈的形貌和大小。在反应体系中加入添加剂可阻止或促进这些颗粒向某种晶型的相转变，从而得到特定形貌的晶体[36]。

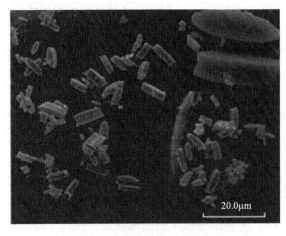

图 6-6   碳酸铈样品的 SEM 图

李梅研究团队采用气液接触法，以可溶性铈盐作为原料，阳离子表面活性剂十六烷基三甲基溴化铵(CTAB)作为形貌调控剂，在室温下，水溶液中的 CTAB 形成的胶束通过带正电荷的头基 CTA^+ 与 CO_3^{2-} 的静电匹配作用来诱导前驱体的自组装，通过改变前驱体的生长习性，可以影响前驱体的形貌，最终经过热处理控制产物氧化铈的形貌和尺寸等物性。制备出的椭球状的前驱体颗粒，500℃保温 2h 得到分散性较好、粒度均匀的微米级椭球状氧化铈颗粒，所得产品颗粒长轴约为 9μm，短轴长约为 6μm，轴径比约为 1.5，如图 6-7 所示。在水溶液中的 CTAB 会电离出能与构晶阴离子(CO_3^{2-}、OH^-)静电匹配的 CTA^+离子，这些 CTA^+离子会定向排列在 CTAB 胶束的表面，诱导在表面活性剂胶束表面的前驱体颗粒的自组装，改变前驱体晶体的生长习性，最终有效地发挥模板剂 CTAB 调控前驱体颗粒的形貌的作用。

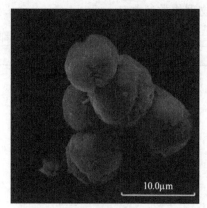

图 6-7 氧化铈样品的 SEM 图

6.3 稀土硫化物的制备

稀土硫化物是一类具有丰富光、电、磁等特性的重要功能材料，广泛应用于无机颜料、热电材料、光学材料等诸多领域。稀土硫化物的研究具有悠久的历史，早在 20 世纪中期就有相关的研究报道，随着研究工作不断深入和拓展，稀土硫化物的独特性能和潜在应用不断被发掘，相应的理论和应用研究不断发展，近些年已成为一个国际研究热点[37]。

6.3.1 稀土硫化物简介

稀土硫化物是一个庞大的材料家族，其组成、结构非常复杂。一般而言，稀土硫化物主要指由稀土元素和硫元素构成的化合物，此外，以此为基质，进行不同功能掺杂所得的材料也可以归为此类材料，所以稀土硫化物有二元、三元及多元之分。

二元稀土硫化物：二元稀土硫化物由稀土和硫两种元素组成，可以表示为 Ln_xS_y。由于稀土最多可以提供 4 个价电子，所以可以形成 LnS、Ln_2S_3、Ln_5S_7、Ln_3S_4 以及 LnS_2 等多种形式的二元稀土硫化物。

三元及多元稀土硫化物：在二元稀土硫化物的基础上进行化学掺杂等处理，可以将其他元素引入稀土硫化物中，构成三元或多元稀土硫化物，其结构式可以表示为 $Ln_xA_yS_z$ 或 $Ln_xA_yB_zS_w$ 等。

组成和结构的多样性以及 4f 电子的特殊性赋予稀土硫化物一系列优良的性能，如丰富、明快的颜色及良好的着色性能、良好的半导体特性、优良的光学及磁学性能及良好的耐热性等。这些特性使得稀土硫化物在诸多领域具有良好的应用前景，如无机颜料、热电材料、光学材料等。表 6-1 是一些稀土硫化物的部分物理化学参数。

表 6-1　部分稀土硫化物的性质

化学式	熔点/℃	晶型	密度/(g/cm³)	颜色
Ce₂S₃	1890±50	立方	5.2	红
CeS	2450±50	立方	5.93	黄铜黄
Ce₃S₄	2050±75	立方	5.3	黑
Dy₂S₃	1480	正交	6.55	棕红
Er₂S₃	1730	单斜	6.21	黄
EuS	—	立方	5.74	黑
La₂S₃	2150	非晶	4.91	黄
CeS₂	1650	立方	4.9	棕黄
Lu₂S₃	—	菱形六面体	6.26	亮灰
Nd₂S₃	—	正交	5.49	绿
Pr₂S₃	1795	正交	5.31	综
Sm₂S₃	1900	正交	5.84	棕黄
Yb₂S₃	—	六方	6.07	黄
Dy₂S₃	—	单斜	6.04	黄绿
Ho₂S₃	—	单斜	6.07	黄
Gd₂S₃	—	—	—	紫
Y₂S₃	1600	单斜	3.86	黄
Tb₂S₃	—	—	—	浅黄

着色颜料主要分有机和无机两大类。传统的无机颜料大多含有有毒有害元素，如铬系、铅系、镉系颜料等，这些颜料容易释放出有害物质，严重污染环境，随着环保要求的不断提高，这些传统无机颜料的使用不断受到限制，甚至禁止使用。例如，欧盟于 2006 年 7 月 1 日起开始实施的 RoHS 指令(the restriction of the use of certain hazardous substances in electrical and electronic equipment, 在电子电气设备中限制使用某些有害物质指令，简称 RoHS 指令)限制了铅、镉、汞、六价铬四种重金属物质的使用，其中镉的质量分数不得超过 0.01%，其他有害物质不得超过 0.1%。2010 年 1 月欧盟 REACH(registration, evaluation, authorization and restriction of chemicals, 化学品注册、评估、许可和限制)法规将铬酸铅、钼铬红、铅铬黄等颜料列入 SVHC(substances of very high concern，高度关注物质)清单，对进入欧盟的含有此类颜料的产品进行严格审查。传统的氧化铁系列颜料符合环保要求，但这类颜料颜色发暗，是一类低档颜料，不能完全满足市场的需求，而且氧化铁黄等在温度高于 150℃时容易变为铁红。有机颜料或染料颜色鲜艳，种类丰富，在一些场合可以很好地替代无机颜料，但这类产品稳定性(如耐热性、耐光性等)普遍较差，应用范围严重受限。此外，有机颜料的价格普遍较高，远超同类无机颜

料。目前市场亟需新型的无机颜料产品。稀土硫化物颜料因其稳定、明快、环保等特性而成为理想的替代产品。

热电材料是可以将热转变成电的材料，随着全球能源问题的日益突出，寻找新型清洁能源的研究也日益显得重要，热电材料和器件的研究也因此成为一个研究热点。对于一个优良的热电材料而言，应满足以下一些条件：高的热电势及电导率，低的热传导系数等。

稀土硫化物具有熔点高、电导率高及热导率低等优点，是一种优良的高温热电材料。在稀土硫化物热电材料中，研究最多的依然为 γ-稀土倍半硫化物，γ-Ln_2S_3 具有 Th_3P_4 立方晶系缺陷结构，以及半导体特性赋予其在热电材料领域中设计和性能改进的灵活性，其组成可在 Ln_3S_4~Ln_2S_3 间变化，可以通过改变 Ln：S 的比例，调节其导电性质。

纳米材料的兴起也给稀土硫化物的研究带来新的机遇，近些年来文献不断报道结构新颖、性能独特的纳米稀土硫化物研究工作，这些工作对于拓展稀土硫化物的研究具有积极的意义。稀土硫化物纳米材料研究中首要的一个问题就是制备问题，包括纳米材料的制备及结构、形貌的控制等，目前常见的方法有前驱体热分解法和纳米氧化物硫化法等。前驱体热分解法是制备稀土硫化物常用的方法，一般过程是先制备相应的稀土配合物前驱体，然后在一定环境和条件下(如惰性气氛下加热等)制备所需的纳米材料。稀土含硫配合物(含 Ln—S 键)是一种制备稀土硫化物的常用前驱体，经常用于制备纳米稀土硫化物。

在稀土硫化物的研究中，研究最多、最深入，应用最广泛的是稀土倍半硫化物。稀土倍半硫化物一般表示为 Ln_2S_3，它是一类宽带隙半导体材料，带隙可以通过掺杂等方式调控，在可见和紫外光区有良好的吸收，而对近红外光有良好的透过率。此外，它的熔点高、硬度大，对高温熔盐具有良好的稳定性等，这使得稀土倍半硫化物在颜料、热电材料、近红外窗口材料以及高温模具材料等领域有良好的应用前景，因而成为稀土硫化物研究中最重要的内容。

6.3.2　稀土硫化物的制备方法

稀土硫化物的制备是稀土硫化物研究中的一个关键技术问题。稀土是亲氧性很强的元素，对硫的亲和力相对较小，相应硫化物的制备也较困难。从软硬酸碱理论角度分析，稀土离子 Ln^{3+} 硬酸，氧离子 O^{2-} 属于硬碱，两者亲和力强；而硫离子 S^{2-} 属于软碱，和 Ln^{3+} 亲和力较小，因而制备稀土硫化物有一定的难度。在稀土硫化物的研究中，如何制备所需的材料是非常关键的问题。稀土硫化物的制备主要有以下几种方法：直接法、还原法、机械研磨法、喷雾热解法等[38,39]。

(1) 直接法。

直接法是利用稀土金属和硫单质在惰性环境下进行高温反应的制备方法。将

稀土金属与硫蒸气反应，稀土在硫蒸气中燃烧，发出淡蓝色火焰。其反应式为

$$2Ln + 3S = Ln_2S_3 \tag{6-6}$$

这种方法可以制备 La~Lu 系列稀土硫化物，而且制备的产物纯度较高，晶型较好。但缺点也较为突出：一是对原料要求较高，反应效率较低；二是反应条件要求较为严格，反应处理量较小，一般在密封的安瓿瓶中进行，若反应量大时，硫粉气化成蒸气，体系压强增大，容易使反应瓶炸裂；三是有的反应时间要求较长。

(2) 还原法。

还原法主要是以稀土氧化物、稀土盐类为起始原料，以 H_2S、CS_2 或两者的混合气体做硫化剂，在高温下进行反应制备相应的稀土硫化物。以氧化物做原料为例，总反应式可表示为

$$Ln_2O_3 + 3H_2S = Ln_2S_3 + 3H_2O \tag{6-7}$$

$$2Ln_2O_3 + 3CS_2 = 2Ln_2S_3 + 3CO_2 \tag{6-8}$$

还原法一般在高温炉(如管式炉)中进行，反应前一般需要通惰性气体将反应室中的空气置换，然后再进行升温反应，尾气一般用碱液等吸收，所需的温度在 500~1300℃ 范围。

相比而言，CS_2 是比 H_2S 更好的硫化剂，同样与稀土氧化物反应制备硫化物，用 CS_2 做硫化剂的反应吉布斯自由能更低，硫化能力更强，因而相应的反应温度更低，反应时间更短，此外 CS_2 毒性也比 H_2S 更低一些。需要注意的是，CS_2 做硫化剂在高温下可能会发生少量分解，生成 S 和 C，少量 C 的引入可能会促使硫化反应的进行，但过多的 C 会附着在制备的样品上，影响样品的颜色性能，特别是当 CS_2 过量较多时，分解反应发生的可能性增大，也可能有更多的 C 附着在样品上，这对于稀土硫化物颜色的调控有一定的影响。

还原法效率较高，原料易得，是目前制备稀土硫化物最常用的方法。但还原法的缺点是反应为气固两相反应，反应温度高，处理量小，而且硫化试剂毒性大，易燃易爆，对工艺要求高，所以也限制了它的应用。

(3) 机械研磨法。

机械研磨法主要是利用稀土盐和硫源试剂共混研磨，制备相应的稀土硫化物。研究发现采用无水稀土氯化物粉末和 CaS 粉末混合后进行球磨可得到 Ln_2S_3。以制备 Ce_2S_3 为例，反应式可以表示为

$$2CeCl_3\,(s) + 3CaS\,(s) = Ce_2S_3\,(s) + 3CaCl_2(s) \tag{6-9}$$

室温下球磨一段时间后，洗去体系中的 $CaCl_2$，可以得到稀土硫化物。这种

方法可在常温下制得 γ-Ce_2S_3 超细粉末。但产物的杂质含量较高，且粒度分布很不均匀。

(4) 喷雾热解法。

一般而言，喷雾热解法主要是先将稀土盐和硫源溶于水或有机溶剂中，按一定比例混合或分别雾化，用高压惰性气体做载体，喷积到基片上，然后加热基片，获得所需的稀土硫化物薄膜。

喷雾热解法常用于制备薄膜形态稀土硫化物，但对于大规模制备还不能满足要求。

6.4　稀土氯化物的制备

将稀土金属、稀土氧化物、氢氧化物或碳酸盐溶解在盐酸中，都可以得到氯化稀土溶液，然后蒸发浓缩析出水合物。对于轻稀土 La、Ce、Pr 为 $RECl_3\cdot7H_2O$，而 Nd~Lu、Sc、Y 为 $RECl_3\cdot6H_2O$。氯化稀土水溶液呈微酸性，其在水溶液中略有水解现象，加盐酸可阻止其水解。加热水合氯化稀土时会产生部分水解而生成稀土氯氧化物(REOCl)，稀土氯氧化物难溶于水和乙醇。无水氯化物和水合氯化物在水中的溶解焓见表 6-2。无水氯化物的溶解焓为很大的负值，在其表面能够发生强烈的放热反应，且随+3 价稀土离子半径的减小，溶解焓绝对值变大，但放热量增加。

表 6-2　无水氯化物和水合氯化物在水中的溶解焓(25℃)(kJ/mol)

元素	无水氯化物	水合氯化物	元素	无水氯化物	水合氯化物
La	137.3	−28.00	Dy	−209	−41.73
Ce	−143.9	−28.9	Ho	−213.4	−43.58
Pr	−149.4	−23.91	Er	−215.1	−44.95
Nd	−156.9	−38.21	Tm	−215.9	−46.53
Sm	−166.6	−36.04	Yb	−215.9	−48.18
Eu	−170.3	−36.46	Lu	−218.4	−49.62
Gd	−181.6	−38.15	Y	−224.7	−46.24
Tb	−192.5	−39.97	Sc		−31.8

稀土氯化物在有机溶剂中有一定的溶解度。例如，$LaCl_3$ 在甲醇和乙醇中的溶解度分别为 2.45mol/kg 和 1.26mol/kg，而且随镧系元素原子序数的增加，其溶解度也随之增加。溶解度一般随溶剂碳链的增长而下降。

6.4.1　无水稀土氯化物的制备

无水稀土氯化物是由稀土氯化物溶液浓缩结晶析出的水合物进行脱水，或在高温下用氯化剂氯化稀土氧化物而制得的。为了生产高质量的稀土氯化物，近年来研究和应用了制取二元氯化物的方法。

1. 水合稀土氯化物的制备及脱水

将稀土氧化物或氢氧化物溶于盐酸中，可得稀土氯化物溶液。蒸发浓缩此溶液至 RE_2O_3 含量为 40%~50% 之后冷却结晶，并在 100℃下干燥，可制得水合稀土氯化物，其反应为

$$RE_2O_3 + 6HCl + (n-3)H_2O \Longrightarrow 2RECl_3 \cdot nH_2O \tag{6-10}$$

$$2RE(OH)_3 + 6HCl + (n-6)H_2O \Longrightarrow 2RECl_3 \cdot nH_2O \tag{6-11}$$

水合稀土氯化物中，n 一般为 6，但也有为 7 或 1 的，依温度和溶液浓度的不同而异。

$RECl_3 \cdot nH_2O$ 中的结晶水用加热方法脱除，其 H_2O 分子键的强度随稀土元素原子序数的增加而增大。对于 La 至 Nd 的结晶氯化物，其开始脱水的温度较低，从 Sm 到 Lu 及 Y 的水合氯化物，其开始脱水的温度则较高。

但是单纯地加热 $RECl_3 \cdot nH_2O$，实际上不能得到无水稀土氯化物，因为当排除水合物中的结晶水时，会引起生成氯氧化物的水解反应：

$$RECl_3 \cdot nH_2O \Longrightarrow REOCl + 2HCl + (n-1)H_2O \tag{6-12}$$

对以上反应平衡常数的计算表明，REOCl 的化学稳定性是随温度的升高和稀土元素原子序数的增加而增大的，因此重稀土水合氯化物的脱水更容易生成氯氧化物。氯氧化物是在稀土金属生成中造成金属被氯、氧污染，以及导致金属回收率降低的重要根源。在工业生产中为防止氯氧化物的生成，脱水是在减压(负压)下，并在干燥氯化氢、氯化铵或氩气中进行的，此时生成的氯氧化物将重新反应转变为氯化物：

$$REOCl + 2HCl \Longrightarrow RECl_3 + H_2O \tag{6-13}$$

$$REOCl + 2NH_4Cl \Longrightarrow RECl_3 + H_2O + 2NH_3 \tag{6-14}$$

但即使在此条件下，也很难制得含氧量少的钇和重稀土的三氯化物。

不同的稀土元素其结晶氯化物的脱水温度和阶段也不相同。表 6-3 列出了各种稀土水合氯化物的脱水阶段、完全脱水温度和气相水解温度。由表可知，大多数稀土氯化物的脱水温度在 200℃左右，稀土氯化物的气相水解温度随稀土原子序数的增大而降低。因此，稀土水合氯化物的直接脱水法只对轻稀土氯化物的制取才有实用意义。

表 6-3　结晶氯化稀土的脱水阶段、脱水温度和气相水解温度

结晶稀土氯化物	各脱水阶段的温度/℃				阶段脱水分子数				完全脱水温度/℃	开始气相水解温度/℃
	1	2	3	4	1	2	3	4		
LaCl$_3$·7H$_2$O	52~100	123~140	169~192		4	2	1		192	397
CeCl$_3$·7H$_2$O	50~102	121~127	142~148	153~211	4	1	1	1	211	384
PrCl$_3$·6H$_2$O	51~97	115~127	137~147	177~227	3	1	1	1	227	370
NdCl$_3$·6H$_2$O	67~97	111~117	141~151	157~217	3	1	1	1	217	350
SmCl$_3$·6H$_2$O	77~112	130~137	155~163	171~204	3	1	1	1	204	340
EuCl$_3$·6H$_2$O	84~125	134~143	163~170	175~203	3	1	1	1	203	335
GdCl$_3$·6H$_2$O	68~130	137~163	163~200		3	1.5		1.5	200	327
TbCl$_3$·6H$_2$O	87~140	142~162	168~198		3	2	1		198	320
DyCl$_3$·6H$_2$O	90~130	147~158	180~197		3	2	1		197	312
HoCl$_3$·6H$_2$O	72~117	122~147	169~190		3	2	1		190	300
ErCl$_3$·6H$_2$O	70~102	110~147	162~189		3	2	1		189	280
TmCl$_3$·6H$_2$O	82~127	145~167	180~190		3	2	1		190	260
YbCl$_3$·6H$_2$O	70~110	117~144	152~199		3	2	1		199	244
LuCl$_3$·6H$_2$O	80~134	137~180	180~210		3	2	1		210	217
YCl$_3$·6H$_2$O	80~150	150~200			5	1			220	320

　　在氯化氢气流中进行的脱水方法，在生产规模中难以完全排除氯氧化物的生成，而且氯化氢气体对设备的腐蚀性很大，故其工业应用受到限制。

　　工业制取无水氯化稀土是在有氯化铵存在下，采用真空脱水的方法。

　　NH$_4$Cl 是比 HCl 更有效的氯化剂，在氯化铵存在下，保持 130~200℃温度和低于 0.67kPa 的真空度，可以获得含氧量较低的稀土氯化物。

　　脱水是在底部加热的卧式干燥窑内进行的。图 6-8 为混合稀土氯化物水合结晶脱水的工业设备示意图。稀土水合氯化物与 20%的氯化铵混合装入置于料车框架上的搪瓷盘内，料层厚度一般为 20~30mm。料车推入窑中后，密闭窑门，用机械真空泵抽真空减压至 1.3~1.6kPa，并开始加热。窑的升温速度往往决定脱水产品的质量，为获得较优的产品，其脱水升温速度可大致定为：室温→100℃→120℃→155℃→200℃(在各温度点上保持适当时间)。脱水过程的时间取决于脱水窑中的装料量。在较佳工艺条件下，脱水产品的合格率大于 90%，水不溶物含量小于 10%，其残余水分含量不应大于 5%。

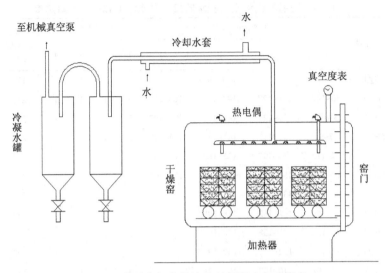

图 6-8 混合稀土氯化物水合结晶脱水工业设备

当采用金属热还原法制取金属的原料化合物时，用氯化铵脱水之后，应在200~300℃下将残存的氯化铵真空蒸馏除尽。

在图 6-9 中，电炉内装有密封不锈钢罐，罐内上部设有水冷蛇形管，与罐盖连接在一起，供脱水后蒸馏出来的氯化铵凝结于其上之用。罐盖是用低熔点合金密封。罐内下部的料盘架上，一层一层摆放着镍制的料盘。盘内盛有含 20%(质量

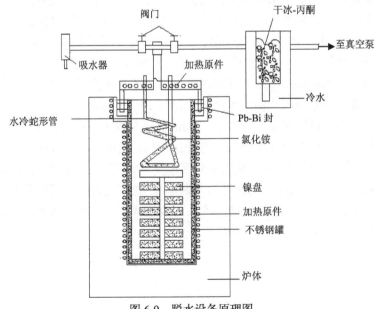

图 6-9 脱水设备原理图

分数)氯化铵的水合稀土氯化物。最上面一层是空盘,供承受蛇形管壁上脱落下来的氯化铵。操作时先打开连接真空系统的阀门抽真空,保持低于 0.5mmHg 的真空度,加热至温度超过 130℃时应缓慢升温,至脱水终了时其温度达到 200℃并保持一小时。然后将蛇形管通入冷水,继续升温至 300℃,以完全排出氯化铵。最终在保持真空度的条件下停止加热并进行冷却。冷却后热熔密封合金,打开罐盖,将脱水料迅速放入干燥的密闭容器中储存。

2. 稀土氧化物的直接氯化

用 CCl_4、HCl、NH_4Cl、S_2Cl_4、PCl_5 或在有碳存在时的 Cl_2 等氯化剂与稀土氧化物作用,均可直接制取无水氯化物。这种氯化法的效率高,其中的多数氯化剂用来制取有试剂用途的氯化物。工业上大批量生产无水稀土氯化物的常用方法是氯化铵氯化法和碳存在下的氯气高温氯化法。

氯化铵氯化法能得到较纯净的无水稀土氯化物,其反应为

$$RE_2O_3 + 6NH_4Cl \Longrightarrow 2RECl_3 + 6NH_3\uparrow + 3H_2O\uparrow \tag{6-15}$$

在该法中,将稀土氧化物与理论计算量 2~3 倍的 NH_4Cl 混合,在惰性气体保护下,于 200~300℃反应,直至反应产物能全部溶于水为止,氯化率达 100%,回收率达 90%以上。氯化时间与氯化物料的装入量以及反应器的结构有关。氯化温度过高和氯化时间过长都会降低氯化率。然后在 300~320℃和 0.067~0.27kPa 真空下加热氯化物,除去过剩的氯化铵,以免稀土氯化物因含氮而被污染。

内蒙古科技大学李梅教授团队研究了在氩气气氛下用氯化铵作为氯化剂氯化氧化铈制备高纯无水稀土氯化铈的工艺,通过正交实验考察了物料配比、反应温度、反应时间的影响,并用 XRD 等对无水稀土氯化铈进行了表征。结果表明,氯化铈的最佳制备条件为:物料摩尔比 $n(NH_4Cl):n(CeO_2)=12:1$,氯化温度 300℃左右,氯化时间 30min。此条件下氯化率为 96.16%,产物含杂量小于 5%[40]。

氯化铵氯化法的原理:在低温焙烧条件下,NH_4Cl 直接与 CeO_2 发生复分解氯化反应,主要反应按式(6-16)~式(6-18)进行;随着温度的逐步升高,直到 328℃,NH_4Cl 完全分解,其热分解产物 HCl 成为 CeO_2 的主要氯化剂,其反应主要按式(6-19)和式(6-21)进行,随着温度进一步升高,当氯化时间延长时,气体 HCl 的分压降低,部分 $CeCl_3$ 被水解成 CeOCl,从而降低氯化率,增加含杂量,主要以反应式(6-22)进行。由此分析可知最佳工艺条件的反应机理是低温机理,按式(6-16)~式(6-18)反应。

$$2CeO_2 + 8NH_4Cl \Longrightarrow 2CeCl_3(s) + 8NH_3(g) + 4H_2O(g) + Cl_2(g) \tag{6-16}$$

$$CeO_2(s) + 2NH_4Cl(s) \Longrightarrow CeOCl(s) + 0.5Cl_2(g) + 2NH_3(g) + H_2O(g) \tag{6-17}$$

$$CeOCl(s)+2NH_4Cl(s) == CeCl_3(s)+2NH_3(g)+H_2O(g) \tag{6-18}$$

$$2CeO_2(s)+3Cl_2(g) == 2CeCl_3(s)+2O_2(g) \tag{6-19}$$

$$CeOCl(s)+2HCl(g) == CeCl_3(s)+H_2O(g) \tag{6-20}$$

$$CeO_2(s)+3HCl(g) == CeCl_3(s)+\frac{3}{2}H_2O(g)+\frac{1}{4}O_2(g) \tag{6-21}$$

$$CeCl_3(s)+H_2O(g) == CeOCl(s)+2HCl(g) \tag{6-22}$$

用氯化铵直接氯化稀土氧化物得到无水氯化物的方法是一种绿色合成稀土氯化物的新方法。该方法具有效率高、流程短的优点,但对高温氯化设备的腐蚀较难解决。

用四氯化碳氯化时,当加热至600~700℃时发生反应:

$$2RE_2O_3+3CCl_4 == 4RECl_3+3CO_2\uparrow \text{(或部分 CO 和 COCl}_2\text{ 气体)} \tag{6-23}$$

用这种方法所制得的产物中只含有少量的碳杂质。

用氯气氯化稀土氧化物是在碳存在条件下进行,在600~700℃时发生反应:

$$2RE_2O_3+3C+6Cl_2 == 4RECl_3+3CO_2\uparrow \text{(或 CO 气体)} \tag{6-24}$$

用上述各种方法制得的无水氯化物常有少量的氧、碳等杂质,一般能满足熔盐电解法生产稀土金属的要求。

6.4.2 稀土二元氯化物的制备

用多种方法制取无水氯化稀土,都难免引入一定数量的杂质,特别是氧。这表明单独生成高质量的稀土氯化物存在实际困难。近年来为解决稀土氯化物的质量问题,曾经研究并应用了制取稀土和钾的二元氯化物的方法,试图以二元氯化物取代单一稀土氯化物,作为生产稀土金属和合金的原料。稀土氧化物在氯化钾存在下进行氯化,生成二元氯化物,可移动氯化反应的平衡,使含氧量降至最小。

图6-10表示在有、无氯化钾存在下,氧化钇与氯化氢相互反应的吉布斯自由能的变化。它说明氯化钾的存在对氯化反应平衡移向生成$RECl_3$方面起重要作用。生成二氯化物的吸湿性极小,在工业生产中使用方便。此外,氯化钾有较高的蒸气压,便于必要时用蒸馏法除去。若氯化时生成的二元氯化物与化合物 K_3RECl_6 的组成相符,则氯化进行的较为完全。制取稀土和钾的二元氯化物,使用的原料为稀土氧化物,可以用氯化氢或氯化铵作为氯化剂,但以氯化铵法更为简便。

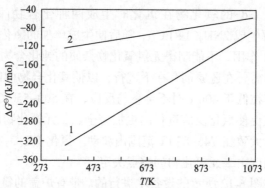

图 6-10　氧化钇氯化反应的吉布斯自由能的变化

1. 有氯化钾；2. 无氯化钾

用 NH_4Cl 氯化 RE_2O_3 的反应各有不同,但其共同特征是生成了 $nNH_4Cl·RECl_3$ 型的中间化合物,它的成分取决于稀土元素的原子序数。对此类氯化反应作出的热谱图如图 6-11 所示,用 NH_4Cl 氯化 Nd_2O_3 和由 Dy 到 Lu 的稀土氧化物[图 6-11(a)],在 270℃下按下列反应分别生成 $n=2$ 或 3 的化合物:

$$Nd_2O_3+10NH_4Cl{=\!=\!=}2(2NH_4Cl·NdCl_3)+6NH_3+3H_2O \qquad (6\text{-}25)$$

$$RE_2O_3+12NH_4Cl{=\!=\!=}2(3NH_4Cl·RECl_3)+6NH_3+3H_2O \qquad (6\text{-}26)$$

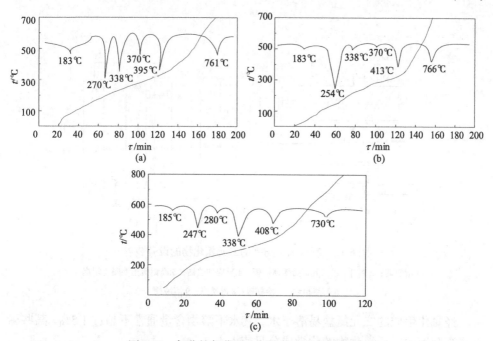

图 6-11　氯化铵氯化稀土氧化物反应的热谱图

而 Sm、Eu、Gd 的氧化物在氯化时生成两种化合物[图 6-11(b)]，开始 $3NH_4Cl \cdot RECl_3$ 分解生成 $2NH_4Cl \cdot RECl_3$，随后便生成单独的氯化稀土。Ce、Pr、Tb 的氧化物与 NH_4Cl 作用，不能制得无氯氧化物杂质的纯化合物[图 6-11(c)]。显然这些氧化物的氯化需要在还原剂存在下进行，以便其化合物由四价转变成三价。

氯化时氯化钾在低于 400℃时不会参与反应，在 500~550℃下生成 K_3RECl_6，二元氯化物的形成促使氯化反应进行的更加完全。二元氯化物的熔点随稀土元素不同而各不相同，大致在 745~830℃范围内波动。氯化 RE_2O_3 在 <550℃下进行反应，过程的最高温度由二元氯化物的熔点决定。

氯化过程是在图 6-12 所示的设备中进行的。带有炉盖的氯化器由耐温、耐蚀的高铝矾土混凝土制造，其中放置作为加热器的石墨坩埚，并用高频电流加热。物料按 RE_2O_3：KCl：NH_4Cl(mol)=1：6：11~13(对于 La、Nd 取前者，对于 Y 和重稀土取后者)的配料比装入混料器 1 进行混合以后，由料斗 2 装进经预热达 650℃的氯化器中，此后升温到 900~1000℃。烟气通入温度为 300℃的钛制刮刀式冷凝器 7 中，以沉淀过剩的 NH_4Cl，随后进入有盐酸溶液循环的淋洗塔 8，以便收集 NH_3 和 HCl，经过净化的废气进入大气中。由冷凝器出来的 NH_4Cl 送往氯化工序，其回收液设法利用。生成的二元氯化物完全熔化后，氯化过程即告结束。熔化氯化物用真空虹吸管排除并铸模、冷却。根据不同的装料量，其氯化过程一般经历 1.5~3.5h。

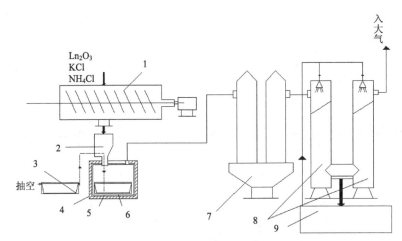

图 6-12　制取稀土与钾的二元氯化物的设备装置

1.混料器；2.料斗；3.二元氯盐熔体铸模；4.感应加热器；5.高铝矾土混凝土坩埚；

6.石墨坩埚；7.冷凝器；8.淋洗塔；9.溶液槽

经氯化生成的二元氯盐易溶于水，其水不溶物含量通常不超过 1.5%。某些稀土元素和钾的二元氯化物的化学成分见表 6-4。

表 6-4　稀土元素和钾的二元氯化物的化学成分(质量分数，%)

二元氯化物	稀土元素		水不溶物	铁	钛	铝	氮
	实际值	理论值					
3KCl·NdCl₃	29~30	30.37	0.3	$2×10^{-3}$	$2×10^{-3}$	$1×10^{-3}$	$3×10^{-3}$
3KCl·YCl₃	17~20	21.24	0.8	$3×10^{-3}$	$2×10^{-3}$	$1×10^{-3}$	$3×10^{-3}$
3KCl·GdCl₃	28~30	32.24	0.4	$2×10^{-3}$		$1×10^{-3}$	$3×10^{-3}$
3KCl·DyCl₃	30~31	32.99	0.4	$4×10^{-3}$		$1×10^{-3}$	$3×10^{-3}$

采用氯化氢为氯化剂的氯化过程在氯化钾的熔体中进行。此法的优点是稀土氧化物在液相中氯化，能显著强化其传热和传质过程，因而可以连续控制其生成氯化物的质量，使水不溶物的含量降至约 0.5%。但此法对氯化设备的材质要求很高(通常用石英制造)，目前尚无批量生成装置，因而其应用受到很大的限制。

6.4.3　稀土氯化物的提纯

用上述方法制得的无水稀土氯化物均含有一定数量的氧、碳等杂质，一般只能用于制取工业纯稀土金属或做催化剂使用。为了制取纯度较高的稀土金属和材料，通常采用真空蒸馏法除去无水稀土氯化物中的氧、碳、铝、硅、铁和碱金属等杂质，使其纯度获得较大的提高。

将粗制的无水稀土氯化物置于真空蒸馏炉(图 6-13)内的镍(或钼)制坩埚中，放好上部的冷凝器后炉子即开始抽空。蒸馏作业在 900~1000℃和 0.13Pa 真空下进行。被蒸出的稀土氯化物进入上部冷凝器凝结下来，而氧、碳等杂质则留在坩埚底部。蒸馏结束后炉内充入氩气，并将冷凝器部位加热至 900℃，使凝结的氯化物流入下面的钼坩埚，冷却后取出。

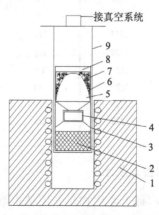

图 6-13　真空蒸馏提纯无水氯化钇的设备

1.炉体；2.粗氯化钇；3.镍支架；4.钼坩埚；5.镍冷凝塔；6.镍衬里；7.冷凝的纯氯化钇；8.镍顶盖；9.反应胆

真空蒸馏稀土氯化物的直收率约为 90%，蒸馏提纯氯化钇时的蒸馏速度为 0.30~0.36kg/h，提纯效果见表 6-5。

表 6-5　真空蒸馏提纯无水氯化钇的效果

元素含量/%(质量分数)	原熔铸 YCl$_3$	蒸馏 YCl$_3$	重蒸馏 YCl$_3$
氧	1.10±0.02	0.83±0.16	0.35±0.05
氯(理论量为 54.47%)		53.04	54.14
钇(理论量为 45.53%)		45.35	45.06
YOCl 不溶物		2.40	0.05

6.5　稀土氟化物的制备

稀土溶液中加入过量的氟化铵、氟化钠、氟化钾或氢氟酸溶液，白色胶状氟化物 REF$_3 \cdot n$H$_2$O 沉淀定量析出，加热后转变为粒状沉淀。稀土氟化物的溶解度比其他稀土化合物小，它不溶于水、氢氟酸、碱金属或铵的氟化物溶液，不生成氟络盐。但易溶于 1∶1 的盐酸、热的 1∶1 硝酸或热的 1∶3 硫酸中。氟化钪溶于氟化物溶液中生成络离子[ScF$_6$]$^{3-}$。

稀土氟化物与 20%KOH 溶液共沸可转变为稀土氢氧化物，用苏打焙烧则转变为 RE$_2$(CO$_3$)$_3$，而与热浓硫酸作用又可转变为稀土硫酸盐并放出氟化氢气体。

稀土氟化物比较稳定，不易潮解，它们的熔点较低，沸点较高(表 6-6)，故可作为制取稀土金属的原料。

表 6-6　稀土氟化物的熔点、沸点

RE	熔点/℃	沸点/℃	RE	熔点/℃	沸点/℃
Sc	1515	1527	Gd	1231	2277
Y	1152	2227	Tb	1172	2277
La	1490	2327	Dy	1154	2277
Ce	1437	2327	Ho	1143	2227
Pr	1395	2327	Er	1140	2227
Nd	1374	2327	Tm	1158	2227
Pm	1407	2327	Yb	1157	2227
Sm	1306	2327	Lu	1182	2727
Eu	1276	2277			

6.5.1　水合稀土氟化物的制备及脱水

在工业实践中，制备无水稀土氟化物是采用从水溶液中沉淀水合稀土氟化物，然后脱水，或用氟化剂直接氟化稀土氧化物的方法。

稀土氟化物的溶解度很小，用氢氟酸能使它从稀土的盐酸、硫酸或硝酸溶液

中沉淀析出(沉淀物呈水合氟化物形式)，其反应为

$$RECl_3 + 3HF + nH_2O \Longrightarrow REF_3 \cdot nH_2O + 3HCl \tag{6-27}$$

$$RE_2(SO_4)_3 + 6HF + nH_2O \Longrightarrow REF_3 \cdot nH_2O + 3H_2SO_4 \tag{6-28}$$

$$RE(NO_3)_3 + 3HF + nH_2O \Longrightarrow REF_3 \cdot nH_2O + 3HNO_3 \tag{6-29}$$

水合稀土氟化物所含结晶水分子的量 n 是可变的，在 100~130℃下干燥后，其 n 一般为 0.3~1.0。进入组成中的水分子分布在晶格的空隙中，并生成不同构型的 F···H—O 式氢键。水分子进入晶格对氟原子的活动性有很大影响，而且结晶水结合得比较牢固，这就决定了分子水的除去是逐步进行的。大约从 100℃开始按下列反应脱除结晶水：

$$REF_3 \cdot nH_2O \Longrightarrow REF_3 + nH_2O \tag{6-30}$$

最终完全脱除结晶水的温度为 400~600℃，且随稀土原子序数的增加而升高。研究表明，$REF_3 \cdot nH_2O$ 在大气中脱水，主要在 500℃之前进行。在较高温度下，由于氟原子的位置发生变化，稀土氟化物将由介稳状态转变成稳定状态，生成的稀土氟化物含有约 0.02%的残余水。

但是由于在完全脱水之前就开始了高温水解反应，所以在空气中脱水，实际上不能得到无水稀土氟化物。同时发现，在干燥惰气中脱水与大气中脱水的热谱图几乎相同，仅脱水进行的强烈程度有所不同。因此为了制取较纯的无水稀土氟化物，避免 REOF 的生成，脱水需要在真空条件下进行。当真空度较高(<1.33Pa)时，大部分结晶水在 20℃以下即被除去，其完全脱水温度也较在空气或惰气中脱水时为低。

工业生产稀土氟化物是在加热至 80~90℃，浓度为 100~200g/L RE_2O_3 的稀土溶液中，缓慢加入 48%的浓氢氟酸并过量 5%~10%，在搅拌下使稀土氟化物沉淀完全。所得水合氟化物经过滤后，在 70℃和 pH=5~6 下用纯水洗涤，再经 150℃下烘干、破碎和在 450~700℃及 $1.332.66 \times 10^{-4}$Pa 下真空脱水，可制得只含少量 REOF 杂质的无水稀土氟化物。

氟化过程所用的容器应能耐氟的腐蚀。在烘干和真空干燥时，采用钼、镍或镍合金制成的容器。该法成本低、批量大，在工业上广为应用。其缺点是效率低，流程长。在沉淀氟化物时，水合稀土氟化物呈难以过滤的凝胶状结构，故洗涤除杂不完全。容积很大的水合氟化物带入的酸根和阴离子，即使经过高温煅烧也难以除去，并将成为污染氟化物的主要来源。

为提高稀土氟化物的纯度，可用氢氟酸与 $RE_2(CO_3)_3$ 晶形沉淀反应制得纯氟化物：

$$RE_2(CO_3)_3 + 6HF + nH_2O === 2REF_3 \cdot nH_2O + 3H_2CO_3 \tag{6-31}$$

特制的稀土碳酸盐沉淀物具有伪晶结构，很易过滤和洗涤，故用此法特制的水合稀土氟化物也同样具有过滤性好，易于洗涤除杂的特点。

6.5.2 稀土氧化物的直接氟化

1. 氟化氢氟化法

使干燥的氟化氢气体在 650~700℃下作用于稀土氧化物，则发生如下氟化反应，获得纯度颇高的无水稀土氟化物：

$$RE_2O_3 + 6HF === 2REF_3 + 3H_2O \tag{6-32}$$

用于小批量生产的水平固定式氟化炉如图 6-14 所示。经过煅烧的稀土氧化物装在铂舟或镍容器中，放入氟化炉内衬有镍的不锈钢反应器里，炉子密封后快速升温至 650℃或 700℃并保温 4~5h，随后停止加热，冷却至 300℃后停止通入 HF 气，炉子继续冷却到低于 100℃即可出料。直接氟化产出的 REF_3 呈细粒粉状，易于吸收水汽，故应密封储存。

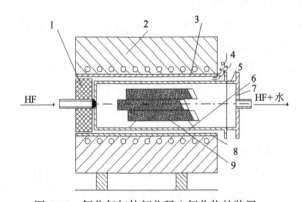

图 6-14　氟化氢气体氟化稀土氧化物的装置

1.保温砖；2.加热炉体；3.镍铬电阻丝；4.热电偶；5.聚四氟乙烯密封圈；
6.镍制内衬管；7.法兰盘；8.氧化铝管；9.炉料

此法具有流程短、回收率高、产品质量好等优点，所制无水稀土氟化物含氧量可低至 0.01%~0.1%，氟化率大于 99%，稀土回收率在 98%以上。但是采用固定式炉床氟化，其生产率很低。如果既能应用生产率大的旋转式炉床或流态化氟化炉，又能同时解决好废气处理问题，则此法用于工业生产是很有发展前途的。

2. 氟化氢铵氟化法

在加热条件下，采用固体氟化氢铵做氟化剂，也能将稀土氧化物直接氟化成无水稀土氟化物，其反应为

$$RE_2O_3 + 6NH_4F \cdot HF \xrightarrow{300℃} 2REF_3 + 6NH_4F + 3H_2O \tag{6-33}$$

稀土氟化物与过量 30% 的 $NH_4F \cdot HF$ 混匀后装在铂舟内，置于加热炉中加热至 300℃并保温 12h，使其充分反应，结果得到与前法所得相近的稀土氟化物。在氟化过程中，需同时吹入干燥空气以带走气体产物及过剩的 $NH_4F \cdot HF$，防止在下一段金属生产时稀土金属被氮所污染。此法氟化率很高，一般大于 99%，产品质量较好，设备、操作也较简单。但高温耐氟材料昂贵及废气的排放处理比较繁复是其主要困难。

6.5.3　稀土氟化物的净化

为制取高纯的金属钇，曾对所用氟化钇原料采用下述方法净化。

净化氟化钇是用 YF_3-LiF-MgF_2 的混合盐，在熔融状态下用氟化氢气体处理。混合盐成分 LiF 是以降低 YF_3 的熔点为目的而加入的，而 MgF_2 是用于还原金属时生成低熔点的 Y-Mg 合金。LiF 和 MgF_2 是用氟化氢在 600℃时直接作用于它们的氧化物而制得的。

混合盐的组成(摩尔分数)为 23.14% YF_3，18.58% MgF_2，58.28%LiF，它的熔点为 615℃。将混合盐放入镍制容器中，在室温下排除空气后，在氟化氢气氛中加热熔化。然后在熔盐中鼓入氢气约 1h，同时使温度上升至 850℃。接着鼓入氟化氢气约 3h，再用氢气处理 16h，以减少铁、铬、镍和硫等杂质的污染。最后熔盐通过烧结镍过滤器注入容器中保存。

参 考 文 献

[1] 中国科学院长春应用化学研究所. 伯胺 N_{1923} 萃取分离钍和提取混合稀土[A]//稀土化学论文集[C]. 北京: 科学出版社, 1982: 10-29.

[2] 李标国, 周永芬, 李俊然, 等. 高纯氧化镧的制备[J]. 稀有金属, 1984, (6): 56-58.

[3] 陈朝宗, 李标国, 王光宇, 等. 环烷酸萃取法分离镧中的钙和铅[J]. 稀有金属, 1986, (1): 4-7.

[4] 辜子英, 李永绣, 何小彬, 等. 碳酸铈中的氯离子含量的测定与控制[J]. 稀土, 1997, 18(2): 19-22.

[5] 霍建振, 魏明真. 纳米稀土氧化物的制备与应用[J]. 四川化工, 2006, 9(2): 26-29.

[6] 许胜先, 李凤仪. 溶胶-凝胶技术在多相催化剂制备中的应用[J]. 工业催化, 2004, 12(5): 6-10.

[7] 郭海, 张慰萍, 楼立人, 等. 溶胶-凝胶法制备的 Y_2O_3 薄膜的光波导性质研究[J]. 中国稀土学报, 2001, 19(6): 511-514.

[8] 王介强, 陶珍东, 孙旭东. 无机溶胶凝胶法制取 Y_2O_3 纳米微粒[J]. 中国稀土学报, 2003, 21(1): 15-18.

[9] 贺拥军, 杨伯伦. 微乳液和均匀沉淀耦合法制备 CeO_2 纳米粒子[J]. 化学通报, 2003, 66(2): 120-124.

[10] 王增林, 唐功本, 孙万明, 等. 超微稀土氧化物的制备[J]. 稀土, 1990, 11(4): 32-34.

[11] Li M, Liu Z G, Hu Y H,et al. Effects of the synthesis methods on the physicochemical properties of cerium dioxide powder[J]. Colloids and Surfaces A: Physicochemical and Engineering Aspects, 2007, 301(1-3): 153-157.

[12] 柳召刚, 李梅. 草酸盐沉淀法制备超细氧化铈的研究[J]. 中国稀土学报, 2008, 26(5): 666-670.

[13] 李梅, 柳召刚, 胡艳宏, 等. 一种抛光用超细氧化铈的制备方法[P]:中国, 200510132522. 8. 2007.

[14] 胡艳宏, 李梅. 氨水-草酸协同沉淀法制备超细 CeO_2 粉体的研究[J]. 稀土, 2011, 32(6): 6-11.

[15] 王觅堂. 草酸铈沉淀过程中团聚行为的研究[D]. 包头: 内蒙古科技大学硕士学位论文, 2008.

[16] 王焕英, 宋秀芹, 陈汝芬. 以尿素为沉淀剂制备纳米氧化锆的研究[J]. 河北师范大学学报(自然科学版), 2004, 28(2): 162-165.

[17] 肖莉, 林培琰, 杨志柏, 等. Ce-Zr 固溶体的纯度及其在三效催化剂中的作用[J]. 分子催化, 2000, 14(2): 81.

[18] 冯长根, 胡玉才, 王丽琼. 铈锆氧化物固溶体对全钯三效催化剂性能的影响[J]. 应用化学, 2003, 20(2): 159-162.

[19] 李梅, 柳召刚, 胡艳宏, 等. 一种高比表面积纳米铈锆复合氧化物的制备方法[P]:中国, 200510001725. 3. 2008.

[20] 李梅, 柳召刚, 胡艳宏, 等. 一种高比表面积纳米氧化铈的制备方法[P]:中国, 200510132523. 2. 2008.

[21] Li M, Liu Z G, Hu Y H, et al.Effect of doping elements on catalytic performance of CeO_2-ZrO_2 solid solutions[J]. Journal of Rare Earths, 2008, 26(3): 357-361.

[22] Li M, Liu Z G, Hu Y H, et al. Catalytic performance of $Ce_xZr_{1-x}O_2$ solid solutions promoted via modification on synthesis methods[J]. Colloids and Surfaces A: Physicochemical and Engineering Aspects. 2010, 367(1-3, 5): 17-23.

[23] 李梅. 一种制备大颗粒稀土氧化物的方法[P]: 中国, 200310118563. 2. 2007.

[24] 李梅, 柳召刚, 胡艳宏, 等. 高松装密度、低比表面积稀土氧化物粉体及其制备方法[P]: 中国, 200710091231. 8.2009.

[25] 胡艳宏, 李梅. 大颗粒氧化铈的草酸盐前驱体热分解研究[J]. 稀土, 2009, 30(4): 34-37.

[26] Li M, Liu Z G, Hu Y H, et al. The study on the preparation methods and the fluidity of large rare earth oxide particles[J]. Colloids and Surfaces A: Physicochemical and Engineering Aspects. 2008, 320(1-3): 78-84.

[27] 唐波, 葛介超, 王春先, 等. 金属氧化物纳米材料的制备新进展[J]. 化工进展, 2002, 21(10): 707-712.

[28] 徐宏, 蔡弘华, 罗仲宽, 等. 纳米氧化钕的制备及催化性能研究[J]. 无机化学学报, 2003, 19(6): 627-630.

[29] 徐甲强, 陈玉萍, 王焕新. 金属氧化物纳米微粒的制备研究进展[J]. 郑州轻工业学院学报(自然科学版), 2004, 19(1): 1-5.

[30] Guru P S, Dash S. Sorption on eggshell waste—A review on ultrastructure, biomineralization and other applications [J]. Advances in Colloid and Interface Science, 2014, 209: 49-67.

[31] 李梅, 胡艳宏, 柳召刚, 等. 聚烯丙基氯化铵调控制备特殊形貌的碳酸铈[J]. 稀土, 2014, 33(4): 977-981.

[32] Li M, Hu Y H, Liu Z G, et al. Growth of nano hexagon-like flake arrays cerium carbonate created with PAH as the substrate [J]. Journal of Solid State Chemistry, 2015, 221(1): 263-271.

[33] 王学峰, 柳召刚, 胡艳宏, 等. pH 对碳酸铈粒子团聚的影响[J]. 有色金属(冶炼部分), 2013, 6: 43-47.

[34] Li M, Hu Y H, Liu C C, et al. Synthesis cerium oxide particles via polyelectrolyte controlled nonclassical crystallization for catalytic application [J]. RSC Advances, 2014, 4(2): 992-995.

[35] 刘翠翠, 李梅, 胡艳宏, 等. 聚苯乙烯磺酸钠调控制备球状碳酸铈颗粒研究[J]. 无机盐工业, 2012, 44(8): 13-15.

[36] 胡艳宏, 李梅, 柳召刚, 等. 壬基酚聚氧乙烯醚调控制备特殊形貌碳酸铈[J]. 稀土, 2013, 34(6): 7-12.

[37] 邓瑞平, 宋术岩, 庞然, 等. 稀土硫化物的研究进展[J]. 中国科学: 化学, 2012, 42(9): 1337-1355.

[38] 高萍, 王进贤, 董相廷, 等. 稀土硫化物的合成及应用研究进展[J]. 中国稀土学报, 2012, 30(2): 146-156.

[39] 张长江, 王保安, 王银超, 等. 纯相稀土硫化物红色发光材料的高温微波合成及其光谱性质[J]. 发光学报, 2015, 36(2): 147-151.

[40] 吴锦绣, 李梅, 柳召刚, 等. 无水稀土氯化铈制备工艺研究[J]. 过程工程学报, 2011, 11(1): 103-106.

第7章　稀土金属和合金的火法冶炼

7.1　熔盐电解法制备稀土金属及合金

熔盐电解制取稀土金属起始于 19 世纪中期。1875 年希尔伦布兰德(Hilleband)等用铁电极电解熔融状态下的氯化稀土，制取金属铈、镧和镨-钕混合物，一次电解仅制得了几克金属，电解质为 $CeCl_3$-KCl-NaCl，电解槽为两个瓷坩埚。后来，赫尔胥(Hirsch)用石墨做容器，在 90%(质量分数)$CeCl_3$ 和 10%NaCl 熔体里，电解获得了几百克的金属铈。之后，汤姆森(Thompson)等用 90%$RECl_3$ 和 10%NaCl 做电解质，铁坩埚做阴极，碳棒做阳极，在稀土金属熔点以下进行电解，制取金属铈、镧、钕及无铈的混合稀土金属。汤姆波(Thombe)、凯里尔(Cannerl)等也通过改变电解质组成和制取条件，制备了各种稀土金属[1,2]。

7.1.1　稀土氯化物熔盐电解制备稀土金属

1. 稀土氯化物熔盐电解质的组成与性质

稀土电解生产过程主要是在电解槽的阳极、阴极和它们之间这层电解质中进行的。熔盐电解质是电解制取稀土金属不可缺少的条件之一。熔盐电解质的性质，如密度、黏度、电导和表面张力等，对熔盐电解的经济技术指标有重要的影响。因此，研究熔盐的物理化学及电化学性质对合理地选择熔盐体系和电解质组成是至关重要的。

1) 稀土金属在电解质中的溶解性能

稀土金属在其自身氯化物熔体中有很大的溶解度，100mol 的熔盐往往可溶解10~30mol 的稀土金属，比镁、锂在各自的氯化物熔体中的溶解度大 1~2 个数量级。这一性质对稀土电解的电流效率有严重影响。曾经发现，向氯化镧熔体中添加某些电位较负的阳离子盐如 KCl，可使金属镧的溶解度显著降低，如图 7-1 所示。其原因可能是 KCl 与 $LaCl_3$ 可以生成堆积密度大的化合物，并同时强化了 La^{3+}-Cl^-键，从而使镧在熔体中的溶解度减小。添加 NaCl 盐也能起相同作用，但因 $LaCl_3$熔体与 NaCl 不能形成稳定的化合物，故降低稀土金属溶解度即损失率的效果不及添加 KCl 盐。

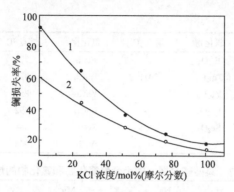

图 7-1 电解金属镧时 KCl 浓度对镧损失率的影响

1. 980℃；2. 950℃

向稀土氯化物熔体添加某些碱金属或碱土金属氯化物，组成二元或多元熔盐体系，能改善稀土电解质的许多性质，为克服稀土电解的困难、提高稀土电解的技术指标，创造了重要的先决条件。在添加的氯盐中，主要有 KCl、NaCl、CaCl₂ 和 BaCl₂ 等，但以 KCl 比较理想[3]。

2) 电解质的熔点

电解温度的高低，对电流效率和电能消耗有很大的影响。为降低电解温度，通常要求熔盐电解质有较低的熔点，但是单纯 RECl₃ 的熔点都较高，而且稀土金属在其自身氯化物熔体中有很大的溶解度，且本身不十分稳定(容易与水和氧作用)等原因，不能用单纯熔融 RECl₃ 作为电解质。如果使稀土氯化物与碱金属或碱土金属氯化物组成电解质体系，则可生成熔点较低的稳定化合物(配合物)或共晶混合物，从而可以降低稀土氯化物熔盐电解质的熔点。表 7-1~表 7-3 分别列出了稀土金属、稀土氯化物、碱金属和碱土金属氯化物和氟化物的熔点与沸点以及某些稀土氯化物与碱金属、碱土金属氯化物熔盐体系的熔点或稳态最高温度。

表 7-1 稀土金属及其某些化合物的熔点

金属	熔点/℃	氧化物	熔点/℃	氯化物	熔点/℃	氟化物	熔点/℃
La	920	La₂O₃	2217	LaCl₃	872	LaF₃	1490
Ce	798	Ce₂O₃	2142	CeCl₃	802	CeF₃	1437
Pr	931	Pr₂O₃	2127	PrCl₃	786	PrF₃	1395
Nd	1010	Nd₂O₃	2211	NdCl₃	760	NdF₃	1374
Pm	1080	Pm₂O₃	2320	PmCl₃	740	PmF₃	1407
Sm	1072	Sm₂O₃	2330	SmCl₃	678	SmF₃	1306
Eu	822	Eu₂O₃	2395	EuCl₃	623	EuF₃	1276
Gd	1311	Gd₂O₃	2390	GdCl₃	609	GdF₃	1231
Td	1360	Td₂O₃	2390	TdCl₃	588	TdF₃	1172
Dy	1409	Dy₂O₃	2391	DyCl₃	654	DyF₃	1154
Ho	1470	Ho₂O₃	2400	HoCl₃	720	HoF₃	1143

续表

金属	熔点/℃	氧化物	熔点/℃	氯化物	熔点/℃	氟化物	熔点/℃
Er	1522	Er_2O_3	—	$ErCl_3$	776	ErF_3	1140
Tm	1545	Tm_2O_3	2411	$TmCl_3$	821	TmF_3	1158
Yb	824	Yb_2O_3	—	$YbCl_3$	854	YbF_3	1157
Lu	1656	Lu_2O_3	—	$LuCl_3$	892	LuF_3	1182
Sc	1539	Sc_2O_3	2435	$ScCl_3$	—	ScF_3	1515
Y	1523	Y_2O_3	—	YCl_3	904	YF_3	1152

表 7-2　某些碱金属、碱土金属氯化物和氟化物的熔点与沸点

阴离子		Li^+	Na^+	K^+	Mg^{2+}	Ca^{2+}	Sr^{2+}	Ba^{2+}
离子半径/nm		0.078	0.098	0.133	0.078	0.106	0.127	0.143
熔点/℃	氯化物	614	800	790	712	782	872	958
	氟化物	870	997	846	1270	1478	1190	1280
沸点/℃	氯化物	1360	1465	1500	1412	1600	2027	1560
	氟化物	1681	1704	1502	2260	2507	2410	2200

表 7-3　某些稀土氯化物与碱金属、碱土金属氯化物体系的熔点或稳态最高温度

氯化物体系	化合物或混合物/mol%	$T_{熔}$或$T_{稳}$/℃	氯化物体系	化合物或混合物/mol%	$T_{熔}$或$T_{稳}$/℃
钠、铈氯化物	60NaCl-40CeCl$_3$	510	钙、稀土氯化物	78CaCl$_2$-22RECl$_3$	613
钠、镨氯化物	59NaCl-41PrCl$_3$	480		75CaCl$_2$-25RECl$_3$	624
钠、稀土氯化物	53NaCl-47RECl$_3$	487	钡、稀土氯化物	31BaCl$_2$-69RECl$_3$	683
	54NaCl-46RECl$_3$	499		35BaCl$_2$-65RECl$_3$	672
钾、镧氯化物	3KCl-LaCl$_3$	625	钠、钙、稀土氯化物	31NaCl-48CaCl$_2$-21RECl$_3$	458
	2KCl-LaCl$_3$	645	钠、钡、稀土氯化物	42NaCl-22BaCl$_2$-36RECl$_3$	373
	KCl-LaCl$_3$	620	钙、钡、稀土氯化物	49CaCl$_2$-21BaCl$_2$-30RECl$_3$	490
钾、铈氯化物	3KCl-CeCl$_3$	628	钠、钾、镨氯化物	26NaCl-56KCl-18PrCl$_3$	528±3
	2KCl-CeCl$_3$	512、623		23.4NaCl-48.8KCl-29.8PrCl$_3$	525±3
钾、镨氯化物	3KCl-PrCl$_3$	682、512		19.6NaCl-32.3KCl-48.1PrCl$_3$	440±3
钾、钕氯化物	3KCl-NdCl$_3$	682	钠、钾、钕氯化物	33NaCl-53.6KCl-13.4NdCl$_3$	535±3
	2KCl-NdCl$_3$	345		31NaCl-38.2KCl-30.8NdCl$_3$	520±3
	3KCl-2NdCl$_3$	590		36.7NaCl-17.4KCl-45.9NdCl$_3$	245±3
钾、钐氯化物	3KCl-SmCl$_3$	750			
	2KCl-SmCl$_3$	570			
	KCl-2SmCl$_3$	530			

　　表中的数据说明，氯化钾与几乎所有的轻稀土氯化物能形成稳定的配合物，而氯化钠则无此特性；稀土氯化物与碱金属或碱土金属氯化物组成二元或三元熔

盐体系后，体系的熔点或稳态最高温度明显降低，而且远低于稀土金属的熔点。因此选用二元或三元氯盐体系，有利于稀土氯化物熔盐电解温度的降低。

通常几种盐混合在一起熔化时，不是在一个温度下熔化，而是有一个熔化的温度范围，把熔化的温度范围称为熔度，所以降低电解过程的温度，关键是降低电解质的熔度。电解生产过程中，电解质的温度并不是刚好等于其熔度，而是要比其熔度高出一定的范围才能进行电解[4]。

3) 电解质的黏度

黏度是描述流体流动性大小的量。熔盐的黏度取决于离子活动性的大小，由于熔盐里有两种不同符号的离子，它们都参与熔盐的流动。若熔盐中存有活动性小的大体积离子及配位离子，则熔盐黏度高。因此，碱金属和碱土金属氯化物的黏度一般比稀土氯化物的要小，见表 7-4。在配合物形成范围之外，当稀土氯化物电解质中加入碱金属和碱土金属氯化物时，会降低电解质体系的黏度。但是电解质成分在有配合物形成的范围内，则因配合物分子很大，其黏度会变大。

表 7-4　某些碱金属、碱土金属和稀土金属氯化物的黏度

氯化物	LiCl	NaCl	KCl	$MgCl_2$	$CaCl_2$	$PrCl_3$	$DyCl_3$
黏度/($\times10^{-3}$Pa·s)	1.81	1.49	1.08	4.12	4.94	4.48	8.09
温度/℃	617	816	800	808	800	860	950

电解质的黏度对稀土金属的电解工艺有着一定的影响，如阳极气体的排出、电解质的流动、稀土金属液滴的聚积和沉降、氯化稀土颗粒的沉降等，都和电解质的黏度有密切的关系。黏度大，金属液滴同电解质不易分离，阳极气体逸出受到的阻力大，不易排出，也不利于电解渣泥的沉降，还会阻碍电解质的循环和离子扩散，因而影响电解的传热、传质过程[5]。

赵康造等测定了 $PrCl_3$、$NdCl_3$、$GdCl_3$ 和 $DyCl_3$ 四种氯化物的黏度，求出了黏度公式(表 7-5)。由该表可见，黏度为温度的三次方程，由此方程计算出黏度和温度的关系示于图 7-2 中。由图可见，由 Pr→Gd，随原子半径的减小，原子序数的增大，黏度下降；随着温度的增加，黏度也下降，但 $DyCl_3$ 却出现了异常，这可能与它的晶体构造有关。

表 7-5　黏度公式及其参数

氯化物	$\eta=a+bt+ct^2+dt^3$				温度范围/℃
	a	$-b\times10^2$	$-c\times10^6$	$d\times10^8$	
$PrCl_3$	14.1106	1.0965	1.1776	1.0503	855~999
$NdCl_3$	32.4892	3.9029	1.8720	2.7019	885~967
$GdCl_3$	16.6960	4.6156	9.7631	5.1603	787~960
$DyCl_3$	41.8454	3.4900	4.9510	4.5152	932~999

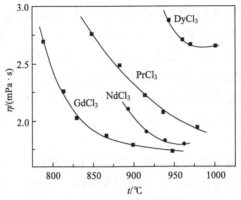

图 7-2　某些稀土氯化物的黏度

不管在二元系还是三元系，熔盐的黏度都随着温度的升高而下降，但随着不同组元浓度的增加，黏度变化不一致。表 7-6 列出了 $RECl_3$-KCl-$CaCl_2$ 三元系随 $CaCl_2$ 及 KCl 含量变化的情况。

表 7-6　KCl、$CaCl_2$ 的组成对黏度的影响

KCl 的质量分数/%	$RECl_3$ 的质量分数/%	$CaCl_2$ 的质量分数/%	黏度/(mPa·s)
60.2	39.8	0	1.80
49.2	39.8	10.9	2.30
38.3	39.8	21.9	2.80
27.4	39.8	32.8	3.10
16.4	39.8	43.8	3.30

4) 电解质的密度

电解质与金属、渣泥的密度大小对于它们的分离有影响，电解质与稀土金属、电解渣之间的密度差异越大，则越有利于它们彼此的分离。尤其在熔盐电解制取稀土金属与轻金属的中间合金时，电解质的密度更是一个重要的参数，它决定着中间合金是浮在熔盐之上还是沉于其下，并直接影响合金的产量和质量[6]。

某些稀土氯化物和碱金属、碱土金属氯化物在熔融状态下的密度见表 7-7。

表 7-7　某些稀土金属、碱金属和碱土金属氯化物熔体的密度值(900℃)

氯化物	$LaCl_3$	$PrCl_3$	$NdCl_3$	$GdCl_3$	$DyCl_3$	LiCl	KCl	NaCl	$MgCl_2$	$CaCl_2$
密度/(g/cm³)	3.153	3.141	3.173	3.361	3.428	1.372	1.450	1.475	1.643	2.010

以 $LaCl_3$-KCl 体系为代表的二元氯化物混合盐的密度见表 7-8，$RECl_3$-KCl-NaCl 三元体系的密度见表 7-9。

表 7-8　LaCl₃-KCl 体系的密度(900℃)

LaCl₃ 摩尔分数/%	100	84.86	70.22	55.02	45.11	33.30	20.87	13.17	4.99	0
密度/(g/cm³)	3.154	3.005	2.862	2.604	2.467	2.341	2.050	2.018	1.633	1.504

表 7-9　RECl₃-KCl-NaCl (KCl/NaCl=1:1)的密度(g/cm³)

温度/℃	700			750			850		
RECl₃/%	10	20	40	10	20	40	10	20	40
LaCl₃-KCl-NaCl	1.69	1.78	1.92	1.67	1.74	1.89	1.60	1.69	1.83
CeCl₃-KCl-NaCl	1.68	1.75	1.91	1.65	1.70	1.87	1.57	1.62	1.78
PrCl₃-KCl-NaCl	1.68	1.79	1.91	1.67	1.73	1.85	1.60	1.64	1.75
NdCl₃-KCl-NaCl	1.70	1.77	1.97	1.68	1.73	1.92	1.58	1.67	1.87

纯氯化物熔体的密度一般随温度的增高而降低。稀土氯化物的密度通常比碱金属和碱土金属氯化物的密度要高，故将后者加入前者的熔体中，可以降低氯化物熔盐体系的密度，增大电解质与熔融金属之间的密度差；而且后者加入的量越多，熔盐的密度降低越大，熔盐与金属之间的密度差也越大。

5) 电解质的电导率

电导率是用来描述电解质导电性大小的量。对熔盐的电导率进行研究，有助于了解熔盐的基本性质和结构，它是工业上计算电解槽热平衡不可缺少的重要参数。同时电解质的导电性也会直接影响电解生产的经济技术指标，提高稀土电解质的导电性能，可提高其生产能力。电解质熔体的导电性好，电流通过电解质熔体的电压降小，电解电耗就会减少，同时还能在保持电解温度的情况下，为提高电流强度、增加电解槽产量创造条件。电导率也是决定电极间距离的主要因素之一。熔盐的电导率大，极距可以适当增加，这有利于减少产品的二次作用，同时又不使电解质通过电流时产生太大的电压降，引起电解槽过热；但如果熔盐的电导率太大，即电阻过小，则电解发热太小，不足以维持所需的温度，导致工业电解不能靠自热维持正常运行。

稀土氯化物的电导率较碱金属和碱土金属氯化物的要小，所以在稀土氯化物中添加某些碱金属或碱土金属的氯化物，能进一步改善电解质的导电性能，但是其导电性的提高与添加量并不呈线性关系，而视添加物与稀土氯化物是否形成配合物或缔合物而定，一般表现出比较复杂的关系[7]。某些稀土金属、碱金属和碱土金属氯化物的电导率列于表 7-10 中。

表 7-10　某些稀土金属、碱金属和碱土金属氯化物的电导率

氯化物	LaCl₃	PrCl₃	NdCl₃	GdCl₃	DyCl₃	LiCl	KCl	NaCl	MgCl₂	CaCl₂
温度/℃	900	900	900	900	900	620	805	900	800	800
电导率/(S/cm)	1.127	1.110	1.115	0.863	0.716	5.860	3.540	2.543	1.700	2.020

二元混合盐 $LaCl_3$-KCl 体系的电导率随组成的关系示于表 7-11 中。

表 7-11　$LaCl_3$-KCl 体系的电导率(S/cm)

$LaCl_3$ 含量/% (摩尔分数)	$K=a+bt+ct^2$			温度范围/℃
	a	$b×10^3$	$c×10^6$	
0.0	−5.7416	16.408	−3.874	800~924
5.2	−0.8456	3.832	−1.212	807~906
13.9	−2.5990	6.828	−2.817	795~960
24.9	−1.6079	4.222	−1.186	784~950
38.3	−1.1009	2.934	−0.404	770~944
50.3	−1.216	3.422	−0.480	811~938
59.3	−2.7239	6.456	−2.273	831~941
69.3	−4.4667	10.430	−4.481	819~943
84.5	−1.7387	3.976	−0.789	881~988
100.0	−2.1376	4.930	−1.324	892~1034

三元混合盐的电导率，以 LiCl-KCl-$LaCl_3$、LiCl-KCl-YCl_3、LiCl-KCl-$PrCl_3$ 较为典型。LiCl-KCl-$LaCl_3$、LiCl-KCl-YCl_3 和 LiCl-KCl-$PrCl_3$ 三系熔体的摩尔电导率的数值列在表 7-12 中。

表 7-12　LiCl-KCl-$LaCl_3$、LiCl-KCl-YCl_3 和 LiCl-KCl-$PrCl_3$ 系混合熔盐的密度及电导率

$RECl_3$ 含量 /%(摩尔分数)	$ρ·10^3=a+bt$(kg/m³)		$±Δρ/$(kg/m³)	$κ·10^3=-a+bt$(S/m)		$±Δκ/$(S/m)	温度范围/K
	a	$b·10^3$		a	$b·10^3$		
	LiCl-KCl-$LaCl_3$						
0	2.031	0.579	15	—	—	—	700~1070
3.1	2.457	0.855	17	1.443	4.087	3.0	770~1070
10.8	2.803	0.938	17	1.473	3.580	1.3	770~1070
22.1	2.917	0.891	16	1.852	3.473	2.2	770~1070
38.8	3.136	0.968	26	1.139	2.364	1.0	770~1070
53.1	3.229	0.963	21	1.113	2.163	1.4	770~1070
71.8	3.251	0.854	20	1.376	2.250	0.7	800~1070
81.9	3.209	0.758	18	1.585	2.325	1.1	940~1070
90.2	3.155	0.671	22	1.690	2.300	1.0	1000~1070
100	3.084	0.584	3	1.199	1.636	0.3	1000~1070
	LiCl-KCl-YCl_3						
2.4	2.144	0.600	15	1.895	4.655	2.1	770~1070
8.8	2.472	0.747	20	1.845	4.310	3.2	770~1070
18.4	2.521	0.626	30	1.623	3.661	3.1	770~1070
34.5	2.929	0.709	14	2.350	3.904	2.4	770~1070
47.4	3.082	0.671	17	2.832	4.134	1.7	900~1070
67.0	3.221	0.587	7	2.539	3.603	0.6	1020~1070
100	4.222	0.901	3	2.055	4.049	0.2	1150~1200

$RECl_3$ 含量 /%(摩尔分数)	$\rho \cdot 10^3 = a + bt(kg/m^3)$		$\pm\Delta\rho/(kg/m^3)$	$\kappa \cdot 10^3 = -a + bt(S/m)$		$\pm\Delta\kappa/(S/m)$	温度范围/K
	a	$b \cdot 10^3$		a	$b \cdot 10^3$		
				$LiCl\text{-}KCl\text{-}PrCl_3$			
2.42	2.114	−0.550	1.0	−1.714	4.526	2.2	770~1070
8.74	2.407	−0.649	1.4	−1.526	4.023	1.6	770~1070
18.27	2.702	−0.705	1.8	−1.850	3.911	2.5	770~1070
34.27	2.958	−0.609	1.8	−2.108	3.736	1.1	770~1070
66.79	3.533	−0.855	0.7	−2.023	3.127	1.9	940~1070

电解质的导电性与电解质的温度及物质在电解质中的浓度有关系。通过实际测量和计算知道，直流电通过稀土电解槽，电解质的电压降数值较大，一般可占电解槽电压的 60%以上。可见，要降低稀土金属的电耗量，在降低电解质电压降方面是大有潜力可挖的。

一般降低电解质电压降有三条途径：一是减小极距；二是减小阳极电流密度；三是增加电解质的导电率。增加电解质的导电率则与电解质的性质有关。

实践表明，电解质的电导率变化与下列因素有关：

(1) 电解质中稀土含量高，其电导率小，导电性差；反之，稀土含量低，电导率大，导电性好。所以生产过程中做到勤加料，少加料，把电解质中稀土浓度适当地控制低一些，对于增加电解质的电导率、节约电能是很重要的。

(2) 电解质温度高，其电导率大；温度低，则电导率小。可见，操作过程中控制电解质适当的温度也会有助于降低电能的消耗。

(3) 电解质不干净，含碳或悬浮有不溶物，都会增加熔盐的电阻，降低导电性。生产中如出现这种情况时，电解质的电压降就会增大，槽电压将升高。

(4) 电解质中添加少量的像 LiCl 等能直接增加电导率的物质，则可以间接地增加电解质的导电率，改善电解质的导电性能。

6) 电解质的蒸气压

电解质的蒸气压与电解质的挥发损失有关，熔盐蒸气压高则易挥发，则电解质的损失大，因此影响到稀土电解的技术经济指标，同时也给电解尾气回收利用增加了难度。在混合稀土金属和镧、铈、镨单一稀土金属电解过程中，稀土回收率一般仅为 90%左右，物料平衡计算表明，有 3%~4%的稀土挥发损失了。稀土氯化物的蒸气压随原子序数的增大而增高，而低价氯化物的蒸气压比高价氯化物的要低。当向稀土电解质中添加碱金属或碱土金属氯化物时，由于降低了稀土氯化物的含量，电解质的挥发损失可以减少。电解质挥发损失减少的另一原因可能是在混盐体系中形成了蒸气压较低且结构稳定的配合物。

表 7-13 列出了镧、铈、镨、钕的氯化物与氯化钾组成的体系在给定蒸气压下

的温度数据。单一稀土氯化物的熔点、沸点及其蒸气压为 266.6Pa 时所需的温度列于表 7-14 中。

表 7-13 REC1₃-KCl 体系达到指定蒸气压相应的温度条件(℃)

熔盐体系	蒸气压/Pa			
	133.3	421.2	1333.2	4212.3
2KCl-LaCl₃	959	1016	1083	1155
KCl-3LaCl₃	1087	1152	1225	1306
3KCl-3CeCl₃	888	985	1099	1237
KCl-3CeCl₃	1033	1105	1186	1277
3KCl-2CeCl₃	945	1037	1145	1271
3KCl-2PrCl₃	853	953	1052	1169
KCl-2PrCl₃	924	1011	1114	1235
3KCl-NdCl₃	846	923	1014	1121
KCl-2NdCl₃	927	1019	1082	1175

表 7-14 单一稀土氯化物的熔点、沸点及生产 266.6Pa 蒸气压所需温度(℃)

稀土氯化物	熔点	沸点	温度
LaCl₃	855	1750	1100
CeCl₃	805	1730	1090
PrCl₃	779	1710	1080
NdCl₃	773	1690	1060
PmCl₃	740	1670	1050
SmCl₂	—	2030	1310
SmCl₃	681	分解	1010
EuCl₂	—	2030	1310
EuCl₃	626	分解	940
GdCl₃	612	1580	980
TdCl₃	591	1550	960
DyCl₃	637	1530	950
HoCl₃	721	1510	950
ErCl₃	777	1500	950
TmCl₃	824	1490	940
YbCl₂	—	1930	1250
YbCl₃	857	分解	940
LuCl₃	895	1480	950
YCl₃	703	1510	950

7) 电解质的表面张力

稀土熔盐电解过程中有两种张力现象是很重要的：一是熔融电解质与熔融稀土金属之间的表面张力；二是熔融电解质与石墨阳极之间的表面张力。

(1) 熔融电解质与熔融稀土金属之间的表面张力。在电解槽中，上层是电解质,下层是熔融状态的金属,两者之间表面张力的大小,对金属的溶解损失关系甚大。如果电解质对熔融金属的表面张力大,即两者之间湿润性差,则稀土金属的溶解损失小,电流效率就高;反之,电流效率就低。要使熔盐、金属渣泥分离得好,它们相互之间的表面张力就要大,因而寻求能增加电解质-金属、金属-渣泥以及电解质-渣泥之间表面张力的添加剂,这对提高电流效率会起一定的作用。

(2) 熔融电解质与石墨阳极之间的表面张力。无论是稀土氯化物或稀土氧化物,在氯化熔体中的电解过程中,电解质对石墨阳极的湿润性都会直接影响到阳极气体是否能顺利地排出。电解质与石墨阳极之间的表面张力越小,熔盐电解质与石墨阳极的湿润性越好,则熔盐与阳极之间发生阳极效应的临界电流密度就大。在 $LaCl_3$-KCl 体系中,阳极电流密度通常为 $1.0A/cm^2$ 左右。

熔融稀土氯化物电解时,电解质中稀土含量高,则电解质与石墨阳极之间的表面张力小,二者能很好地湿润,阳极气体容易排出;相反,稀土含量低,电解质与石墨阳极之间的表面张力大,两者不能很好地湿润,阳极气体则难于逸出。由于这种性质随稀土含量发生变化,可以解释阳极效应发生的原因。电解质熔体与石墨阳极之间的表面张力,还随温度的升高而降低。

表 7-15 列出了 $LaCl_3$-KCl 体系的表面张力。随 $LaCl_3$ 含量的增加,表面张力增大。而 $CeCl_3$-KCl-$NaCl$ 体系的表面张力随 $CeCl_3$ 含量的增加而降低,表明 $CeCl_3$ 是一种表面活性物质。

表 7-15　$LaCl_3$-KCl 体系的表面张力(900℃)

$LaCl_3$ 含量/%(摩尔分数)	88	75	62	50	37	25	12	0
σ/(mN/m)	113.02	105.97	101.08	97.50	94.83	93.13	91.29	90.01

表 7-16 给出了 $LaCl_3$、$PrCl_3$、$NdCl_3$、$GdCl_3$、$DyCl_3$ 和 YCl_3 熔体的表面张力,表面张力和温度呈线性关系,随着温度升高,表面张力下降;从 La 到 Y 表面张力逐渐下降。

表 7-16　某些单一稀土氯化物熔体的表面张力公式

氯化物	$\sigma=a+bt$ /($\times 10^2$N/m)	误差 $\Delta\sigma$/($\times 10^2$N/m)	温度范围/℃
YCl_3	$\sigma=106.3-0.0334t$	0.158	768~946
$LaCl_3$	$\sigma=147.9-0.0422t$	0.121	892~950
$PrCl_3$	$\sigma=135.9-0.0372t$	0.034	830~926
$NdCl_3$	$\sigma=173.4-0.0865t$	0.166	800~865
$GdCl_3$	$\sigma=110.1-0.0078t$	0.139	820~930
$DyCl_3$	$\sigma=124.4-0.0465t$	0.069	760~900

2. 稀土熔盐电解的电化学性质

1) 稀土熔盐的电极电位

金属插入熔盐中，在金属和熔盐的界面产生一定的电位差，称为电极电位。

在水溶液中经常用标准氢电极作为参比电极，测量待测电极与氢电极之间的电位差。在熔融盐中电极电位的定义和水溶液一样，仅由于熔盐为高温，使用的参比电极不一样。在熔融盐中常用 Cl/Cl^- 电极、Ag/Ag^+ 电极和 Pt/Pt^{2+} 电极作为参比电极，这类参比电极的电位值可以互换。由于实验上的困难，稀土金属的电极电位主要是根据由热力学函数计算的理论分解电压来计算的。表 7-17 列出了稀土熔盐的电极电位值。

表 7-17　计算的稀土元素熔盐电极电位值(V)

电极	温度/℃		
	700	800	1000
La/La^{3+}			0.143
Ce/Ce^{3+}			0.198
Pr/Pr^{3+}		0.329	0.224
Nd/Nd^{3+}		0.384	0.283
Sm/Sm^{3+}		0.389	0.256
Eu/Eu^{3+}		0.412	0.204
Gd/Gd^{3+}		0.433	0.310
Td/Td^{3+}	0.474		0.462
Dy/Dy^{3+}		0.550	0.420
Ho/Ho^{3+}		0.630	0.506
Er/Er^{3+}		0.651	0.631
Tm/Tm^{3+}		0.687	0.572
Yb/Yb^{3+}			0.585
Lu/Lu^{3+}			0.763
Y/Y^{3+}			0.471

2) 稀土熔盐的分解电压

为了在熔盐电解时在电极上获得电解产物，必须在电极上加上比极化电位稍大一些的电压。在任何情况下，极化电位都与电解时的电流密度大小有关。电流密度增大时，极化电位也增大，这是由于在碳阳极上产生超电压的结果。为了保证电解能够持续地进行，所外加于电解槽上的电压的最小值称为分解电压。由物理化学原理可知，在没有极化和去极化作用，并且电流效率等于100%时，可以对熔盐的分解电压理论值进行计算，这个数值将等于由析出于电极上的两种物质所组成的可逆电池的电动势。因此化合物的理论分解电压数值可以从该化合物的标

准摩尔生成吉布斯自由能变化 $\Delta G_{m}^{\ominus}$ 计算出来，即

$$\Delta G_{m}^{\ominus} = -nFE^{\ominus} \tag{7-1}$$

式中：$\Delta G_{m}^{\ominus}$ 为标准摩尔生成吉布斯自由能；$E^{\ominus}$ 为分解电压；F 为法拉第常量；n 为物质价数。

则分解电压为

$$E^{\ominus} = -\Delta G_{m}^{\ominus} / (nF) \tag{7-2}$$

某些氯化物的理论分解电压见表 7-18。由表可知，在相同温度下各稀土氯化物的分解电压随原子序数的增加而减小，但变化幅度较小；碱金属和碱土金属氯化物的分解电压，一般比稀土氯化物的更高(Mg 除外)。氯化物的分解电压一般随温度的升高而递减。由于各氯化物分解电压的温度系数不同，故某些金属在电化序上的位置也随温度的不同而可能引起变化。表 7-18 的数据虽然只是计算得出的理论值，但它表明，碱金属和碱土金属氯化物在稀土氯化物熔盐电解中具有良好的电化学性质。

表 7-18　某些氯化物的理论分解电压(V)

金属离子	600℃	800℃	1000℃	金属离子	600℃	800℃	1000℃
Sm^{2+}	3.787	3.661	3.559	Y^{3+}	2.758	2.643	2.548
Ba^{2+}	3.728	3.568	3.412	Ho^{3+}	2.729	2.610	2.511
K^{+}	3.658	3.441	3.155	Er^{3+}	2.715	2.589	2.488
Sr^{2+}	3.612	3.469	3.333	Tm^{3+}	2.682	2.553	2.447
Cs^{+}	3.599	3.362	3.078	Yb^{3+}	2.670	2.542	2.434
Rb^{+}	3.595	3.314	3.001	Lu^{3+}	2.616	2.478	2.356
Li^{+}	3.571	3.457	3.352	Mg^{2+}	2.602	2.460	2.346
Ca^{2+}	3.462	3.323	3.208	Sc^{3+}	2.514	2.375	2.264
Na^{+}	3.424	3.240	2.019	Th^{4+}	2.399	2.264	2.208
La^{3+}	3.134	2.997	2.876	U^{4+}	2.078	1.974	1.953
Ce^{3+}	3.086	2.945	2.821	Mn^{2+}	1.902	1.807	1.725
Pr^{3+}	3.049	2.911	2.795	Zn^{2+}	1.552	1.476	—
Pm^{3+}	3.006	2.884	2.784	Cd^{2+}	1.331	1.193	1.002
Nd^{3+}	2.994	2.856	2.736	Pd^{2+}	1.215	1.112	1.039
Sm^{3+}	2.975	2.861	2.763	Fe^{2+}	1.207	1.118	1.050
Eu^{3+}	2.936	2.828	2.815	Co^{2+}	1.079	0.977	0.900
Gd^{3+}	2.913	2.807	2.709	Ni^{2+}	1.003	0.875	0.763
Td^{3+}	2.858	2.758	2.657	Ag^{+}	0.870	0.826	0.784
Dy^{3+}	2.802	2.690	2.599				

大量的熔盐分解电压测定结果说明，熔盐的分解电压与下列因素有关：

(1) 随着温度的升高，分解电压降低。由于化合物的标准生成吉布斯自由能 $\Delta G_m^{\ominus}$ 一般随温度的升高而增加，而 E 与 $-\Delta G_m^{\ominus}$ 成正比，因此随着温度升高，分解电压下降。

(2) 在同一温度下，分解电压随着熔盐阳离子半径的变化而有规律地改变。稀土氯化物、氧化物、氟化物的分解电压随其阳离子半径的减小而减小，碱金属氟化物的分解电压则由氟化锂到氟化钾随阳离子半径的增加而减小。

析出电位与分解电压不同，它只是指在熔盐中，某一离子或离子簇在不同电极材料上析出时的电位值。各种金属离子在熔盐中的析出电位即电极电位，按照其分解电压与参比电极电位的差值排列，以 Cl_2/Cl^- 电极为参比电极计算得到的金属离子析出电位均为负值。按析出电位的大小可判断各种离子的放电次序即电化序，在水溶液中，各种离子电化序是根据标准电压值排列而成，熔盐中的电化序则是以分解电压值为基础建立起来的。熔盐本身阴离子的性质，以及作为"溶剂"的熔融介质的性质都会对电化序中各金属的相对位置产生影响，故在不同的熔盐中电化序是不同的。

当电解槽的槽电压超过分解电压时，电解就能持续进行下去。在实践中槽电压之所以远高于分解电压，主要是因为槽电压是用于系统的电阻压降和维持电解温度所需的电能消耗而必需供给的电压。

3) 稀土熔盐的电势序

根据各种金属氯化物的生成热进行热力学计算，得出单一氯化物做电解质的化学电极电动势，并和氯参比电极进行比较，从而求得各种温度下的金属电极电势值，依次排成电势序表，同样可以做出氧化物、氯化物和氟化物的理论分解电势表，而排出电势序。不同熔体中同一元素的电势序不同，这可能是由于相互作用不同的关系。另外，位于前面的金属可以把后序金属从其熔融的化合物中置换出来。

在不同电极上，金属的析出电势及析出电势序也不相同，如稀土金属在液态 Pb、Zn、Al、Bi 等阴极上的析出顺序为：Ce>Pr>La>Nd>Sm>Eu>Y>Lu。

3. 电解质选择的原则

熔盐导电性好，交换电流大，这对电解析出金属是有利条件。但由于温度高，对坩埚结构材料的要求高，熔盐挥发损失大，在阴极析出的金属易熔于电解质中，而且还易和结构材料作用，不仅经济指标下降，质量也受影响，所以在选择电解质时，必须突出熔盐的优点，抑制其缺点。经过长期的生产实践总结出，为了使稀土熔盐电解生产达到高产、优质、低消耗，与氯化稀土组成电解质的盐类，必须满足以下条件：

(1) 稀土氯化物可按不同比例溶解在所选的电解质中，这样这些物质才能被电离，通电后才能被电解。

(2) 选取比被电解物质分解电压高的盐做电解质，不然电解质先分解而被电解的物质不易分解，或同时分解，污染了金属。碱金属、碱土金属的氯化物及氟化物分解电压较高，可以选作电解质。

(3) 选导电性好的盐作为电解质。电解质有良好的导电性，使其在熔融状态下有较小的电压降，以利于降低电能消耗，提高电流效率。

(4) 选黏度小的盐作为电解质。电解质的黏度小，则流动性就好，有利于阳极氧气的排出及电解质组成的均匀性。

(5) 电解质组元的蒸气压要低，且不与石墨阳极和阴极材料发生作用，并希望它们能形成堆积密度大，稳定性好的络合体。

(6) 电解出的金属在电解质中溶解度较小，否则金属损失大，电流效率低。

(7) 尽可能选取资源丰富，价格便宜的材料做电解质，以降低成本。

稀土氯化物与氯化钾在熔融状态时会形成配合物，而稀土氯化物与氯化钠在熔融状态时，即使形成配合物，其稳定性也很差。因此，在工业实践中，稀土氯化物电解时，常采用氯化钾做熔剂，比采用氯化钠、氯化钙、氯化钡做熔剂要好。原因之一是前者形成配合物的堆积密度大，电解所析出的金属溶解度小；原因之二是配合物的稳定度高，不易被空气中的水分和氧所分解。但是，由于氯化钠比氯化钾价格低，工业氯化钾中又常含有少量的氯化钠，因而也有用氯化钠的。三元体系如 RECl$_3$-KCl-NaCl 也很受人们的注意。值得指出的是，RECl$_3$-BaCl$_2$-CaCl$_2$-KCl 四元体系的效果也很好，它的特点是 RECl$_3$ 可以在很低的浓度下进行电解，而不影响电流效率。因为 Li$^+$ 的半径比 K$^+$ 小，从减少金属溶解损失，降低电能消耗，提高电流效率方面考虑，LiCl 比 KCl 或 NaCl 都好，但因 LiCl 价格较高，所以实际上使用甚少。

4. 稀土氯化物熔盐电解的电极过程

稀土氯化物电解一般是在高于稀土金属熔点 50~100℃ 的二元或三元氯化物熔体中进行的，采用石墨做阳极，用不与氯化物熔体和熔融稀土金属相互作用的钼做阴极。工业生产中常采用 RECl$_3$-KCl 混合熔盐，在熔融状态下也会发生电离作用，熔盐离解成自由运动的阳离子和阴离子[8-11]：

$$RECl_3 = RE^{3+} + 3Cl^- \tag{7-3}$$

$$KCl = K^+ + Cl^- \tag{7-4}$$

在直流电场作用下，阳离子 RE^{3+}、K$^+$ 朝阴极方向移动，阴离子 Cl$^-$ 则朝阳极方向移动，并在两极放电。电解的结果是，在阴极上析出稀土金属，电化学反应

为

$$RE^{3+} + 3e == RE \qquad (7-5)$$

在阳极上析出氯气，电化学反应为

$$2Cl^- - 2e == Cl_2 \qquad (7-6)$$

1) 阴极过程

在稀土氯化物和碱金属氯化物混合熔体电解中，研究钼阴极电流密度和电位(相对于氯参比电极)关系的极化曲线时，可以看出整个阴极过程要比上述情况复杂得多，大致可以分成如下三个阶段：

(1) 在比稀土金属平衡电位更正的区间，即阴极电位为$-1\sim-2.6V$，阴极电流密度为$10^{-4}\sim10^{-2}A/cm^2$范围内，电位较正的阳离子放电析出，如：

$$2H^+ + 2e == H_2 \qquad (7-7)$$

$$Fe^{3+} + e == Fe^{2+} \qquad (7-8)$$

$$Fe^{2+} + 2e == Fe \qquad (7-9)$$

在此区间内，某些变价稀土离子，特别是 Sm^{3+}、Eu^{3+} 等也会发生不完全放电反应，如：

$$Sm^{3+} + e == Sm^{2+} \qquad (7-10)$$

$$Eu^{3+} + e == Eu^{2+} \qquad (7-11)$$

而被还原的低价离子，又由流动中的熔盐带入阳极区而被重新氧化，造成空耗电流。因此要求尽量避免比稀土金属电位更正的阳离子以及变价元素进入电解质中，以提高产品质量和电流效率[11,12]。

(2) 在接近于稀土金属平衡电位的区间，即阴极电位为$-3.0V$左右，阴极电流密度为 $0.1\sim10A/cm^2$ 范围内(视电解质中的 $RECl_3$ 含量和温度而定)，稀土离子在阴极放电，直接被还原成金属：

$$RE^{3+} + 3e == RE \qquad (7-12)$$

实验表明，稀土金属的析出是在接近于它的平衡电位(相应的浓度和温度)下进行的，并没有明显的超电压。但是析出的稀土金属又可能部分溶于氯化稀土，即发生二次反应：

$$RE + 2RECl_3 == 3RECl_2 \qquad (7-13)$$

而使电流效率降低。溶解稀土金属的二次反应随温度的升高而加剧。

有时稀土金属还可能与 KCl 发生置换反应：

$$RE + 3KCl \Longrightarrow RECl_3 + 3K \tag{7-14}$$

电解温度越高，这些反应进行得越剧烈，因此电解温度不宜过高。此外，还应从电解质组成、电解工艺、槽型等方面限制或减少金属的溶解和二次作用。有资料指出，在上述两个电位区间还伴随着碱金属离子还原为低价离子的反应：

$$Me^{2+} + e \Longrightarrow Me^+ \tag{7-15}$$

碱金属低价离子又将 RE^{3+} 还原为金属微粒，分散或溶解于电解质中，造成金属损失率的进一步上升。

(3) 在比稀土平衡电位更负的区间，即阴极电位为 $-3.3 \sim -3.5V$，而阴极附近的稀土离子浓度逐渐降低，电流密度处于其极限扩散电流密度值时，阴极极化电位迅速上升。当达到碱金属的析出电位时，在阴极区将发生碱金属离子的放电还原反应，导致碱金属的阴极析出：

$$Me^+ + e \Longrightarrow Me \tag{7-16}$$

正常电解条件下，一般控制阴极过程中碱金属离子的还原反应，电解质中的氯化稀土含量不能过低，而且阴极电位和电流密度要控制在稀土金属的析出范围内。

2) 阳极过程

稀土氯化物电解用石墨做阳极电解 $RECl_3$ 时，Cl^- 在石墨阳极上进行氧化反应：

$$Cl^- \Longrightarrow [Cl] + e \tag{7-17}$$

$$2[Cl] \Longrightarrow Cl_2 \tag{7-18}$$

除氯离子以外，如果电解质中存在放电电位较 Cl^- 负的阴离子，如 SO_4^{2-}、OH^- 等，它们将比 Cl^- 优先或与 Cl^- 同时析出，生成不利于电解过程的氧、硫、氧化物和水等。因此在电解生产中要求电解原料和电解质组成中这些阴离子含量尽量少，电解质必须纯净。

在稀土电解中，某些常见阴离子的阳极过程见表 7-19 所列。

表 7-19　某些常见阴离子的阳极过程(700℃)

阴离子	阳极反应	电极电位/V
F^-	$2F^- \Longrightarrow F_2 + 2e$	+3.51
Cl^-	$2Cl^- \Longrightarrow Cl_2 + 2e$	+3.39

续表

阴离子	阳极反应	电极电位/V
SO_4^{2-}	$SO_4^{2-} \rightleftharpoons SO_3+O+2e$	+3.19
Br^-	$2Br^- \rightleftharpoons Br_2+2e$	+2.98
S^{2-}	$2S^{2-} \rightleftharpoons S_2+4e$	+2.69
NO_3^-	$2NO_3^- \rightleftharpoons N_2O_5+O+2e$	+2.59
I^-	$2I^- \rightleftharpoons I_2+2e$	+2.42
OH^-	$2OH^- \rightleftharpoons H_2O+O+2e$	+2.29

3) 阳极效应

阳极效应是用碳阳极电解时呈现的特殊现象。在正常电解时，阳极气体在阳极附近均匀地散出。但当阳极电流密度超过所谓的临界电流密度时，电流会显著下降，槽电压和阳极电位突然升高，可达 20V 以上，甚至电解质与阳极之间的界面上出现电火花，这一现象称为阳极效应。它发生的原因是氯气与阳极材料作用，生成氯和碳的化合物与气膜层，其电阻远远大于碳阳极，致使电解质不能很好地润湿石墨阳极。此时便失去了正常电化学反应进行所需的电极-熔盐之间的界面层，而在阳极仍与电解质保持接触的某些点上产生很大的电流密度，以致发生弧光放电。

电解质与阳极间的润湿性对临界电流密度的数值，以及发生效应的影响，可以用阳极效应的 I-V 曲线来分析。如图 7-3 所示，当增大电流时，槽电压沿 ab 线段缓慢增高，此时电解过程正常进行；直到电流超过某一数值 $I_{临}$，电压突然增大到 $V_{效应}$ 值，同时电流下降到 $I_{效应}$ 值，此时就相当于发生阳极效应；再增大电流，电压沿着 cd 线段均匀地升高，一直可升到极限电压(电源电压)。降低电流时，槽电压沿 dd' 线段逐渐降低，此时阳极效应还继续保持着，甚至电压降到比开始发生这种现象时的电压低得多的时候，呈现出一种特殊的滞后现象；继续降低电流到某一时刻，电压沿 d'a 线段突然下降，阳极效应消失，恢复正常电解。阳极效应消失时的电流一船都比开始发生阳极效应时的电流小。I-V 曲线上开始发生阳极效应时所达到的最大电流 $I_{临}$ 和与电解质相接触的阳极表面积 $S_{阳}$ 之比就是临界电流密度，$J_L=I_{临}/S_{阳}$，单位为 A/cm^2。

临界电流密度 J_L 的大小反映了是否容易发生阳极效应，J_L 大则说明难发生阳极效应。影响 J_L 的因素较多，其中熔盐的性质、表面活性离子、阳极材料以及电解质的温度等是主要因素。

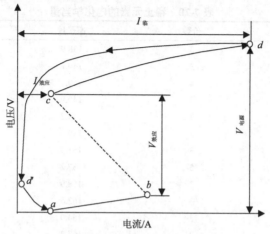

图 7-3　阳极效应的 I-V 曲线

在二元熔盐体系中，临界电流密度随着熔盐中表面活性组元浓度的增大而增高。这些表面活性组元可以降低熔盐与固体表面的界面张力，也就是使电解质对阳极的润湿性变好。熔融状态的稀土氯化物和稀土氧化物在相应的电解熔盐中是表面活性物质，故电解质中稀土含量高，则电解质与石墨阳极之间的表面张力小，临界电流密度大。例如，在 $LaCl_3$-KCl 体系中，电解可以在相当大的阳极电流密度(通常为 $1.0A/cm^2$)下进行。

就阳极材料来说，熔盐对某种材料的润湿性好，即润湿角小，则临界电流密度大。研究结果表明，熔盐对非碳质材料，如金属、氧化物等的润湿角，比对碳质材料的润湿角要小得多。因此，临界电流密度在用非碳质阳极进行熔盐电解时比用碳质阳极时要高。

当温度升高时，熔盐的流动性增大，从而熔盐对固体表面的润湿性得到改善。因此，升高电解质的温度将导致临界电流密度增大。

5. 熔盐电解的经济技术指标

1) 电流效率

首先介绍电化学当量的概念。电化学当量是指电解时理论上每安培小时所能析出的金属质量，表示为

$$C=M/(nF) \tag{7-19}$$

式中：M 为 1mol 元素原子的质量，g/mol，其值等于元素的原子量；n 为元素的原子价数；F 为法拉第常量，$F=N_A \cdot e = 9.648456(27) \times 10^4$，C/mol。

依据此方程计算的稀土电化学当量见表 7-20。

表 7-20　稀土元素的电化学当量

元素	价数	原子量	电化学当量
La	3	138.9	1.7276
Ce	3	140.1	1.7426
Ce	4	140.1	1.3070
Pr	3	140.9	1.7525
Nd	3	144.2	1.7942
Sm	3	150.4	1.8707
Eu	3	151.9	1.8904
Gd	3	157.2	1.9510
Tb	3	158.9	1.9798
Dy	3	162.5	2.0203
Ho	3	164.9	2.0330
Er	3	167.2	2.0790
Tm	3	168.9	2.1067
Yb	3	173.0	2.1519
Lu	3	174.9	2.1705
Y	3	88.9	1.1058

在电解过程中，常伴有二次反应和副反应，因此在电极上析出的金属量比理论量少。用一定的电量，实际上在电极上析出的金属量和根据法拉第定律计算出的理论析出量的比值称为电流效率[13,14]。电解金属的电流效率的计算方法如下式：

$$\eta = \frac{M_{实}}{M_{理}} \times 100\% = \frac{M_{实}}{CIt} \times 100\%$$

(7-20)

式中：$M_{实}$ 为经电解实际得到的金属质量，g；$M_{理}$ 为根据电化学原理计算得到的金属质量，g；C 为电化学当量，表 7-20 中列出了稀土元素的电化学当量值；I 为电流强度，A；t 为时间，h。

电流效率实际上是在电解槽中通过直流电的有效利用率，同样也是电解生产过程中的一项重要技术经济指标，熔盐电解的电流效率一般为 30%~90%。在生产实际中电解得到的稀土金属量比理论量少得多，即电流效率比较低，主要原因如下：

(1) 电解电流没有全部用来产生稀土金属，还有变价金属的充放电，如 $Sm^{3+}+e \Longrightarrow Sm^{2+}$ 反复的氧化还原反应，在阳极来回空耗电流；非稀土元素的析出；电子导电，如 $Ce\text{-}CeCl_3$、$La\text{-}LaCl_3$ 等熔盐具有电子导电特点；电解槽漏电等。

(2) 电解过程中沉积的金属发生化学反应或物理的二次作用损失。主要有稀土金属的溶解；稀土金属和熔盐的置换反应；稀土金属与电解槽炉衬材料、石墨电极、电解质中杂质、空气等发生相互作用。

稀土金属电解电流效率低的主要原因是它自身的活性和变价特点。

2) 电耗率

电耗率是指生产 1kg 产物所需的功率，又称电能耗率，可表示为

$$电耗率 = \frac{电能}{金属产量} = \frac{W}{M} = \frac{UIt}{M} \quad 单位：kW·h/kg \tag{7-21}$$

氯化物体系电解生产稀土金属的电耗率波动为 12~40kW·h/kg，氟化物体系电解生产稀土金属的电耗率为 12kW·h/kg 左右，但同时消耗阳极碳。目前稀土金属电解的电能利用率很低，节约稀土金属电解的电能还具有很大的潜力。周长生通过分析稀土金属电解生产中电能消耗的各项因素，提出了降低电能消耗的有效措施：改进工艺技术；缩小炉口面积，加强炉体外部保温；采用大型连续电解设备；采用节能型供配电设备；提高生产操作水平[15,16]。

3) 金属收率和单耗

(1) 金属收率。

金属收率是电解时，金属的理论量和实际产出量之比的百分数，其表达式为

$$金属收率 = \frac{实际金属产量}{加入料折算为金属料} \times 100\% \tag{7-22}$$

若用混合氯化稀土(每1kg)，则折算为稀土氧化物 RE_2O_3 是 0.45kg，每1kg RE_2O_3 折算为稀土金属为 0.83kg。

(2) 单耗。

单耗用来衡量原料的利用率，用投入被电解料质量和生产出的金属质量之比来表示。利用此指标可以进行成本核算以及衡量管理水平。其计算公式为

$$单耗 = \frac{原料投入量}{所产金属量} \tag{7-23}$$

例如，生产 10kg 稀土金属，用去 $RECl_3$ 30kg，则金属收率=10/(30×0.45×0.83)×100%=89.2%，单耗=30/10=3。

6. 熔盐电解电流效率的影响因素

稀土氯化物熔盐电解的电流效率较低，影响稀土熔盐电解电流效率的因素又较复杂，主要影响因素有电解质组成、电解温度、电流密度、电极间距离、原料的质量和电解槽槽型结构。

1) 电解质组成的影响

稀土氯化物电解制备混合稀土金属和单一轻稀土金属镧、铈、镨，工业上所

用电解质通常是由稀土氯化物与氯化钾组成(实际上电解质中常含有少量 NaCl、CaCl$_2$、BaCl$_2$)。制备混合稀土金属的电解质中含 REO(26±6)%;生产镧、铈、镨的电解质中含 REO(24±4)%,其余为 KCl。稀土氯化物在电解质中的含量对电流效率有明显的影响。当电解质中稀土氯化物浓度过低时,将会使电位较低的碱金属或碱土金属离子,如 K$^+$、Na$^+$、Ca^{2+}等与稀土离子共同放电析出;当稀土氯化物浓度过高时,则电解质的黏度和电阻变大,金属不易凝聚,稀土金属不易与电解质分离,同时阳极气体从电解质中排出困难,从而增加了二次反应的可能。这些都会导致电流效率降低[17]。在生产实践中,电解质中 RECl$_3$ 的含量以控制在35%~48%(质量)为宜。图 7-4 为部分稀土氯化物的起始浓度对电流效率的影响。

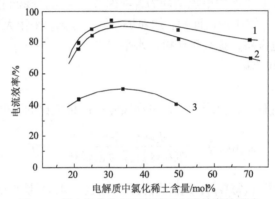

图 7-4　稀土氯化物起始浓度对电流效率的影响

1.铈(850℃, J_k=2.4A/cm^2, 电解 1h); 2.镧(920℃, J_k=3.4A/cm^2, 电解 1h);
3.钕(1050℃, J_k=6.3A/cm^2, 电解 1h)

2) 电解温度的影响

正确控制电解温度是提高电流效率的重要一环。若电解温度过低,电解质流动性变差,黏度变大,金属液粒分散于熔体不易凝聚,也不利于金属与电解渣和电解质的分离,引起电流效率降低。若温度过高,会加速金属的溶解和与电解质的作用,熔盐挥发损失增加,电解质循环加剧,氧化损失加速,同时又加剧了金属、熔盐与电极、坩埚材料之间的作用。特别是稀土金属在电解质中的溶解度及与电解质的二次反应,随温度的升高而急剧增大,因而将显著降低电流效率[18]。

在实践中每一种单一及混合稀土金属和电解质组成均对应有一比较适宜的电解温度。为尽量减少稀土金属的溶解损失,通常若 RECl$_3$ 含量较高,电解温度可控制略低。例如,电解混合稀土金属,电解质含 RECl$_3$ 约 38%,其适宜电解温度为 870℃。电解单一稀土金属时,制备金属镧控制在 940℃左右,制备金属铈控制在 870~900℃,制备金属镨控制在 930℃左右。LaCl$_3$、CeCl$_3$ 的电解温度对电流效率的影响如图 7-5 所示。

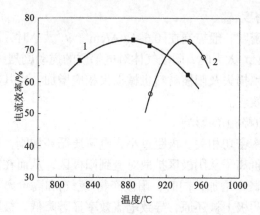

图 7-5　电解温度对电流效率的影响

1.CeCl$_3$：KCl=1：3(原子数目比), J_k=2.6A/cm^2；2.LaCl$_3$：KCl=1：3(原子数目比), J_k=3.2A/cm^2

3) 电流密度的影响

(1) 阴极电流密度 J_k。

阴极电流密度 J_k 与稀土氯化物浓度、电解质循环状况以及电解温度等有关。适当提高 J_k，可使阴极电位变负，有利于 RE^{3+}完全放电，可以加快稀土金属的析出速度，故能相对减少金属溶解和二次反应造成的电流效率损失，即有利于电流效率的提高。但如果 J_k 过高，碱金属被析出的概率增大，阴极区域甚至电解槽过热，将同样导致金属的溶解损失增加和二次反应的加剧，而使电流效率降低。在生产实践中，陶瓷槽的阴极电流密度一般取 3~6A/cm^2 为宜；800A 石墨坩埚电解槽的阴极电流密度一般取 5~6A/cm^2 为宜。图 7-6 描述了镧电解时 J_k 对电流效率的影响。

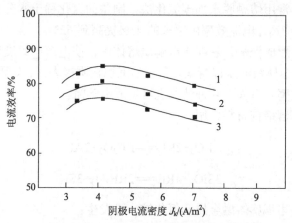

图 7-6　阴极电流密度对电流效率的影响

1. 1920℃；2. 2970℃；3. 3890℃

(2) 阳极电流密度 J_a。

石墨阳极电流密度一般控制在 $0.6\sim1.0A/cm^2$。J_a 太小时，阳极面积增大，电解槽容积随之增加；J_a 太大时，阳极气体对电解质的搅动剧烈，电解质循环加剧，二次作用增强，金属损失及阳极材料机械损失相应增加，当其超过阳极临界电流密度时便发生阳极效应。

4) 电极间距离(极距)的影响

极距与电流效率密切相关。极距过小，电解质循环加剧，可将被溶解的金属和放电不完全的低价离子从阴极区扩散对流到阳极区，从而在阳极上被氧化或受氯气作用而消耗的概率增加；同时，阳极产物(氯气)和高价离子也易被带到阴极区与金属作用或在阴极上被还原，导致电流效率显著降低。极距过大，又会因电解质的电阻增大而使熔体局部过热，致使金属溶解和熔盐挥发损失增多，同样影响电流效率的提高。因此，阴、阳两极之间距离的选择要充分考虑到电极形状及配置方式、电解质循环状态、电流密度、电流分布以及电解槽有无隔板等情况。工业电解槽的极距常常设计为可调的，通常大多采用 $6\sim11cm$。

5) 原料质量的影响

(1) 水和水不溶物的影响。

工业生产中使用的脱水料，一般含有 5%左右的水分；结晶氯化稀土则含水超过 30%。原料中的水分与稀土氯化物和金属作用产生 REOCl 和 RE_2O_3，它们以电解渣形式分散在电解质中或覆盖在金属表面上(有时混夹入金属内部)，使金属不易凝聚。此外，也会有一部分水被电解，一方面消耗电流，另一方面在阴极上析出氢，在阳极上析出氧。氢和稀土金属作用生成氢化物，氧和石墨作用生成碳化物，显然都是不利的。由于原料中带入水分而产生 HCl 气体，又给尾气处理增加了困难。生产中常用熔融脱水加碳氯化法，制备的氯化稀土水分含量趋于零，水不溶物含量低于 3%，电流效率由原来的 45%提高到 62%。

在电解时会形成泥渣，悬浮于电解质熔体中，使电解质黏度增大，导电性下降，并使析出的金属液滴难以凝聚。它还易沉积在阴极表面，妨碍电解正常进行，因而影响电流效率。有如下几种情况也可生成电解渣。

金属与电解槽结构材料作用：

$$Al_2O_3+2RE=\!=\!=RE_2O_3+2Al \tag{7-24}$$

$$3SiO_2+4RE=\!=\!=2RE_2O_3+3Si \tag{7-25}$$

如用 Al_2O_3 坩埚盛熔融金属和氯化铈，可发生：

$$Al_2O_3+CeCl_3+2Ce=\!=\!=3CeOCl+2Al \tag{7-26}$$

金属与石墨作用：

$$xRE+yC\Longrightarrow RE_xC_y \tag{7-27}$$

金属在 700~1000℃时与氮作用：

$$RE+N\Longrightarrow REN \tag{7-28}$$

应当指出，在采用石墨坩埚电解槽电解时，消渣作用也是明显的，这是因为：

$$RE_2O_3+3C+3Cl_2\Longrightarrow 2RECl_3+3CO \tag{7-29}$$

$$2REOCl+C+2Cl_2\Longrightarrow 2RECl_3+CO_2 \tag{7-30}$$

(2) 非金属杂质的影响。

随着电解质中 SO_4^{2-}、PO_4^{3-} 含量的增加，电流效率明显下降。这可能是由于电解时 SO_4^{2-}、PO_4^{3-} 起氧化剂的作用，使部分稀土金属氧化，存在如下反应：

$$2RE+RE_2(SO_4)_3\Longrightarrow 2RE_2O_3+3SO_2\uparrow \tag{7-31}$$

SO_2 又与稀土金属作用生成高熔点稀土硫化物，聚集在阴极上或分散于电解质中，妨碍稀土金属的析出和凝聚。PO_4^{3-} 的影响与此类似。因此为保证获得较高的电流效率，生产实践中要求结晶氯化稀土中含 SO_4^{2-}<0.03%，PO_4^{3-}<0.01%。

碳杂质对稀土熔盐电解的电流效率有很大的影响。当电解质中加入 0.4%的石墨粉时，熔盐就变黑，金属产品呈分散状态，电流效率下降至 6%；若石墨含量增至 0.75%，就得不到稀土金属。这是由于在电解过程中，碳与稀土金属作用生成高熔点化合物，这些难熔化合物质点使金属呈分散状态，严重影响金属的聚集和电解过程，导致大量金属液粒被氧化损失，电流效率显著降低。所以，要求石墨坩埚或石墨阳极不能长时间在空气中加热，而且一定要选择致密的石墨坩埚和阳极，以防石墨粉脱落混入熔盐中。

硫、磷、碳等杂质对稀土熔盐电解电流效率的影响见表 7-21。

表 7-21　电解质中 SO_4^{2-}、PO_4^{3-}、C 含量对电流效率的影响

SO_4^{2-}/%	电流效率/%	PO_4^{3-}/%	电流效率/%	C/%	电流效率/%
0.0013	67.0	0.0004	67.0	0.01	73
0.0100	63.0	0.0010	59.0	0.05	72
0.0200	56.1	0.0050	56.0	0.10	67
0.0300	54.9	0.0100	53.0	0.15	65
0.0500	53.4	0.0500	51.0		
0.1000	44.5				

(3) 金属杂质的影响。

为了获得较高的电流效率，要求原料中较稀土金属析出电位更正的金属杂质要少。以 1000A 石墨坩埚电解槽为例，硅、铁、锰、钙等杂质对电流效率的影响见表 7-22。可知电流效率随着杂质硅、铁、锰、钙等的增加而降低，其中以硅、铁、锰的影响较明显，而钙的影响较小。这是因为硅、铁、锰离子的析出电位均较稀土为正，将优先于稀土析出；铁在电解过程中还存在 $Fe^{3+}+e\!\!=\!\!\!=\!\!Fe^{2+}$ 过程，反复发生还原-氧化的变价反应而消耗电流，既影响了产品纯度，又降低了电流效率。在高温下，稀土金属与杂质硅作用生成高熔点化合物，沉积在阴极上而妨碍稀土金属凝聚。此外，稀土金属与铅生成高熔点化合物，使电流效率降低。

表 7-22　原料中 Si、Fe、Mn、Ca 含量对电流效率的影响

Si/%	电流效率/%	Fe₂O₃/%	电流效率/%	Mn/%	电流效率/%	CaCl₂/%	电流效率/%
0.027	67.0	0.0130	67.0	0.0032	67.0	0.61	67.0
0.0500	62.0	0.0400	64.0	0.0500	64.0	2.00	66.0
0.0700	58.0	0.0700	61.0	0.0700	59.0	4.00	63.0
0.1000	56	0.1500	59.0	0.1000	61.0	6.00	62.0
0.3000	55	0.500	52.0	0.3000	53.7	10.00	61.0

6) 稀土元素种类和变价稀土元素的影响

生产实践证明，稀土氯化物熔盐电解制备混合稀土金属的电流效率比制备单一金属镧、铈、镨的都低，而单一轻稀土电解的电流效率的规律是由镧到钕随原子序数增加，电流效率随之降低。用固态阴极(惰性)电解 $SmCl_3$-KCl 混合熔盐，则几乎得不到金属钐。

单一轻稀土金属的电流效率随原子序数的递增而降低，实际上与此类金属在其熔融氯化物中的溶解度，随原子序数的递增而加大的规律相对应(表 7-23)。这可以用镧系收缩来解释。钕、钐的原子半径比镧、铈的小，前者较后者更易进入熔盐孔洞，故溶解损失较多。由于镨、钕、钐的溶解度比镧、铈的大，而在同时间内被溶解的镨、钕、钐受空气作用生成水不溶物的量也比镧、铈的多，故对电流效率的影响也更大。加之原子序数较大的稀土轻金属，有的属变价元素，易产生不完全放电反应，空耗电流较多。这是轻稀土金属电流效率随原子序数增大而降低的原因。

表 7-23　单一轻稀土金属在其熔融氯化物中的溶解度和电流效率的关系

金属	氯化物	温度/℃	金属在 1mol RECl₃ 熔体中的溶解量/mol	电流效率/%	电解 1h 后的水不溶物含量/%
La	LaCl₃	1000	12	80	5.6
Ce	CeCl₃	900	9	77	6.8
Pr	PrCl₃	927	22	60	
Nd	NdCl₃	900	31	50.1	11.8
Sm	SmCl₃	> 850	> 30		

　　在电解过程中某些变价稀土离子产生不完全放电反应，造成循环往复空耗电流的过程是混合稀土金属电解电流效率不高的基本原因。对变价元素钐的电解行为的研究发现，钐在电解质中能不断富集，原料中钐含量越高，电流效率越低。钐影响电流效率的原因主要是：

在阴极：$\qquad\qquad\mathrm{Sm^{3+} + e = Sm^{2+}}$ $\qquad\qquad$ (7-32)

在阳极：$\qquad\qquad\mathrm{Sm^{2+} - e = Sm^{3+}}$ $\qquad\qquad$ (7-33)

　　上述反应在两极循环往复而空耗电流。电解混合稀土氯化物时，钐的含量对电流效率的影响如图 7-7 所示。在工业稀土金属电解中，通常要求电解原料中钐的含量尽可能低，一般应小于 1%。

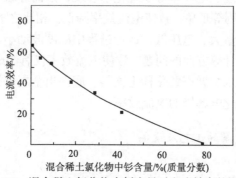

图 7-7　混合稀土氯化物中钐含量对电流效率的影响

电解质组成：$\mathrm{RECl_3}$: KCl=1 : 3(mol)；温度：850~870℃；阴极电流密度：$6\mathrm{A/cm^2}$

　　电解质中的钐含量、电解过程中电流效率与原料中钐含量及其积累的关系见表 7-24。三种不同组分原料在相同工艺条件下各自电解 7d，所得平均电流效率分别为 48%、42%、28%。

表 7-24　电流效率与原料中钐含量和电解质中 $\mathrm{Sm_2O_3}$ 积累的关系

原料中 $\mathrm{Sm_2O_3}$/%	项目	电解时间/d						
		1	2	3	4	5	6	7
< 0.3	电解中 $\mathrm{Sm_2O_3}$/%	3.0	4.1	4.1	3.9	3.8	3.8	3.3
	电流效率/%	50.1	49.1	44.8	41.2	43.4	43.3	41.1
1.5~2.2	电解中 $\mathrm{Sm_2O_3}$/%	1.8	15.4	15.9	18.4	18.1	16.4	18.3
	电流效率/%	44.0	46.8	42.8	42.6	40.1	41.5	35.5
6.0	电解中 $\mathrm{Sm_2O_3}$/%	19.0	29.2	30.6	33.0	30.2	30.0	30.1
	电流效率/%	43.6	38.0	30.0	28.0	26.6	21.6	25.2

　　钕在熔盐中的溶解度较高，电解时又有多种价态，因此，在钕的熔点以上电解时，电流效率很低。钕对混合稀土金属电解也有明显影响。例如，用氧化钕含

量分别为 9.2%、17.5%和 29.1%的混合稀土氯化物(其中镧、铈、镨含量相对保持不变)，各自在 800A 槽中电解 64h，电流效率分别为 68.2%、60.6%和 53.4%。钕影响电流效率，主要是由在稀土氯化物熔盐中钕的溶解度和溶解速度大造成的，即金属钕析出后被迅速溶解成为低价钕离子，后者又被析出，如此循环往复而降低了电流效率。

7) 电解槽槽型结构的影响

在 800~1000A 石墨材质的电解槽中生产混合稀土金属的电流效率较高。其原因是此类槽为圆形结构，电解质在其中流动性好，有利于消除水不溶物的影响，甚至可以直接使用含结晶水的氯化稀土原料；槽内的温度场和电场分布均匀有利于电解过程的稳定运行。主要缺点是容积小，温度波动大，操作方法及环境直接影响熔盐的强度、密度、电导率等物理化学性质，因而导致电解过程有时出现造渣、金属二次作用加剧等现象，致使电流效率降低。相比之下，10000A 内衬陶瓷材料的电解槽具有产量大、电压低、运行过程中温度波动小、操作方便等优点，但是由于槽型结构设计等方面的问题，致使电流效率仅有 30%~40%。例如，采取密闭式、直接加入无水熔融态氯化稀土原料、底部出金属等措施，并提高自控程度将有可能提高大型化电解槽的电流效率。

7. 氯化物熔盐电解的工艺及设备

1) 工艺过程

由于熔点高的重稀土金属(除 Yb 以外都为 1300~1700℃)，用氯化物体系在高于其熔点的温度下进行电解，会遇到电解质挥发损失严重、强烈腐蚀电解设备等许多困难。因此，稀土氯化物电解主要用于生产混合稀土金属以及镧、铈、镨、钕等单一轻稀土金属和某些稀土合金[19,20]。

图 7-8 为稀土氯化物熔盐电解的原则工艺流程。无水稀土氯化物与经过烘干的氯化钾按预定比例($RECl_3$ 一般占电解质质量的 35%~50%)配制成电解质之后，加入电解槽中。通常用交流或直流电弧熔化电解质，靠电解进行中的直流电在电解质中产生的焦耳热来维持电解所需的温度，并通过调节电压和加料速度以控制电解温度。

随电解的进行，定时加入氯化稀土，并随时补充因挥发损失而造成不足的 KCl，使电解质熔体的体积维持不变。将电解析出的液体金属定期从槽中取出，并注入加热至 500~550℃的铸模中冷却成锭。稀土金属经剥去表面盐层及清洗、包装后可作为成品出售。电解产生的废气含有氯气，用排风机通过烟罩排至氯气回收系统，以防污染环境，腐蚀设备。经多次使用的废电解质，连同出炉泥渣(有时包括定期更换的废阳极)和表皮盐壳一道，送湿法回收 $RECl_3$ 和 KCl 之后，返回电解使用[21]。

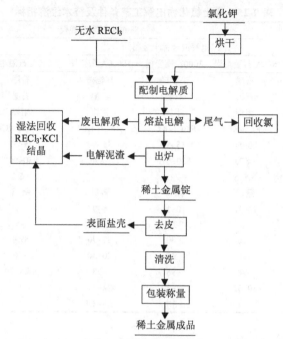

图 7-8　稀土氯化物熔盐电解的原则工艺流程

表7-25列出了电解混合稀土金属和单一稀土金属铈的具有代表性的工艺条件和主要技术经济指标。电解工艺条件一般依稀土金属的种类、生产规模及槽型结构的不同而异。对于某些熔点较高的轻稀土金属如钕，也可在其熔点以下进行低温电解，所得产品为海绵钕，将其熔铸后可得金属钕锭。显然这种电解的工艺条件有较大不同。电解技术经济指标也随电解金属的种类、电解原料、工艺流程、槽型结构和生产规模的差异而有较大波动。由表 7-25 可以看出，电解生产混合稀土金属的纯度一般为98%，生产单一轻稀土金属如铈要高一些，可达 98.5%~99%。随电解条件的不同，单耗与直收率指标也不一样。一般生产 1kg 稀土金属，需2.7~3.1kg 稀土氯化物；直收率波动于 80%~90%，以 800A 的石墨圆槽为最高，稀土主要因氯化物挥发和成渣而损失。

单一稀土金属的电流效率较高，通常比混合稀土金属的高出 20%以上，但随电解槽规模的增大，电流效率显著降低。电能耗量与电解槽的规模及槽型、稀土种类、原料纯度、操作技术和生产管理有关，通常为 14~35kW·h/kg。单一稀土金属电解的电耗较低，如电解铈的电耗约为电解混合稀土金属的一半。电耗随电解槽规模的增大而相应降低。例如，电解混合稀土金属时，800A、3000A 和 10000A电解槽的电耗分别为 30~35kW·h/kg、27~30kW·h/kg 和 25~27kW·h/kg。这主要是由于槽规模越大，其热稳定性越好，为维持电解槽热平衡所需采用的电流密度也可越小，故槽电压及电能耗量将随之降低[22,23]。

表 7-25　稀土氯化物电解工艺条件及技术经济指标

工艺条件或技术经济指标	槽型及生产规模				
	电解混合稀土金属			电解铈	
	800A 石墨坩埚	3000A 陶瓷槽	10000A 陶瓷槽	800A 石墨坩埚	3000A 陶瓷槽
结构材料	石墨	高铝砖	高铝砖	石墨	高铝砖
阳极材料	石墨	石墨	石墨	石墨	石墨
阴极材料	钼棒	钼棒	钼棒	钼棒	钼棒
电解质组成	$RECl_3$-KCl	$RECl_3$-KCl	$RECl_3$-KCl	$CeCl_3$-KCl	$CeCl_3$-KCl
$RECl_3$/%(质量分数)	20~50	35~50	35~50	25~57	35~50
电解温度/℃	~870	850~870	~890	850~900	870~910
极距/cm	3.5~5			~6.5	
槽气氛	敞口	敞口	敞口	敞口	敞口
平均槽电压/V	14~18	10~11	8~9	16	10~11
J_k/(A/cm^2)	~5	~2.4	~2.4	~5	2.3
直收率/%	~90	~80	80~90	89.4	—
电流效率/%	~50	~40	20~30	~76	63
金属纯度/%	~98	~98	~98	98.5~99	98.5~99
电耗/(kW·h/kg)	30~35	27~30	22~27	~14	~15
单耗/(kg $RECl_3$/kg)	2.7~2.9	~3.1	2.9~3.1		3~3.1

工业电解生产混合稀土金属的工艺条件和结果，以及工业电解生产金属镧、铈、镨的工艺条件及结果分别列入表 7-26 和表 7-27 中。

表 7-26　工业电解生产混合稀土金属的条件和结果

槽　型	1000A 石墨圆槽	3000A 陶瓷方槽	10000A 陶瓷椭圆槽	2300A 陶瓷圆槽
结构材料	石墨	高铝砖	高铝砖	耐火砖和泥
阳极	石墨槽	石墨	石墨	碳
阴极	钼	钼	钼	铁
电解质组成	$RECl_3$-KCl	$RECl_3$-KCl	$RECl_3$-KCl	$RECl_3$-NaCl
$RECl_3$/%	20~50	35~50	35~50	
平均槽温/℃	870~880	850~870	880~890	850
极距/mm	35~50	平行电极间 40~50，上下电极间 90~100	平行电极间 40~50，上下电极间 120±20	
电解槽气氛	敞口	敞口	敞口	敞口
平均电流/A	750	2500	9000 左右	2300
平均电压/V	14~18	10~11	8~9	14
阳极电流密度/(A/cm^2)	0.95±0.05	0.8±0.05	0.45±0.05	
阴极电流密度/(A/cm^2)	5 左右	2.4±0.5	2.4±0.5	
体积电流密度/(A/cm^3)	0.18±0.02	0.08±0.005	0.036	
回收率/%	90 左右	80 左右	80~85	
电耗率/(kW·h/kg)	30~35	27~30	22~27	15.6
电流效率/%	一般 50 左右	可达 40	20~30(单槽实验 35)	45
1kg 金属结晶料单耗/kg	2.7~2.9	3.1 左右	2.9~3.1	2.3

表 7-27　工业电解生产金属镧、铈、镨的工艺条件和结果

类别	La	Ce	Pr
槽型	石墨铁壳槽	陶瓷槽	石墨铁壳槽
结构材料	石墨	高铝砖	石墨
金属接收器	瓷坩埚	高铝砖砌阴极室	瓷坩埚
阳极	石墨	石墨	石墨
阴极	钼棒、金属	钼棒、金属	钼棒、金属
电解质组成	$LaCl_3$-KCl	$CeCl_3$-KCl	$PrCl_3$-KCl
$RECl_3$/%	25~40	30~45	25~40
平均槽温/℃	900~920	870~910	900~950
极距/mm	30~50	平行电极间 40~50，上下电极间 80~120	30~50
电解槽气氛	敞口	敞口	敞口
平均电流/A	800	2500	800
平均电压/V	14~18	10~11	14~18
阳极电流密度/(A/cm²)	0.95±0.05	0.8±0.05	0.90±0.05
阴极电流密度/(A/cm²)	4~7	2.5±0.5	4~7
体积电流密度/(A/cm³)	0.20±0.02	0.08±0.005	0.20±0.05
回收率/%	90~95	90 左右	90 左右
电流效率/%	70~75	63	60~65

2) 电解设备

稀土氯化物熔盐电解制取稀土金属的设备包括三部分，即供电系统、电解槽、电解尾气净化处理系统。目前国内外使用的稀土氯化物电解槽有多种槽型与槽体结构，但工业生产中一般根据生产规模的不同，大体采用石墨坩埚电解槽。

石墨坩埚电解槽以安装并加固在钢壳内的石墨坩埚做阳极；直流电通过钢壳导入石墨坩埚。钢壳内底部垫入石墨粉，使其与石墨坩埚紧密接触，保持导电良好。钢壳设在由耐火砖砌成的隔热体内。石墨坩埚正中放置一个可盛液体金属的瓷皿。阴极电棒用一或四根钼棒做成，安装在槽中心上方的阴极架上，并用瓷套管保护以防腐蚀。阴极钼棒在瓷管下端裸露出一段，插入盛有熔融金属的瓷皿中。因此熔融金属的表面就是阴极表面。此种电解槽的槽型结构如图 7-9 所示。

小型石墨坩埚电解槽的特点是阴极位于电解槽的中心，电力线分布均匀；液体金属析出并聚集在瓷皿接收器中，减少了金属与电解质和泥渣的接触，从而相应地减少了金属的溶解损失与二次反应的进行；槽体结构简单，控制及操作灵活，易于逸出阳极气体，电解质由四周向中央翻动利于金属和渣分离。因此使用该槽生产混合或单一稀土金属，可以获得较高的电流效率和金属回收率，适于小规模生产。用 800A 槽生产混合稀土金属时，电流效率一般可达 60%，制备镧、铈、镨时，电流效率分别达 70%、65% 和 60% 以上，金属回收率都在 90% 以上。该槽

的缺点是生产能力低，一般单槽的工作电流不超过 1000A。由于槽的容量小，散热比较严重，因此槽电压较高，电解槽使用寿命短(10~15d)，单位产品的电能消耗较大。

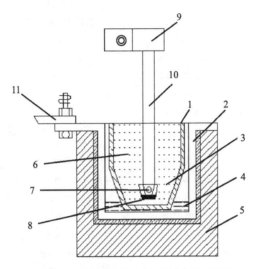

图 7-9　电解生产金属铈的小型电解槽

1.石墨坩埚；2.钢壳；3.瓷皿；4.碳粉；5.耐火砖隔热体；6.熔融电解质；

7.铝极头；8.析出的金属铈；9.阴极电源接头；10.瓷套管；11.阳极电源接头

7.1.2　稀土氧化物-氟化物熔盐电解制取稀土金属

马奇马恩等最先电解了熔融的 CeF_3 中的 CeO_2 而制备金属铈。格雷在温度 880~890℃下，把 5%CeO_2 溶解于电解质体系 CeF_3-LiF-BaF_2 中进行电解，制备出纯度为 99.7%~99.8%的金属铈。该过程采用钼做阴极，石墨做阳极。到了 20 世纪 60 年代，美国矿业局雷诺冶金研究中心更进一步研究了该过程，并发表了许多关于从氧化物-氟化物体系制备稀土金属的报告。莫里斯等在氟化物中直接添加稀土氧化物，在超过金属熔点 50~60℃温度下电解，能够得到凝集态的稀土金属。用此方法，他们制备出纯度为 99.8%的液态金属镧和类似纯度的金属铈。莫里斯和亨利也论述了氧化物电解的必要条件及电解质由 REF_3-LiF-BaF_2 组成是很合适的，因为 REF_3 增加氧化物的溶解度，LiF 增加熔体的导电率，BaF_2 降低熔盐混合物的熔点。

1. 稀土氟化物熔盐体系的组成与性质

稀土氧化物-氟化物熔盐电解的实质，是以稀土氧化物为原料，稀土氧化物在氟化物熔盐中进行电解以析出稀土金属的过程。由于稀土氧化物和氟化物的沸点较高，蒸气压低，故此法不仅可用以制取混合稀土金属和镧、铈、镨、钕等单一轻稀土金属及其合金，而且还可用于制取熔点高于 1000℃的某些重稀土金属及其合金。同时因此种电解原料与电解质不易吸湿和水解，特别是稀土金属在其氟化物熔体中的溶解损失较小，故此法制取的稀土金属质量较好，电流效率和金属直收率都较高。

作为电解质的混合盐，要求熔点低、导电性好，在电解高温下稳定，蒸气压低，组分中的阳离子不能与稀土同时析出。从热力学观点看，电解质成分不要被稀土金属还原。就目前人们所知，只有碱金属和碱土金属氟化物有这些性质，而比较常用的电解质体系是 REF_3-LiF，加入 LiF 以提高熔体的电导性。有时也加入 BaF_2 以减少 LiF 的用量，降低熔点。由于 LiF 的蒸气压大，在长期电解过程中必须加以补充[24,25]。

1) 密度

LaF_3-LiF 熔盐体系的密度值见表 7-28，对 NdF_3-LiF-BaF_2 熔盐体系密度的测定结果如图 7-10 所示。

表 7-28　LaF_3-LiF 熔盐体系的密度值(g/cm^3)

温度/℃	LiF 摩尔分数/%					
	100	95	90	85	80	75
867	1.695	2.075		2.741	2.998	3.171
907	1.682	2.061	2.431	2.714	2.972	3.149
947	1.669	2.046	2.419	2.688	2.946	3.127
987	1.656	2.031	2.406	2.661	2.920	3.105

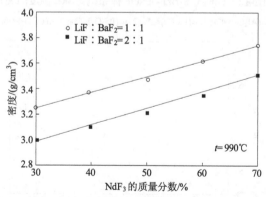

图 7-10　NdF_3-LiF-BaF_2 熔盐体系密度与组成的关系

2) 电导率

LaF_3-LiF-BaF_2-LaOF 熔盐体系的电导率和 La_2O_3 浓度及温度的关系如图 7-11 和图 7-12 所示，随 La_2O_3 浓度增加，电导率下降；随温度增加，电导率增大。

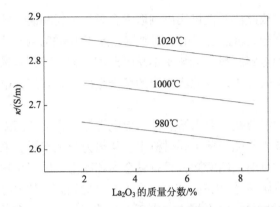

图 7-11　LaF₃-LiF-BaF₂-LaOF 体系电导率和 La₂O₃ 浓度的关系

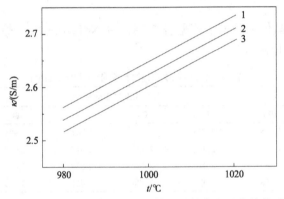

图 7-12　LaF₃-LiF-BaF₂-LaOF 体系电导率和温度的关系

$w(Al_2O_3)=4\%$; 1. $w(La_2O_3)=2\%$; 2. $w(La_2O_3)=5\%$; 3. $w(La_2O_3)=8\%$

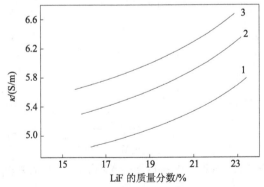

图 7-13　NdF₃-LiF 体系 LiF 浓度对电导率的影响

1.1000℃；2.1040℃；3.1080℃

NdF₃-LiF 熔盐体系的电导率与 LiF 浓度和温度的关系如图 7-13 和图 7-14 所

示。随 LiF 浓度的增加，电导率增大，这可能是由于 LiF 本身电导率大。另外，温度增加，使化合物离解加剧，所以电导率增大。添加 BaF_2 进入上述熔盐体系，电导率下降(图 7-15)。其中 LiF 浓度的改变对电导率影响较大。

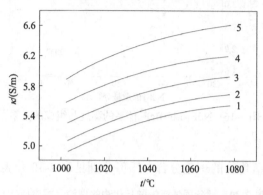

图 7-14　NdF_3-LiF 体系温度对电导率的影响

LiF 质量分数：1.16%；2.18%；3.20%；4.22%；5.24%

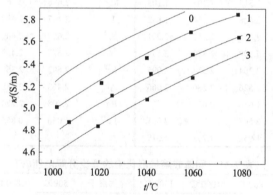

图 7-15　添加 BaF_2 的电导率与温度的关系

BaF_2 的质量分数：0.0%；1.5%；2.10%；3.15%

3) 黏度

NdF_3-LiF-BaF_2 熔盐体系的黏度见表 7-29，将熔盐中 LiF 与 BaF_2 的摩尔比固定为 1∶1 或 2∶1，测得混合熔盐的黏度(990℃)与 NdF_3 含量的关系如图 7-16 所示，由图可见，随 NdF_3 含量增加，熔盐黏度升高；随 LiF 含量增加，熔盐黏度下降[26]。

表 7-29　NdF_3-LiF-BaF_2 熔盐体系的黏度

熔盐成分/%			黏度	熔盐成分/%			黏度
NdF_3	LiF	BaF_2	/(mPa·s)	NdF_3	LiF	BaF_2	/(mPa·s)
50	45	5	2.676	50	27.5	22.5	3.217
50	10	40	4.308	67.5	27.5	5	3.223
85	10	5	3.824	67.5	10	22.5	4.601

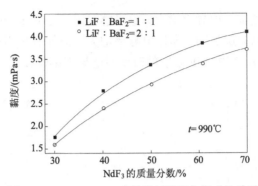

图 7-16 NdF₃-LiF-BaF₂ 体系的黏度与组成的关系

4) 分解电压

某些氧化物和氟化物的理论分解电压值分别见表 7-30 和表 7-31。

表 7-30 部分固体或熔融氧化物的理论分解电压(V)

金属离子	500℃	1000℃	1500℃	2000℃	金属离子	500℃	1000℃	1500℃	2000℃
Mn^{2+}	1.705	1.515	1.305	1.103	Mg^{2+}	2.686	2.366	1.905	1.307
Ca^{2+}	2.881	2.626	2.354	1.882	Li^+	2.147	1.489	1.689	0.932
La^{3+}	2.840	2.550	2.317	2.901	Sr^{2+}	2.659	2.409	2.105	1.643
Pr^{3+}	2.838	2.608	2.370	2.139	Y^{3+}	2.677	2.459	2.250	2.036
Nd^{3+}	2.836	2.264	2.334	2.095	Sc^{3+}	2.602	2.367	2.127	1.878
Ce^{3+}	2.772	2.526	2.280	2.066	Al^{3+}	2.468	2.188	1.909	1.637
Cr^{3+}	1.383	1.019	0.651		Ba^{2+}	2.508	2.224	2.021	1.673
Sm^{3+}	2.738	2.507	2.260	2.021	Fe^{3+}	1.066	0.855	0.645	
Ce^{4+}	2.171	1.954	1.734	1.519					

表 7-31 固体或熔融氟化物的理论分解电压(V)

金属离子	500℃	800℃	1000℃	1500℃	金属离子	500℃	800℃	1000℃	1500℃
Eu^{2+}	5.834	5.602	5.457	5.101	Li^+	5.564	5.256	5.071	4.495
Ca^{2+}	5.603	5.350	5.182	4.785	Ba^{2+}	5.547	5.310	5.154	4.083
Sm^{2+}	5.617	5.385	5.236	4.884	La^{3+}	5.408	5.174	5.020	4.648
Sr^{2+}	5.602	5.364	5.203	4.768	Ce^{3+}	5.335	5.097	4.938	4.555
Pr^{3+}	5.329	5.109	4.965	4.621	Th^{4+}	4.565	4.355	4.220	3.962
Nd^{3+}	5.245	5.004	4.843	4.458	Zr^{3+}	4.458	4.225	4.133	3.785
Sm^{3+}	5.213	4.992	4.850	4.517	Be^{2+}	4.407	4.247	4.073	4.058
Gd^{3+}	5.198	4.997	4.836	4.504	Zr^{4+}	4.242	4.045	3.964	—
Tb^{3+}	5.140	4.920	4.778	4.447	U^{4+}	4.217	4.105	3.881	3.626
Dy^{3+}	5.111	4.891	4.749	4.419	Hf^{4+}	4.134	3.939	3.860	—
Y^{3+}	5.097	4.876	4.735	4.407	Ti^{3+}	4.009	3.828	3.712	3.499
Ho^{3+}	5.068	4.847	4.706	4.376	$(Al^{3+})_2$	3.867	3.629	3.471	3.275
Na^+	5.119	4.818	4.529	3.781	V^{3+}	3.577	3.398	3.284	3.087
Mg^{2+}	5.013	4.746	4.567	3.994	Cr^{2+}	3.400	3.227	3.115	2.883

续表

金属离子	500℃	800℃	1000℃	1500℃	金属离子	500℃	800℃	1000℃	1500℃
Lu^{3+}	5.025	4.804	4.662	4.336	Cr^{3+}	3.267	3.076	2.954	2.954
Er^{3+}	5.025	4.804	4.662	4.333	Zn^{2+}	3.265	3.068	2.912	2.439
Eu^{3+}	5.010	4.790	4.648	4.316	Ga^{3+}	3.055	2.923	—	—
Tm^{3+}	5.010	4.789	4.648	4.320	Fe^{2+}	3.094	2.905	2.780	2.529
K^{+}	5.017	4.674	4.355	3.630	Ni^{2+}	2.890	2.697	2.573	2.338
Yb^{3+}	4.793	4.573	4.431	4.104	Pb^{2+}	2.865	2.654	2.525	2.350
Sc^{3+}	4.701	4.459	4.363	4.076	Fe^{3+}	2.832	2.640	2.513	2.354

使用碳阳极实测的分解电压值总是偏低。这是因为碳在各氧化物电解中有强烈的去极化作用。对于稀土氧化物电解，其总反应为

$$RE_2O_3+3C \Longrightarrow 2RE+3CO \text{（或 } CO_2\text{）} \tag{7-34}$$

因此，当电解过程以石墨为阳极时，根据此反应在电解温度下的标准吉布斯自由能变化，可计算出各稀土氧化物的实际分解电压值。例如，La_2O_3 在 1000℃ 时的实际分解电压为 1.40V，即比理论分解电压低 1.15V。由于去极化之后 REO 的分解电压远低于 REF_3 的分解电压，故只要 REO 能顺利溶解在氟化物熔体中，则作为电解原料的 REO 可以被优先电解。但若在电解质中含有电位较正的阳离子，如 Al^{3+}、Si^{4+}、Mn^{2+}、Fe^{3+}、Pb^{2+} 等，这些离子又会在阴极上优先析出。因此在电解原料和电解质中，应当尽可能减少这些杂质离子的含量。

2. 熔盐电解的电极过程及影响电流效率的因素

1) 电极过程

稀土氧化物在氯化物熔盐中电解制取稀土金属的电极过程，与铝电解的电极过程较为相似。一般情况下，整个电解过程可作如下描述：

(1) 溶解反应。

加入电解质中的稀土氧化物在熔体中呈离子状态存在，除具有变价稀土元素外，其他的稀土离子均呈+3 价。以具有 Ce^{3+} 和 Ce^{4+} 的铈离子为代表，它们在氟化物中的溶解反应可能存在如下三种形式：

①简单的离解：

$$Ce_2O_3 \Longrightarrow 2Ce^{3+} +3O^{2-} \tag{7-35}$$

$$CeO_2 \Longrightarrow Ce^{4+} +2O^{2-} \tag{7-36}$$

②有碳存在条件下，与碳发生化学反应：

$$2CeO_2 + C = 2Ce^{3+} + 3O^{2-} + CO \tag{7-37}$$

③CeO_2与熔体中同名离子盐发生化学反应：

$$CeO_2 + 3CeF_4 = 4CeF_3 + O_2 \tag{7-38}$$

这个反应能促进 CeO_2 进入电解质内，有利于弥补氧化铈在氟化物熔盐中溶解度小和溶解速度慢的缺点。

稀土氧化物在氟化物熔体中离解后生成的稀土阳离子和氧阴离子，在电场的作用下分别向阴极和阳极迁移，在两极表面放电，发生阴极过程和阳极过程。

(2) 阴极过程。

稀土氧化物在熔融电解质中离解出的+3 价离子，在电场作用下向阴极移动，按反应 $RE^{3+} + 3e = RE$ 在阴极上析出金属。在轻稀土金属中，由于钐是变价离子，在电解情况下，它在阴极上可能不是以金属形态析出，而是被还原成低价离子：

$$Sm^{3+} + e = Sm^{2+} \tag{7-39}$$

(3) 阳极过程。

稀土氧化物电解都采用石墨做阳极，可能发生的反应有一次电化学和二次化学反应。

①一次电化学反应。

$$O^{2-} - 2e = 1/2 O_2 \tag{7-40}$$

$$1/2O_2 + C = CO \tag{7-41}$$

$$2O^{2-} + C - 4e = CO_2 \tag{7-42}$$

$$2O^{2-} - 4e = O_2 \tag{7-43}$$

这几个反应可能同时发生。在电解温度低于 857℃或高电流密度下，阳极主要产物是 CO_2，但在较高(900℃以上)温度下，生成 CO 的反应在热力学上占优势，鉴于实际中电解操作条件多变，石墨阳极上析出的一次气体可能是以 CO 和 CO_2 为主要组成的混合物。

②二次化学反应。

阳极生成的一次气体，通过熔融电解质从界面逸出，熔体内的灼热气体与石墨阳极作用，发生下列反应：

$$CO_2 + C = 2CO\uparrow \tag{7-44}$$

$$O_2 + C =\!=\!= CO_2 \uparrow \tag{7-45}$$

$$O_2 + 2C =\!=\!= 2CO \uparrow \tag{7-46}$$

阳极气体除与石墨阳极发生上述反应外，还可能在熔体内与溶解在电解质中的金属发生下列反应：

$$RE + 3/2CO_2 =\!=\!= 1/2RE_2O_3 + 3/2CO \tag{7-47}$$

$$RE + 3/2CO =\!=\!= 1/2RE_2O_3 + 3/2C \tag{7-48}$$

上述这两个反应都会使阴极产生的金属重新发生氧化。

③阳极气体组成。

从电解槽排出的气体中，发现有少量的氟化物和氟碳化合物。它们的产生估计有两种情况，一是电解时，加入电解槽中的氧化物或电解质等物料是潮湿的，带入熔盐中的水分与氟离子作用：

$$2F^- + H_2O =\!=\!= O^{2-} + 2HF \uparrow \tag{7-49}$$

$$3F^- + H_2O =\!=\!= OF^{3-} + 2HF \uparrow \tag{7-50}$$

二是当阳极表面氧离子不足时，出现氟离子在碳阳极上放电的现象，发生 $nF^- + mC - ne =\!=\!= C_mF_n$ 反应。通常认为在阳极效应时发生如下反应：

$$4F^- + C - 4e =\!=\!= CF_4 \uparrow \tag{7-51}$$

主要气体谁占优势，这取决于电解操作温度。例如，在 870~900℃下电解 CeO_2 时，气体组成为 95.2%CO_2、4.4%CO 和 0.4%O_2；在 1000℃以上的高温电解槽中，阳极气体的主要成分为 CO。

2) 阳极效应

稀土氧化物电解操作中产生的阳极效应和电解铝相似，同样与电解质中氧化物浓度的降低或不足有关。Morrice 和 Porter 在研究 CeO_2 电解时，曾在 CeF_3-BaF_2-LiF 熔盐体系内做氧化物耗尽试验。发现当氧化物在电解过程中消耗殆尽时，出现电压不稳、阳极上显现火花放电，熔体液面不活跃并呈血红色的现象。虽然电解仍在进行，但阳极不产生气体，阴极不析出金属。电解质熔体中产出大量的 Ce^{4+}，随着电解过程延续，Ce^{4+} 浓度增加。推测此时在阳极上可能发生了 $Ce^{3+} - e =\!=\!= Ce^{4+}$ 的氧化反应和在阴极上发生了 $Ce^{4+} + e =\!=\!= Ce^{3+}$ 的还原反应，两个反应呈稳定状态。另一现象就是在阳极上有 CF_4 气体产生。据此，Porter 认为阳极效应是阳极上生成的氟碳化合物，即 CF_n 型或 COF_n 型中间化合物造成阳极钝化所致。

稀土氧化物在氟化物熔盐中电解制取稀土金属是可行的，总反应式为

$$RE_2O_3(s) + 3/2 \, C(s) = 2RE(l) + 3/2 \, CO_2(g) \tag{7-52}$$

整个反应消耗的物质是稀土氧化物和阳极碳，反应产物之一是气体。从动力学上看，阳极过程控制着稀土电解中的反应速率和反应途径。

3) 影响电流效率的因素

影响稀土氧化物熔盐电解制取稀土金属过程电流效率的因素较多，其主要影响因素如下。

(1) 电解温度。电解操作温度取决于稀土金属的熔点、电解质的性质、金属和熔盐分离的程度等。合适的电解温度要求液态金属有一定的过热度，以保持金属以液态析出。通常将电解温度保持高于电解金属熔点约 50℃。温度过高，金属在电解质中溶解度增大，二次反应增加。同时电解质流动加剧，已还原的金属被带到阳极区氧化，使得电流效率降低(图 7-17)。温度过低，熔体黏度增大，金属珠在阴极聚集，稀土氧化物在电解质中的溶解度和溶解速度下降，影响电解正常进行，还可能出现造渣现象。生产实践表明，保证电解槽平稳操作的关键是减少电解温度的波动，并力求在最低槽温下电解。经常调整极距和控制电流密度(防止电解质过热)以及少量多次地添加氧化物(防止大量冷料吸热冷炉)，可使电解温度的波动降至较小程度。

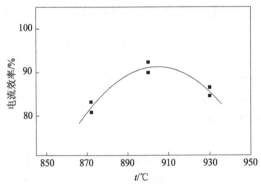

图 7-17　电流效率与电解温度的关系

电解条件：$w(LiF) : w(BaF_2) : w(NdF_3)=15 : 12 : 73$，$J=10A/cm^2$

(2) 电流密度。电解电流的大小依赖于电极表面积，特别是阳极表面积和阳极几何形状。阳极形状的设计，要求在某一电流密度下产生的氧化碳气体(CO 和 CO_2)能迅速排出。另外，由于电解电压和电流密度成正比，采用高电流密度则要求高电压操作，这意味着电解能量消耗的增加。在稀土氧化物电解操作中，要维持电解槽正常运转和争取最佳操作参数，起始阳极电流密度应不大于 $1A/cm^2$，阳

极电流密度太大，还会使阳极气体产生过多，电解质搅动剧烈，引起二次反应加剧。电流密度也不可过低，过低时将无法提供足够的热量维持电解槽热平衡，电解槽难于运行。

电解时，随着阴极电流密度增大，电流效率也相应提高。在实际操作中，通过电解槽的总电流通常是恒定的，固态阴极的插入深度基本固定，所以阴极电流密度也大体保持不变。但在长周期的连续电解中，阴极电流密度总是趋于升高。原因是阴极表面被电解质侵蚀而趋于减小，电解质液面因蒸发而不断下降，导致阴极插入深度变浅。阴极电流密度在电解过程中的逐渐升高会造成电解质过热，电解质蒸发损失加剧。因此为保持电流密度正常，应经常调整阴、阳极在熔体中的浸入深度。

氧化物电解生产镧、铈、镨、钕和铈族混合稀土金属时，选定的阴极电流密度都在 $7A/cm^2$ 以上。对于电解高熔点的重稀土金属，选择的阴极电流密度就更高。例如，电解制备金属钇，阴极电流密度达到 $31.4A/cm^2$。

(3) 加料速度。加料速度的大小除取决于电流大小外，还取决于稀土氧化物在氟化物熔盐中的溶解度。有人曾对氧化镧和氧化钕在某些常用氟化物熔盐中的溶解度做过研究，其实验结果见表 7-32。由于稀土氧化物在氟化物熔盐中的溶解度很小，加料速度过快，超过了电解质在此温度下的溶解能力，必然会使稀土氧化物沉积在槽底，造成槽底上涨，而且还增大了熔盐黏度。这不仅妨碍下降的金属滴凝聚，造成金属夹杂，并且降低氧化物利用率。加料速度太小，电解质中稀土氧化物浓度减小，O^{2-} 的供给不及阳极反应的消耗，则会产生阳极效应，并导致 F^- 的放电，使电流效率下降。因此，实践中是用给料器匀速、定量地向槽内送料，以保持与电解电流匹配的均匀加料速度。

表 7-32　La_2O_3 和 Nd_2O_3 在熔融氟化物中的溶解度(%)

溶剂	LiF		NaF		KF	
	La_2O_3	Nd_2O_3	La_2O_3	Nd_2O_3	La_2O_3	Nd_2O_3
1000℃	0.64	0.32			1.97	1.77
1050℃	0.89	0.46				
1100℃	1.21	0.69	0.9	0.7	2.54	2.2
1150℃	1.29	0.94	1.23	0.86	2.66	2.38
1200℃			1.71	1.11	3.7	2.72

(4) 极距。从减少金属二次氧化的角度考虑，适当加大极距有利于提高电流效率，但极距过大会使熔体电阻增加，槽压上升，能耗增大。目前 3000~10000A 电解槽型的极距范围为 70~130mm。

3. 稀土氧化物-氟化物电解工艺及设备

氟化物熔体对电解槽材料腐蚀严重，目前适用于工业规模的电解槽材料仅限于石墨。由于受到石墨制品尺寸和石墨间黏合技术的限制，长时间以来电解槽的生产规模在 3000A 以下。近年来，由于科学技术的发展，出现了 10000~28000A 的大型电解槽。

目前，我国稀土金属及其合金生产普遍采用氟化物体系氧化物电解工艺，单一稀土金属生产普遍使用的槽型规模为 4000~6000A，万安培槽型在包钢稀土、赣州虔东、赣州晨光、南方高科、西安西骏、丹东金龙等少数几家电解规模较大的企业投入生产运行，而 25000A 电解槽型由于经济技术指标没有明显的优势，仅在个别企业运行。

图 7-18 为氟化物熔盐体系氧化物电解生产轻稀土金属的工艺流程简图。由图可见，氟化物体系氧化物电解工艺具有工艺流程短、操作简单和生产设备要求低等特点，因此，该电解工艺在我国得到了迅速发展；此外，能耗高、辅材消耗大、自动化程度低、炉况受人为影响大和存在周期性变化也是现今电解生产自身具有的典型特点。

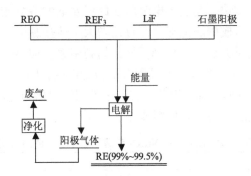

图 7-18 稀土金属氧化物电解生产工艺流程简图

目前工业生产广泛采用的电解槽型是 4000~6000A 的小型电解槽，对于这种槽型，分南北方槽型，槽体均为圆形石墨槽体。南方以赣州为代表，如图 7-19 所示，槽底为平底，一般以 Φ150 的钼坩埚盛装金属，40~60min 一炉，这种槽型及操作工艺因出炉次数多，能够及时地根据上炉次金属的产量和质量调整加料量、温度等工艺技术参数，保证较高的产品合格率和产率。该槽型底部电解质循环较好，槽底不易积聚物料，但因出炉频繁，电解过程炉况存在波动，电效偏低。

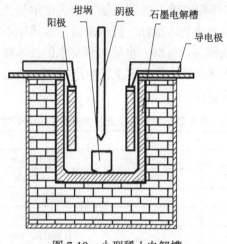

图 7-19　小型稀土电解槽

　　北方以包头为代表，槽底有凹坑，用于放置盛金属的钨坩埚，如图 7-20 所示，坩埚尺寸一般在 $\Phi200$ 以上，2~4h 一炉，从而能够保证电解工艺技术条件较为平稳，电效较高。但这种槽型其底部电解质循环较差，槽底容易积聚物料，且由于其每炉电解时间较长，出炉前后液面和炉温波动较大，对电解过程中工艺技术条件的控制要求更为苛刻。

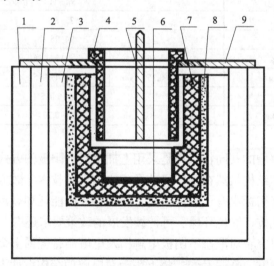

图 7-20　稀土电解槽

1. 耐火砖；2. 保温砖；3. 石棉；4 石墨阳极；5. 钼棒阴极；
6. 钼接收装置；7. 石墨密封件；8. 碳粉；9. 导电板

　　氟化物体系氧化物电解工艺经过近十年的快速发展和完善，工业化制备技术已趋于成熟，经济技术指标也趋于稳定。表 7-33 为电解生产实践过程中主要电解产品的电解工艺技术和经济技术指标。近年来由于直接用不经分离的包头矿组成的 PrNd 合金生产钕铁硼磁性材料，也能达到要求的技术指标，而且成本降低，所以生产中也用氟化物体系氧化物电解工艺生产 PrNd 合金，也可以达到生产单一稀土金属同样的技术指标。

表 7-33 稀土氧化物电解工艺技术条件和经济技术指标

技术条件和指标	镧	镨	钕
电解质组成	LaF_3 : LiF	PrF_3 : LiF	NdF_3 : LiF
	85 : 15	90 : 10	90 : 10
金属接收装置	钨或者钼坩埚		
阴极	钨棒		
阳极	石墨阳极，4 组		
电极距离/cm	10~15		
电解温度/℃	950~1000	1000~1050	1050~1080
电流/A	4000~6000	10000,25000	
电压/V	8~10		
阴极电流密度/(A/cm^2)	≈1		
阳极电流密度/(A/cm^2)	≈6.5		
耗电量/(kW·h/kg)	9.5~11		
电流效率/%	75~80		
收率/%	94~95		
RE 消耗量/kg	1.15~1.16	1.15~1.16	1.13~1.14
REF_3 消耗量/kg	0.14~0.15	0.14~0.15	0.10~0.12
LiF 消耗量/kg	0.01~0.015		
石墨阳极消耗/kg	0.25~0.27		

现行稀土电解槽的共同特点均是采用上插阴极和阳极的方式，经过多年的实践和探索，该槽型结构虽然在槽体尺寸及相应的工艺技术参数方面已经逐步成熟和稳定，技术经济指标也有了较大提高，但还存在高能耗和高污染问题，这与国家所倡导的节能减排、绿色环保、可持续发展的政策要求还有一定差距[27]。

最近，国内研究者对液态下阴极电解槽及电解制备轻稀土金属工艺技术进行了有益的尝试和探索。陈德宏等[28]将下阴极钕电解槽结构设计为：在槽底以钨材料为容器兼做起始阴极，阴极底部及侧壁使用绝缘性能较好的渗氮碳化硅材料，并在底部做出伸退以收缩底部阴极的面积，使阴极电流密度大于阳极电流密度，上部悬挂多块石墨作为阳极。同时以 NdF_3-LiF 为电解质，在较低阴极电流密度下对下阴极电解金属钕进行研究。研究表明下阴极电解槽有如下的特点：①下阴极结构电解槽用于电解稀土金属钕是可行的，槽电压可降低到 5.6V 以内，具有巨大的节能潜力，初步获得电流效率为 65.64%，稀土回收率为 88%~92% 的经济指标；②下阴极电解槽的电流效率随阴极电流密度 D_c 升高而升高，随阳极电流密度 D_a 的升高而降低，D_c 接近 3A/cm^2 时，电流效率仍趋于升高，D_a 应低于 1A/cm^2 以提高电流效率；③下阴极电解槽的电流效率随电解槽温的升高而降低，电解最佳温度为 1000℃，适宜的温度范围为 990~1020℃，较之当前工业钕电解槽中温度范围 (1050~1060℃) 大幅降低。

4. 万安培电解及模拟

我国已成为世界稀土金属的生产及供应大国[29]，而现阶段金属钕的生产通常采用氟化物熔盐体系氧化物电解法。万安培电解槽近些年来得到广泛的研究和应用。10kA 电解槽多呈矩形，内配置多根钨阴极和平板石墨阳极，其结构示意图如图 7-21 所示。

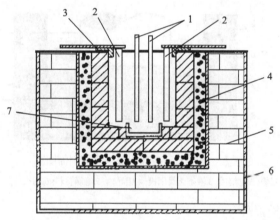

图 7-21　10kA 氧化物电解槽结构示意图

1. 钨阴极；2. 片状石墨阳极；3. 绝缘材料；4. 捣固碳素；5. 保温砖；6. 钢质外壳；7. 金属承受器

毛建辉等通过研究电解质组成对 10kA 熔盐电解金属钕的影响，得出在 10kA 氟化物熔盐电解生产金属钕过程中，补充的熔盐配比对钕的含碳量、电解质工作温度、电流效率、槽龄等均有重要的影响，而且补充的电解质为 $m(LiF)$∶$m(NdF_3)$=10∶100 时，可以延长电解槽寿命，槽龄长达 24 个月。王俊等测试研究了 10kA 氟化物体系稀土熔盐电解槽热平衡，结果表明，减少辐射散热是提高电解槽电能利用率的重要途径之一。张小联等研究设计了块状多阳极及相配套的导电装置，并成功应用于 3kA 电解槽和 10kA 电解槽生产中。采用该技术，可实现稀土金属生产的连续电解，并减少电解过程槽电压波动幅度 70% 以上，每吨节电 1000kW·h 以上，大幅提高了产品合格率，同时减轻了工人劳动强度，克服了采用棒状多阳极连续电解所带来的问题，使电解槽使用寿命延长到 3 个月以上。同样是处于节能的考虑，魏永旺等研究了稀土熔盐电解串联供电的节能效果，结果发现：在稀土熔盐电解生产过程中，将多个电解槽以串联供电的方式组合在一起，用一套整流电源设备可对多个电解槽同时供电。不仅降低了电解电源的电能损耗，还可收到减少设备占地及设备维护、检修工作量等效果。

虽然电解槽的规模在不断扩大，但是它的设计仍然采用 20 世纪 80 年代 3kA 上插阴阳极电解槽的设计模式[30]，该模式存在间歇性生产、金属溶解损失及金属二次氧化损失大、阳极石墨和槽体石墨氧化严重、熔盐挥发损失大、体系内温度分布不均等不足之处。因此，内蒙古科技大学刘中兴和王军等对更加先进的 10kA、60kA 底部阴极电解槽进行了研究。

王军等对 10kA 底部阴极电解槽进行了研究，对其电场、温度场进行了模拟，并对其中的热平衡进行了计算，图 7-22 为底部阴极电解槽剖面图。

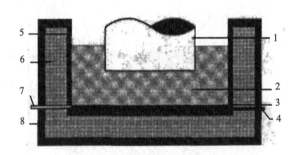

图 7-22　底部阴极电解槽剖面图

1.石墨阳极; 2.电解质; 3.液态金属阴极; 4.钼导体; 5.绝缘材料; 6.耐火砖; 7.钼管; 8.钢槽

1) 电场的模拟[31]

电场的数学模型是在麦克斯韦电磁场方程组的基础上，定义电位函数 φ，推导得到达朗贝尔方程为

$$\nabla^2\varphi - \mu\varepsilon\partial^2\varphi/\partial t^2 = -\rho/\varepsilon \tag{7-53}$$

式中：φ 为电位，V；μ 为电解质的磁导率；ε 为电解质的介电常数；ρ 为电解质中的自由电荷密度。

稀土熔盐电解是在恒定直流电的作用下，熔盐中的离子在电场的作用下向不同的电极移动，在阴极表面发生还原反应得到金属。此时，电解质所处的环境是静电场，即 $\dfrac{\partial\varphi}{\partial t}=0$，所以式(7-53)简化为泊松方程：

$$\nabla^2\varphi = -\rho/\varepsilon \tag{7-54}$$

电解过程中，电解质中的阴、阳离子向相应的电极移动，认为熔盐中阴、阳离子总是相平衡的。因此电解质中没有多余的电荷，即$\rho=0$，这时泊松方程式(7-54)可以简化为拉普拉斯方程：

$$\nabla^2 \varphi = 0 \tag{7-55}$$

式(7-55)与介质的介电常数无关，这样该式既适用于电解质的单相区，又适用于气体与电解质混合的两相区。三维圆柱坐标系(r, θ, z)下的拉普拉斯方程为

$$\frac{\partial^2 \varphi}{\partial r^2} + \frac{1}{r}\frac{\partial \varphi}{\partial r} + \frac{1}{r^2}\frac{\partial^2 \varphi}{\partial \theta^2} + \frac{\partial^2 \varphi}{\partial z^2} = 0 \tag{7-56}$$

2) 温度场的模拟[32]

由于该模型是稳态传热，而且有内热源，所以选取温度场控制方程为

$$a\left(\frac{\partial^2 T}{\partial x^2} + \frac{\partial^2 T}{\partial y^2} + \frac{\partial^2 T}{\partial z^2}\right) + \frac{\Phi}{\rho c} = \frac{\partial T}{\partial \tau} \tag{7-57}$$

式中：$a = \dfrac{\lambda}{\rho c}$ 为热扩散系数，m^2/s，λ为导热系数，$W/(m\cdot K)$；Φ为单位时间内单位体积中内热源的生成热，W/m^3；ρ 为微元体的密度，kg/m^3；c 为微元体的比热容，$J/(kg\cdot K)$。

图 7-23 为对半径为 65cm、极距为 13cm 的电解槽的温度场模拟结果。从图中可以看出电解槽内最高温度出现在阴、阳极之间的电解区域，这是因为电解槽内的热量主要来源于电解过程中产生的焦耳热。电解槽内的温度维持电解质处于很好的熔融状态，且一定的温度差也保证了电解液的流动性。从电解槽内高温区到底部液态阴极，温度呈递减趋势，主要是受到两个因素的影响，即电流强度递减和电解液通过槽底向大地导热散失热量。电解槽内最低温度出现在电解槽上部接近槽壁处的电解液中，因为此处电解液所具有的热量是由阴、阳反应区通过导热方式提供，同时槽壁和液面均向外散热，使得此处电解液的热量散失掉，从而导致此处温度偏低。

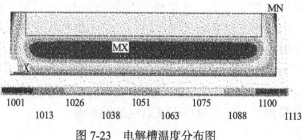

图 7-23 电解槽温度分布图

MN. 低温区；MX. 高温区；X. 中温区

3) 热平衡计算[33]

在稀土电解槽槽体稳定运行过程中，槽体对外散热主要是对流和辐射换热共同作用的结果，这部分热量的走向主要包括：槽体外壁钢板的散热 $Q_{侧}$、炉台上部钢板的散热 $Q_{钢}$、熔盐表面散热 $Q_{液}$、阳极气体带走的热量 $Q_{气}$、投入原料所吸收的热量 $Q_{料}$、槽体底部向大地的导热量 $Q_{底}$、分解氧化钕所需要的热量 $Q_{钕}$，这样总的热量输出为

$$Q_{总}=Q_{侧}+Q_{钢}+Q_{液}+Q_{气}+Q_{料}+Q_{底}+Q_{钕} \tag{7-58}$$

经计算，各部分的散热比例可以按照图 7-24 来表示：

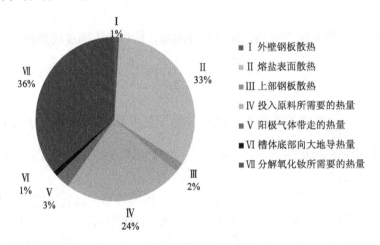

图 7-24　体系散热各项比例图

经过上述对其中的电场、温度场的模拟，以及热平衡的计算，得出了 10kA 熔盐电解有如下的特点：①底部阴极电解槽比目前通用的上插式阴、阳极结构的电解槽能够克服诸多不足，得到很好的流场分布，提高了稀土电解的生产效率和电流效率，改善了操作条件。②底部阴极结构的稀土电解槽的电场分布均匀，有利于电极间成分的混匀和热传导，能够保证电解所需温度；阳极底产生的气体对阴、阳极间电解质的扰动很小，这有利于阴极表面金属的收集，防止金属二次氧化，但是会造成电解质成分和温度的不均匀。③电解质和阳极气体的最大速度随着极距的增大在减小；阳极侧壁和槽壁间的大循环会加速氧化钕的溶解，溶解后的氧化钕会被带到阴、阳极间参与反应，使生产过程顺利进行。

刘中兴等对 60kA 底部阴极电解槽(图 7-25)进行了研究。对其中的电场、极距、阳极倾角进行了模拟，分析了这些因素对电解的影响。

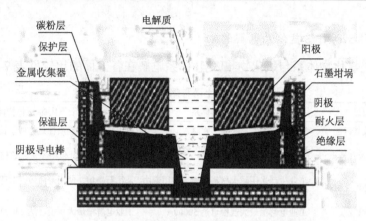

图 7-25　60kA 底部阴极导流式稀土电解槽示意图

在忽略电解过程气泡的生成与运动对电场的影响下，泊松方程可以简化为拉普拉斯方程来表示稀土熔盐电解槽导电部分的导电微分方程：

$$\Delta^2 \varphi = 0 \tag{7-59}$$

上述方程的三维展开式可表示为

$$\sigma_x \frac{\partial^2 V}{\partial x^2} + \sigma_x \frac{\partial^2 V}{\partial y^2} + \sigma_x \frac{\partial^2 V}{\partial z^2} = 0 \tag{7-60}$$

$$\sum V = \sum (IR) \tag{7-61}$$

式中：V 为标量电位，V；I 为电流，A；R 为电阻，Ω；σ 为电导率，S/m。

经过对不同位置气体的浓度模拟，随着极距的增加，将使阴阳极表面的电解质更换速度降低，从而降低电解效率。极距过小时，阴阳极之间电解质层较薄，气体将会扩散到阴极金属表面，在高温条件下发生二次氧化反应，造成空耗电流，降低电解效率。

对于 60kA 底部阴极电解槽，最佳极距为 110mm，此时既能保证电解质的循环流动，又减少了阴阳极之间的二次反应，提高电解效率。

对 60kA 底部阴极电解槽的阳极倾角模拟，可以发现有如下的特点：①在阳极凹弧不变的情况下，阳极的倾斜角度越大，阳极气体越容易沿着阳极表面逸出电解质，从而减少阳极效应；阳极倾角越大，越有利于电解质的循环流动，利于电解的正常进行。②倾角的增大势必将引起电解槽高度的增加，从而增加电解槽建设的初期投资。③最佳的阳极倾角选取为 11°[34-36]。

5. 稀土两种熔盐体系电解的比较

稀土氯化物体系与氧化物-氟化物体系电解在各方面的比较见表 7-34。

表 7-34　稀土两种熔盐体系电解的比较

项目	稀土氯化物体系	稀土氧化物-氟化物体系
原料及其特征	稀土氯化物, 易吸湿、水解	稀土氧化物, 性质稳定, 便于储存
电解质及其特点	碱金属、碱土金属氯化物, 较便宜, 腐蚀性小	REF$_3$、LiF 等, 价格昂贵, 熔体腐蚀性强
电解槽结构及材料	工业生产采用耐火材料切槽, 使用寿命约一年	采用石墨槽, 使用寿命短, 对盛金属容器材料要求高
电解槽规模	工业电解槽最大规模可达 50000A	工业电解槽最大规模已达 24000A
操作要求及主要困难	RECl$_3$ 浓度波动范围较大; 稀土氯化物性质不稳定, 易水解, 氧化造渣, 损失多	须严格控制稀土氧化物的加料速度
金属回收率	约 85%	>95%(稀土氧化物利用率)
电流效率	10kA 以上槽 20%~30%, 800A 槽 50%~60%	使用正常氧化物原料时为 50%~90%
电能消耗	每千克产品耗电 25~35kW·h	每千克产品耗电 5.5~13kW·h
产品纯度	工业生产一般为 98%~99%	用钼坩埚做盛金属容器和在惰性气体保护下可达 99.8%
劳动条件	电解废气为 Cl$_2$ 和 HCl, 腐蚀性强, 劳动条件较差	电解废气为 CO、CO$_2$ 和少量氟化物, 腐蚀性较弱

分析表 7-34 可知, 两种熔盐体系的稀土电解各有其优缺点。氯化物体系电解, 其槽结构简单, 大型电解槽(陶瓷槽)的槽体材料容易解决, 操作较简便, 生产技术成熟, 电解槽规模发展很大, 已为国内外广泛采用。氧化物-氟化物体系电解用于制取熔点较高(尤其是高于 1000℃)的稀土金属有更大的优势, 似乎比氯化物体系更为合理。两种电解方法生产混合稀土金属的优劣, 很难作出准确的比较, 须视客观情况进行具体分析。由于稀土氧化物电解的技术经济指标普遍较高, 对环境的污染较少, 随着其工艺技术的不断完善和日趋成熟, 其应用范围和生产规模将进一步扩大[37,38]。

7.1.3　熔盐电解法制备稀土合金

近年来, 由于稀土应用领域的不断开拓, 稀土金属呈合金形态的应用正日益增多。使用稀土合金较单独使用稀土金属, 不但成本低, 而且烧损少、成分均匀, 并节约能源。因此稀土合金的制取, 多年以来受到普遍重视, 现已成为稀土深加工的重要组成部分[39]。

根据熔盐电解法直接生产稀土合金的制备过程, 主要分三种方法:

(1) 液体阴极电解法。以合金组元之一为阴极, 使稀土在其上析出, 并与作为阴极的组元合金化，生成低熔点合金，因此可在低于稀土金属熔点的温度下进行电解。液体阴极可以应用低熔点的镁、铝、锌、镉等。

(2) 电解共析法。从溶解在电解质熔体中的稀土与合金元素的化合物中，电解共沉积稀土与合金元素的熔融金属，随后组成液体合金。

(3)固体自耗阴极电解法。稀土金属在自耗棒状阴极上析出，并与阴极材料(预定的合金元素)生成液体合金，固体阴极则逐渐消耗。

1. 液体阴极电解法制取稀土合金

1) 基本原理

液态阴极电解制取稀土合金的主要工艺是利用低熔点的非稀土液态金属作为电解过程的阴极，从而制备含稀土的合金。以合金组元为阴极进行电解，在直流电场作用下，电解质中的稀土离子 RE^{3+} 向阴极迁移、扩散，并在阴极上进行电化学还原，其速度都很快。在阴极上析出的稀土金属与阴极组元进行合金化，生成低熔点合金或金属间化合物，整个过程的控制步骤是稀土向阴极本体扩散这个较慢的环节。当稀土沉积速度超过它向阴极体内扩散的速度时，阴极表面便形成富稀土的高熔点合金硬壳，妨碍电解正常进行，来不及向阴极体内扩散的稀土有时从阴极上游离出来，合金的电流效率随之降低。液态阴极电解制取稀土合金具有如下特点：

(1) 具有明显的去极化作用。由于稀土与非稀土金属在液态阴极上形成金属间化合物，稀土在非稀土金属液态阴极上的析出电位向正方向偏移，也即产生去极化作用。由碱金属氯化物熔盐中 Nd^{3+} 和 Y^{3+} 在各种液态阴极上的析出电位与在固态铂阴极上的析出电位之差，可求出在各种液态阴极上的去极化值，结果见表7-35。镧和混合稀土金属在液态铝阴极上的去极化值为 1.0V 左右。

表 7-35　在某些液态阴极上 Nd^{3+} 和 Y^{3+} 还原的去极化值(V)

阴极金属	Sb	Bi	Ga	Sn	Al	Zn	Pb	In
去极化值 Nd^{3+}		1.23	1.07	1.03		0.98	0.88	0.86
Y^{3+}		1.13	1.02	0.91	0.88	0.66	0.72	0.72

(2) 由于去极化作用，稀土在非同名的液态阴极上的析出电位向正方向偏移，因此用液态阴极电解熔融稀土氯化物，使稀土离子易于在阴极上析出，这对于电解过程提高电流效率，降低槽电压和电解电能消耗，并可在较低温度下电解，提高电解过程的经济技术指标是有利的。

2) 液体阴极电解法制取钇-镁合金

电解制取钇-镁合金的原理与稀土氧化物在稀土氟化物的熔体中电解制取稀土金属基本相同。其特点是阴极产物为钇与镁的合金。当 Y^{3+} 在液态金属阴极上放电还原出金属 Y 时，Y 同作为阴极的 Mg 熔合生成 Y-Mg 合金。制取钇-镁合金的电解槽的槽型结构如图 7-26 所示。

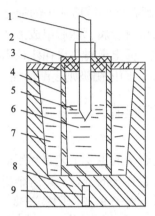

图 7-26　镁阴极电解制取钇-镁合金电解槽简图

1.阴极电缆线；2.氮化硼绝缘体；3.带排气孔的石墨坩埚盖；4.在下部带孔的氧化镁阴极室；
5.保护金属镁的熔盐助溶剂；6.漂浮镁阴极；7.电解质；8.石墨坩埚(阳极)；9.热电偶插孔

电解槽的槽体为同时充当阳极使用的石墨坩埚，电解质溶于其中。为使阳极区同阴极区隔开，防止阳极气体对析出金属和合金的氧化作用，采用由槽底支承的氧化镁圆筒作为阴极室。这样配置还可限制漂浮着的液体金属阴极的位置。由于石墨坩埚配有盖子，故电解可在密闭条件下进行。这不仅减少了阳极气体与空气的对流，而且还可降低电解质的挥发损失，稳定电解质组成。

电解制取钇-镁中间合金的主要工艺条件和技术经济指标列于表 7-36 中。由表可以看出，液体阴极电解制取钇-镁合金的温度较低，电流效率较高。但是由于电解使用了大量的金属熔体作为阴极，故得出的合金产品中含钇量不可能很高，这是此法的缺点。

表 7-36　电解制取钇-镁合金的条件和指标

使用阴极	熔体镁
电解质组成	LiF：YF$_3$=3：1(mol)
Y$_2$O$_3$ 加入量	7%(质量)电解质
电解温度/℃	760
阴极电流密度/(A/cm^2)	0.5
表观电流效率/%	60
合金含钇量/%	48.8

同样，以液态金属镁做阴极还可以制备 La-Mg、Ce-Mg、Dy-Mg、Gd-Mg 等稀土-镁合金。

2. 电解共析法制取稀土合金

电解共析法是指两种或两种以上的金属离子在阴极上共同析出并合金化制取合金的方法。由于共析法较液体阴极法具有规模大、产量高、能连续生产、可制取高稀土含量的合金等优点，故近年来获得了较大发展。目前该法除能冶炼含 Y 90%以上的 Y-Al 中间合金外，还可在原电解铝工艺不变的基础上，大规模生产稀土含量为 0.1%~0.5%的应用合金。除氯化物体系外，也可应用多元氟化物体系由其氧化物电解制取钇-镁、富钇-镁合金。此外，近来应用共析法电解制取富钕-钴、富钕-铁等中间合金也取得了成功[40,41]。

电解共析法制取稀土-铝合金。在冰晶石-氧化铝熔体中添加稀土化合物和氧化铝，则离解出 Y^{3+} 和 Al^{3+}，要想使这两种离子在阴极上共析出，必须使它们的析出电位相等。在 1000℃温度下，溶解于氟化物体系中的 Y_2O_3 和 Al_2O_3，其理论分解电压(分别为 2.459V 和 2.188V)相当接近，而且都较 LiF 和 YF_3 的理论分解电压(分别为 5.071V 和 4.735V)低许多(参见表 7-30 和表 7-31)。因此只要控制适当的条件，Y^{3+} 及 Al^{3+} 便能在阴极同时放电析出金属，并熔合成为 Y-Al 合金。稀土氧化物的理论分解电压比氧化铝的大 0.3V，通常在惰性电极上稀土和铝这两种离子是不能共同析出的，即使改变两者的浓度比例，也难以实现。但在液态铝阴极上，由于电沉积的稀土与液态铝阴极的合金化，稀土的活度大大降低，并同时伴有热效应，发生去极化作用，导致稀土的析出电位向正方向偏移，使得 RE^{3+} 和 Al^{3+} 在阴极上共析出。因此，在铝电解的过程中可以得到稀土铝合金。铝中稀土的含量可以通过加入稀土氧化物的量控制，稀土含量可控制在 0.1%~10%的范围内。

在铝电解槽中添加稀土化合物对熔盐物理化学性质有一定的影响。例如，在冰晶石熔体中添加 RE_2O_3 可使其初晶温度降低；增加 Al_2O_3 含量可使 Na_3AlF_6-Al_2O_3-La_2O_3 熔体电导率明显降低，而添加 La_2O_3，对电导率影响很小，Al_2O_3 对熔体电导率的影响为 La_2O_3 的 7 倍。

向铝电解槽中添加稀土化合物的同时，加入某些其他化合物，可以制取铝稀土三元或多元合金。例如，加入氧化硅、氧化锰或氧化钛，则可分别电解共析出 Al-Si-RE、Al-Mn-RE 或 Al-Ti-RE 合金。

3. 自耗阴极电解法制取稀土合金

1) 基本原理

固体自耗阴极电解法，主要用于制取各种单一或混合稀土金属与钴或铁的合金以及某些稀土金属(如钆、钇等)与铬或镍等的合金，作为生产若干稀土功能材料的中间原料。阴极由铁族金属 Fe、Co、Ni 或 Cr 的自耗棒组成。稀土金属沉积在铁族金属的阴极上，通过相互间的原子扩散而生成稀土合金。电解工作温度低于阴极铁族金属的熔点,而高于稀土金属与铁族金属之间形成的低共熔物的熔点。随着在阴极上不断形成液体合金并下滴入池,固体阴极逐渐消耗,剩余阴极陆续降入电解质中。

2) 氯化物体系电解制取钕-铁合金

Nd-Fe-B合金是20世纪80年代发展起来的新一代永磁材料。而Nd-Fe合金是制备Nd-Fe-B合金最基础的原料。

氯盐体系的电解质为$NdCl_3$和KCl的熔体,电解使用圆形石墨电解槽,用纯铁棒做自耗阴极。由Nd-Fe系相图可知,在质量组成为Nd-Fe处,合金的熔点约为800℃,为此制取这种成分的Nd-Fe合金,其电解过程可在850℃下进行。电解温度较低,给Nd-Fe生产带来很大方便。

在阴极上生成Nd-Fe合金的电极过程,与电解稀土-钴合金相似。实践证明,J_k和电解质中的$NdCl_3$含量对电流效率有显著影响。由于在电解条件下,温度对金属原子的扩散速度起主要作用,随着J_k的增高,阴极表面温度不断上升,这就加快了合金化的扩散过程,故使电流效率明显提高。同时钕也有某些变价性质,当电解时金属钕溶于电解质熔体之后,它能还原Nd^{3+}生成低价钕离子,其反应为

$$2Nd^{3+} +Nd = 3Nd^{2+} \tag{7-62}$$

而Nd^{2+}被循环到阳极区,又将重新氧化成三价钕离子:

$$Nd^{2+} -e = Nd^{3+} \tag{7-63}$$

所以电解质对金属钕的溶解量,取决于$NdCl_3$在电解质中的含量。$NdCl_3$含量高,钕在电解质中的溶解损失增大,电流效率降低;但若$NdCl_3$含量过低,则电解质中的K^+可能同时放电,也将导致输入电流的损失。

氯化物体系电解制取Nd-Fe合金的典型工艺条件如下:电解温度850~870℃,阴极电流密度11A/cm^2,电解质中$NdCl_3$的含量14%(质量)。在此条件下制得的Nd-Fe合金含Nd 83%(质量),电流效率为37%,钕的回收率为90%。所制钕-铁合金适于生产Nd-Fe-B高效永磁材料。

7.1.4　熔盐电解法的污染与治理

现阶段熔盐电解法已广泛应用于大规模工业化生产稀土金属及合金,如金属镧、铈、镨、钕、镨钕合金、混合稀土金属、镨钕镝合金、镝铁合金、钕铁合金、钆铁合金等。20世纪80年代前多为氯化物熔盐电解工艺[42-44],现在,氟化物熔盐体系氧化物电解工艺(简称氧化物电解工艺)已成为主流生产工艺。随着稀土金属产业的不断发展和壮大,熔盐电解法制备稀土金属及其合金的工艺技术取得了长足进步,电解法生产稀土金属的技术也日益成熟,但稀土金属生产所带来的污

染也正在成为制约其发展的主要因素。

1. 废气的产排情况及处理方法

稀土熔盐电解生产废气主要是电解工序中产生的电解烟气；电解、浇铸过程中产生的无组织电解烟气和烟尘；废渣破碎工序中排放的无组织粉尘等。

1) 稀土氯化物熔盐电解

稀土氯化物熔盐电解烟气是槽内电解质中氯离子在阳极失去电子而产生的氯气，少部分电解产生的氯化氢和四氯化碳气体，以及稀土氧化物、氯化盐等烟尘。一般在每个电解槽上加装加料孔集气罩(捕集率 99%以上)，用高风量引风机引至烟气净化系统(淋洗-鼓泡吸收氯法，Cl_2 去除率为 98.5%，HCl 去除率为 90%，除尘率为 80%)处理后，满足《大气综合排放标准》和《工业炉窑大气污染物排放标准》要求，再经 48m 排气筒高空排放。废渣破碎无组织粉尘采取厂房出料口设置布袋除尘器(除尘率为 99%)，处理后经 15m 排气筒排放。

稀土氯化物熔盐电解产生的含氯废气一般有以下几种净化方法：

(1) 氢氧化钠溶液吸收法。

稀土氯化物熔盐电解含氯废气的净化通常在填料吸收塔内进行。用稀氢氧化钠溶液在填料塔内进行逆流接触吸收，使氯气生成 NaClO，具体化学反应为

$$2NaOH + Cl_2 = NaCl + NaClO + H_2O \tag{7-64}$$

此法对氯的吸收率达 95%~99%，净化后的废气中氯均远远低于排放标准。这种净化方法也适用于只含氟、氯或氟废气的处理。

(2) 水吸收法。

用水洗涤吸收氯气，溶解于水中的氯气分子会发生如下反应：

$$Cl_2 + H_2O = HClO + H^+ + Cl^- \tag{7-65}$$

用水吸收含氯废气时，需要增加氯气分压和降低体系温度才能增加氯气在水中的总浓度。

此法虽然比较简单，但其反应后生成的盐酸对吸收设备有很强的腐蚀性。因此，解决氯气吸收系统的设备防腐问题比较困难。这种方法一般适用于低浓度含氯废气的治理。

(3) 石灰乳洗涤法。

对含氯废气也可采用石灰乳洗涤法，其化学反应为

$$2Ca(OH)_2 + 2Cl_2 = Ca(ClO)_2 + CaCl_2 + 2H_2O \tag{7-66}$$

吸收后生成的含次氯酸钙和氯化钙的废水用 85%以上浓度的氯化钾和碳酸钾

处理,可得到含量在 99%以上的氯酸钾和 60%以上的氯化钙。此法净化效率较高,一般达 95%~98%。

2) 氟化物熔盐体系稀土氧化物电解

镧、铈、镨、钕等单一稀土金属、混合稀土金属及稀土合金的生产主要采用氟化体系熔盐氧化物电解工艺。稀土氟化物体系熔盐电解的阳极过程将产生一定量的含氟气体,阳极气体逸出时夹带熔盐和氧化稀土进入烟气;此外,高温挥发也造成一定量的熔盐进入烟气。这类含氟废气和烟尘有巨大的危害,含氟废气不仅使厂区灯泡和窗户上的玻璃变成毛玻璃,降低透明度,而且还会对动植物及人体形成危害。

常用含氟废气的治理方法有干法和湿法两大类。干法直接用固体吸附剂吸附氟化物。各种氟化物、氧化物、氢氧化物、碳酸盐、氯化物、硫化物和其他金属无机物均可做吸附剂。碱金属和碱土金属(镁、铍除外)吸附 HF 时,都能生成氟氢化物 $MeF_m \cdot nHF$,n 值随元素原子序数和相应阳离子半径的增大而增大。常用的干法吸附剂有氟化钠、石灰石、氧化铝等。

湿法是用液体吸收液吸收氟化物。吸收液常用的有水和碱性溶液,碱性溶液的吸收效果比水好,常用的碱性吸收液为 Na_2CO_3 和氨水。常用的湿法吸收设备有湍球塔、文丘里喷射塔、喷淋塔、栅条吸收塔。

欧阳红和周长生[45]在分析这类烟尘的成分及其特性的基础上,研究开发了由稀土氟化物体系熔盐电解烟尘回收稀土的方法,采用该方法可以达到电解烟尘综合利用的目的。从废气治理收集的烟尘主要成分是 REF_3、LiF、NH_4F、C 粉(电解有时产生电弧时消耗石墨材料而来),其定性、定量分析结果见表 7-37、表 7-38。

表 7-37　烟尘定性分析结果

成分	La、Li、F	Fe、Al、Si	Ca	Pb	Mg	Mn、Ga、Ni、Mo、Cu、Cr
分析结果	大	小→大	微→小	微	痕→微	痕

注: "大"表示>1%, "小"表示 0.1%~1%, "微"表示 0.01%~0.1%, "痕"表示<0.01%。

表 7-38　烟尘定量分析结果

成分	REO	Li	Fe	Al	NH_4F	C 粉
含量/%	64.27	2.79	0.88	0.24	6.0	4.8

烟尘回收稀土工艺流程如图 7-27 所示。

烟尘中的稀土和非稀土杂质主要以氟化物的形式存在,其中大部分非稀土杂质的氟化物可溶于盐酸溶液,而烟尘中的氟化稀土则难溶于盐酸溶液,利用盐酸溶液浸出大部分非稀土杂质,然后采用重选方法除去漂浮物和碳粉。经预处理后的烟尘,作为回收稀土的试料。

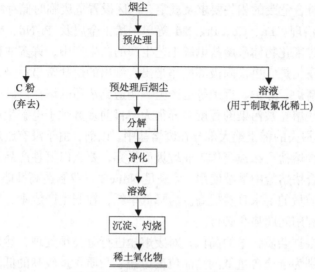

图 7-27　烟尘回收稀土工艺流程图

电解、浇铸过程中的无组织电解烟气、烟尘治理：烟尘含量高时，可对城市的环境造成严重污染，为了保护大气环境，对烟尘的治理十分重要。治理烟尘一般把含尘的烟气通过除尘设备后达标排放。除尘设备一般可分为机械式除尘器、洗涤式除尘器、过滤式除尘器、电除尘器和声波除尘器五类。由于稀土金属冶炼中废气含尘浓度不高，采用最简易除尘装置——滤网捕获和重力沉降室，即可达到废气净化[46,47]。

2. 固废的产排情况及处理方法

固体废物主要是电解过程产生的电解渣、检修炉渣及残极、烟气净化系统产生的灰渣及废液、镧铈金属表面处理抛磨过程中产生的废料等。

(1) 电解渣和废料废渣治理。电解渣和废料废渣属一般工业固体废物，由于其中含有农作物所需的稀土元素和非稀土元素，全部回收用于生产稀土微肥(副产品)。

(2) 灰渣和检修炉渣及残极治理。烟气净化系统产生的灰渣和检修炉渣及残极属一般工业固体废物，主要含有耐火材料、电解质、废石墨、稀土氧化物等，厂区设临时储存场，并做好防风、防雨等措施，定期送稀土分离厂或硅铁厂综合利用。

(3) 稀 HCl 和 NaClO 废液治理。烟气净化系统在运行过程中产生的稀 HCl 和 NaClO 废液属《国家危险废物名录》中的危险废物，应严格按《危险废物贮存污染控制标准》的要求进行管理控制，危废转移应严格执行《危险废物转移联单制

度》等相关规定，接收单位必须具有《危险废物经营许可证》，确保危废从储存和
转移到处置均符合危废的相关要求及规定，厂区设置危废临时储存罐。

(4)废熔盐治理。La、Ce、Pr、Nd 等单一稀土金属及 Pr-Nd、Nd-Fe、Dy-Fe
等合金都是通过氟化物体系熔盐电解工艺生产的。生产中，许多非稀土杂质累积
于熔盐中。金属出炉、更换阳极等操作带出、溅出的熔盐常易污染，但又常被捡
回电解炉中。清炉、穿炉、拆炉等也产生一些遭到沾污的熔盐。因此，废熔盐的
种类不少，这些熔盐被污染的程度差异很大。目前多数炉子电解生产的稀土收率
在 91%~93%，损失的稀土绝大部分在废熔盐中。以前，由于没有废熔盐再生利用
的工艺技术，废熔盐要么被当作工业垃圾而丢弃，要么以牺牲产品质量为代价，
将废熔盐掺到合格熔盐中继续使用。为满足 NdFeB 行业制造高性能永磁材料，对
稀土金属产品质量的要求日益提高。为降低单耗，控制生产成本、节约资源，解
决废熔盐再生利用问题势在必行。

陈冬英等根据杂质含量的高低，对废熔盐进行分类预处理，然后利用重选工
艺将废熔盐选别为杂质含量低的高品位废熔盐、杂质含量较高的低品位废熔盐以
及大部分碳粉和其他杂质(密度小的杂质和可溶性杂质)。高品位废熔盐所含的杂
质主要为铁和铝，酸洗除铁铝后，这部分经处理的熔盐可直接返回电解使用。剩
下杂质含量较高的低品位废熔盐用负压加热分解设备进行碱分解、酸洗净化，制
成合格稀土氧化物[48]。具体流程如图 7-28 所示。

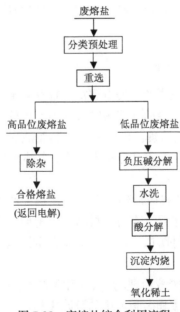

图 7-28　废熔盐综合利用流程

采用选-冶联合流程处理电解废熔盐，用选矿方法将其分为三大部分，其中非稀土部分主要为炉体材料；低杂质废熔盐经化学方法再生成合格熔盐；高杂质废熔盐经分解后提纯成稀土氧化物，使损失在废熔盐中的稀土以合格熔盐及氧化物两种形式得到综合利用，选冶总收率达 90.09%，大幅度提高了电解过程的稀土收率。为稀土行业解决了环保与综合利用问题，消除了熔盐中杂质对电解产品质量的影响，为稀土永磁与储氢材料向高性能方向发展提供了优质原料的保障，增加了金属产品的国际竞争力。提升了稀土环保与资源利用水平，满足了产业发展对贯彻环保国策和节约资源、降低成本的需要。

7.2 金属热还原法制取稀土金属及合金

7.2.1 金属热还原法的理论基础

金属热还原法是指利用活性较强的金属作还原剂，还原其他金属化合物以制取金属的方法。由于稀土金属和氧、氮、氢的亲和力强及稀土卤化物易水解，因此，稀土金属的热还原过程多在保护气氛或在真空中进行。通过化学热力学，能够判断金属热还原反应能否发生、发生反应需具备的条件以及如何提高反应速率。大多数金属热还原过程，其基本特征是在反应过程中常伴有明显的热效应，还原反应可表示为

$$\text{MeX} + \text{Me}' \Longrightarrow \text{Me} + \text{Me}'\text{X} + \Delta H \tag{7-67}$$

式中：MeX 为被还原金属的化合物(如氧化物、氯化物、氟化物)；Me′为金属还原剂；ΔH 为反应热效应。

在恒压、等温条件下，化学反应的状态函数是

$$\Delta G = \Delta H - T\Delta S \tag{7-68}$$

式中：ΔG 为化学反应自由能变化值，kJ/mol；ΔH 为化学反应热焓变化值，kJ/mol；ΔS 为化学反应熵变化值，J/(mol·K)；T 为热力学温度，K。

根据热力学原理，金属热还原反应在一定温度和压力下进行方向的判断依据是反应的吉布斯自由能变化值ΔG。当$\Delta G < 0$时，体系处于自然过程，反应能够发生；$\Delta G > 0$时，体系处于非自然过程，反应向相反方向进行；$\Delta G = 0$时，体系处于动态平衡，即正、反方向的反应速率相等。ΔG 负值越大，正向还原反应进行的趋势也越大。表 7-39 列出了稀土金属及某些金属还原剂的氧化物、氯化物和氟化物的标准焓值及标准吉布斯自由能值。

表 7-39 稀土金属及某些金属还原剂的氧化物、氯化物和氟化物的标准焓及标准吉布斯自由能 (kJ/mol)

元素	$-\Delta H^{\ominus}$			$-\Delta G^{\ominus}$		
	氧化物	氯化物	氟化物	氧化物	氯化物	氟化物
Sc	1910.6	900.8	1550.3	1920.2	861.8	1478.9
Y	1908.5	975.0	1720.8	1818.4	901.6	1649.1
La	1797.0	1072.2	1763.9	1707.8	998.4	1683.5
Ce	1805.6	1055.9	1717.9	913.4	985.4	1637.5
Pr	1826.0	1055.8	1684.3	1772.7	982.5	1604.0
Nd	1810.0	1029.0	1717.0	1722.0	952.3	1636.6
Sm	1818.0	1018.1	1695.9	1729.6	975.8	—
Eu	1810.0	1001.4	1638.0	1544.9	960.3	—
Gd	1818.0	1005.6	1629.7	1726.2	932.2	1621.0
Tb	1830.1	1751.4	1676.0	1734.6	—	1604.3
Dy	1863.6	976.2	1667.6	1782.4	921.3	1595.9
Ho	1883.4	975.4	1655.0	1794.1	905.8	1583.3
Er	1900.5	959.5	1642.4	1811.6	885.7	1570.7
Tm	1891.3	946.9	1638.2	1808.2	887.0	1566.5
Yb	1871.2	963.7	1575.4	1727.5	883.6	1573.7
Lu	1880.0	925.9	1642.4	1792.4	883.3	1572.1
Li	259.7	408.9	613.4	188.5	384.2	584.0
Na	—	412.7	572.3	—	385.4	546.0
Ca	635.6	785.0	741.6	600.0	—	—
Mg	602.1	642.7	114.5	599.4	535.4	1027.6

还原反应的吉布斯自由能变化与温度的关系,可用范特霍夫等压方程式描述:

$$\left[\frac{\partial \ln K_p}{\partial T}\right]_p = -\frac{\Delta H}{RT^2} \tag{7-69}$$

因此,温度 T 对还原过程的影响,主要取决于过程的热效应 ΔH。当过程为吸热反应时,随温度的升高,反应平衡常数增大,即有利于反应的进行;当过程为放热反应时,随温度的升高,反应平衡常数值减小,故不利于反应的进行。金属热还原过程大多是放热反应,其 ΔH 为负,但其值一般很大。所以在过程中适当升高温度,实际上并不会影响其还原率。相反地,为保证足够的还原速度和较好的产品结晶形态,还原过程宜控制在较高温度下进行。

对稀土氯化物和氟化物比较适宜的还原剂是锂和钙。钠也能较好地还原氯化稀土,但还原产物的熔点较高,而钠的沸点低,这会给过程带来许多困难。镁、铝因与稀土金属很易组成合金,用它们做还原剂时,还原产品常常不是纯金属,而是稀土与镁或铝的合金。稀土氯化物、氟化物的钙、锂热还原，其显著优点是在还原过程中能生成流动性好的熔渣，它们比其他稀土卤化物或盐类更为稳定，不易分解，因而为还原过程的彻底进行和金属与渣的分离创造了良好条件。但用氯化物、氟化物进行还原，要求使用较昂贵的坩埚材料如钽、铌、钼、钨等。同时由于稀土金属的化学活性很强，其卤化物又易水解，故其热还原过程通常都要在惰性气氛或真空中进行。稀土卤化物的金属热还原不适于制取钐、铕、镱等有明显变价特性的金属。因为用锂、钙还原这些金属的卤化物，只能得到低价卤化物，而得不到金属。为此利用它们在高温下有较高蒸气压的特性，在真空条件下用镧、铈还原它们的氧化物，以制取这些变价金属。

由此可知，工业上制取稀土金属的热还原法，主要是稀土氟化物的钙热还原法，稀土氯化物的锂、钙热还原法以及钐、铕、镱等氧化物的镧、铈热还原法。

7.2.2　钙热还原稀土氟化物

1. 钙还原稀土氟化物的原理

真空钙热还原制备稀土金属的原料一般为稀土卤化物，目前比较常用的是稀土氟化物。钙热还原稀土氟化物制备金属的化学反应通式如下：

$$2REF_3 + 3Ca = 3CaF_2 + 2RE \qquad (7\text{-}70)$$

制备单一金属钆、铽、镝、钬、铒、铥、镥、钇、钪和钕均可用此种方法。在一定温度下，上述反应能否进行以及进行的程度，取决于参与该反应的反应物和产物的物理化学性质以及过程所处的环境，如物质的熔点、沸点、蒸气压、标准生成自由焓和标准生成吉布斯自由能等。表 7-40~表 7-43 所示为部分卤化物和单质的热力学数据。

表 7-40　稀土卤化物及还原剂金属卤化物的生成焓、生成吉布斯自由能

金属	氯化物/(kJ/g)			氟化物/(kJ/g)		
	$-\Delta H_{298K}^{\ominus}$	$-\Delta G_{298K}^{\ominus}$	$-\Delta G_{1000K}^{\ominus}$	$-\Delta H_{298K}^{\ominus}$	$-\Delta G_{298K}^{\ominus}$	$-\Delta G_{1000K}^{\ominus}$
Y	77.6	71.7		132.3	131.2	
La	88.0	82.3	69.7	140.3	134.0	120.0
Ce	86.7	81.0	68.7	138.7	132.3	118.3
Pr	86.0	80.3	68.3	134.3	131.3	116.7
Nd	84.7	79.0	67.0	136.7	130.3	116.3
Pm	84.0	78.3	66.7	136.0	129.7	115.7
Sm	82.7	77.3	65.7	135.0	128.7	114.7
Eu	77.7	72.3	61.0	130.3	124.3	110.3
Gd	81.7	76.3	63.0	134.7	128.7	114.7

金属	氯化物/(kJ/g)			氟化物/(kJ/g)		
	$-\Delta H_{298K}^{\ominus}$	$-\Delta G_{298K}^{\ominus}$	$-\Delta G_{1000K}^{\ominus}$	$-\Delta H_{298K}^{\ominus}$	$-\Delta G_{298K}^{\ominus}$	$-\Delta G_{1000K}^{\ominus}$
Tb	70.3	65.0	54.0	133.3	127.3	113.3
Dy	78.7	73.3	65.0	132.7	126.7	112.7
Ho	77.7	72.0	60.3	131.7	125.7	112.0
Er	77.3	72.0	60.3	130.7	124.7	111.0
Tm	76.3	72.0	60.0	130.3	124.3	111.0
Yb	71.3	66.0	53.7	125.3	119.3	106.0
Lu	76.0	70.3	112.7	130.7	124.7	111.3
Na	98.3	92.0	76.7	136.0	129.0	112.6
Li	97.7			146.3	139.5	
Ca	95.3	90.0	78.2	145.1	139.1	124.8
Mg	76.6	75.5	57.6	131.5	126.0	112.8
Al	55.6	56		107.7	102.0	89.7

表 7-41　稀土金属的物理性质

金属	原子量	熔点/℃	沸点/℃	密度/(g/cm³)
Y	88.90	1522±8	3338	4.469
La	138.9	920±5	3450	6.145,5.95(903℃)
Ce	140.12	789±3	3257	6.657
Pr	140.90	931±4	3212	6.73(α),6.64(β)
Nd	114.24	1010	3217	7.007
Pm	145.00	1080	2460	
Sm	150.40	1072±5	1778	7.52(α),7.1(β)
Eu	151.96	822±5	1597	5.243
Gd	157.25	1311±3	3233	7.9004
Tb	158.92	1360±4	3041	8.229
Dy	162.50	1409	2335	8.550
Ho	164.93	1470	2720	8.793
Er	167.26	1522	2510	9.066
Tm	158.93	1545±15	1727	9.321
Yb	173.04	824±5	1193	6.965(α),6.54(β)
Lu	174.97	1656±5	3315	9.840

表 7-42　还原剂金属的物理性质

金属	原子量	熔点/℃	沸点/℃	密度/(g/cm³)
Li	6.94	180.54	1347	0.534
Na	22.99	97.81	882.9	0.971
Ca	40.08	839±3	1484	1.55
Mg	24.3	648.5±0.5	1090	1.738
Al	26.98	660.37	2167	2.669

表 7-43 三价稀土氧化物和氟化物的物理性质

金属	三价稀土氯化物			三价稀土氟化物		
	熔点/℃	沸点/℃	密度/(g/cm³)	熔点/℃	沸点/℃	密度/(g/cm³)
Y	904	1507	2.67	1152	2227	5.069
La	860	1750	3.84	1490	2327	5.936
Ce	848	1730	3.92	1437	2327	6.157
Pr	786	1710	4.02	1460	2327	6.140
Nd	784					
Pm		1690	4.13	1374	2327	
Sm	678		4.46	1305	2323	6.925
Eu	分解	分解	4.89	1276	2277	7.088
Gd	609	1580	4.52	1231	2277	
Tb	586	1550	4.35	1172	2277	
Dy	718	1530	3.67	1154	2227	7.465
Ho	718	1510		1143	2227	7.829
Er	774	1500		1140	2227	7.814
Tm	824	1490		1158	2227	8.220
Yb	865	分解	2.57	1157	2227	8.168
Lu	905	1480	3.98	1182	2227	8.440

2. 还原用的原材料

原材料是影响还原过程、产品质量的重要条件。无论是用干法还是湿法制备的稀土氟化物，均含有一定量的气体，不仅会增加产品中的氧含量，而且还会影响还原过程，使金属与渣分层不好，降低金属的回收率。稀土氟化物中的氧含量应控制在 0.1%以下。

还原剂金属钙用钙块应是重蒸馏过的，其氧、氯等杂质含量要低。但对其具体杂质含量要求，应视被还原金属的纯度而定。一般制备工业纯稀土金属，使用蒸馏钙即可满足要求。

稀土金属和氟化物都有化学腐蚀性，因此使用的坩埚材料需耐氟化物腐蚀并不与稀土金属作用。最好的坩埚材料是钨，其次是铌、钼，而氧化物耐火材料在高温下迅速被腐蚀。氟化物钙热直接还原用的坩埚材料多数是粉末冶金生产的。

还原的保护气氛使用氩气。工业氩气均含有少量至微量的氧、氮、二氧化碳及水分，因此在使用时需进行净化，以除去这些杂质。

3. 还原工艺条件

还原的工艺条件主要是还原温度、还原时间和还原剂用量，这些条件对金属回收率及质量有显著影响。

1) 还原温度

将过量 10%~15%的金属钙屑或块与稀土氟化物混匀，然后放入真空感应炉中开始抽真空脱气至 10^{-2}Pa 后，缓慢加热至 400~600℃，以使之很好地脱气。脱气

后充入净化氩气至 $6×10^4$Pa，继续升温至 800~1000℃，炉料开始明显地发生还原反应，然后将温度升至需要温度并保持 10~15min，使金属与渣熔化，靠密度的不同很好地分层，从而彼此充分分离。一般地，还原熔炼温度要高于还原产物最高熔点 50~80℃。还原熔炼温度影响稀土金属的回收率和杂质含量。温度过低，熔融介质的流动性差，还原反应不充分，金属与渣也不能很好地分离，降低了金属的回收率；温度过高，会增加坩埚材料对金属的污染，同时由于金属的溶解损失和挥发，金属的回收率降低。每种稀土金属都存在最佳还原温度。金属中坩埚杂质的含量随还原熔炼温度的提高而增加，钙含量则降低。

2) 还原剂用量

还原剂金属钙的用量是重要的工艺条件。从提高金属回收率方面考虑，还原剂钙的用量需超过化学反应式化学计量，其过量值与金属钙的质量、粒度和还原设备条件有关。一般还原剂钙过量 10%~20%，稀土金属可达到 97%以上的回收率。过量太多会降低金属钙的利用率，污染稀土金属产品和增加能量的消耗。一般金属钙在被还原的稀土金属中含量约 1%。

3) 还原时间(指还原熔炼保持时间)

还原时间影响还原过程和结果，因为还原时间是还原动力学的重要条件。在还原熔炼温度下，保持适当的时间使还原反应充分进行，金属与渣分离分层，从而获得致密的金属锭、较高的金属回收率并尽量减少杂质污染。若保温时间不够，还原反应则不完全，金属与渣分离不好，会造成金属回收率低；保温时间过长，会增加坩埚材料对金属的污染，以及由于金属的溶解损失而使金属的回收率降低。合适的还原熔炼时间视不同炉料、不同还原条件和不同生产规模而异。

氟化物钙热还原法制备稀土金属的工艺参数见表 7-44。

表 7-44　氟化物钙热还原法制备稀土金属的工艺参数

金属名称	镧	铈	镨	钕	钆	铽	镝	钬	铒	镥	钪	钇
金属熔点/℃	920	798	931	1024	1311	1360	1409	1470	1522	1656	1539	1523
氟化物熔点/℃	1493	1430	1395	1374	1231	1172	1154	1143	1140	1182	1515	1152
还原温度/℃	1500	1450	1450	1450	1450	1500	1500	1550	1550	1700	1600	1600
还原时间/min	15	15	1650	15	10	10	10	10	10	5~10	5~10	5~10
还原剂过量/%	15	15	15	15	20	20	20	20	20	30	20	20
真空除钙温度/℃	1200	1200	1200	1200	1250	1300	1300	1350	1400	1500	1450	1450
真空除钙时间/h	0.5	0.5	0.5	0.5	1.5	1.5	1.0	1.0	1.0	1.0	1.0	1.0
真空熔炼温度/℃	1800	1800	1800	1800	1800	1800	1600	1600	1600	1800	1600	1800
铸锭温度/℃	1200	1200	1200	1200	1400	1420	1460	1520	1570	1750	1600	

注：(1) 钐、铕、镱不能用钙热还原法制备，铥一般也不用钙热还原法制备。

(2) 真空熔炼主要用来除去 CaF_2 和真空除钙后残留的 Ca，属于基本的提纯手段，在对金属纯度要求较高时采用。

7.2.3　钙热还原稀土氯化物

钙热还原无水稀土氯化物的最终还原反应式为

$$3Ca + 2RECl_3 \!=\!= 3CaCl_2 + 2RE \qquad\qquad (7\text{-}71)$$

参加还原反应的氯化物的熔点较氟化物的熔点低 400~600℃，这就减少了杂质污染，同时也简化了还原设备。钙热还原稀土氯化物制取镧、铈、镨、钕是有效的，较熔盐电解法具有收率高、杂质少的优点。但用此法制备熔点高的重稀土金属未获得满意的结果，主要是由于重稀土金属熔点高，在熔点以上还原时，氯化物蒸气压高，挥发损失大，而在金属熔点以下还原时，只能得到粉木状的金属，混于渣中不易与渣分离，从而降低了稀土金属的回收率。

还原工艺条件主要是还原温度、还原剂用量以及还原熔炼时间，这些都将对还原过程产生影响。

(1) 还原温度对氯化钕钙热还原过程的影响。

还原温度对氯化钕钙热还原的影响见表 7-45，还原反应起始温度为 720~750℃，此时料层下降，冒出大量烟状物，开始剧烈反应。在 800~850℃下进行还原可减少坩埚杂质的污染，并能获得 97%~98%的回收率。

表 7-45　还原温度对金属回收率及质量的影响

还原温度/℃	实得金属量/g	回收率/%	杂质含量/%	
			Mo	Ca
800	56.6	98.2	0.27	0.15
820	56.1	97	0.399	0.3
850	56	97	—	0.27
900	55.5	96	0.202	0.8
950	52.7	91.2	—	0.6
1000	53.4	92	0.206	0.5

(2) 还原剂用量对氯化钕钙热还原过程的影响。

还原剂用量对氯化钕钙热还原的影响见表 7-46，试验条件为还原温度 850℃，保温 30min，于 1100℃浇铸。结果表明，随着还原剂用量的增加，金属回收率有所提高，还原剂过量 15%~20%时，金属回收率达 97%，金属中钙含量为0.22%~0.27%。

表 7-46　还原剂用量对金属回收率及质量的影响

还原剂过量/%	实得金属量/g	回收率/%	金属中钙含量/%
5	47.3	81.8	0.18
10	54.4	94.6	0.27
15	56	97	0.22
20	56	97	0.27

7.2.4 锂热还原制备稀土金属

1. 还原工艺基础

锂热还原稀土氯化物的最终化学反应式为

$$RECl_3 + 3Li \Longrightarrow 3LiCl + RE \tag{7-72}$$

锂热还原稀土氯化物与钙还原不同。前者的还原过程是在气相中进行，还原产出的稀土金属固体结晶中杂质含量较少。还原过程的最高温度为 1000℃。此时稀土金属为固态，而 LiCl 分别在约 700℃ 和 1400℃ 下熔化和沸腾，故还原渣可以采用排出之后接着进行真空蒸馏的方法除去。

2. 锂热还原氯化钇工艺和设备

还原设备要求同钙热还原稀土氯化物的设备要求。不同的是锂热还原氯化钇工艺中反应器分两段加热区，还原和蒸馏过程在同一设备中进行。无水氯化钇放在上部的钛制反应器坩埚中(也是 YCl_3 蒸馏室)，还原剂金属锂放置在下部的坩埚中，然后将不锈钢反应罐抽真空至 7Pa 后开始加热，温度达到 1000℃ 时保持一定时间，使 YCl_3 蒸气与锂蒸气充分反应，还原出来的金属钇固体颗粒落在下部坩埚。还原反应完成后，只加热下部坩埚，把 LiCl 蒸馏到上部坩埚。还原反应过程一般需要 10h 左右。

为了用该法得到较纯的金属钇，无水 YCl_3 用分析纯盐酸溶解，在干燥氯化氢气氛中脱水并将无水氯化钇进行真空蒸馏处理，还原剂锂用 99.97% 高纯锂，这样制得的金属钇中杂质含量很低，纯度达到 99.91%。

采用以上工艺方法除可制备金属钇外，利用二次蒸馏的 $DyCl_3$、$HoCl_3$ 和 $ErCl_3$，可制备纯度较高的金属镝、钬和铒。

7.2.5 镧或铈热还原法制取稀土金属

用钙热还原法还原钐、铕、镱的卤化物一般只能得到低价化合物，但用镧、铈还原它们的氧化物，通过还原、蒸馏可以制得相应的单一稀土金属。由于钐钴永磁的应用发展，此法已成为工业生产金属钐的方法。此外，以镧、铈热还原蒸馏法制备镝、钬、铒、钇等重稀土金属也获得不同程度的成功，但产率和金属纯度都较低，故这几种金属的制备一般不采用氧化物还原-蒸馏的方法[49-51]。

1. 基本原理

用金属镧、铈还原稀土氧化物的反应为

$$RE_2O_3(s) + 2La(l) \Longrightarrow 2RE(g) + La_2O_3(s) \tag{7-73}$$

$$2RE_2O_3(s) + 3Ce(l) \Longrightarrow 4RE(g) + 3CeO_2(s) \tag{7-74}$$

式中，RE 可为 Sm、Eu、Yb、Tm。

　　用镧、铈热还原蒸馏法制备某些稀土金属是基于镧、铈对氧的亲和力较这些金属大，同时这些金属具有高的蒸气压，在还原温度与镧、铈具有较大的蒸气压差值而且蒸发速率大，如表 7-47 及图 7-29 所示。因此，镧、铈热还原-蒸馏法的实质是在高温和真空条件下，以很难蒸发的金属镧、铈(或铝)还原钐、铕、镱等的氧化物，同时将还原出来的钐、铕、镱等金属蒸发排出，经过冷凝得到金属粗结晶，然后将其在惰性气氛中重熔、铸锭得到金属。

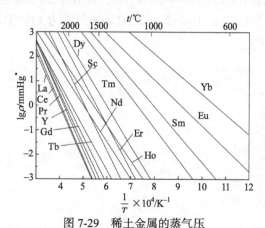

图 7-29　稀土金属的蒸气压

表 7-47　稀土金属的沸点、蒸发速率及蒸气压与温度关系的某些数据

金属	蒸气压为 1.33Pa 时的温度/℃	蒸气压为 133.3Pa 时		沸点/℃
		温度/℃	蒸发速率/[g/(cm²·h)]	
La	1754	2217	53	3470
Ce	1744	2147	53	3470
Pr	1523	1968	56	3130
Nd	1341	1759	60	3030
Sm	722	964	83	1900
Eu	613	837	90	1440
Gd	1583	2022	59	3000
Tb	1524	1939	60	2800
Dy	1121	1439	71	2600
Ho	1197	1526	69	2600
Er	1271	1606	68	2900
Tm	850	1095	83	1730
Yb	471	651	108	1430
Lu	1657	2098	61	3330
Y	1637	1082	43	2930

---

* 1mmHg=133.322Pa。

2. 镧(铈)热还原制取金属钐

工艺条件的选择包括原料组成(配比)、原料粒度、过程温度、过程时间和料块压力等。工艺条件的选择依据是该化学反应能够到达终点，能够获得高的金属回收率和纯度。

(1) 原料组成。原料在各种影响中是内在因素，因而它是重要的。原料组成的影响示于图 7-30 中，由图可见，金属产率和还原剂利用率变化规律相反，产率高，还原剂利用率就低，相反，产率低，还原剂利用率就高。但随着温度升高，产率及还原剂利用率都相应增大。由该图还可知，温度从 1100℃(1150℃)变化至 1200℃，还原剂利用率可增加 20%~25%，而产率却由 25%增至 30%。总的来看，还原最佳的摩尔比为 La/Sm$_2$O$_3$=2~2.5，此时还原温度为 1300℃，收率和镧的利用率分别为 93%和 66%。

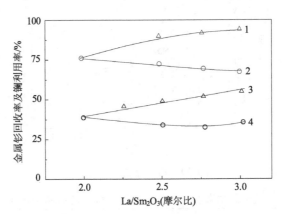

图 7-30　原料组成与产率、还原剂利用率间的关系

1. 1200℃；2. 1200℃；3. 1100℃；4. 1150℃

△产率；○利用率

(2) 原料粒度。Sm$_2$O$_3$ 的粒度和还原剂 La 的粒度对产率的影响分别示于图 7-31 与图 7-32 中。由图 7-31 与图 7-32 可见，随着还原剂及 Sm$_2$O$_3$ 粒度大幅度减小，还原产率降低，其中随还原剂降低较大。这可能由颗粒细小而阻碍了还原出的金属蒸馏，使反应受到影响所致。

(3) 过程温度。过程温度指还原和蒸馏温度。不同炉料都存在最佳的还原-蒸馏温度，在此温度条件下，可获得最高金属回收率和较少的杂质污染。镧还原-蒸馏氧化钐过程中，温度对金属回收率的影响如图 7-33 所示。镧、铈还原 Eu$_2$O$_3$、Yb$_2$O$_3$、Sm$_2$O$_3$ 及 Tm$_2$O$_3$ 的最佳还原温度，在其他条件相同的情况下依次增高，分别为 900℃、1200℃、1350℃和 1400℃。

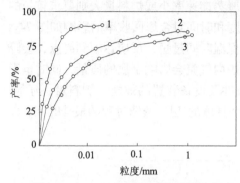

图 7-31　Sm_2O_3 的粒度对产率的影响

1. 1200℃；2. 1150℃；3. 1100℃

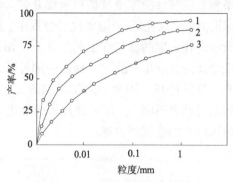

图 7-32　La 的粒度对产率的影响

1. 1200℃；2. 1150℃；3. 1100℃

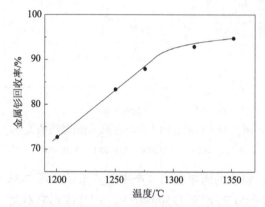

图 7-33　金属钐回收率与还原-蒸馏温度的关系

试验条件：Sm_2O_3 30g，过量 65%；还原时间 10min；真空度 0.133Pa

还原-蒸馏温度一般不宜太高，温度过高会导致蒸发出来的金属得不到及时冷凝而泄漏或向坩埚中倒流，从而使金属回收率及质量降低。

在还原-蒸馏过程中，控制好升温速率是获得高质量、高直收率金属的关键。在相同的温度下，金属镱的蒸气压比金属铕大 10 倍，比金属钐大 100 倍，金属镱在还原-蒸馏温度下已经沸腾，反应速率相当大，很难将热还原的起点温度定下来。因此对不同的氧化物严格控制升温速率就显得特别重要。升温速率过快，原料和还原剂中的气体来不及排出，炉内的真空度就会迅速下降，这样制备的金属光泽很差。有时金属蒸气夹带着氧化物进入冷凝器，还会使金属产生夹层。

(4) 过程时间。过程时间指还原时间和蒸馏时间。如同还原-蒸馏温度，不同炉料都存在合理的还原-蒸馏时间，在此时间条件下，可获得最高金属回收率和较少的杂质污染。还原-蒸馏时间是使按一定速率进行的化学反应能达到终点的必需条件，它与反应速率及炉料量都有关，金属蒸馏速率小或炉料量大则要求较长的保温时间。镧还原-蒸馏氧化钐过程中，温度和时间对金属回收率的影响如图 7-34所示。在一定的批量和工艺条件下，如果保温时间过短，反应达不到终点，会降低金属的直收率；反之，保温时间过长，炉内气氛会影响金属的质量，同时也影响效率的提高。因此，对于不同的工艺条件及设备装置的效能、炉料量，还原-蒸馏时间也不同，一般需通过实验确定某个具体的还原-蒸馏过程的最佳时间，以达到应有的金属回收率。

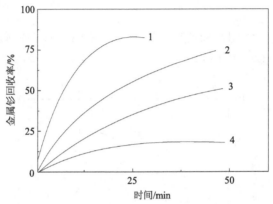

图 7-34　金属钐回收率与还原-蒸馏时间的关系

1. 1200℃；2. 1150℃；3. 1100℃；4. 1050℃

(5) 料块压力。料块的压制压力与产率的关系示于图 7-35 中。由图上曲线可见，压制压力从 $1000 \times 10^5 Pa$ 增至 $12500 \times 10^5 Pa$，对产率影响不大，另外，不加压力对产率影响较大(曲线 5)，这可能因还原剂 La 与 Sm_2O_3 接触不好，所以反应较慢。

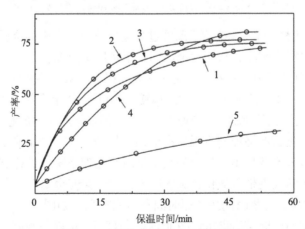

图 7-35　压力的力度对产率的影响

1. 1250MPa；2. 900MPa；3. 500MPa；4. 100MPa；5. 常压

7.2.6 中间合金法制取稀土金属

1. 基本原理

用于重稀土金属生产的氟化物钙热还原法，一般要求在高温下进行，这给工艺设备和操作都带来较大困难；特别是在高温下设备材料与稀土金属的作用加剧，还原金属常被污染而纯度降低。因此，降低还原温度常常是扩大生产、提高产品质量所需考虑的关键问题。为了降低还原温度，首先必须降低还原产物的熔点。设想如果在还原物料中加入一定数量的熔点较低而蒸气压较高的金属元素如镁和助熔剂氯化钙，此时还原产物为低熔点的稀土-镁中间合金和易熔的 $CaF_2 \cdot CaCl_2$渣。这样不但大大降低了过程温度，而且生成的还原渣密度变小，有利于金属和渣的分离。低熔合金中的镁用真空蒸馏法除去，可获得纯稀土金属。这种通过生成低熔中间合金以降低过程温度的还原方法，在实践中称为中间合金法，它比较广泛地用于熔点较高的稀土金属的生产。此法很早便已在金属钇的生产中获得应用，近年来还发展到用于镝、钆、铒、镥、铽、钪等的生产。

2. 中间合金法制取金属钇

中间合金法制取金属钇的实质，仍是稀土氟化物的钙热还原。但是在还原过程进行的同时，还存在低熔点 Y-Mg 合金的生成过程和 $CaF_2 \cdot CaCl_2$ 的造渣反应：

$$2YF_3 + 3Ca \Longrightarrow 2Y + 3CaF_2 \tag{7-75}$$

$$Y + Mg \Longrightarrow Y\text{-}Mg \tag{7-76}$$

$$CaF_2 + CaCl_2 \Longrightarrow CaF_2 \cdot CaCl_2 \tag{7-77}$$

在氟化钇的钙热还原系统中，虽然金属钙和镁同时存在，但只有钙才能作为 YF_3 的还原剂。镁因与氟的化学亲和力较小，对 YF_3 不能起还原作用。但镁与钇及其他稀土金属极易形成低熔合金。在 Y-Mg 合金中，随着镁含量的增加，合金熔化温度不断下降。在 YF_3 的钙热还原中，若配以适量的镁和氯化钙，可使还原温度降低数百摄氏度。

钇和镁的蒸气压性质相差悬殊，所制 Y-Mg 合金很容易用真空蒸馏法除去镁而制得纯金属钇，镁蒸气通过冷凝回收可返回还原使用。

为避免杂质从还原物料进入产品，要采用纯度较高的 YF_3，钙、镁须预先分别在 900℃和 950℃下进行真空蒸馏提纯，工业纯氯化钙应在 450℃下进行真空脱水。还原设备为一不锈钢制的反应罐，罐中有一盛还原剂钙和合金组分镁的钛坩埚，反应罐上部设有加料器，内装 YF_3 和助熔剂 $CaCl_2$，还原温度用插在反应罐外部的热电偶测量。反应罐可以抽成真空或充入氩气，还原所需温度借外部加热的硅碳棒电炉予以维持。

7.2.7 铝锶热还原制备铝钪合金

钪是铝合金铸造晶粒组织最强的变质剂，铝钪合金具有比强度高、耐腐蚀、耐高温、焊接性好等优异性能，在航空航天、化工、军工、体育器材等领域都有广泛应用。铝钪合金中钪必须以中间合金的形式加入，铝钪中间合金的制备方法主要有对掺法、熔盐电解法和金属热还原法等[52]。

$ScCl_3$ 及 ScF_3 是热还原制备铝钪合金普遍采用的原料，但 $ScCl_3$ 易潮解，ScF_3 制备过程中放出剧毒的 HF 气体，且氯化及氟化延长了生产流程，增加了生产成本，此外此法制备的合金中还存在较多的杂质。相比较而言，以 Sc_2O_3 为原料直接制备铝钪中间合金具备较大的发展潜力。但有研究表明，铝热直接还原 Sc_2O_3 制得的合金，存在钪含量低、收率低的缺点。

首先，将 Sc_2O_3 与 NH_4HF_2 按比例混合，在氟化炉中升温、氟化、脱 NH_4F 制得 ScF_3。然后，称取一定量的铝锶合金，置于经 500℃烘干的石墨坩埚中，并将混合均匀的冰晶石、NaCl、KCl、ScF_3 和 Sc_2O_3 覆盖于合金上部，其中，Sc_2O_3 加入量为熔盐总重的 4%。最后，将坩埚置于电阻炉中加热，升温到所需的温度，保温一定时间。反应完成后进行浇铸，制得铝钪中间合金。

实验结果表明，适当延长反应时间及提高反应温度，在熔盐中添加少量 ScF_3，有利于制取高钪含量 Al-Sr 合金。较佳的工艺条件为：还原时间 45min，熔盐中添加 1%的 ScF_3，还原温度 900℃，此时制得 Al-Sr 中间合金中 Sc 含量可达 2.59%，直收率为 75%左右。物相分析表明，合金由黑白两相组成，其中黑色连续相为铝基，呈单质态，白色间断相由不规则形状的第二相粒子 Al_3Sc 构成。

参 考 文 献

[1] 庞思明, 颜世宏, 李宗安, 等. 我国熔盐电解法制备稀土金属及其合金工艺技术进展[J]. 稀有金属, 2011, 35(3): 440-450.

[2] 刘柏禄. 稀土金属熔盐电解技术进展[J]. 世界有色金属, 2009, (12): 75-76.

[3] 谢刚. 熔融盐理论与应用[M]. 北京: 冶金工业出版社, 1998: 1-9.

[4] 李乃朝, 衣宝廉, 孔莲英, 等. 熔融碳酸盐燃料电池研究[J]. 电化学, 1996, 2(1): 89-95.

[5] 杜森林, 卢洪德, 路连清. 熔融碳酸盐燃料电池的研究和发展[J]. 化工进展, 1994, (1): 29-32.

[6] 宋明志, 安慧. 熔盐电解法制备元素硼粉[J]. 辽宁化工. 2004, 33(8): 469-470.

[7] 王旭, 翟玉春, 谢宏伟, 等. 熔盐电解制备硼及金属硼化物的开发前景[J]. 材料导报, 2008, 22(6): 58-60.

[8] 刘冠昆, 杨绮琴, 童叶翔, 等. 氯化物熔体中 Lu 合金形成的研究[J]. 金属学报, 1995, 31(1): 1-9.

[9] 杨绮琴, 丘开容, 刘冠昆, 等. 铥离子在氯化物熔体中还原的电化学行为[J]. 金属学报, 1995, 31(10): B445-B449.

[10] 谢刚. 熔融盐理论与应用[M]. 北京: 冶金工业出版社, 1998.

[11] 陆庆桃, 叶云蔚, 李国勋, 等. 氯化钕盐电解的阴极过程[J]. 中国稀土学报, 1991, (1): 17-19.

[12] 徐秀芝, 魏绪钧, 冯法伦, 等. 在氟盐体系中镧离子阴极过程的研究[J]. 稀土, 1994, 15(4): 26-28.

[13] 黄世萍, 刘洪霖, 马彦会, 等. YCl$_3$熔盐的分子动力学模拟研究[J]. 中国稀土学报, 1995, 13(1): 88-89.

[14] 侯怀宇, 谢刚, 刘国华, 等. 用分子动力学方法研究稀土金属氯化物熔体的结构[J]. 中国有色金属学报, 2000, 10(2): 270-273.

[15] 杨忠保, 郭春泰, 唐定骧, 等. La-LaCl$_3$-KCl 熔体的计算机模拟研究 [J]. 中国稀土学报, 1991, 9(1): 20-23.

[16] 赵桂芳. 熔盐电解制取稀土金属技经指标与工艺条件的关系[J]. 江西有色金属, 1989, 3(2): 9-11.

[17] 孙本良, 翟玉春, 田彦文. NaCl-KCl-ScCl$_3$体系密度及表面张力的测定[J]. 中国稀土学报, 1999, 17(1): 90-93.

[18] 郭春泰, 冯力, 杜森林, 等. La 在 KCl-NaCl 和 LaCl$_3$-KCl-NaCl 熔体中的溶解行为[J]. 金属学报, 1990, 26(4): B245-B249.

[19] 杨忠保, 郭春泰, 唐定骧. LaF$_3$-LiF 熔体结构的 X 射线衍射分析[J]. 中国稀土学报, 1992, 10(1): 75-77.

[20] 包头冶金研究所电解组. 熔盐电解稀土氧化物制取稀土金属[J]. 稀土, 1980, (2): 45-52.

[21] 杜森林, 赵敏寿, 唐定骧. 稀土在氯化物熔盐中液体铝阴极上的去极化作用[J]. 应用化学, 1987, 4(2): 65-67.

[22] 赵敏寿, 赵齐金, 唐定骧. 熔融氯化物中钕和钇在液体阴极上析出电位的研究[J]. 中国稀土学报, 1983, 1(2): 41-46.

[23] 刘冠昆, 童叶翔, 洪慧禅, 等. 氯化物熔体中电解制备 Dy-Cu 中间合金的研究[J]. 金属学报, 1996, 32(12): 1252-1257.

[24] 赵立忠, 段淑贞, 魏寿昆, 等. 钇离子在氟化物体系中的电化学还原[J]. 中国稀土学报, 1993, 11(3): 271-273.

[25] 孙本良, 翟玉春, 田彦文, 等. 氟盐体系中 Sc^{3+}在 Ag 电极上的阴极还原过程[J]. 中国有色金属学报, 1997, 7(4): 35-37.

[26] 贺圣, 李宗安, 颜世宏, 等. YF$_3$-LiF 熔盐体系中氧化物电解共沉积钇镁合金的阴极过程研究. 中国稀土学报, 2007, 25(1): 120-123.

[27] 庞思明, 颜世宏, 李宗安, 等. 我国熔盐电解法制备稀土金属及其合金工艺技术进展[J]. 稀有金属, 2011, 35(3): 441-450.

[28] 陈德宏, 颜世宏, 李宗安, 等. NdF$_3$-LiF-Nd$_2$O$_3$ 熔盐体系中下阴极电解金属钕研究[J]. 中国稀土学报, 2009, 27(2): 302-305.

[29] 林河成. 国内稀土金属的生产、应用及市场[J]. 稀土, 2003, 24(1): 75-77.

[30] 任永红. 底部阴极式稀土氟盐体系电解槽的计算机模拟[D]. 包头: 内蒙古科技大学硕士学位论文, 2004: 1-101.

[31] 王军, 张作良, 涂赣峰, 等. 10kA 底部阴极稀土熔盐电解槽电场的模拟[J]. 稀土, 2010, 31(4): 36-38.

[32] 王军, 孙树臣, 张作良, 等. 10kA 底部阴极稀土熔盐电解槽温度场的模拟[J]. 稀土, 2013, 34(6): 35-37.

[33] 王军, 王春慧, 涂赣峰, 等. 10kA 底部阴极稀土熔盐电解槽热平衡计算[J]. 稀土, 2008, 29(5): 61-63.

[34] 刘中兴, 韩文帅, 伍永福, 等. 60kA 底部阴极稀土电解槽电场数值模拟[J]. 稀有金属与硬质合金, 2015, 43(1): 26-28.

[35] 董云芳, 刘中兴, 伍永福, 等. 60kA 底部阴极稀土电解槽极距的模拟优化[J]. 有色金属(冶炼部分), 2013, 10: 32-35.

[36] 刘中兴, 董云芳, 伍永福. 60kA 底部阴极稀土电解槽阳极倾角对流场影响的数值模拟. 稀土, 2013, 34(4): 21-23.

[37] 路广文. 溶盐电解法制取钐-钴合金[J]. 稀土与铌, 1974, 1: 26-35.

[38] 杜森林, 杜富, 李宝善, 等. CeCl$_3$和 SmCl$_3$在氯化物熔盐中的电化学行为[J]. 中国稀土学报, 1986, 4(4): 11-15.

[39] 杨绮琴, 方兆龙, 童叶翔, 等. 应用电化学[M]. 广州: 中山大学出版社, 2001: 152-154.

[40] 杨绮琴, 符圣卫. 在氯化物熔体中用铁阴极沉积 Nd-Fe 合金的电极过程[J]. 化学学报, 1987, 45(3): 244-248.

[41] 杨绮琴, 洪慧婵, 伍泽荣. 氯化物熔体中铈离子在铁阴极上的电还原过程[J], 中国稀土学报, 1989, 7(1): 1-6.

[42] 陆庆桃, 叶云蔚, 李国勋, 等. 氯化钕熔盐电解的阴极过程[J]. 中国稀土学报, 1991, 9(1): 17-19.

[43] 杨绮琴, 刘冠昆, 苏育志. 氯化物熔体中钬离子在铁电极上的电还原[J]. 电化学, 1995, 1(1): 44-49.

[44] 杜森林, 苏明忠. 氯化物熔盐中 Nd^{3+} 在液体 Ga 电极上还原的电化学行为[J]. 金属学报, 1991, 27(3): B171-B174.

[45] 欧阳红, 周长生. 稀土电解烟尘的回收利用研究[J]. 江西有色金属, 2006, 20(1): 33-36.

[46] 杜雯, 贺德祥. 稀土金属冶炼中的废气治理[J]. 环境保护, 2002, (11): 17-19.

[47] 王鑫宇, 张丹, 王丽苑, 等. 镧铈金属生产污染状况分析与治理措施研究[J]. 环保科技, 2013, 19(6): 34-37.

[48] 陈冬英, 欧阳红, 刘莲翠, 等. 稀土电解废熔盐的综合利用研究[J]. 江西冶金, 2005, 25(1): 4-8.

[49] 吕恩宝, 刘兴山. 镧热和铈热还原法制取金属钐影响因素的研究[J]. 江西有色金属, 1990, 4(4): 9-13.

[50] 姜银举, 储爱民. 镧热还原氧化钐过程冶金动力学分析[J]. 稀土, 2006, 27(4): 49-52.

[51] 郝占忠, 姜银举, 秦凤启, 等. 用富镧合金作还原剂制取金属钐[J]. 稀土, 1992, 1(1): 47-49.

[52] 唐冲冲, 常化强, 包晓刚, 等. 铝锶热还原 Sc_2O_3 制备铝钪中间合金[J]. 中国稀土学报, 2012, 30(6): 680-685.

第8章 稀土硅铁合金的火法冶炼

8.1 硅热还原法制备稀土硅铁合金

8.1.1 硅热还原法制备稀土硅铁合金的反应热力学原理

1. 硅还原稀土氧化物的热力学

表 8-1 列出了几种有关氧化物的标准生成热和生成自由能。由表可见，稀土元素对氧有较大的亲和力，最主要的稀土氧化物(Ce_2O_3、CeO_2、La_2O_3)的稳定性与 MgO 和 Al_2O_3 的稳定性相接近。以 Si 还原 Ce_2O_3 为例：

$$2/3Ce_2O_3+Si =\!\!=\!\!= 4/3Ce+SiO_2 \tag{8-1}$$

$$\Delta G^{\ominus}=289600-13.40T$$

当反应物都是纯净物质时，式(8-1)在一般冶炼条件下也能进行。

表 8-1 氧化物的标准生成热和自由能

氧化物	氧化反应	$\Delta H^{\ominus}$/(J/mol O_2)	$\Delta G^{\ominus}$/(J/mol O_2)
Al_2O_3	$2/3Al+O_2 =\!\!=\!\!= 2/3Al_2O_3$	-1116290	$-115500+209.20T$
CaO	$2Ca+O_2 =\!\!=\!\!= 2CaO$	-1268580	$-1267800+201.30T$
MgO	$2Mg+O_2 =\!\!=\!\!= 2MgO$	-1202480	$-1196500+208.40T$
Ce_2O_3	$4/3Ce+O_2 =\!\!=\!\!= 2/3Ce_2O_3$	1202000	$-1195400+189.10T$
CeO_2	$Ce+O_2 =\!\!=\!\!= CeO_2$	-1025080	$-1085700+211.30T$
La_2O_3	$4/3La+O_2 =\!\!=\!\!= 2/3LaO_3$	-1195510	$-1192000+277.40T$
SiO_2	$Si+O_2 =\!\!=\!\!= SiO_2$	-910860	$-905800+175.70T$

但硅热法制取稀土硅铁合金实际上是熔融态还原过程，反应体系由液态渣相和合金相组成，还原反应在两相之间进行，而且参加反应的物质并非纯物质。硅还原稀土氧化物的反应可示意为

$$2/3RE_2O_3+Si =\!\!=\!\!= 4/3RE+SiO_2 \tag{8-2}$$

$$\Delta G = \Delta G^{\ominus} + RT \ln \frac{a_{SiO_2}}{a_{Si}} \tag{8-3}$$

式中：$\Delta G^{\ominus}$为反应的标准自由能变化值；a_{RE}为合金中稀土金属的活度；a_{SiO_2}为熔渣中二氧化硅的活度；$a_{RE_2O_3}$为熔渣中稀土氧化物的活度；a_{Si}为合金中 Si 的活度。

反应的标准自由能变化$\Delta G^{\ominus}$与反应的平衡常数 K 有下列关系：

$$\Delta G^{\ominus} = -RT \ln K \tag{8-4}$$

因而式(8-3)可以改写为

$$\Delta G = \Delta G^{\ominus} + RT \ln \frac{a_{SiO_2}}{a_{Si}}$$

$$\Delta G = -RT \ln K + RT \ln J = RT \ln \frac{J}{K} \tag{8-5}$$

$$J = a_{RE}^{4/3} \cdot \frac{a_{SiO_2}}{a_{RE_2O_3}^{2/3}} \cdot a_{Si}$$

式中：J 为活度熵。

根据化学反应的最小自由能原理，若使反应式(8-2)能够向着硅热还原稀土氧化物生成稀土金属的方向进行，必须使$\Delta G < 0$。从式(8-5)可知，若使$\Delta G < 0$，则要 $J < K$。平衡常数是温度的函数，在一定温度下是常数。因此，要使反应式(8-2)向右进行，减小 J 值即增大反应物的活度或减小反应产物的活度是最有效的途径。下面对反应物的活度进行定性的讨论[1,2]。

(1) 稀土氧化物的活度。熔渣中稀土氧化物的活度与稀土氧化物的摩尔浓度有下列关系：

$$a_{RE_2O_3} = \alpha_{RE_2O_3} \cdot N_{RE_2O_3} \tag{8-6}$$

式中：$a_{RE_2O_3}$为熔渣中稀土氧化物的活度；$\alpha_{RE_2O_3}$为活度系数；$N_{RE_2O_3}$为稀土氧化物的摩尔浓度。

从式(8-6)可知，提高熔渣中稀土氧化物的活度系数和浓度都可以增大稀土氧化物的活度。文献在研究了不同体系的熔渣中稀土氧化物的活度后，得出了相同的规律：

①熔渣中稀土氧化物的活度随着稀土氧化物浓度的增加而增加。

②当熔渣中氧化钙含量(或碱度)增加时，稀土氧化物的活度系数增大，活度也随之增大，如图 8-1 所示。

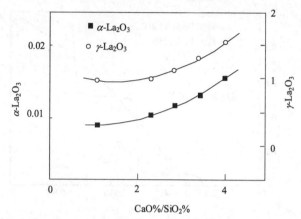

图 8-1　La_2O_3-CaF_2-CaO-SiO_2 四元体系中的 La_2O_3 活度变化

根据离子理论，RE_2O_3 的活度可用下式表示：

$$a_{RE_2O_3} = a_{RE^{3+}}^2 \cdot a_{O^{2-}}^3 \tag{8-7}$$

式中：$a_{O^{2-}}$ 为 O^{2-} 的活度；$a_{RE^{3+}}$ 为 RE^{3+} 的活度。

由式(8-7)可见，稀土氧化物的活度与稀土离子和氧离子的活度有关，而稀土离子的活度和氧离子的活度与熔渣中稀土氧化物及氧化钙的含量有关。在熔渣中稀土氧化物和氧化钙将电离成金属阳离子和氧阴离子，因而增加熔渣中稀土氧化物和氧化钙的含量都有利于提高稀土氧化物的活度。但在用硅热还原法制取稀土硅铁合金过程中，稀土氧化物作为主要反应物，在熔渣中的浓度受合金稀土品位所制约，不能随意增加，其所提供的氧阴离子有限。另外，熔渣中所含的两性和酸性氧化物如 Al_2O_3、SiO_2、P_2O_5 等将吸收氧阴离子[3]。

③当熔渣中氧化钙含量过高时，溶渣的熔点升高，黏度增大，稀土氧化物的活度有降低的趋势。

(2) 硅的活度。硅热还原法制取稀土硅铁合金，作为还原剂的硅是由硅铁提供的，硅铁中的含硅量对硅的活度有显著的影响。研究结果表明，随着 N_{Si} 的增大，a_{Si} 也相应提高，其关系如图 8-2 所示。

从图可见，当 $N_{Si} = 0.3$(即 17.64%)时，a_{Si} 几乎为零，说明 $N_{Si} < 0.3$ 的硅铁不能做还原剂。从技术和经济方面考虑，硅热还原法制取稀土硅铁合金采用 75 硅铁做还原剂较合理。

在研究硅热还原法生产硅钙合金过程中，发现硅铁中自由硅的含量对硅的活度有较大的影响。75 硅铁是自由硅和 ζ 相组成的合金，在还原过程中，ζ 相中的硅不参加反应，其分子式为 Fe_2Si_5。因此，还原剂中硅含量高，有利于增大硅的活度。

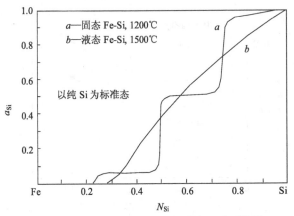

图 8-2　Si-Fe 系中硅的活度与浓度的关系曲线

　　(3) 溶渣中 SiO_2 的活度。在硅热还原法制取稀土硅铁合金过程中，采用增加熔渣中 CaO 的含量的方法来降低 SiO_2 的活度。在 CaO-SiO_2 二元体系中随着熔体中 CaO 浓度的增加，SiO_2 的活度急剧减小(图 8-3)。

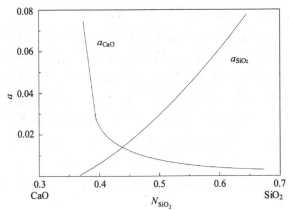

图 8-3　CaO-SiO_2 一元体系中的活度和浓度关系曲线

　　CaO 能与硅还原稀土氧化物生成的 SiO_2 形成多种化合物，如 $CaO \cdot SiO_2$、$2CaO \cdot SiO_2$、$3CaO \cdot SiO_2$ 等，使 SiO_2 的活度减小。在实际生产中，熔渣中配入的石灰几乎可以结合全部 SiO_2，使其活度减小，使硅还原稀土氧化物的反应能够充分进行。

　　(4) 合金熔体中稀土的活度。降低合金熔体中反应产物稀土金属的活度，也是减小活度熵的主要内容之一。对稀土硅铁合金的物相分析表明，合金中稀土是以硅化物形态存在的，也就是说熔渣中稀土氧化物被硅还原为稀土金属后，稀土金属即与合金熔体中的硅发生合金化反应，生成稀土硅化物，并溶解于合金熔体中。以铈为例：

$$1/2[Ce]+[Si]\Longrightarrow 1/2CeSi_2 \tag{8-8}$$

$$CeSi_2 \Longrightarrow [CeSi_2] \tag{8-9}$$

稀土硅化物在合金中处于稳定状态，从而降低了合金中稀土的活度。为了使稀土的合金化反应能够充分进行，要求合金中有足够的含硅量。

综上所述，可以认为在硅热还原法制取稀土硅铁合金过程中，为了使稀土能充分地被还原并获得较高的稀土回收率，选用高品位、低杂质的稀土原料、还原剂和熔剂，是使硅热还原法热力学条件充分的条件[4,5]。

2. 硅还原其他氧化物的热力学

稀土炉料中除含有 REO、CaO 和 SiO_2 外，还含有少量的 FeO、MnO、MgO、TiO_2、ThO_2 等，溶剂还带入大量的 CaO，这些氧化物在冶炼过程中不同程度地被硅还原。除 CaO 的还原能促进稀土氧化物的还原外，其他氧化物的还原都要消耗一定数量的硅，使合金熔体中硅含量降低，活度减小，从而不利于稀土氧化物的还原。

(1) FeO 和 MnO 的还原。由于铁和锰对氧的亲和力远比硅对氧的亲和力小，因此用硅还原 FeO 和 MnO 很容易进行，反应式如下：

$$2FeO+Si\Longrightarrow 2Fe+SiO_2 \tag{8-10}$$

$$\Delta G^\ominus = -368190+38087T$$

$$2MnO+Si\Longrightarrow 2Mn+SiO_2 \tag{8-11}$$

$$\Delta G^\ominus = -123090+18.79T$$

反应式(8-10)和反应式(8-11)是放热反应，可以自发地进行，所生成的铁与锰可反应生成硅化物。铁与锰的硅化物在合金中稳定存在，降低了合金中自由硅的含量，不利于稀土氧化物的还原。

(2) CaO 和 MgO 的还原。CaO 是极其稳定的氧化物，反应式如下：

$$2CaO+Si(l)\Longrightarrow 2Ca(l)+SiO_2 \tag{8-12}$$

$$\Delta G^\ominus=324430-17.15T$$

当反应物和生成物都是纯态时，反应式(8-12)在一般冶炼条件下极难进行。但在硅热法制取稀土硅铁合金过程中，能够还原氧化钙已经被实践所证实。据报道，在铁合金生产的反应体系中氧化钙被硅还原可能有下列反应存在：

$$2CaO+3Si(l)\Longrightarrow 2CaSi(l)+SiO_2 \tag{8-13}$$

$$\Delta G^{\ominus} = 465190 - 240.54T$$

$$3CaO+5Si(1)\!\!=\!\!=\!\!2CaSi_2(1)+CaO\cdot SiO_2(1) \tag{8-14}$$

$$\Delta G^{\ominus} = 23220 - 111.84T - 0.75T^2 + 2.68T\lg T$$

$$3CaO+3Si(l)\!\!=\!\!=\!\!2CaSi(1)+CaO\cdot SiO_2(l) \tag{8-15}$$

$$\Delta G^{\ominus} = 37450 - 67.99T - 0.75T^2 + 2.68T\lg T$$

氧化镁可以被硅还原，其反应如下：

$$3MgO+2Si(1)\!\!=\!\!=\!\!Mg_2Si(1)+Mg\cdot SiO_2(1) \tag{8-16}$$

$$\Delta G^{\ominus} = 245600 + 48.50T - 1.0\times10^{-3}T^2 - 43.22T\lg T$$

在有 CaO 存在的条件下，反应按下式进行：

$$2MgO+CaO+2Si(1)\!\!=\!\!=\!\!Mg_2Si(1)+CaO\cdot SiO_2(l) \tag{8-17}$$

$$\Delta G^{\ominus} = 186020 + 62.22T + 2.0\times10^{-3}T^2 - 43.22\lg T$$

但由于实际冶炼温度高于镁的沸点(1105℃)，被还原出来的镁大部分以气态挥发，仅有少部分存在于合金中[6]。

(3) TiO_2 的还原。TiO_2 的热力学稳定性与 SiO_2 相近，用硅还原 TiO_2 的反应为

$$TiO_2+Si(1)\!\!=\!\!=\!\!Ti+SiO_2 \tag{8-18}$$

$$\Delta G^{\ominus}= -8386 + 21.63T$$

炉料中带入的 TiO_2 常被视作有害物质，因为被还原出来的钛进入合金中，影响稀土硅铁合金在铁中的使用效果。因此在冶炼过程中应尽可能减少 TiO_2 的还原。

3. 硅热还原法制取稀土硅铁合金的反应机理

硅热还原法制取稀土硅铁合金的过程，由于稀土金属及其化合物的热力学数据不足，含稀土炉渣熔体和 RE-Si-Fe 系合金熔体中有关元素的活度数据缺乏，从而造就了利用热力学数据计算实际冶炼过程的困难。但可以利用冶金热力学的基本原理，结合生产实践，对冶炼过程可能发生的化学反应进行推断，从而进一步加深对反应机理的认识。

4. 炉料熔化期的化学反应

熔化期是指从开始加入稀土原料和石灰到加硅铁之前的冶炼阶段，其任务是熔化炉料形成渣相。使用稀土富渣或稀土精矿作为原料，其矿物组成有碳钙硅石、枪晶石、萤石和硫化钙等，稀土元素存在于钠钙硅石矿物($3CaO\cdot Ce_2O_3\cdot 2SiO_2$)中，

当冶炼温度达到 1100~1200℃时，炉料开始熔化，进一步升温到 1200~1300℃时，熔化的炉渣和石灰发生化学反应，并促进石灰的熔化，这时有以下反应发生。

(1) 钙硅石分解：

$$3CaO·Ce_2O_3·2SiO_2+CaO \Longrightarrow Ce_2O_3+2(2CaO·SiO_2) \tag{8-19}$$

(2) 晶石分解：

$$3CaO·CaF_2·2SiO_2+CaO \Longrightarrow CaF_2+2(2CaO·SiO_2) \tag{8-20}$$

(3) 在有充足的 CaO 条件下：

$$2CaO·SiO_2+CaO \Longrightarrow 3CaO·SiO_2 \tag{8-21}$$

5. 还原期的化学反应

还原期为加入硅铁到合金出炉的冶炼阶段，随着硅铁的熔化，在炉内出现了两相，即熔融的渣相和合金相。此时的化学反应由以下三部分组成：两相界面上进行的还原反应、渣相中的造渣反应和合金相中的合金化反应。

(1) 硅还原。由于熔渣中有大量的游离 RE_2O_3 出现，硅铁中有大量的游离硅存在，在两相界面上 RE_2O_3 被硅还原[式(8-2)]。物相分析结果表明，合金中的稀土以硅化物的形态存在，其中 SiO_2 以硅酸盐形态存在。从而证明，被还原出来的稀土金属和硅发生合金化反应形成稀土硅化物存在于合金相中：

$$[RE] + [Si] \Longrightarrow [RESi] \tag{8-22}$$

$$[RESi] + [Si] \Longrightarrow [RESi_2] \tag{8-23}$$

还原生成的 SiO_2 与渣中 CaO 反应生成硅酸钙存在于渣中：

$$[CaO] + (SiO_2) \Longrightarrow (CaO·SiO_2) \tag{8-24}$$

$$2(CaO) + (SiO_2) \Longrightarrow (2CaO·SiO_2) \tag{8-25}$$

$$3(CaO) + (SiO_2) \Longrightarrow (3CaO·SiO_2) \tag{8-26}$$

稀土硅化物和硅酸钙的生成，大大降低了合金中稀土的活度和渣中 SiO_2 的活度，使反应式(8-2)能够顺利进行。

(2) 硅钙还原。为了进一步探索稀土氧化物的还原机理，研究工作者按硅热法制取稀土硅铁合金的实际条件配制不含稀土的合成渣，其组成见表 8-2。合成渣熔融后，用 75 硅铁还原，冶炼过程中合金含钙量和含硅量随时间的变化见表 8-3。

表 8-2　合成渣的组成

组成	CaO	SiO$_2$	CaF$_2$	Al$_2$O$_3$	S
含量/%	48.97	14.53	28.14	3.20	0.82

表 8-3　合金中钙和硅的含量变化

时间/min	0	2.5	5	10	15	30	40	50	75	120
含钙量/%	0.39	15.93	—	21.53	21.15	22.33	21.87	21.30	19.05	15.20
含硅量/%	75.70	67.50	59.10	—	56.10	56.50	—	55.70	55.80	57.00

由表可见，用硅铁还原不含稀土的合成渣，可以获得含钙量 22.33% 的硅钙合金，但在相同的条件下用硅铁还原稀土炉渣，最终稀土硅铁合金的含钙量不大于5%。在冶炼稀土硅铁合金过程中，取样分析硅钙变化情况，证实被还原出来的钙或硅钙参与了稀土氧化物的还原，有下列反应存在：

$$(RE_2O_3)+[CaSi]\!=\!\!=\!2[RE]+(CaO\cdot SiO_2) \tag{8-27}$$

$$[RE]+[Si]\!=\!\!=\![RESi]$$

因此，渣中 CaO 被硅还原，对稀土氧化物的还原是有利的。

6. 辅助反应

在冶炼稀土硅铁合金过程中，电弧炉有大量的烟气放出，随着温度的升高，还会产生熔体的沸腾现象，这是由于电弧炉采用碳素炉衬和石墨电极，其中的碳也可以参与还原反应。例如：

$$(FeO)+C\!=\!\!=\![Fe]+CO\uparrow \tag{8-28}$$

$$(MnO)+C\!=\!\!=\![Mn]+CO\uparrow \tag{8-29}$$

$$(SiO_2)+C\!=\!\!=\!SiO\uparrow+CO\uparrow \tag{8-30}$$

炉渣中有大量的 CaF$_2$ 存在，并与 SiO$_2$ 作用：

$$2(CaF_2)+2(SiO_2)\!=\!\!=\!(2CaO\cdot SiO_2)+SiF_4 \tag{8-31}$$

炉渣中 SiO$_2$，与合金中硅反应：

$$(SiO_2)+[Si]\!=\!\!=\!2SiO\uparrow \tag{8-32}$$

上述反应产生的气体使熔体沸腾，起到搅拌作用，使熔融渣相和合金相的接触条件得到改善，也有利于反应物的扩散，改善了还原反应的动力学条件。

总之，根据多年的试验和生产实践，可以推断硅热还原法制取稀土硅铁合金的反应，是在大量石灰参与反应的条件下，硅首先将石灰还原成钙，形成硅钙合金，硅钙再将稀土氧化物还原成稀土金属，也不排除硅直接将稀土氧化物还原成稀土金属的可能性。稀土金属进一步与硅合金化，以硅化物相存在于合金中。这是一个相当复杂的氧化还原反应过程，因此，通过控制冶炼工艺条件，如炉料配比、还原温度和时间等可以有效控制合金组成[7]。

8.1.2　硅热还原法制备稀土硅铁合金工业实践

1. 原料制备

原料制备是冶炼稀土硅铁合金的第一步工序。原料质量的优劣明显影响着冶炼的技术经济指标。冶炼稀土硅铁合金同样应遵循精料的方针。实践表明，精料入炉可以使稀土硅铁合金的产量增加 10%~30%，稀土回收率提高 5%~10%，电耗降低 15%~30%，产品质量也得到明显的改善。随着稀土硅铁合金生产工艺的不断完善和技术进步，高质量、多品种的稀土硅铁合金对原料提出了更高的要求。硅热还原法制取稀土硅铁合金的原料可以分为三类，即稀土原料、还原剂和熔剂。

(1) 稀土原料。硅热还原法制取稀土硅铁合金的稀土原料有多种，我国较为常用的是白云鄂博富稀土中贫铁矿高炉除铁渣(简称"稀土富渣"，下同)、稀土精矿除铁渣(简称"稀土精矿渣"，下同)、稀土氧化物(混合稀土氧化物或单一稀土氧化物)、稀土氢氧化物和稀土碳酸盐等。稀土氧化物、氢氧化物和碳酸盐由于成本较高，只有特殊需要时才采用。苏联、美国等根据各自的资源情况使用稀土氧化物、稀土氢氧化物及稀土精矿球团和压块等做原料。

在高炉冶炼过程中，无论是原矿还是人造富矿入炉，稀土将全部转移到炉渣中，产出所谓的稀土富渣。稀土富渣在 20 世纪 80 年代前是冶炼稀土硅铁合金的主要原料。随着选矿技术的发展，中高品位的稀土精矿从原矿中分离，铁含量很低，不需要进入高炉进行处理，所以从 80 年代以后，稀土富渣不再生产。80 年代又开拓了稀土精矿经电炉脱铁除磷制备含稀土更高的稀土精矿渣，稀土精矿渣成为稀土硅铁合金生产的主要原料。近年来，生产中主要用包头稀土精矿、山东微山湖稀土精矿、四川冕宁氟碳铈矿经过简易的造块处理，直接入炉冶炼稀土硅铁合金[8]。

(2) 还原剂。由于 75 硅铁具有较高的含硅量和较低的杂质，冶炼稀土硅铁合金系用 75 硅铁做还原剂，较经济合理。

(3) 熔剂。冶炼稀土硅铁合金所用溶剂主要是石灰。石灰中 CaO 含量越高越好，SiO_2 及其他杂质含量越低越好。生产中一般要求石灰中含 CaO > 85%、SiO_2 < 5%。

2. 中低品位稀土精矿脱铁除磷制备稀土精矿渣

稀土精矿渣是冶炼稀土硅铁合金的重要原料。稀土精矿是由白云鄂博稀土铁矿经过选取后的矿再经选矿处理而获得的。随着选矿技术的不断进步和提高，目前稀土精矿的稀土氧化物含量可以达到60%以上。但用高品位稀土精矿冶炼稀土硅铁合金在经济上不合算，因而在工业规模的生产中未得到应用。目前大量使用白云鄂博中低品位稀土精矿冶炼稀土硅铁合金，其化学成分见表8-4。

表8-4　包头稀土精矿的化学成分(%)

品级	REO	CaO	CaF$_2$	SiO$_2$	MnO	TiO$_3$	P$_2$O$_3$	TFe	BeO	ThO$_2$	S
中品级	54.18	0.95	15.83	1.31	0.29	0.11	5.74	3.49	5.67	0.11	1.80
低品级	30.42	1.12	23.00	1.02	0.66	0.27	7.58	10.30	8.81	0.13	2.60

从中低品位稀土精矿的化学成分可以看出，稀土精矿中含有较多的杂质，特别是磷化合物含量较高，不仅在冶炼过程中要消耗一定数量的还原剂，不利于提高稀土硅铁合金的稀土含量，而且给产品质量造成很坏影响。因此稀土精矿必须经过处理，以降低造渣的成本。中低品位稀土精矿的粒度一般都在200mm以下，且含有较多的水分，因此稀土精矿必须经过造块和干燥后，才能入炉进行脱铁除磷。

3. 稀土精矿的造块方法

稀土精矿的造块常用的造块方法有球团法和压块法。

(1) 稀土精矿球团的制备。

根据稀土精矿球团的固结温度的不同，将其分为低温固结球团和高温焙烧球团两种。

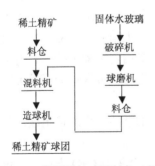

图8-4　低温固结球团制备工艺示意图

低温固结球团的制备：稀土精矿球团制备工艺流程如图8-4所示。低温固结的稀土精矿球团需要选择合适的黏结剂，常用的有水玻璃(Na$_2$SiO$_3$)和消石灰[Ca(OH)$_2$]等。造球工艺简单易行，首先向水分含量小于8%的稀土精矿中加入其质量5%的水玻璃粉，在滚筒混料机内混匀，然后再经造球机制成15~25mm的稀土精矿球团。生球在烘干炉内烘干40min，控制烘干炉底层球团温度为120~150℃。经过烘干的稀土精矿球团抗压强度可以达到390N/球以上。

制备低温固结稀土精矿球团的另一种方法是

碳酸化冷固结。其工艺过程是用干燥的稀土精矿添加 10%~15% 的消石灰及少量的水玻璃，混合均匀，然后用造球机制成 Φ15~25mm 的球团，成球率为 70%~80%，经过自然干燥后生球的抗压强度大于 50N/球，将干燥的球团投入碳酸化罐内，通入热炉废气($CO_2 > 20\%$, 50~80℃)，经过处理的球团抗压强度可以达到 30~50N/球。稀土精矿球团中的消石灰不仅参与了碳酸化的反应，同时又作为溶剂提高了球团的碱度，稀土精矿生球性能、焙烧技术条件、焙烧熟球性能分别见表 8-5、表 8-6 和表 8-7。

表 8-5　稀土精矿生球性能

消石灰加入量/%	生球直径/mm	抗压强度/(N/球)	冲击强度/(次/500mm)	堆密度/(t/m³)	含水量/%
9~10	10~15	5.36	3.6	1.72~1.81	9.5~10.5

表 8-6　焙烧技术条件

焙烧时间/min	最高尾气温度/℃	料层厚度/mm	垂直焙烧速度/(mm/min)	最高焙烧温度/℃
45~55	450~500	350~400	5~8	1140~1150

表 8-7　焙烧熟球性能

堆密度/(t/m³)	抗压强度/(N/球)	转数指标(>5mm)/%
1.543	950	89.6

回转窑的主要参数为：窑身直径 700mm，长度 12000mm，有效容积 4.6m³，内衬耐火砖厚 115mm，窑身倾角 5°，转速分别为 0.465r/min、0.58r/min 和 1.2r/min。以焦炉煤气做颜料，空气助燃。窑内保持微弱负压，火焰为弱氧化性，在窑尾设有钟式给料机，球团通过 Φ120mm 排料弯管给入窑内，从窑头排出的成品球团存于料斗内。实践表明，当回转窑倾角为 5°，转速为 0.58r/min，烧结温度为 1115~1130℃，可以获得利用系数为 1.45~1.54t/(m³·d)，成品率 87.4%~91.1% 的生产指标，球团抗压强度约为 1100N/球。在实际生产中，采用回转窑或烧结炉进行稀土精矿球团的焙烧，都可以满足脱铁除磷及冶炼稀土硅铁合金的需要。

(2) 稀土精矿压块。

稀土精矿压块工艺简单易行。将稀土精矿与消石灰(加入量为精矿量的 8%~10%)在混料机内混合均匀，然后送入压块机内压制成型。稀土精矿压块的大小可以根据生产要求，用更换不同模具来改变，一般控制在 65mm×110mm×240mm。这种压块经自然干燥后，强度可以满足电弧脱铁的要求。此法简单，操作便利，但压块强度较低，在长期储存和运输过程中会造成硅损，因而使用有一定限制。

(3) 稀土精矿球团的矿物组成。

稀土精矿球团的矿物组成很大程度上取决于焙烧温度和碱度。低温固结稀土精矿球团基本上保持原稀土精矿的矿物组成，其主要矿物有独居石、氟碳铈矿、赤铁矿、磁铁矿、萤石和重晶石等。

高温焙烧的高碱度稀土精矿球团的矿物组成与低温固结球团有所不同，主要原因是在高温焙烧条件下，球团内部发生了一些物理化学变化，其矿物组成主要有赤铁矿、铁酸钙、萤石、重晶石、枪晶石和铈针石等。铈针石的出现显然是在焙烧过程中由独居石和氟碳铈矿发生分解产生的。而高碱度(CaO/SiO₂ > 1.87)和高温(1100~1200℃)焙烧是产生铈针石的必要条件。高碱度高温焙烧的稀土精矿球团，对生产优质稀土精矿渣和冶炼稀土硅铁合金十分有利，在工业生产中应当推广。

4. 电弧炉脱铁除磷制备稀土精矿渣的工艺和原理

稀土精矿球团脱铁除磷：稀土精矿球团经电弧炉、矿热炉脱铁除磷制备稀土精矿渣，是冶炼合格稀土硅铁合金的重要环节。下面重点介绍电弧炉脱铁除磷制备稀土精矿渣的工艺和原理。

(1) 稀土精矿球团电弧炉脱铁除磷的工艺。利用电弧炉进行稀土精矿脱铁除磷制备稀土精矿渣，具有工艺简单、操作便利、设备利用率高等优点，因而在工业生产中采用，其工艺流程如图 8-5 所示。所用设备为冶炼稀土硅铁合金的电弧炉，渣铁罐为耐高温铸铁件。罐内渣铁经过 8h 以上的静置冷却即可完全分离，注意不可将高磷铁混入渣中。

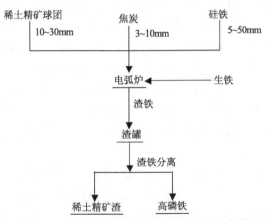

图 8-5　电弧炉制备稀土精矿渣的流程示意图

(2) 稀土精矿球团脱铁除磷的基本原理。中低品位稀土精矿球团电弧炉脱铁除磷，所用的还原剂主要是碳。在电弧炉冶炼温度条件下，碳可以还原铁、锰、磷、铌和钛等氧化物，但不能还原稀土氧化物，稀土氧化物仍保持原形态留在渣中。

由于焦炭密度远比熔渣小，冶炼时焦炭易于漂浮在熔渣的表面，即使加强搅拌，熔渣与焦炭之间的接触也不理想，因而还原的动力学条件不充分。另外，用碳完全去除较难还原的氧化物如 TiO_2 等也有困难。为改善还原条件，在实际生产中配入一定量硅铁做辅助还原剂，硅铁的还原效果优于焦炭，但由于价格昂贵，用量过多将导致稀土精矿渣的造价增大，同时部分稀土将被还原，在确保稀土精矿渣质量的前提下，应尽可能少用硅铁。

铁氧化物的还原：铁氧化物的还原是逐级进行的，用碳或硅均可使铁氧化物按 $Fe_2O_3 \rightarrow Fe_3O_4 \rightarrow FeO \rightarrow Fe$ 顺序还原成铁。在实际生产中，铁的还原速率非常快，用压缩空气搅拌 10min，熔渣中含铁量可由 10% 降至 0.5% 以下。由于反应过程有 CO 气体逸出，起到了辅助搅拌的作用，有利于加速还原过程。

磷氧化物的还原：稀土精矿中的磷主要是以磷酸盐的状态存在，如独居石 $(CePO_4)$，磷酸钙 $(3CaO \cdot P_2O_5)$、蓝铁矿 $(3FeO \cdot P_2O_5 \cdot H_2O)$ 等。在电弧炉冶炼条件下，有 SiO_2 和 CaO 参加时，独居石将发生分解[式(8-33)]，生成的 P_2O_5 被炭[式(8-34)]或硅[式(8-35)]还原。

$$2CePO_4 + 3CaO + 2SiO_2 = 3CaO \cdot Ce_2O_3 \cdot 2SiO_2 + P_2O_5 \tag{8-33}$$

$$P_2O_5 + 5C = 2P + 5CO\uparrow \tag{8-34}$$

$$2P_2O_5 + 5Si = 4P + 5SiO_2 \tag{8-35}$$

1200~1500℃时，磷酸钙可以被碳还原：

$$3CaO \cdot P_2O_5 + 5C = 3CaO + 2P + 5CO\uparrow \tag{8-36}$$

SiO_2 存在时，磷酸钙将发生分解：

$$2(3CaO \cdot P_2O_5) + 3SiO_2 = 3(2CaO \cdot SiO_2) + 2P_2O_5 \tag{8-37}$$

当稀土精矿球团含铁量较低时，加入少量生铁，使还原产生的磷溶解于铁中，生成稳定的 Fe_3P 相。锰氧化物的还原与铁氧化物的还原一样都是逐级进行的。但锰对氧的亲和力大于铁对氧的亲和力，且在稀土精矿中锰的含量远比铁的含量低，还原的热力学条件较差，因此锰氧化物比铁氧化物较难还原。用碳还原锰的高价氧化物为低价氧化物在较低的温度下就能进行，碳和硅还原 MnO 的反应参见反应式 (8-29) 和反应式(8-11)。渣中 SiO_2 能与 MnO 反应生成难还原的 $MnSiO_3$，因此加入适量的 CaO 可以促进 $MnSiO_3$ 的分解，从而增大熔渣中 MnO 的活度。

$$MnSiO_3 + CaO = CaSiO_3 + MnO \tag{8-38}$$

$$\Delta G^\ominus = -75470 - 5.31T$$

稀土精矿球团脱铁除磷过程中锰的还原率可以达到 80%以上。钛氧化物还原：白云鄂博稀土矿由于其含镍量相对较高，冶炼用于球铁的稀土硅铁合金时，要求精矿渣含铁量越低越好，因此稀土精矿在脱铁除磷过程中降低其渣的含钛量也是一项重要的内容。

TiO₂ 是很稳定的氧化物，用炭还原 TiO_2[反应式(8-39)]，开始温度为 1684℃，这在电弧炉冶炼温度条件下是相当困难的。但如果在炉料中加入硅铁，用硅还原[式 (8-18)]，该反应可以顺利进行：

$$1/2TiO_2+C{=\!=\!=}1/2Ti+CO\uparrow \tag{8-39}$$

$$\Delta G^{\ominus}=341290{-}174.05T$$

(3) 脱铁除磷过程的配料计算。稀土精矿球团脱铁除磷制备稀土精矿渣过程中，各种原料的入炉配比必须经过准确的计算，所用原料要进行化学分析。当稀土精矿球团中铁、磷、锰、钛全部为碳还原时，则焦炭量可按下式计算：

$$C=\frac{Q(0.21Fe+0.22Mn+0.97P+0.5Ti)}{C_{固}(1-A)} \tag{8-40}$$

式中：C 为焦炭入炉量，kg；Q 为稀土中含碳量，%；$C_{固}$ 为焦炭中含碳量，%；A 为焦炭烧损量，%；Fe、Mn、P、Ti 分别为稀土精矿球团中根据化学分析数据换算出的铁、锰、磷、钛元素的含量，%；

在实际生产中，为了简化计算过程，焦炭加入量可按下列经验公式计算：

$$C=1.2Q(0.58Fe+0.32P) \tag{8-41}$$

式中：C 为焦炭入炉量，%；Q 为稀土精矿球团入炉量，kg；Fe、P 分别为稀土精矿球团中含铁、磷量，%。

为了提高铁、锰和钛等的还原率，可向炉内加入占稀土精矿球团总量 2%~3%的 75 硅铁。如果稀土精矿含铁量低于 6%，可加入占稀土精矿球团量 2%~5%的生铁或废钢。稀土精矿球团脱铁除磷过程的操作首先根据电弧炉容量大小，确定稀土精矿球团(压块)的加入量，然后计算出焦炭、硅铁和生铁(废铁)的加入量。电弧炉用低电压起弧后，将准备好的焦炭全部加入炉内，稀土精矿球团(压块)加到焦炭上面。30min 后用高压送电，电流逐渐达到满负荷。随时观察炉内的液量情况，在炉料熔化的同时，尽可能把炉料推向高温区，以加速熔化过程及避免炉料黏结炉衬。当炉料熔化 80%~90%时，向炉内加入硅铁，必要时加入生铁或废钢。注意应尽可能发挥焦炭的还原作用，硅铁加入时间不宜过早。

炉温控制在 1400~1500℃，并辅以适度搅拌。当渣中 Fe<0.5%时便可以出炉，

稀土富渣和高磷铁在罐内冷却分离。

　　制备稀土精矿炉渣的技术经济指标：稀土精矿球团电弧炉脱铁除磷制备稀土精矿渣，一个重要的技术指标是成渣率，即消耗单位稀土精矿球团所产出的渣量。成渣率的高低主要取决于精矿球团的磷及锰等元素的含量，也与生成操作有关。白云鄂博低品位稀土精矿球团的成渣率一般为 70%~80%。另一个重要的技术指标就是稀土的回收率，稀土回收率的高低综合反映了生产工艺水平和操作水平。白云鄂博稀土精矿球团电弧炉脱铁除磷制备稀土精矿渣时，稀土回收率在 80%以上。

　　包头中品位稀土精矿球团和脱铁渣的化学成分举例列于表 8-8 中，脱铁除磷过程的主要元素在渣和铁相中的分配比例列于表 8-9 中，生产技术经济指标列于表 8-10 中。

表 8-8　中品位稀土精矿球团和脱铁渣的化学成分(%)

原料名称	REO	CaO	CaF$_2$	SiO$_2$	MnO	TiO$_2$	P$_2$O$_5$	TFe	BaO	MgO	Al$_2$O$_3$
球团	29.54	2.10	23.40	8.76	0.85	0.42	7.05	9.32	6.39	0.66	1.21
脱铁渣	34.40	2.80	27.68	13.36	0.15	0.14	0.34	0.27	8.23	0.87	1.39

表 8-9　脱铁除磷的主要元素在渣和铁相的分配(%)

项目	RE	Fe	P	Mn	Ti
渣相	86.00	2.20	3.15	12.54	40.28
铁相	0	96.50	92.18	86.73	59.31
损失率	14.00	1.30	4.57	0.73	0.41

表 8-10　电炉脱铁的技术经济指标

原料消耗/(kg/t渣)			电耗/(kW·h/t渣)	成渣率/%	稀土回收率/%
精矿球团	焦炭	硅铁			
1350	125	30	1020	74	86

8.1.3　硅热还原法的冶炼设备

　　硅热还原法生产稀土硅铁合金的冶炼设备，通常借用标准炼钢电弧炉及配套设备。对设备的总体要求是能适应不同原料生产多种产品，节约能源，有较高的机械化和自动化程度，生产效率高，使用寿命长，易于维护和有利于环境保护。冶炼稀土硅铁合金，国内常用电弧炉的主要技术参数列于表 8-11 中。

表 8-11　电弧炉主要技术参数

型号	HGT-0.5	HGX-1.5	HGX-3	HGX-5
电弧炉容量/t	0.5	1.5	3	5
变压器容量/kVA	500	1200	1800	2250
炉壳直径/mm	1480	2230	2740	3240
炉膛直径/mm	950	1600	2000	2520
熔池直径/mm	240	290	360	430
电极直径/mm	150	200	250	300
电极最大行程/mm	850	1100	1300	1700

电弧炉容量可以根据设计产品产量、品种及所使用的原料状况以及变压器容量来确定，一般可用下式计算：

$$W = P / (XNT) \tag{8-42}$$

式中：W 为变压器公称容量，kVA；P 为稀土硅铁合金年产量，t；X 为原料系数，一般取 1.0~1.3，稀土富渣取下限，稀土精矿渣取上限；N 为电弧炉利用系数，t / (MVA·d)；T 为年作业时间，d。

炉顶料斗装料。由于固体稀土富渣的导电性不良，对其只能采用先起弧后装料的方式。先将炉料装入料斗进行计算，然后用吊车运往炉顶料仓内储存。电弧炉起弧后，需要加料时可将料仓的闸门打开，炉料通过导料管从炉盖的加料孔流到炉内。每台电弧炉可以根据其容量的大小设 1~2 个加料孔。

增大熔池深度。出于冶炼稀土硅铁的炉料体积大，而且在冶炼时常出现熔渣沸腾的现象，因此必须增大熔池深度，扩大熔池体积，以满足冶炼稀土硅铁合金的要求。实践中常采用提高炉门槛位置来增大熔池深度。

用碳质炉衬。含氟稀土炉渣用碱性或酸性耐火材料砌筑的炉衬有较强的腐蚀性，炉衬寿命较短，降低了电弧炉的作业率，因此需改用耐氟的碳质炉衬，增设排烟除尘设施。电弧炉冶炼稀土硅铁合金过程中产生了大量的烟气，其含尘量可达 2g/m³，并且含有氟等有害气体，严重恶化了作业环境。目前稀土合金生产厂普遍采用烟罩收集烟气，用引风机将烟气通过布袋或静电除尘，达到排放标准的烟气对空排放。

8.1.4　硅热还原法的影响因素

对于电弧炉硅热法生产稀土硅铁合金，经过多年的科学研究和生产实践证明，配料碱度、渣剂比、温度和搅拌强度对稀土合金品位和收率有着决定性的影响。配料碱度、渣剂比、还原温度和搅拌强度通常称为稀土硅铁合金冶炼过程的四要素。

1. 配料碱度

白云鄂博矿中的稀土矿物氟碳铈和独居石，在制造稀土富渣时转变成枪晶石和铈钙硅石，只有在高温(1240~1300℃)下与石灰反应生成硅酸钙，才能使稀土氧化物以铈针石形式游离出来[式(8-14)]，被硅或硅钙所还原。所以说石灰是促使稀土矿物分解的关键。加入还原剂硅铁后，铈针石被还原成硅化稀土，石灰又与反应产物二氧化硅化合生成硅酸二钙、硅酸三钙等，降低二氧化硅活度，促进稀土被还原。但碱度过高，降低了渣中稀土浓度，同时又使熔渣变黏，影响了反应物的扩散，不利于还原反应的进行。中国科学院上海冶金研究所曾采用不同级分的配料在其他条件相同下进行试验, 结果表明, 每种熔渣都有一最佳配料碱度(图8-6), 只有选择合适的配料碱度, 才能得到最高的稀土收率。

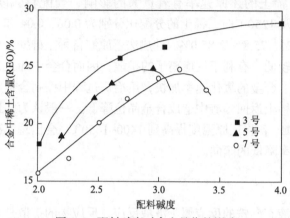

图 8-6　配料碱度对合金品位的影响

2. 渣剂比

入炉的稀土富渣和所用硅铁质量之比称为渣剂比。渣剂比是配料计算中的一个重要数据。上海冶金研究所的试验表明, 在选定配料碱度为 4.0, 温度1200~1300℃, 其他操作条件相同的条件下, 渣剂比与稀土品位和稀土收率的关系如图 8-7 所示。由图可以看出, 冶炼低品位的合金, 稀土收率高, 而冶炼高品位的合金, 稀土收率低。

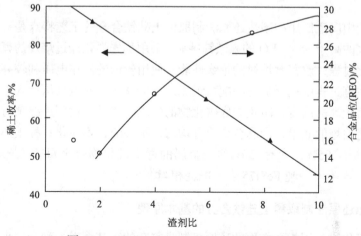

图 8-7　渣剂比对合金品位和稀土收率的影响

3. 还原温度

还原温度对稀土的还原速率有着重大的影响，当配料碱度为 4，温度在 1400℃、1325℃及 1250℃时，稀土的分配比分别为 0.06、0.04 和 0.21，稀土的回收率分别为 67.7%、75.8%及 85.0%。硅热法还原制备稀土硅铁合金，还原温度较高时，炉渣碱度较低，有利于反应离子的扩散，因而合金中稀土含量较快达到峰值。但温度过高，合金的氧化速率加快，给冶炼过程中控制合金成分造成困难，合金中被氧化的稀土返回到渣中造成合金品位降低。一般认为，最适宜的还原温度为 1300~1350℃。若将还原温度提高到 1400~1450℃，会出现二次渣中稀土含量增高，稀土回收率降低的倾向。

4. 搅拌强度

稀土熔渣与液态硅铁的反应属于液液反应，反应物的扩散是反应速率的限制性环节。例如，采用含 REO 4.85%、SiO_2 22.67%、CaO 48.93%的稀土渣，用硅铁还原，在其他工艺条件相同的情况下，定时人工搅拌一次，试验合金中稀土品位为 20.3%REO，不搅拌的二次试验合金中稀土品位分别为 10.9%和 13.0%，这个试验结果充分说明了搅拌的重要性。液液反应只能在界面上进行，搅拌可使还原剂硅铁与被还原物质稀土熔渣充分接触，扩大接触面，增加了反应物质的碰撞和生成物的离开机会，强化了反应，减少了冶炼时间。

8.2　碳热还原法制备稀土硅铁合金

在生产中广泛使用的碳热还原法制取稀土硅铁合金的工艺特点是：可使用价格比较便宜的高于 55%REO 的氟碳铈精矿；采用优先强化经过焙烧的氟碳铈矿中稀土的碳化过程，改善假炉衬的绝缘性能；使用较低的操作电压和较高的极心圆功率；在冶炼过程中选择适宜的配料组成，亏碳操作，使电极深插入炉料中，保证炉底具有较高的温度，防止炉底碳化物的生成和集结，达到炉况顺行、炉底不上涨、无渣冶炼的效果；产品合金成分均匀，不夹渣，不粉化；稀土还原进入合金的收率高于 95%；含有 30%稀土金属的稀土硅化物合金每吨工艺电耗低于 9500kW·h，与生产一吨 FeSi75 合金电耗相当[9,10]。

8.2.1　碳热还原法制取稀土硅铁合金的基本原理

金属氧化物与碳相互作用的还原机制是复杂的，甚至对一种金属来说，在不同的条件下和反应的不同阶段，其主要反应不同，往往几种还原机制同时存在。一般说来，碳热还原的主要过程不外乎以下三个过程：气相参加的相互作用；固相的相互作用；液相的相互作用。在稀土中间合金熔炼过程中气相参加的反应可能有着重要意义。也就是说凝集的氧化物和气态还原剂，气态氧化物和凝集的还原剂以及气态氧化物和气态还原剂之间的相互作用都是可能的[11-13]。碳热还原制取稀土中间合金的主要反应可以表达为

$$M_xO_y + C = M_xO_{y-1} + CO\uparrow \tag{8-43}$$

$$M_xO_y + (z+y)C = M_xC_z + yCO\uparrow \tag{8-44}$$

$$zM_xO_y + yM_xC_z = x(z+y)M + zyCO\uparrow \tag{8-45}$$

式中：M 为稀土、硅、钙等合金元素。

低价氧化物可进一步还原，直至形成金属。中间产物碳氧化物也是存在的，它可进一步与氧化物和碳反应，最终形成金属。以研究得比较充分的碳从二氧化硅中还原出硅的过程为例，可以简单列成下式：

$$SiO_2(s) \rightarrow SiO(g) \rightarrow SiC(s) \rightarrow Si(l) \rightarrow SiO(g) \tag{8-46}$$

对于 Si-C-O-Ce(Y)体系的热力学和动力学研究表明，下列反应是存在的：

$$Ce_2O_3 + 7C = 2CeC_2 + 3CO\uparrow \tag{8-47}$$

$$Y_2O_3 + 7C = 2YC_2 + 3CO\uparrow \tag{8-48}$$

$$SiC + SiO = 2Si + CO\uparrow \tag{8-49}$$

$$SiC + SiO_2 = Si + SiO + CO\uparrow \tag{8-50}$$

$$CeC_2 + 2SiO = CeSi_2 + 2CO\uparrow \tag{8-51}$$

$$SiC + CeO = CeSi + CO\uparrow \tag{8-52}$$

当温度高于 1600℃时，最初将还原出硅，同时有中间产物 SiO、SiC 和稀土碳化物等生成。而还原稀土金属则需要更高的温度(高于 1800℃)。还原硅和稀土金属的中间凝聚产物是碳化物，它们可与一氧化硅或二氧化硅相互作用而分解。在其余条件相同的情况下，生成碳化硅比生成稀土碳化物容易；随着稀土硅化物的形成，稀土碳化物比碳化硅更容易分解。碳化硅等物质的聚集，若不及时分解，极易造成炉底堆积，形成炉瘤，在碳热还原过程的实际条件下生成和分解的稀土金属和硅的数量比将由热力学和动力学因素的总和决定。与碳热还原时需要配入大量的硅石，一方面还原产物硅可以与稀土、钙形成稳定的硅化物，降低了这些难还原元素的起始还原温度；另一方面不可避免地将产生稳定的硅酸盐和其他复

杂氧化物，这些氧化物恶化了还原元素的热力学和动力学条件[14-16]。

用碳热还原法生产稀土硅化物合金的基本原理，主要包括二氧化硅被碳还原为硅和一氧化硅及稀土化合物碳化生成碳化物和稀土碳化物被一氧化硅还原为稀土金属这两部分。当然还有其他一些副反应和中间反应，如碳化硅的生成和破坏，硫酸钡的分解与还原，杂质钙、铝化合物的还原，还有稀土金属与硅生成稀土硅化物等。

用碳还原二氧化硅的基本化学理论，自硅铁合金问世和工业硅生产以来，已经有很多学者进行过充分的研究，已是比较成熟的理论，现归纳为以下几个基本化学反应。

$$SiO_2 + 2C = Si + 2CO\uparrow \tag{8-53}$$

$$SiO_2 + C = SiO + CO\uparrow \tag{8-54}$$

$$SiO + 2C = SiC + CO\uparrow \tag{8-55}$$

$$2SiO = Si + SiO_2 \tag{8-56}$$

$$2SiC + 3SiO_2 = Si + 4SiO + 2CO\uparrow \tag{8-57}$$

式(8-53)为总反应式。在碳量不足的条件下，二氧化硅的反应进行得不充分，可大量生成一氧化硅[式(8-54)]；在碳量过剩的条件下，会大量生成碳化硅[式(8-55)]。事实上，在矿热炉中，一氧化硅生成经炉料过滤与焦炭中的碳反应首先生成的是 SiC[式(8-55)]，这些碳化硅再被分解和还原生成硅。式(8-56)为一歧化反应，有很多学者证明这个反应在炉中存在。

氟碳铈矿的化学式原则上可写为 $REFCO_3$，为稀土碳酸盐和稀土氰化物的复合矿物，在自然界以晶体存在[17,18]。在一定的温度条件下，稀土碳酸盐发生分解，生成稀土氟氧化物：

$$REFCO_3 = REOF + CO_2\uparrow \tag{8-58}$$

式(8-58)便是稀土精矿焙烧反应的化学方程式。

在矿热炉中，实际存在的体系为 SiOCRE 体系，会有以下主要反应发生：

$$REFO + 3C = REC_2 + CO[F] \tag{8-59}$$

$$1/2REC_2 + SiO = 1/2[RE]Si + CO\uparrow \tag{8-60}$$

至于式(8-59)中的稀土碳化反应是生成 REC_2 还是生成 RE_2C_3 或者是生成 REC，有待进一步去研究和确认，但稀土化合物与碳反应生成碳化物已是被实践所证明的事实。还原出的稀土金属与硅生成稀土硅化物合金，氟则与二氧化硅或一氧化硅化合生成氟硅化物随炉气排出。在稀土精矿入炉之前要进行焙烧，分解放出二氧化碳[式(8-58)]，增加稀土化合物的活性；同时避免了所制稀土球团入炉后，由于氟碳铈矿剧烈分解放出二氧化碳而使球团粉碎。为了加速实现稀土碳化物的生成，在稀土精矿制团时，加入高活性还原剂——焦炭粉和木炭粉，使得稀土化合物充分与碳接触，在炉中的高温下，稀土首先生成碳化物[式(8-59)]。为了强化稀土在团块中生成碳化物的过程，在将稀土焙烧矿与碳还原剂一起制团时，所配入碳量为稀土化合物完全转变为稀土碳化物(REC_2)所需碳量的 1~3 倍。从反应[式(8-60)]的要求出发，要在炉中造成生成足够一氧化硅的条件，以利于稀土碳化物被一氧化硅所还原。要造成一氧化硅气氛，必须在碳量不足的条件下，这便是工艺中要求亏碳操作的基本化学原理。当然，在炉中，稀土氧化物被硅还原的反应也会存在，但不构成主反应。

8.2.2 矿热炉碳热还原一步法冶炼稀土硅化物合金

矿热炉冶炼稀土中间合金工艺中，炉料的品质包括其化学成分、物理和力学性能、粒度组成等。它们对炉况顺行、电能消耗和产品质量有着重要作用。炉料的破碎和适当的造块是强化熔炼过程的有效途径之一，因为材料的分散提高了它的表面能，增加了化学活性；粉料的充分混合则明显提高了还原反应的速率和完全程度。但在工业实践中还是筛选块状物料，只有粉状的稀土精矿和稀土化合物才进行造块。碳热还原一步法冶炼稀土硅化物合金新工艺是在 4150kvA 矿热炉中进行的[19]。

1. 原料

(1) 稀土原料。该工艺采用的稀土原料为四川冕宁氟碳铈型稀土精矿，其主要化学组分为：REO > 55%，BaO < 8%。由表 8-12 可以看出，冕宁矿不同矿点稀土配分值的变化比较大。

表 8-12 冕宁氟碳铈矿稀土配料(%)

组分	REO	La_2O_3	CeO_2	Pr_4O_{11}	Nd_2O_3	Sm_2O_3	Eu_2O_3	Gd_2O_3
1	65.46	27.5	38.75	4.5	14.0	1.25	0.25	0.58
2	51.16	49.92	46.38	4.00	10.22	0.49	<0.10	0.16
组分	Tb_2O_3	Dy_2O_3	Ho_2O_3	Er_2O_3	Tm_2O_3	Yb_2O_3	Lu_2O_3	Y_2O_3
1	0.042	0.11	0.058	0.072		0.032		0.76
2	0.10	<0.01	<0.01	<0.01	<0.01	<0.01	<0.01	<0.01

稀土精矿的粒度，重选矿一般小于 0.5mm，浮选矿粒度为 200 目。从球团化的性能来看，浮选矿更好一些，表 8-13 为一重选矿粒度分布的实测值。

表 8-13　重选氟碳铈精矿粒度分布*

筛网	+20	−20~+40	−40~+50	−50~+70	−70~+100	−100~+140	−140
粒度/mm	0.8	<0.8~0.4	<0.4~0.3	<0.3~0.2	<0.2~0.15	<0.15~0.1	<0.01
质量/g	0.35	6.05	7.05	42.40	2.45	14.70	27.70
分布/%	0.35	6.04	7.04	42.34	2.45	14.68	27.66

*称量总质量 100.15g，分样合重 100.20g，误差 0.05%。

(2) 硅石。原则上讲，冶炼硅铁合金所使用的硅石，均可用作本工艺所用的含硅原料，其化学成分应符合 ZBD53001-90GS-98 标准，$SiO_2 > 98\%$，$Al_2O_3 < 0.5\%$，$P_2O_5 < 0.02\%$。硅石的块度为 25~80mm。

(3) 碳质还原剂。各类焦炭(冶金焦、煤气焦、石油焦等)、木炭、木块等均可用作本工艺的碳质还原剂。考虑到冶炼工艺过程的需要，要使用那些反应活性好、比电阻大的碳质还原剂，同时又要考虑生产成本。实际生产中，往往搭配使用。

①焦炭。冶金焦固定碳含量高，焦块强度大，挥发分含量低，但反应活性不如煤气焦，比电阻比较低。本工艺优先选用冶金焦筛下焦粒，粒度为 0~25mm，其中 3~8mm 占一半以上。固定碳含量大于 80%。

煤气焦实际上是一种半焦，反应活性好，比电阻大，但挥发分含量比较高，固定碳含量一般在 78%左右，强度比较低，但在矿热炉中使用不受影响。

②木炭和木块。木炭的使用，主要是为调整炉料的透气性。使用硬木类木炭，块度为 3~50mm，小于 10mm 的数量不大于 20%。

木块采用木材加工厂的下脚料，或干树枝，最好是硬木类。块度为 20~60mm，固定碳含量一般≥26%。

2. 工艺过程

碳热还原氟碳铈矿一步法生产稀土硅化物合金新工艺流程如图 8-8 所示。

碳热还原法的主要优点是可以一步直接还原，还原剂便宜，能源利用合理，可以大批量连续生产。硅热还原法反应速率快，产品易于调整控制，适于多品种小批量生产。碳热法达到无误操作时，稀土回收率在 90%以上。硅热法增加了二次回收工艺，其回收率也只能达到 80%。硅热法生产稀土中间合金，其原料和电能的消耗超过用碳热法相应消耗的 30%。

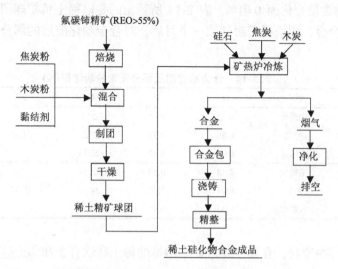

图 8-8　碳热还原氟碳铈矿制取稀土硅化物合金新工艺流程

8.2.3　稀土硅铁合金的粉化及防治措施

1. 合金的粉化现象

某些稀土中间合金放置在空气中会自动粉化，特别是用稀土精矿为原料生产的合金和碳热还原法生产的合金，粉化倾向更为严重，有的仅在几十分钟内就全部粉化成暗灰色的粉末，装桶的块状合金曾因粉化发生过爆炸。据观察，合金粉化时逸出的气体常有刺鼻的气味，会自燃并伴有爆裂声。有粉化倾向的合金在潮湿空气中会加快粉化过程。粉化的合金给传统应用领域造成一定困难。将易粉化合金置于研究其粉化过程的装置中，收集到的气体以氢气为主，还有少量的 PH_3 和 AsH_3 等。排出的氢气量和总气体体积与时间的关系曲线如图 8-9 和图 8-10 所示。

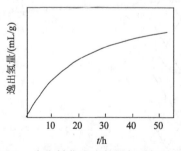

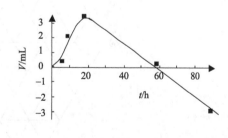

图 8-9　合金粉化逸出氢量与时间的关系　　　图 8-10　合金粉化逸出气体体积变化情况

据文献报道，合金在空气中粉化后，其质量增加 0.62%左右，磷含量变化为

0.07%，砷含量变化为 0.01%。表 8-14 所列出的是以稀土精矿球团碳热法制取的稀土硅铁合金，用铁桶密封储藏一个月后，对合金粉化前后的部分元素进行分析的结果。

表 8-14　合金粉化前后部分元素分析结果(%)

炉号	状态	O	P	Fe	RE	Si
	未粉化	0.05	0.65	27.3		
A-30	粉化	0.06	0.53	27.3	21.33	45~48
	入水后	0.02	0.41	27.33		
	未粉化	0.08	0.59	25.54		
A-32	粉化	0.07	0.5	24.73	18.07	46~48
	入水后	0.03	0.43	25.27		

采取纯净原料，在真空感应炉中冶炼的稀土硅铁合金和稀土硅化物也有粉化现象。

2. 合金粉化的原因

影响合金粉化的因素很多，如冶炼温度、杂质含量、冷却速度和周围环境的湿度等。在实践中长期观察发现，凡易粉化合金一般晶粒比较粗大，结构疏松，特别是在图 8-11 所示的Ⅱ区组分的合金，在空气中会自动粉化。这个区域的边线外延到硅铁线上，其范围恰好也是硅铁易粉化区，因此合金粉化的主要原因可能是易粉化组成的合金缓慢冷却时，稀土硅化物或ζ相硅铁在晶粒边界析出，析出的化合物被空气中水汽所氧化，体积膨胀而使合金粉碎。合金遇水会加速粉化，析出的气体有电石味，因此可以推断粉化与合金中夹杂有微量的碳化物或渣相有关。

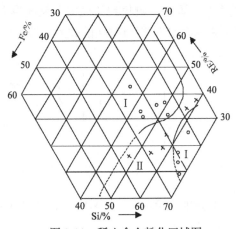

图 8-11　稀土合金粉化区域图

3. 防止合金粉化的措施

(1) 提高原料碱度，降低原料中有害杂质含量。提高原料碱度，可以有效降低合金中的硅含量，使其处于易粉化区以外。但碱度的变化会影响到整个冶炼过程。降低原料中有害物质，特别是磷的含量至关重要，在稀土精矿脱铁时只要注意控制温度和碱度，必要时增加一些强化措施如添加少量硅铁就可以保证渣中磷含量符合要求。江苏省冶金研究所采用稀土精矿粉在高碱度下直接冶炼硅铁合金，使磷进入大气和渣中，所得的合金不粉化。

(2) 提高出炉温度。提高出炉温度可防止合金中混入渣等杂物，渣铁分离较好；出炉温度提高后，也易于进行包中处理。

(3) 浇铸薄锭和水淬处理。浇铸薄锭和水淬均是加快合金的冷却速度，防止合金偏析，细化晶粒的措施，对抑制合金粉化有一定的效果。尤其是水淬，操作简单，水淬前后合金化学成分变化不大，具体见表 8-15，但水淬后合金粒常有空心，堆密度较小，还需对这种处理方法进行更深一步的试验。北京科技大学采用氩气制粉，可以使合金粉直接用于喷吹装置。

表 8-15　水淬前后合金化学成分比较(%)

试样	RE	Si	Fe	Ca	Mg	P	Al
水淬前	18.55	55.73	16.73	2.53	0.14	0.018	0.96
水淬后	18.79	51.35	20.36	2.14	0.17	0.024	0.90

4. 粉化合金的使用与处理

(1) 直接应用于喷吹法或包芯线中。对稀土在钢铁中应用的传统加入方法——冲入法来说，粉化合金的粒度太小，表面能较大，难免漂浮在需要处理的钢液或铁液的表面被白白氧化掉，使处理工艺失败。但在目前，随着稀土加入方法的改进，喷吹法、包芯线喂丝法已推广和应用，块状的合金粉碎到一定粒度，具有一定形态才能适用。从大量的分析数据看，合金粉化前后化学成分变化不大，表面的氧化层也很薄，不至于影响使用。

(2) 配制其他品种合金。我国除稀土硅铁合金是采用硅热还原法冶炼的以外，其他的大部分采用熔融配料法生产。

(3) 重熔处理。粉化后的合金在配有一定碱度的稀土富渣(或冶炼稀土合金后的废渣)保护下进行重熔处理，稀土品位略有提高，硅含量略有下降，具体数据列于表 8-16 中，重熔后的合金一般不再粉化。

表 8-16　合金重熔前后主要化学成分比较(%)

试样	RE	Si	Fe
粉化合金	24.79	58.50	9.26
重熔后合金	25.92	55.10	10.06

8.3　稀土硅铁镁合金的冶炼

稀土硅铁镁合金的生产，目前国内一些稀土合金生产厂大多是以电硅热法冶炼稀土硅铁合金，然后采用冲熔法配制成稀土硅铁镁合金的流程。对于这种工艺流程，金属镁的损失大，耗镁高，加之国内金属镁市场短缺，大部分靠进口，致使稀土硅铁镁合金生产受到限制。稀土硅铁镁合金的生产，金属镁的费用约占合金成本的 40%，以 1982~1986 年为例，稀土硅铁镁合金综合镁耗为 151t，年耗镁量十分庞大。为了降低生产稀土硅铁镁合金过程中的镁消耗，扩大稀土硅铁镁合金的产量，进行了无底罐冲熔法和合金罐压熔法配镁试验，取得了良好的效果。

8.3.1　冶炼稀土硅铁镁合金工艺

1. 原料

稀土富渣：以白云鄂博中贫铁矿为原料，经高炉脱铁炼取，其主要成分为：$RE_xO_y>12\%$，$\sum Fe<1\%$，$Mn<2\%$，$(CaO\sim1.473F)/SiO_2=1.0\pm0.2$，粒度 10~100mm；硅铁：含 $Si=72\%\sim80\%$，粒度 10~100mm；石灰：含 CaO 85%，粒度 10~150mm；金属镁：粒度 50~200mm。

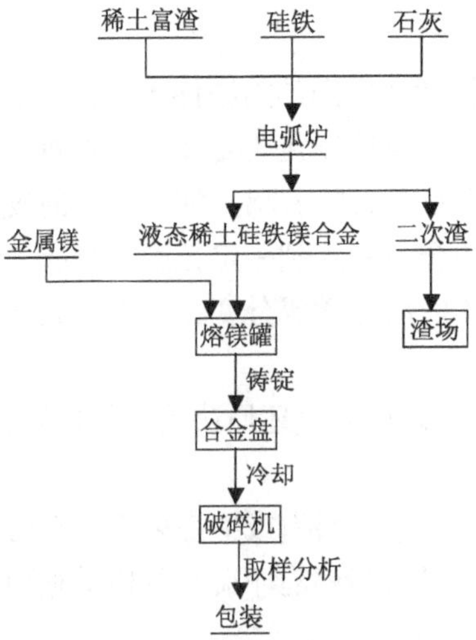

2. 冶炼设备

采用 HGTM-3 型炼钢电弧炉、额定容量为 3t，变压器公称容量为 2200kVA。

3. 工艺流程

冶炼稀土硅铁镁合金的工艺流程图如图 8-12 所示。

首先根据冶炼稀土硅铁镁合金入炉原料的数量、化学成分和各元素的回收率，计算出炉产稀土硅铁镁合金的数量。按所生产的稀土硅铁镁合金的含镁量、配镁过程中镁的烧损量和液态稀土硅铁镁合金质量，计算出应配镁量。在适宜的温度下熔镁。熔镁反应结束后，

图 8-12　冶炼稀土硅铁镁合金工艺流程图

所得稀土硅铁镁合金在合金盘内铸锭。按规定要求的粒度破碎，取样化验，合格产品包装出厂。

8.3.2 冲熔法配镁

1. 工艺过程

稀土硅铁镁合金出炉前，将粒度为 50~200mm 的金属镁块放入冲镁罐内，冲镁罐主要参数见表 8-17。合金出炉注入合金罐内，扒净炉渣后，将液体合金均匀地兑入冲镁罐，待熔镁反应结束，打开合金流口，稀土硅铁镁合金流入合金盘铸锭。此流程的典型冶炼参数列于表 8-18 中。

表 8-17 冲镁罐主要参数

名称	材质	壁厚/mm	大头外径/mm	小头外径/mm	容积/m³	合金流口内径/mm	罐高/mm
冲镁罐	铸铁	125	1250	750	0.70	150	1150

表 8-18 冲熔法配镁典型冶炼参数

序号	液态硅铁合金镁质量/kg	配镁量/kg	实际镁合金质量/kg	成品镁合金质量/kg	粘罐镁合金质量/kg	合金含镁量/kg
1	1750	183	1541	1270	350	7.74
2	1670	175	1540	1250	280	8.25
3	1810	190	1506	1370	460	7.94
4	1730	180	1621	1250	260	8.02

2. 镁耗分析

金属镁在稀土硅铁镁合金生产过程中的损失主要是在冲熔过程中的燃烧、粘罐和合金破碎加工三个方面。冲熔法配镁生产稀土硅铁镁合金金属镁损失情况见表 8-19。镁烧损合金和金属镁的物理性质见表 8-20。

表 8-19 冲熔法配镁生产稀土硅铁镁合金镁耗情况

配镁量	镁烧损		镁粘罐损失		镁破碎损失		工艺收率	总收率
kg	kg	%	kg	%	kg	%	%	%
178	29.78	16.73	25.88	14.53	21.04	11.82	68.74	56.92

表 8-20 稀土硅铁镁合金和金属镁的物理性质

名称	密度/(g/cm³)	熔点/℃	沸点/℃	冲镁温度/℃
合金	4.50	1089.0	1104	1250~1300
金属镁	1.74	650		

(1) 因金属镁密度小、沸点低，所以在冲熔过程中金属镁极易漂浮在合金的

表面上，镁不可避免与空气中的氧接触，在高温下剧烈燃烧。冲熔法配镁，镁的烧损率高达 16.73%。

(2) 镁粘罐损失。由于铸铁冲镁罐的保温性能差，冲镁时温度较低，因此造成合金大量粘罐。粘罐合金含镁量与成品合金含镁量基本相同。这部分合金进入电炉进行二次冶炼，所含镁几乎全部烧掉，镁损失率高达 14.3%。

(3) 合金破碎镁损失。稀土硅铁镁合金按用户要求的粒度需进行精整和加工。在机械加工过程中，会形成大量的合金粉末，再次冶炼时镁也几乎全部烧掉，镁损失率达 11.82%。冲熔法配镁金属镁的工艺收率为 68.74%，总收率为 56.92%。

8.3.3　无底罐法配镁

1. 工艺过程

稀土硅铁镁合金的冶炼在 3t 电炉上进行。无底罐与冲镁罐的不同之处只在于前者无底无合金流口。在熔镁时将无底罐平放于合金铸锭盘内，同时将粒度为 50~200mm 的金属镁放在罐中，然后均匀地兑入液态合金进行熔镁。采用无底罐配镁的目的在于减少粘罐合金量，增加产量。无底罐法配镁工艺的主要冶炼参数见表 8-21。

表 8-21　无底罐配镁冶炼参数

序号	液态硅铁镁合金质量/kg	配镁量/kg	实际镁合金质量/kg	成品镁合金质量/kg	粘罐镁合金质量/kg	合金含镁量/kg
1	1880	132	1884	1450	120	6.20
2	1550	117	1322	1100	320	5.60
3	1720	128	1614	1200	200	5.80
4	2000	132	1973	1460	160	6.44

2. 镁耗分析

(1) 三种配镁工艺的镁耗。无底罐法配镁工艺镁的烧损、粘罐和破碎加工损失情况见表 8-22。

表 8-22　无底罐配镁工艺镁耗情况

配镁量	镁烧损		镁粘罐损失		镁破碎损失		工艺收率	总收率
kg	kg	%	kg	%	kg	%	%	%
135	15.54	11.51	11.12	8.24	22.20	16.50	80.25	63.75

(2) 镁烧损。由于无底罐法配镁也存在冲镁过程，仍没有避免镁的漂浮问题，同样造成较大的烧损，烧损率达 11.51%。

(3) 镁粘罐损失。由于无底罐没有底，从而减少了镁合金的粘罐量，与有底罐的冲熔法配镁相比，粘罐镁损失减少 6.29%。

(4) 合金破碎镁损失。合金破碎镁损失取决于合金破碎加工过程中的粒度要求、破碎方法和合金含杂质量。合金粒度小，采用机械加工，镁损失大。由于无底罐与合金盘是刚性接触，因而接触不严，在采用耐火泥和石棉绳密封时，使少部分合金夹带杂质，在精整加工时给予去除，因此破碎加工镁损失达 16.50%，较冲熔法配镁高 4.68%。采用无底罐法配镁工艺，镁收率可达 80.25%，总收率达 63.75%。

8.4　稀土硅铁合金炉渣的回收再利用

稀土硅铁合金(RESiFe)，主要是用于钢铁和用作制备铸造用球化剂、孕育剂和蠕化剂的重要合金原料。我国每年有近万吨冶炼稀土硅铁合金炉渣产生，综合利用这种炉渣不但有利三废处理，而且是节约稀土资源的重要途径。其合金渣的主要成分为 CaO 50%~60%，SiO_2 20%~25%，稀土 2%~3%，以及铁、铜、锌等微量元素。这种炉渣直接回收或回炉是没有什么价值的，如果按每年 10000t 炉渣计，则有近 300t 的稀土被白白浪费掉，并且还造成环境污染。此合金渣中的稀土成分主要为铈、镧，可以回收利用[20-22]。

1. 在农业方面的应用

据有关资料介绍，稀土对植物具有生理活性，它可以促进农作物对氮、磷、钾的吸收，提高植物的光合作用率，有助于农作物的生长发育，有明显的增产效果。20 世纪 70 年代国内就开展了稀土在农业上的应用研究，并取得了成果。比较广泛使用的稀土肥料为硝酸稀土，肥效较佳，但是这种肥料的价格为 7000~8000元/t，虽然每亩农作物的用量不大，但这样昂贵的价格是推广应用的一大障碍。从实验室培养皿中测得，万分之五的稀土化合物就能激活作物酶系统，若单独使用稀土盐溶液施用于作物上，吸收率仅为千分之几。为此，从 1984 年起，南京大学化学化工学院、江苏省冶金研究所和南京稀土应用研究会合作，综合利用稀土硅铁合金渣，曾在东辛农场直接用 1#合金渣粉碎后施用在农田上。虽然对农作物无害，但增产不显著。经分析，主要是这种形态的微量元素不易被农作物吸收，需转换为一种植物易吸收的形式。为此，经反复试验后，研制了高效复合稀土微肥。

试验中发现，在氯化稀土溶液中加入 15%的氨基酸配位后，增加了稀土离子的浸透能力，降低了稀土用量。由于高效复合稀土微肥除含有 0.5%的稀土元素外，还含有多种氨基酸和合金渣中残留的锌、铁、铜等多种有利于农作物生长的微量元素。它无毒、无害、无放射性，对环境不产生任何污染，并有助于农作物增加抗逆性。

根据南京地区四年来的试验数据统计，使用高效复合稀土微肥后，小麦可增产 10%~20%；水稻可增产 5%~8%；茶叶可增产 20%~30%；油菜可增产 14%~17%；大豆可增产 20%~23%；蓖麻可增产 30%~50%；棉花可增产 13%~16%；蔬菜可增产 12%以上；西瓜不但增产 10%~15%，且增加糖分 0.5%~0.8%。

高效复合稀土微肥的肥本与效益之比在 1：10 以上。高效复合稀土微肥使用方便，农民只需按不同作物的需要量加水稀释 300~500 倍即可直接施用。不但适宜做底肥，也适宜做追肥，不但适用于灌施，也适用于喷施。若使用在蔬菜、林木、果木、苗圃上潜力很大，经济效益显著。

高效复合稀土微肥生产工艺简单，只需少量的化工设备。由于微肥的稀土原料是稀土硅铁合金炉渣，这就大大降低了成本，每吨成本仅为 800~1000 元，每吨销售价为 2000~2600 元，其价格比硝酸稀土便宜得多。经实践，生产微肥剩下的渣还可做追肥使用，海门市采用此技术生产微肥后的渣，施入藕田内，当年增产 30%左右。这样，稀土合金渣经再利用后，不仅节约了稀土资源，降低了成本，又便于推广应用，还解决了合金渣堆放的环境污染问题。此技术成果 1986 年已通过省级鉴定。

目前，高效复合稀土微肥已在江苏、山东、浙江、江西、安徽等地推广应用。海门市已有三个厂家相继投产，年产量 150t 以上，可使 30 万亩(1 亩=666.7m^2)农田受益。浙江啄县稀土微肥厂今年生产销售 50t，即将要生产 100t。如果将 1 万 t 1# 合金渣全部转化为微肥，可生产稀土微肥 25000t，可使 5000 万亩农田增收 8%~30%。可见，稀土硅铁合金渣在农业上综合利用的价值是非常可观的。

2. 在陶瓷建材中的应用

传统的玻璃生产，为了除去玻璃中的铁等杂质，减少脆性，增加透光性，多采用白砒做玻璃澄剂。在玻璃熔池中加入砒霜澄清，一则剧毒气体对工人有害，污染环境，再则器皿中残留的微量砒霜有害于人体；采用氧化铈代替砒霜澄清，可避免上述公害。

1986 年，由南京市冶金研究所、南京稀土应用研究会与南京玻璃纤维研究设计院物理室合作，将稀土硅铁冶炼渣稍作处理后，替代氧化铈用于玻璃澄清。在南京东方玻璃厂、南京新华弯玻璃厂、中国南玻集团股份有限公司及秦皇岛耀华玻璃股份有限公司将其应用到瓶料玻璃、玻璃球、平板玻璃后，不但产品质量和成品率明显提高，而且澄清剂成本降低 40%~50%。

稀土硅铁冶炼渣在陶瓷、建材等行业也可应用。1988 年四川双流水泥厂，曾将热冶炼渣及时进行水淬后，加入水泥熟料中，可节约成本。宜兴某陶瓷厂，将冶炼渣粉碎后作为填充料加入艺术陶瓷品中。也有的将该渣粉碎后加入砖瓦和砌块中，其强度均有明显提高。

3. 在钢铁中的应用

炼钢脱氧多采用由硅、钙、钡、铝等元素组成的中间合金。而稀土硅铁冶炼渣中含有这些元素，还有少量氟化钙，在高温下有一定搅拌作用，利于钢铁溶液的流动性。

为降低成本，钢铁厂炼钢脱氧从完全采用中间合金脱氧、脱硫、脱磷，转而采用一些半金属状态的脱氧剂。因此，许多含硅、锰、铝、钙、钡等元素的中间化合物应运而生。特别是在一些普碳钢、低碳钢种脱氧时，部分采用上述脱氧剂，对钢的质量并无影响。河南省近十年相继形成年产近百万吨以上这种脱氧剂的供应能力。

21 世纪初，在南京南方稀土研究所的指导帮助下，河南淅川县金泰特种合金厂首先将稀土硅铁冶炼渣配入炼钢脱氧剂中。经厂家使用，效果明显，一度形成稀土硅铁冶炼渣供不应求的局面。有的厂再配以硅钙钡等渣形成多种元素复合型脱氧剂，充分利用冶炼废渣，形成良好的循环经济。在铸造中，适量加入稀土硅铁冶炼渣，也可起到增硅、脱硫、脱磷，改善铁水质量的效果。

4. 二段还原稀土硅铁冶炼渣

四川凉山州冕宁、德昌大陆槽稀土是制备稀土硅铁理想的原料，南京南方稀土研究所与四川喜德县良在特殊合金厂合作，对稀土硅铁生产工艺进行了创新，经过一年多反复试验，成功实现了冶炼渣二段还原新工艺。稀土回收率从原来的75%左右上升至>90%。不但节约精矿，还节电 30%，成本下降，产品提高了市场竞争力。该项工艺于 2001 年获国家专利。

参 考 文 献

[1] 王常珍, 杨代银. 炉渣中稀土氧化物活度的测定[J]. 金属学报, 1979, 28-32.

[2] 王常珍, 叶树青, 胡应年, 等. Ce_2O_3-CaO-CaF_2 三元渣系中 Ce_2O_3 的活度研究[J]. 稀土学报, 1985, 3: 27-32.

[3] 蔡体刚. 中国稀土学会第二届学术年会论文集(第二分册)[C]. 中国稀土学会, 1990, 156: 519-524.

[4] 雷斯 M A. 铁合金冶炼[M]. 北京: 冶金工业出版社, 1989.

[5] 刘兴山. 铁合金. 北京: 冶金工业出版社, 1986.

[6] 清华大学稀土铸铁课题组. 稀土铁合金和碱土铁合金[M]. 北京: 冶金工业出版社, 1991.

[7] 稀土编写组. 稀土(上、下)[M]. 北京: 冶金工业出版社, 1978.

[8] 毕群. 钢铁[M]. 北京: 冶金工业出版社, 1983,

[9] 涂赣峰, 任存治. 氟碳铈精矿的煅烧分解[J]. 有色矿冶, 1999, 6: 18-20.

[10] 张世荣, 涂赣峰. 氟碳铈矿热分解行为的研究[J]. 稀有金属, 1998, 22(3): 185-187.

[11] 张世荣, 涂赣峰. 稀土硅铁合金冶炼工艺及反应机理[J]. 广东有色金属学报, 2000, 10(2): 112-116.

[12] 张世荣, 涂赣峰, 张成祥, 等. 独居石精矿碳还原过程的研究[J]. 中国稀土学报, 1999, 17(3): 244-248.

[13] 涂赣峰, 任存治, 李春材, 等. 碳热还原条件下二氧化铈与碳的反应过程[J]. 中国有色金属学报, 1988, 8(3): 511-514.

[14] 涂赣峰, 任存治, 等. 碳热还原法制取稀土硅铁合金[M]. 内部资料, 1993.

[15] 吴文远. 稀土冶金学[M]. 北京: 化学工业出版社, 2005.

[16] 吴炳乾. 稀土冶金学[M]. 长沙: 中南工业大学出版社, 2001.

[17] 杨红晓, 任存治, 涂赣峰, 等. RE-Si-O-F 体系中稀土硅酸盐的生成[J]. 稀土, 2002, 23(3): 65-66.

[18] Zhao Q, Tu C F. Micro-mechanism of disintegration of RE-silicide alloy containing phosphorus[J]. Journal of Rare Earth, 2001, 19(4): 284-287.

[19] 吕俊杰, 陈景友, 郑再春. 矿热炉和电弧炉冶炼稀土硅铁的实践[J]. 稀土, 2006, 27(4): 99-101.

[20] 刘东升, 张兴. 清洁生产技术在硅铁合金工业中应用[J]. 生物技术世界, 2012, (4): 21-22.

[21] 崔季刚, 吕陵王, 仲山, 等. 稀土硅铁合金炉渣的回收再利用[J]. 江苏冶金, 1988, (1): 50-51.

[22] 王仲山, 方星伯. 稀土硅铁合金冶炼渣的再利用[J]. 稀土应用, 2009, 1: 22-23.

第 9 章 稀土金属的提纯

随着科学技术的发展以及人们对产品的要求越来越高，许多新型稀土功能材料对稀土金属的纯度提出了更高的要求，不仅要求杂质的总量，而且也要求杂质的种类。熔盐电解或金属热还原法生产的稀土金属，纯度一般在99%左右，远远不能达到人们的要求。因此怎样得到纯度更高的稀土金属越来越受到人们的重视。

稀土金属中的杂质包括两大类：稀土杂质和非稀土杂质。稀土杂质是除所提纯稀土元素以外的其他稀土元素，它的主要来源是原材料。单一稀土金属中的稀土杂质对稀土金属产生的污染是有限的，可以通过提高原材料(如稀土氧化物)的纯度来控制。非稀土材料包括除稀土杂质以外的其他杂质，特别是非金属杂质，如 C、O、N 等。这些杂质来源非常广，不仅在原材料中有，还有一些是在稀土金属的制备和提纯过程中引入的，而且杂质的分布也不同。所以非稀土杂质是稀土金属提纯的关键。

目前，真空蒸馏法、区熔精炼法、固态电解法、悬浮区熔-电传输联合法、电解精炼法等是稀土金属的主要提纯方法。每一种方法都有其自身的优势和适用的范围，所以在对稀土金属提纯的过程中，不但要考虑稀土金属的性质，还要考虑产品对金属的纯度要求，杂质的种类，生产过程中的成本，以及对环境的损害程度等。必要时要采取多种方法联合提纯[1,2]。

9.1 真空蒸馏法提纯稀土金属

9.1.1 基本原理

在稀土金属的提纯方法中，真空蒸馏法是一种在工业上常用的方法，该方法的基本原理是在不同温度和高真空的条件下，利用稀土金属与其他杂质的蒸气压不同来提纯稀土金属。真空蒸馏法主要有三大阶段：蒸发、蒸气扩散和蒸气冷凝。其中，蒸发过程的速率决定整个蒸馏过程的总速率。在整个蒸馏过程中，要根据所含杂质的种类决定蒸馏的顺序和冷凝的温度，使稀土金属可以优先分离出来。

热力学研究表明，当假设物质的蒸发热为常数时，其蒸气压与温度的关系可表示为

$$\lg P = -A/T + B \tag{9-1}$$

式中：$A = L/(2.303R)$；$B = \Delta S_f/(2.303R)$；L 为蒸发热；ΔS_f 为沸点时的蒸发熵。

当其他杂质的饱和蒸气压和待提纯稀土金属的差别越大时，其越能有效地除去。我们可以从图 9-1 中得到在稀土金属提纯中，真空蒸馏法能够更好地除去哪些杂质。

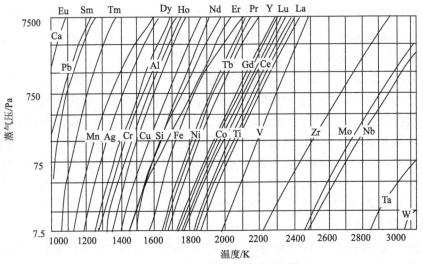

图 9-1　稀土金属及某些杂质的饱和蒸气压

在金属蒸馏过程中，当金属的蒸气压很小，过程又在高真空下进行时，纯金属的蒸馏可视为"分子蒸发"的情况，其最大蒸馏速率 W_e 可近似地用朗格缪尔分子蒸馏速率方程式加以表述：

$$W_e = 4.376 \times 10^{-4} a P_e \sqrt{M/T} \tag{9-2}$$

式中：a 为冷凝系数，对于金属一般约等于 1；P_e 为蒸馏温度下的蒸气压，Pa；T 为蒸馏温度，K；M 为蒸馏金属的分子量。

此式大致适用于 $P_e \leqslant 0.1333$Pa 的蒸馏系统。当 P_e 较大时，金属蒸气在气相中的分压不可忽略，它们甚至会在蒸发器上方聚集而引起部分回凝，使蒸馏速率降低。此时，我们需要对 P_e 进行修正，修正后的蒸馏速率方程式可表达为

$$W_e = 0.591 \times 10^{-4} a P_e \sqrt{M/T} \qquad \text{单位：} g/(cm^2 \cdot s) \tag{9-3}$$

式中：P_e 为蒸馏表面上方金属蒸气的分压。

在蒸馏过程中，当金属与杂质元素的 P_e 相近时，为获得部分纯度更高的金属产品，有时需采用蒸气冷凝的"分馏"方式，即应用具有适当温度梯度的冷凝器。因此靠近蒸发器一端的冷凝面温度往往维持稍高，被冷凝的金属在此温度下有一

定的蒸气压，也将影响蒸馏金属的蒸馏速率，故金属蒸馏的速率方程式应当表示为

$$W_e = 0.591 \times 10^{-4} a(P_e - P_1)\sqrt{M/T} \tag{9-4}$$

式中：P_1 为在冷凝温度下的金属蒸气压，Pa；T 为冷凝温度，K。

蒸馏速率是确定蒸馏温度和保温时间的重要技术参数，且随着温度的升高而加快。在蒸馏过程中，由于稀土杂质的不断富集，金属活度降低，蒸馏速率也会减小。通常，某一温度下的蒸馏速率用以下公式进行监控：

$$W_e = Q_e/(ST) \tag{9-5}$$

式中：Q_e 为稀土金属析出量，即坩埚内金属失重或接收器中金属质量，g；S 为蒸馏表面积，即坩埚内截面积，cm^2；T 为保温时间，即某一蒸馏温度下的保温时间，h。

真空蒸馏与常压蒸馏相比，其重要特点是蒸馏可在较低温度下进行。这不但减少了设备材料的带入，而且由于低温下金属与杂质元素蒸气压的差别加大，因而有利于金属与杂质的分离。此外在真空下进行蒸馏，还可减少气体杂质对产品的污染，故使产品质量大大提高。真空蒸馏法的另一重要特点是蒸馏金属一般只有表面蒸馏过程，而无沸腾现象产生。

稀土金属钪、钇、镧、铈、镨、钕、钆、铽、镥在熔点下的蒸气压低于 13.3Pa，可用真空电弧炉、中频感应炉熔炼去除易挥发杂质。钐、铕、镝、钬、铒这五种蒸气压较高的稀土金属可以在氩气气氛中进行电弧熔炼，但金属的损失较大。钇、钆、铽、镥、钪、镝、钬、铒的真空熔炼温度分别为 1850℃、1800℃、1750℃、1800℃、1550℃、1440℃、1480℃、1540℃。

9.1.2　影响因素

工业上使用真空蒸馏法提纯稀土时，要注意以下几个方面：

(1) 蒸馏温度。蒸馏温度 T 越高，则金属在 T 温度下的蒸气压 P 越大，因而蒸馏速率越快，所需的蒸馏时间越短，但真空蒸馏在较低的温度下进行有利于提高产品纯度，这一方面是由于温度低时，设备、材料带入杂质的可能性减小；另一方面是由于低温下各金属蒸气压的差别加大。因此，蒸馏温度的选择应综合考虑其对设备利用率和产品纯度的影响。

(2) 挥发表面积和搅拌作用。清洁状态对蒸馏速率有很大影响，这是因为在真空下一般只有表面蒸馏过程，很少产生沸腾。若表面局部被渣或其他物质覆盖，则蒸馏速率变小。为了保证高的蒸馏速率，真空蒸馏时应有较大的比表面积，即采用浅熔池；同时表面应无渣层覆盖，搅拌有利于挥发组分向表面传递。

(3) 炉内气体残压及组成。由于设备密封等原因，不可避免地有少量气体进入炉内。在蒸馏表面，蒸馏的金属分子受到气体分子的碰撞会重新弹回熔池，因此残余气体分压越大，则蒸馏速率越小。同时，H_2、N_2、CO 等非冷凝性杂质在气相的分压也增大，若这一分压大于对应化合物的分解压或平衡分压，这些气体将被金属所吸收，如果设备的真空度足够高，这些气体从金属中逸出占主导地位；但当其浓度降低到一定限度，相应的蒸馏速率降到一定程度，则与"吸气"速率平衡。此时金属中气体浓度不再降低。故这些杂质的去除是有一定限度的。

(4) 冷凝器的温度及结构。冷凝是蒸馏的逆过程，在封闭体系内，只要冷凝温度低于气相蒸气的露点，冷凝过程即可顺利地在冷凝表面进行。由于冷凝过程的进行，冷凝面附近的压力降低，因而蒸馏的蒸气不断向冷凝面扩散补充，使蒸馏过程连续进行下去。但是实际上为保证蒸馏过程的速率和冷凝的金属液不致返流，冷凝温度往往要大大低于露点，稀土金属蒸馏过程的冷凝温度甚至控制在金属熔点以下 100~200℃。冷凝温度越低，则冷凝废气中金属的分压(相当于冷凝温度下的蒸气压)越小；同时冷凝前混合气体中非冷凝性气体的分压越小，则冷凝效率越高。对易冷凝性杂质而言，如蒸气压与稀土金属相近的杂质，则应分段冷凝，或在带有温度梯度的冷凝器中进行冷凝，利用它们与稀土金属露点的不同和气相分压的差异，在不同的温度区域分别凝结出来，从而达到提纯的效果[3]。

9.1.3 工艺方法

中频感应炉、真空碳管炉、高温钽片炉等是真空蒸馏提纯稀土金属的主要设备。

在选择设备和工艺时，要综合考虑基体金属与杂质的熔点以及它们在某一温度下的蒸气压和其他性质。根据稀土金属的熔点、蒸气压以及蒸馏提纯的工艺条件，大致可把蒸馏提纯分为四个组，见表 9-1。

表 9-1　稀土金属蒸馏提纯分类

稀土金属	熔点/℃	沸点/℃	蒸气压	蒸馏工艺条件
Sc、Dy、Ho、Er	较高(1400~1540)	较低(2560~2870)	较高	接近熔点(约 1600℃)的温度下蒸馏
Y、Gd、Tb、Lu	较高(1310~1660)	高(3200~3400)	低	蒸馏温度较高(2000℃)
Sm、Eu、Tm、Yb	较低(820~1070)	低(1200~1950)	高	熔点以下升华提纯，或在稍高于熔点下蒸馏
La、Ce、Pr、Nd	低(800~1000)	高(3070~3460)	低	约 2200℃下蒸馏，冷凝物为液态

中间合金-真空蒸馏法制备高纯金属镝的工艺：首先采用中间合金法制得海绵镝，然后将海绵镝装入钨坩埚内，在高温高真空钽片炉中，于 1450℃、0.00004Pa 下进行蒸馏，用钼冷凝器收集，得到的蒸馏镝再于 1550℃进行二次蒸馏，获得高

的纯镝产品。结果表明，在蒸馏提纯过程中，蒸气压与镝相差较大的大部分金属杂质(Fe、Si、Ca、Al、Cu、Zn、Mn、Ti 等)的含量均有不同程度的降低，蒸气压与镝相近的钬、铒基本不能除去；C、N、O 的去除效果十分明显。这是由于 C、N、O 在镝中主要以高熔点化合物存在，难以蒸发而残留在坩埚底部。表 9-2 为中间产品及最终产品的分析结果，其中 A 为海绵镝，B 为一次蒸馏镝，C 为二次蒸馏镝。

表 9-2　金属镝中的非稀土杂质分析结果(μg/g)

元素	Fe	Ca	Si	Mg	Al	Ni	Cu	Ti	Zn	Mn	C	N	O
A	10	8	15	3	10	2	15	700	10	8	44	32	860
B	6	7	7	2	3	4	3	45	4	4	21	4	70
C	8	7	10	2	3	6	3	10	3	1	32	2	50

9.2　区熔精炼法提纯稀土金属

9.2.1　基本原理

将杂质均匀分布的金属熔化后缓慢凝固，若固、液两相处于平衡状态，则两相所含杂质的浓度不同；若继续将液体金属缓慢凝固，在先后凝固的固体金属各部分，其杂质含量也不相同，这种现象称为分凝现象或分凝效应。而利用分凝效应进行区域提纯的方法称为区熔精炼法。该方法的实质是杂质的重新分布，而不是像真空蒸馏法那样直接去除杂质。

区熔精炼法的基本构想是在金属锭上，利用局部加热的方法制造出一个或数个熔区，然后按照一个固定的方向移动熔区，直到把整个金属锭都熔完(图 9-2)。

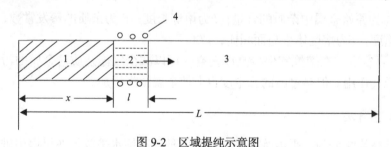

图 9-2　区域提纯示意图

1. 已凝固的固相；2. 熔区；3. 固态锭；4. 加热器

x. 固相区长度；l. 熔区长度；L. 区域熔炼总长度

在这个过程中，某些在金属熔体中溶解度大于它在凝固金属中溶解度的杂质，它们在熔区中的含量将高于在已凝固的金属固相中的含量。于是这类杂质在熔区中富集，并随着熔区的移动而逐渐向锭的尾部聚集。相反，另一些在金属熔体中溶解度小于它在凝固金属中溶解度的杂质，则随着熔区的移动而逐渐聚集在锭的首部。由于杂质在熔区中的传质速率有限，不能完美地分散到两端，所以需要多次重复地移动熔区，将杂质尽可能多地浓集到金属锭的两端；截去两个端头，余锭即为被提纯的金属。

稀土金属的提纯中，区熔精炼法主要用以除去大量非稀土杂质元素，如钙、钾、钠、硅、铁、碳等。如果在真空环境中，区熔精炼法也能除去气体杂质[4]。

9.2.2 影响因素

在运用区熔精炼法的过程中，要着重关注以下几个方面：

(1) 熔炼温度。区熔温度不能太低，以免产生未熔透现象；温度过高又易使熔区中部变细，使未熔金属粒可能落至下界面成为新的晶核。温度还应保持平稳，否则将使晶界面发生很大变化，促使形成多晶。

(2) 熔区宽度。熔区过宽，杂质"倒流"现象严重。但因悬浮区熔的熔区有限，故其影响不很明显，一般以保持料棒直径的 1/3~1/2 为宜。

(3) 熔炼速度。降低熔区的移动速度，有利于杂质向预定方向扩散，故能提高区熔的提纯效果。但熔区移动速度过慢，又会增大金属的蒸发损失，不利于提高金属回收率。

速度不变的情形下增加行程次数，有利于金属的提纯，当杂质分布达到极限时，提高次数已没有意义了，而且少数杂质还会随着次数的增多而增加。在真空下，提纯的次数可以通过以下公式进行估算：

$$n = \ln \frac{C_0}{C_{终}} \bigg/ \ln \left(\frac{lE}{Kf\beta} + 1 \right) \tag{9-6}$$

式中：C_0 为原始金属中杂质的含量；l 为熔炼长度；E 为杂质的蒸发常数；f 为熔区移动速度；β 为熔区体积与面积比，V/A。

(4) 真空度。在熔炼室保持高度真空，可以减少气体杂质对金属的污染，并有部分脱气作用。但是过高的真空度也会使金属损失增加。

9.2.3 工艺方法

区熔精炼法分为水平熔炼和悬浮熔炼两种。料锭水平放置在坩埚中进行区域熔炼，称为水平熔炼；不用容器盛装，将料锭垂直放置进行的区熔精炼，称为悬浮熔炼。稀土金属的悬浮熔炼是将金属锭条垂直安装在支架上，采用电子束、激光或高频感应的加热方式。应用电子束加热的悬浮区域熔炼设备如图 9-3 所示。由于熔区在高真空状态下难以维持棒状熔融状态，因此通常需向系统输入经过深度净化的高纯保护气体，借助外压的作用来维持熔区形状。

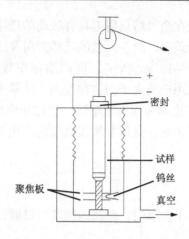

图 9-3　电子束加热悬浮区域熔炼设备示意图

区熔精炼法所需的设备简单，提纯效果好，提纯效率和收率高，所以常被用来生产高纯稀土。

镧、钆、铽经区熔精炼法提纯后的杂质含量见表 9-3。表中的气体杂质 H、O、N 采用真空熔融法分析，金属杂质用质谱分析法分析。经区熔提纯后杂质在试棒的始端、中端和末端的含量发生了明显变化。O、N 向着熔区运动相反的方向移动，在样品始端富集。金属杂质的运动方向与熔区运动的方向一致，大部分集中在样品的末端。

表 9-3　金属镧、钆、铽区熔提纯后的杂质含量($\mu g/g$)

金属	位置	H	O	N	La	Tb	Y	Cu	Ni	Fe	Ti	Si	Al	Pb	S	Na
	始	900	11829	690		15	30		75						31	5
La	中	759	7450	776												
	末	526	5248	204		3	10		160						100	0.3
	始	17	933	39	6	10		4	2	40	1.5	32	15		7	
Gd	中	17	593	24	7.5	23		6.5	3	49	3	49	95		20	
	末	17	341	14	20	60		65	30	190	8	65	430		26	
	始	13	1999	140				6.5	0.5	6.5	5		5	0.4		
Tb	中	10	640	69				7	2.5	27	3		50	1		
	末	13	384	29				32	4.5	75	4		170	1.5		

9.3　固态电解法提纯稀土金属

9.3.1　基本原理

固态电解法又称固态电迁移法，是指在直流电场的作用下，稀土金属中的杂质会发生迁移，尤其是在金属熔点附近具有较高的迁移率，由于各杂质元素的有效电荷和扩散系数有所差异，故各元素的迁移方向及迁移率也各不相同。间隙杂质的迁移率 U 为 $10^{-9} \sim 10^{-7} \mathrm{m}^2/(\mathrm{V} \cdot \mathrm{s})$，而固溶体中置换的原子其迁移率 U 为 $10^{-11} \sim 10^{-10} \mathrm{m}^2/(\mathrm{V} \cdot \mathrm{s})$，利用杂质离子的这种差别，使稀土金属中的原子重新分配，从而达到提纯目的的方法称为固态电解法，也称作电传输(迁移)法、离子迁移法或电泳法。从提纯过程中看，金属杂质在电场的作用下趋向阳极，间隙杂质趋向阴极[5]。

9.3.2 影响因素

固态电解法提纯稀土金属时，金属的纯度可以通过以下公式计算得出：

$$\ln \frac{C_{(x,\infty)}}{C_0} = \ln \frac{UEL}{D} - \left(\frac{UE}{D} \right) x \tag{9-7}$$

式中：C_0 为杂质的初始浓度；$C_{(x,\infty)}$ 为在处理时间 $t \sim \infty$ 时，沿棒长距试棒端点 x 处的杂质浓度；U 为电场迁移率，$\mathrm{cm}^2/(\mathrm{V} \cdot \mathrm{s})$；$E$ 为电场强度，A/cm^2；D 为扩散系数，cm^2/s；L 为试棒长度，cm。

固态电解法表明，提高电流密度(增加电场强度)，增大提纯比(U/D)和尽可能增加金属棒的长度是提高电传输精炼程度的重要手段；而电传输速率和扩散系数是决定提纯效果的基本参数。根据一些学者的研究，使用高真空设备和高纯惰性气体，提高处理时间和温度，能够提高金属的提纯能力，也有助于减少环境污染。在提高温度的过程中，应该考虑金属的蒸气压和熔点；另外，通过改变待处理产品的形状，使样品的比表面积增大，这样可以获得更高的电流密度，可提高杂质的迁移性，从而提高金属的提纯能力。

在钆、镥、钇熔点温度下的电传输过程中碳、氮、氧杂质在90%熔点温度下的基本电传输参数和在不同温度下的提纯比，分别列于表 9-4 和表 9-5 中。由此可见，电传输过程中在可能情况下维持最高的作业温度对提纯是有利的。

表 9-4　在 90%熔点温度下钆、镥、钇中某些杂质的基本电传输参数

杂质	$U/[\times 10^{-5}\mathrm{cm}^2/(\mathrm{V}\cdot\mathrm{s})]$			$D/(\times 10^{-5}\mathrm{cm}^2/\mathrm{s})$			$(U/D)/\mathrm{V}^{-1}$		
	a-Gd	Lu	a-Y	a-Gd	Lu	a-Y	a-Gd	Lu	a-Y
C	3.4	4.2	15.0	0.18	0.16	2.00	18.8	26.2	7.0
N	5.1	14.0	10.0	0.22	0.59	0.53	23.0	23.8	18.8
O	19.0	39.0	20.0	0.75	2.00	1.10	25.4	19.5	18.3

表 9-5　不同温度下稀土金属中杂质的提纯比

稀土金属	点传输温度/℃	提纯比(U/D)/V^{-1}		
		C	N	O
a-Gd	1050	26.0	23.4	25.3
	1125	10.6	25.2	25.4
	1200	29.6	24.5	25.4
Lu	1330	18.3	23.0	20.8
	1450	26.3	23.8	19.5
	1600	32.3	35.0	14.0
a-Y	1235	4.0	8.9	16.1
	1350		18.3	19.4
	1460	7.2	12.1	14.0

9.3.3　工艺方法

固态电解法通常使用细长的金属棒条作为精炼原料。在提纯时，在高真空或惰性气氛的条件下，把金属棒固定在正、负电极之间，将金属棒通入直流电加热到 0.8~0.95 的熔点温度，并保持足够长的时间，使杂质向两极迁移，从而得到净化。一次提纯后，取中间段再两端施加电压进行电迁移，如此循环往复，一直达到所需的要求。

固态电解法所用的设备比较简单，能够有效地除去稀土金属中有效电荷为负的间隙型杂质，如气体杂质和非金属杂质，对金属杂质也有较好的除去效果。但是该方法具有提纯周期长、产率低、能耗高等缺点。

金属铈的固态电解法提纯工艺：由熔盐电解制取的金属铈纯度最高可达到 99.8%，其中主要杂质是铁、氧、碳、钼等。将此金属铈重熔铸成长约 160mm，直径约为 13mm 的棒。然后在有惰性气体保护的密封装置中，将其两端夹在水冷电极头夹具上，通以 120V 和 500A 直流电流，使金属铈棒加热至(600±10)℃(约低于铈熔点 200℃)，经长时间电迁移精炼的结果如表 9-6 所示。实践得出，碳杂质有效迁移约需要 100h，而铁则约 50h 就足够充分了。

表 9-6　固态电解法前后金属铈中杂质的含量(μg/g)

杂质元素	精炼前组成均匀的棒	精炼后棒的中间段	杂质元素	精炼前组成均匀的棒	精炼后棒的中间段
C	400	140	Al	500	200
O	50	350	Ca	20	10
Fe	1300	30	Mg	10	40
Cu	120	40	Si	250	70
Mo	400	440			

注：对于其他稀土金属的固态电解法，由于各稀土金属的熔点、导电率以及各杂质在其中的 U/D 值的差别，固态电解法所需的工艺条件也不相同。

表 9-7 列出了固态电解法提纯金属钇、钆、铽、镥、钕的工艺条件及提纯效果。

表 9-7　稀土金属固态电解法提纯工艺条件及提纯效果

元素	气氛	温度/℃	时间/h	原试棒杂质含量/(μg/g)			提纯后杂质含量/(μg/g)		
				C	N	O	C	N	O
Y	氩气	1370	200		510	3330		75	340
Y	1.3×10^{-5}Pa	1175	190	100	10	25	120	8	60
Gd	氦气	1245	150	23	28	81	2	0.5	6
Gd	超高真空	1100	310	1000	4	500	8		11
Tb	超高真空	1050	350		30	380		15	25
Lu	超高真空	1150	168	70	15	475	60	6	42
Nd	超高真空	860	1237	13	54	45		1	16

9.4　悬浮区熔-电传输联合法提纯稀土金属

9.4.1　基本原理

随着人们对稀土金属提纯方法研究的加深，发现将悬浮区熔和电传输结合起来能够提高提纯效果，缩短生产周期。这种方法被称作悬浮区熔-电传输联合法，该方法不仅拥有悬浮区熔提纯去除稀土金属中的金属杂质的优点，还拥有电迁移法去除稀土金属中的氧等气体杂质效果显著的特性。该方法的实质是在高温和强直流电场的电传输过程中，同时进行区域熔炼以提纯稀土金属。此时在电场的作用下，带正、负电荷的杂质离子分别移向阴极和阳极；而随着区域熔炼的进行，某些杂质沿棒长会实现重新分布，并最终浓集于棒条的两端[6]。

9.4.2　影响因素和工艺方法

由于该方法是悬浮区熔和电传输联合在一起，所以悬浮区熔和电传输的影响因素都会影响这种新的方法。

在悬浮区熔和电传输提出时，将稀土金属试棒的两端固定在电极上，在悬浮区熔提纯时，熔区从试棒的下端向上移动，则金属试棒的上端接阳极，下端接阴极，在两端加上直流电，这样金属杂质和氧等气体杂质都集中在上端，然后去除试棒的上端，剩下的是较纯的金属。如果整个过程在高真空氛围中进行，则能够更好地除去易挥发杂质。图 9-4 是区熔-电传输联合法的设备示意图。

金属钇的提纯工艺：金属钇的试样长 230mm，截面积为 120mm^2。将其垂直固定在水冷铜电极之间，通入直流电加热至 900℃，电流密度为 3A/mm^2，电场电压为 0.06V/cm，设备的真空度为 1.33×10^{-5}Pa，电子束熔区以 0.4mm/min 的速度由下向上移动。在电场中经过 10 次区熔的试样，其 X 射线衍射照片表明，钇锭的首部为单晶，中部是粗晶，而尾部是多晶。可见钇棒的首部是试样的最纯部分。

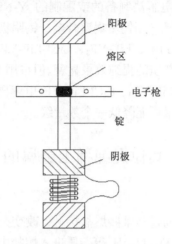

图 9-4　区熔-电传输联合法设备示意图

9.5　电解精炼法提纯稀土金属

9.5.1　基本原理和影响因素

电解精炼法是用稀土粗金属作为可溶阳极，用特制的纯稀土金属做阴极，选用合适的电解质进行电解的一种方法。该方法的实质是电流通过稀土粗金属棒，使稀土金属溶解，然后在特制阴极析出，从而达到金属提纯的目的。该方法的关键是选用合适的电解质、电流密度、槽电压，使粗稀土金属有较好的溶解性，杂质不宜被电解或者在阴极难以析出，且在整个过程中，不与电极、设备等发生反应。当然，在电解精炼过程中，应采用惰性气氛下的密闭电解槽，因为这样可以避免空气、水分的不良影响[7]。

9.5.2　工艺方法

电解精炼法的一般工艺流程：将配好的电解质装入钽坩埚电解槽内，在装好电极后密封设备，然后开始抽真空，并缓慢加热到一定温度，当满足提纯需要气体体积后停止抽真空(一般是 0.133Pa)并向设备充入惰性气体，之后，继续加热直到最佳温度进行电解。电解精炼提纯工艺对各稀土金属去除氧、氮、氢、硅、铁、铜、锰、铝等杂质都是有效的。

目前，使用的熔盐电解质主要分为三类：氯化物体系、氟化物体系、氯化物和氟化物结合体系。但这几种体系在高温下对设备有腐蚀作用[8]。

电解精炼法提纯钇的工艺：电解精炼设备由电解槽、滑动阀及水冷空锁室等组成，用电阻丝加热。用电解法制备的或配制的 Y-Ni、Y-Fe、Y-Cu、Y-Fe-Mn 以及 Y-Mg 等合金作为阳极，用钨坩埚盛合金，钨阴极焊接在软钢的阴极棒上。用纯的 $LiCl-YCl_3$、$BaBr_2-YBr_3$、$LiF-YF_3$、$LiCl-LiF-YF_3$ 等做电解质。

此法对粗钇棒中金属杂质的提纯效果显著。但采用 $LiCl-YCl_3$ 电解质进行精炼时，除氧效果不好，采用 $LiF-YF_3$、$LiCl-LiF-YF_3$ 电解质进行电解时，阴极产品中的氧含量较阳极料中的含量可能降低一个数量级。

9.6　其他提纯稀土金属的方法

9.6.1　熔盐萃取法

在高温下，稀土金属通过与某些熔盐接触，改变杂质元素在稀土金属与熔盐之间的配比，使金属中的 O、N、H 等杂质进入熔盐中，从而达到金属提纯的目的。该方法的实质是杂质对熔盐的亲和力要大于稀土金属。在使用熔盐萃取法时，要选择合适的熔盐，因为结构相似的化合物容易混溶或者极性强的物质易溶于极性溶剂中，极性弱的物质易溶于非极性溶剂中。由于熔盐萃取法具有流程短、效率高、易实现工业化生产等特点，学者也在这方面做了很多研究。有日本专利报道，用 LiF、CaF_2 等萃取稀土金属镝可满足磁致伸缩材料的应用要求。李国云等[9]运用氟化镝作为熔盐提纯稀土金属镝，使试棒中的氧含量降低了一个数量级。Carison 等利用 YF_3-CaCl_2 和 YCl_3 做熔盐，对制备金属钇工艺过程中的中间合金进行熔盐萃取处理，将粗晶中的含氧量从 0.12%~0.25%降低到 0.015%，含氮量从0.015%降低到 0.002%。

9.6.2　电弧熔炼-退火再结晶法

电弧熔炼-退火再结晶法是用一个水冷铜坩埚和一个非自耗钨电极构成的电弧炉加热试样，在稍低于试样熔点温度下进行退火以生长晶粒。

真空退火炉由一个钽管加热器和一个与之同心的钼隔热屏组成，由焊接变压器供电。退火炉在 1.33×10^{-3}Pa 或更高的真空下脱气。钆、铽可以在真空下进行退火，而镝、钬、铒及镥是在氩气气氛下退火，以减少蒸发损失。具体的工艺见表9-8。

刘文生等把电弧熔炼和真空蒸馏相结合，在利用两种方法的互补性提纯金属钇的过程中发现金属钇的纯度由 99.51%提高到 99.96%。

表 9-8　部分稀土单晶的退火工艺

金属	工艺条件
Gd	在 1050℃保温 12h 后，每 12h 升温 50℃直至 1200~1250℃
Tb	在恒温区于 1250℃退火 12h
Dy	在 1200℃保温 18h 后，再于 1250℃保温 6h，在 1300℃保温 18h
Ho	在恒温区于 1300℃退火 18h
Er	在恒温区于 1400℃退火 18h
Tm	在恒温区 1300~1350℃退火 6h
Y	在 1100℃保温 8h 后，每 8h 升温 50℃直至 1350℃

9.6.3　直拉法制取稀土单晶

采用高电导率的水冷铜坩埚，试料在 $1.33×10^{-5}Pa$ 的真空中熔融后，子晶附在钽棒上。拉晶速度约为 20mm/h，回转速度约 10r/min；生长晶体的嵌镶结构的展宽比用退火再结晶法生长的要小很多。

用直拉法生产了镨、钕及它们的合金(含钕 1%~25%)以及铈的单晶。直拉法对制备铈单晶尤其有效，几乎能制备任何尺寸的铈单晶。为了防止铈的蒸发损失，直拉单晶应在高纯氩气气氛中进行。但对镨、钕及它们的合金，只能生产普通尺寸的单晶。

9.6.4　励光精炼法

所谓励光是指原子、分子吸收光量子，即吸收光能量使其处于更高的状态。所以处于激发状态的原子和分子具有强的反应性，若再吸收数量适中的光量子，原子就变为离子，分子就会对游离原子或游离基产生解离作用。因此，只能激发特定类型的原子或分子，若能使其解离或离子化，用化学反应或电场加速、磁场偏转等物理手段，可以将其分离。这就是励光精炼法的原理，图 9-5 为光激发设备图。

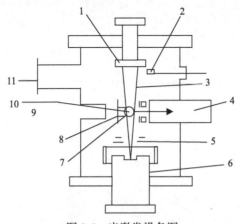

图 9-5　光激发设备图

1. 衬底架；2. 膜泵监视器；3. 原子束；4. 分离系数测定器；5. 光轴仪；6. 电子束蒸发源；7. 激光束；8. 离子回收电极；9. 荧光；10. 分子束源；11. 排气泵

光激励精炼的主要问题是原子激励离子化波长不明确。因为原子中能量是固有的，元素不同而不同。若要找到相当基体原子电子能量的波长光束来照射，以使基体原子离子化，而其他元素原子不离子化，由于波长可调激光的问世，为光激励精炼的发展开辟了广阔的前景。

日本利用可变激光的光激励提纯 Nd，原料蒸气相组成为 Pr/Nd(质量比)=1/100，经激光离子化后生成离子的组成为 Pr/Nd<1/10000，证明提纯效果显著[10]。

参 考 文 献

[1] 武淑珍, 王铁虎, 许方, 等. 高纯稀土金属制备工艺的研究现状[J]. 稀有金属与硬质合金, 2013, 41(4): 10-13.

[2] 张卫平, 杨庆山, 陈建军. 高纯稀土金属制备方法与发展趋势[J]. 金属材料与冶金工程, 2007, 35(3): 61-64.

[3] 姜银举, 郝占忠, 张小琴, 等. 影响真空蒸馏提纯稀土金属因素的探讨[J]. 稀土, 2003, 24(4): 60-63.

[4] 梁雅琼, 李国栋, 云月厚. 区熔提纯稀土金属的理论计算与分析[J]. 内蒙古大学学报(自然科学版), 2002, 33(3): 257-261.

[5] 张卫平, 杨庆山, 陈建军. 高纯稀土金属制备方法与发展趋势[J]. 金属材料与冶金工程, 2007, 5(3): 61-64.

[6] 李国栋, 云月厚, 邰显康, 等. 悬浮区熔-电迁移联合法提纯稀土金属的原理及机理[J]. 中国稀土学报, 2002, 20: 162-165.

[7] 庞思明, 颜世宏, 李宗安. 我国熔盐电解法制备稀土金属及其合金工艺技术进展[J]. 稀有金属, 2011, 35(3): 440-447.

[8] 刘柏禄. 稀土金属熔盐电解技术进展[J]. 世界有色金属, 2009, (12): 75-76.

[9] 李国云, 李国栋, 刘永林. 熔盐萃取法制备低氧、低氟金属镝的机制研究[J]. 中国稀土学报, 2002, 20: 263-265.

[10] 张长鑫. 稀土冶金原理与工艺[M]. 北京: 冶金工业出版社, 1997: 185-190.